江苏省高等学校重点教材
煤炭高等教育“十三五”规划教材
江苏高校品牌专业（测绘工程）建设工程二期项目资助

矿山开采沉陷学

主　编　郭广礼　查剑锋

中国矿业大学出版社
·徐州·

内容提要

本书系统地论述了矿山开采沉陷的基本理论、显现规律；保护煤柱留设；建筑物、水体以及线性构筑物下压煤开采的相关规定以及开采技术方法；煤矿开采建筑物损害赔偿等内容。

本书为矿山开采沉陷学大型开放式网络课程(MOOC)的配套教材，也可作为煤炭高校测绘工程专业本科生教材，以及相关专业研究生、生产技术人员、设计人员和研究人员的参考资料。

图书在版编目(CIP)数据

矿山开采沉陷学 / 郭广礼，查剑锋主编.—徐州：中国矿业大学出版社，2020.4

ISBN 978-7-5646-1174-3

Ⅰ.①矿… Ⅱ.①郭… ②查… Ⅲ.①矿山开采—岩石沉陷—教材 Ⅳ.①TD327

中国版本图书馆 CIP 数据核字(2019)第 203522 号

书　　名 矿山开采沉陷学
主　　编 郭广礼　查剑锋
责任编辑 马晓彦
出版发行 中国矿业大学出版社有限责任公司
（江苏省徐州市解放南路　邮编 221008）
营销热线 (0516)83884103　83885105
出版服务 (0516)83995789　83884920
网　　址 http://www.cumtp.com　**E-mail**:cumtpvip@cumtp.com
印　　刷 广东虎彩云印刷有限公司
开　　本 787 mm×1092 mm　1/16　**印张** 18.25　**字数** 456 千字
版次印次 2020 年 4 月第 1 版　2020 年 4 月第 1 次印刷
定　　价 59.00 元
（图书出现印装质量问题，本社负责调换）

《矿山开采沉陷学》
编委会

主　　编　郭广礼　查剑锋

副 主 编　姜　岩　王　磊　朱晓峻

郭庆彪　李怀展

前　言

本书立足于矿山开采沉陷规律以及变形控制基本理论，吸收近年矿山开采沉陷研究及相关学科研究的新技术、新成果和教学经验编写而成。本书突出开采沉陷问题基本原理的介绍，突出相关规程、规定对开采沉陷防治工作的要求。本书可作为煤炭高校测绘工程专业本科生教材，以及相关专业研究生、生产技术人员、设计人员和研究人员的参考用书。

矿山开采沉陷学属于地质、采矿、测绘等多个学科的交叉学科，涉及面较广，学生在学习本课程之前，应先修测量学、采煤概论、矿井地质、开拓与开采、矿山测量、弹性力学、误差理论与测量平差等课程。

本书为矿山开采沉陷学大型开放式网络课程(MOOC)的配套教材，教材中一些复杂知识点，如抽象的岩层移动过程、模拟实验过程、沉陷预计方法等，均在矿山开采沉陷学MOOC中配套有对应的视频、动画等教学资源供参考。

全书共分十二章，围绕开采沉陷基本概念，开采沉陷监测方法，地表移动一般规律，地表沉陷预计方法，保护煤柱留设以及建筑物、水体、铁路下压煤开采的技术方法，煤矿开采损害赔偿等内容展开。

本书由中国矿业大学的郭广礼、查剑锋担任主编，山东科技大学姜岩、安徽理工大学王磊和郭庆彪、安徽大学朱晓峻、中国矿业大学李怀展参与了教材的编写工作。同时，本书编写、文字录入、插图绘制以及相关文献整理工作还得到了研究生张海荣、郁文峰、殷和健、李得军、朱鹏程、韩磊、王东的支持和帮助。

由于编者学识所限，书中难免存在疏漏之处，恳请广大读者批评指正。

作　者

2020年1月

目　录

第1章 绪 论

1.1 矿山开采沉陷学导论

1.1.1 矿山开采沉陷的概念

在地下有用矿物被采出以后，开采区域周围岩体的原始应力平衡状态受到破坏，导致应力重新分布并最终达到新的平衡状态；在此过程中，采空区上覆岩层就会产生移动、变形和破坏，并逐渐向上发展直至地表，引起地表产生连续的移动、变形和非连续的破坏。这个过程和现象就称为矿山开采沉陷，也称为岩层和地表移动（简称岩移）。

在《煤矿科技术语 第7部分：开采沉陷与特殊采煤》(GB/T 15663.7—2008)中，开采沉陷学是指“研究由于煤矿开采所引起的岩层移动及地表沉陷的现象、规律等相关问题的科学”。

实际上，地下有用矿物的开采大都会造成不同程度的开采沉陷现象，因此需要开展开采沉陷研究和解决开采沉陷问题。地下煤层属于沉积形成的层状矿体，煤层开采面积大、开采沉陷现象显现速度快、地表沉陷现象和造成的危害比较明显，我国又是煤炭生产大国，因此煤矿开采沉陷问题引起了人们的广泛关注。

发生在地层中的开采沉陷现象及附加损害主要有：覆岩垮落、裂隙、弯曲、层面剪切破坏；地下水资源破坏；其他有用矿物赋存条件破坏；地下工程结构变形破坏；矿井水灾等。

发生在地表的开采沉陷现象及附加损害主要有：地表塌陷和变形；地表裂缝；地面建（构）筑物损坏；道路、管线、堤坝等基础设施破坏；农用地质量下降或破坏；山区地质灾害；生态环境破坏等。

1.1.2 开采沉陷学的研究内容与研究任务

开采沉陷学的研究内容主要包括三个方面：研究开采引起的岩层移动与地表沉陷规律；研究岩层移动与地表沉陷的预测和计算方法；研究岩层移动与地表沉陷的控制技术。

开采沉陷学的主要研究任务如下：

(1) 探索机理：揭示岩层移动与地表沉陷发生机理与变化过程；

(2) 现场监测：发现岩层移动与地表沉陷表现特征及演化规律；

(3) 建立模型：归纳岩层移动与地表沉陷规律，建立岩层移动与地表沉陷模型；

(4) 预测方法：建立岩层与地表移动预测技术与方法，实现采动损害的预测、预警；

(5) 控制技术：建立岩层与地表移动损害的预防和治理技术，开采“三下”压煤。

研究开采沉陷的主要方法包括理论研究、实测研究、模拟与仿真研究、实践应用与验证研究等。

开采沉陷研究的总体技术路线：问题提出→理论研究→技术开发→应用研究。

1.1.3 开采沉陷学的历史与现状

人类认识开采沉陷是从其对人们生产、生活的影响开始的。历史记载表明,人类对开采沉陷的科学认识和预防开始于15世纪左右,发展至今大约经历了3个阶段。

1.1.3.1 开采沉陷早期认识和初步研究时期(15世纪至20世纪初)

我国明代的《天工开物》(1637年出版)就记载了通过支护来控制地下井巷围岩移动来保证安全。15世纪,比利时对因开采而使列日城的水源受到破坏的责任者处以死刑。这个时期属于开采沉陷早期认识和初步研究时期。其主要特点是:通过对开采沉陷影响的调查,从几何角度来认识开采沉陷现象;形成了早期的开采沉陷几何理论,为大致圈定开采沉陷影响范围提供了一定的依据。

这个时期的代表性成果主要有:1838年,比利时学者哥诺(Gonot)基于对列日城的采动破坏调查提出了开采影响传播垂线理论;1858年,哥诺进一步提出了法线理论,认为采空区上下边界开采影响范围可用相应点的层面法线确定;1871年,比利时学者杜蒙(Dumont)提出地表最大下沉值为$W=M\cos\alpha$,并且德国多特蒙德煤矿局指出,在充填法开采时还要再乘以0~0.4的系数;1876年,德国学者依琴斯凯(Jicinsky)提出了二等分线理论;1882年,耳西哈提出了自然斜面理论,已经接近了现在的移动角概念;1885年,法国学者裴约尔(Fayol)提出了开采沉陷的拱形理论;1897年,豪斯(Hausse)提出采空区上方有倒梯形垮落带、裂隙带发育,高度为开采厚度的30~50倍,其上直到地表为弯曲带,这是关于上覆岩层移动"三带论"的早期雏形。

1.1.3.2 现代开采沉陷理论形成时期(20世纪20年代至80年代末)

1923—1932年,施密茨(Schmitz)、坎因霍斯特(Keinhost)相继研究开采沉陷影响的作用面积问题。1932年,巴尔斯(Bals)进一步提出了连续影响分布的影响函数,构建了由5个等影响同心圆组成的开采影响圆,为后来的影响函数法和积分格网法奠定了基础。

19世纪40年代至50年代,波兰学者克诺特(Knothe)、布德雷克(Budryk)对地表移动进行了系统研究,选用高斯曲线作为影响函数,建立了著名的克诺特-布德雷克理论。1954年,波兰学者李特维尼申提出了开采沉陷影响的随机介质理论。1959年,苏联学者阿威尔辛出版了《煤矿地下开采的岩层移动》,应用塑性理论进行开采沉陷分析,并结合经验方法建立了指数函数形式的地表下沉盆地剖面方程。在此基础上,我国学者廖国华、刘宝琛建立了后来在我国广泛应用的概率积分法。

从20世纪40年代至80年代,国内外学者针对不同的地质采矿条件,提出了大量的地表下沉剖面函数表达式和影响函数模型,并逐步形成了以影响函数法为主导的现代开采沉陷理论体系。

我国的现代开采沉陷研究工作起步于20世纪50年代初期。1953年,北京矿业学院(中国矿业大学前身)首先在矿山测量专业研究生中开设了"岩层与地表移动"课程,并于1955年在矿山测量专业本科生中开设了该课程。1954年,在开滦矿务局林西矿设置了我国第一个地表移动观测站。

到20世纪80年代后期,我国基本建立起了适应我国地质采矿条件的开采沉陷理论和控制技术体系。在研究方法方面,发展出了现场实测、理论研究、模拟研究(数值模拟研究、物理模拟研究)、统计研究等方法。在沉陷规律方面,归纳形成了覆岩破坏"三带论"、地表移动盆地几何理论、地表移动与变形分布基本规律、山区地表移动规律等。在开采沉陷预测方法方面，发展出了地表移动与变形预测的概率积分法、剖面函数法（负指数函数法、威布尔分布法、皮尔森Ⅲ型函数法等）、典型曲线法等，建立了垮落带、导水裂缝带的统计计算公式。在开采沉陷控制与防治技术方面，形成了较系统的建（构）筑物保安煤柱设计、水体下安全煤岩柱设计和条带开采、协调开采沉陷控制技术体系等。

1.1.3.3 开采沉陷控制技术大发展时期（20 世纪 90 年代至今）

20 世纪 90 年代至今，随着科学的发展和研究手段的进步，掀起了矿山开采沉陷的第三次研究热潮。

在研究方法上，数值模拟、物理模拟技术得到了广泛应用；以卫星遥感、激光雷达、全球定位系统（GPS）、测量机器人、电子传感器等为代表的新型监测技术的应用使开采沉陷监测进入大范围遥测、自动监测、实时监测阶段。在开采沉陷规律方面，条带开采、充填开采沉陷规律及预测技术逐渐成熟。在开采沉陷控制方面，条带开采沉陷控制技术在建（构）筑物下采煤中得到了广泛应用；充填开采沉陷控制技术进入了大发展阶段，逐步形成了以固体材料直接充填、膏体材料充填和高水材料充填为代表的三大充填开采沉陷控制技术体系；伴随着我国煤矿建设工程和城市扩张与交通、电力等基础设施的大发展，老采空区地基稳定性评估与变形控制技术也得到了空前发展。

1.1.3.4 未来研究重点展望

在开采沉陷研究方法上，多元多介质耦合数值模拟与仿真技术将可能成为主流研究方法之一。伴随着我国北斗卫星系统、新型遥感卫星和传感器技术的快速发展，预计高精度多源监测、自动监测技术和多源数据耦合技术将在开采沉陷监测中得到发展。

在开采沉陷规律研究方面，随着国家能源发展战略向绿色开采、深部开采和清洁利用转化，关于深部开采、西部高强度开采、地下气化和化学开采等流态化开采沉陷规律和预测方法预计将取得重要进展；衰老与关闭矿井地下井巷和老采空区残余变形规律与稳定性研究、二氧化碳地下存储空间变形与控制等也将成为主要发展方向之一。

在开采沉陷控制方面，除继续开展深部开采、西部高强度开采、流态化开采沉陷控制技术，衰老与关闭矿井的地下空间和地面再利用中的岩层移动与控制也将成为一个比较重要的研究方向。

1.2 矿山开采引起的岩层移动过程与特征

矿山开采引起的岩层移动过程与特征主要包括岩层移动过程与分区特征、岩层移动的形式和岩层移动的“三带”特征。

1.2.1 岩层移动的过程与分区特征

所谓岩层移动，是指因采矿引起的工作面围岩直至地表的移动、变形、破坏的现象和过程。而对于煤炭开采过程中的岩层移动，指因采煤引起采空区周围直至地表的岩层移动、变形、破坏的现象和过程。岩层移动引起的变形破坏如图 1-1 所示。

如图 1-2 所示，以水平煤层开采为例来说明岩层移动发展过程：

(1) 采空区围岩弯曲变形：当地下矿体采出后，直接顶岩层在自重力和上覆岩层的压应

(a) 顶底板岩层移近　　(b) 巷道变形　　(c) 直接顶垮落

图 1-1　岩层移动引起的变形破坏

图 1-2　水平煤层开采引起的岩层移动

力作用下，产生向下移动和弯曲；底板岩层向上隆起。

(2) 顶板岩层断裂、破碎、垮落：当顶板岩层的内部应力超过岩层强度时，顶板岩层即发生断裂、破坏，并破碎、垮落到采空区；其上覆岩层以梁、板形式沿层面法线方向向下移动和弯曲，进而产生断裂和离层现象。

(3) 岩层移动范围扩大：随着工作面的继续推进，采空区范围扩大，采动影响的岩层范围不断扩大，岩层移动逐渐向上发展；当开采范围足够大时，岩层移动发展到地表，形成地表移动与变形。

(4) 开采停止后，岩层移动过程逐渐停止，并在地表形成一个比采空区范围大得多的下沉盆地。

岩层移动稳定后，根据覆岩变形和应力分布特征可大致划分为三个区域(图 1-3)：充分采动区(减压区)、最大弯曲区和岩石压缩区(支承压力区)。

充分采动区的特征为：① 下部岩体破碎成块状，上部岩体断裂、产生离层和裂隙；② 竖向受拉，横向受压；③ 各点的移动向量与煤层法线方向一致，在同一层内的移动向量彼此相等；④ 移动量最大。

最大弯曲区的特征为：① 岩层向下弯曲的程度(曲率)最大；② 产生沿层面方向的拉伸变形和压缩变形。

岩石压缩区的主要特征为：沿层面方向受拉，沿层面法线方向受压。

1.2.2 岩层移动的形式

岩层移动的形式可归纳为以下 6 种：

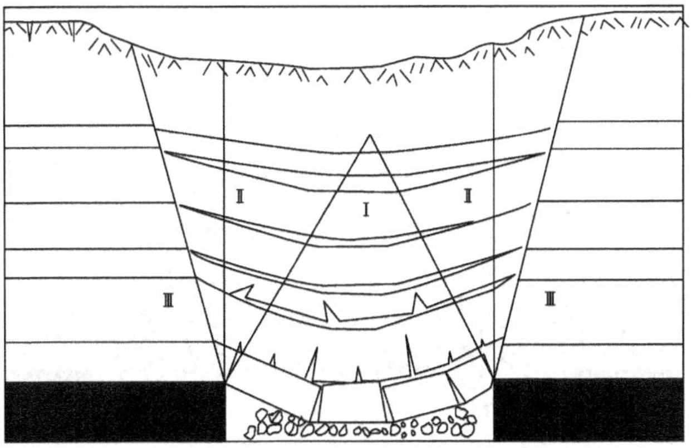

Ⅰ—充分采动区；Ⅱ—最大弯曲区；Ⅲ—岩石压缩区。

图 1-3　近水平煤层开采岩层移动示意图

（1）弯曲：岩层沿层面的法线方向依次向采空区弯曲。

（2）垮落：顶板岩层最终导致其上覆岩层在压力作用下弯曲而产生拉伸破坏，并从岩体中垮落下来。

（3）片帮：外露的煤岩壁在支承压力作用下压碎并向采空区突出的现象，也称煤的挤出。

（4）滚动：地层倾角较大时，采空区上部垮落的岩石可能下滑并充填下方采空区，从而使采空区上部的移动空间增大。

（5）岩石沿层面滑移：在开采倾斜煤层时，岩石在自重力的作用下，除产生沿层面法线方向的弯曲外，还会产生沿层面方向的移动。

（6）底板岩层隆起：当底板岩层较软时，在煤层采出后，底板在垂直方向减压、水平方向受压，导致底板向采空区隆起。

1.2.3　岩层移动的“三带”特征

根据岩层移动过程中围岩的破坏程度和导水特征，提出了岩层移动的“三带论”，包括“上三带”和“下三带”。“上三带”指垮落带、断裂带和弯曲带（图 1-4）；“下三带”指底板采动导水破坏带、底板阻水带和底板承压水导升带（图 1-5）。

1. 垮落带

垮落带也称冒落带，指由采煤引起的上覆岩层破裂并向采空区垮落的范围。

其主要特点为：

① 导水、导砂。

② 分层性垮落带自下而上可分为不规则垮落带和规则垮落带。

③ 碎胀系数值恒大于 1，一般在 1.05～1.80 之间。

④ 可压缩性垮落岩块间的空隙会被逐渐压实。

垮落带高度主要取决于开采厚度、上覆岩层的力学性质和碎胀系数，一般为开采厚度的 3～5 倍。顶板岩石坚硬时，垮落带高度为开采厚度的 5～6 倍；顶板为软岩时，垮落带高度

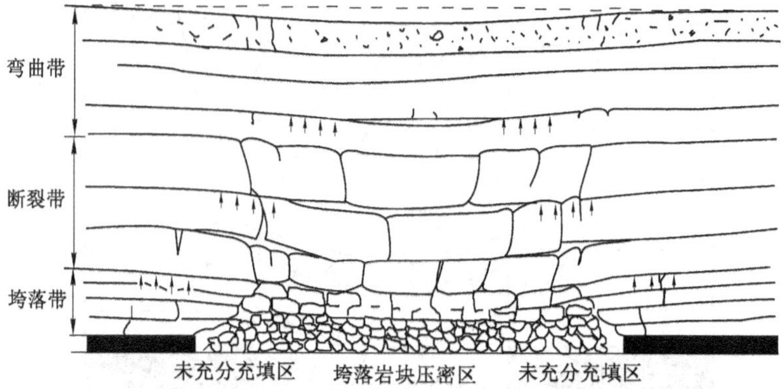

图 1-4 采空区上覆岩层内移动分带示意图

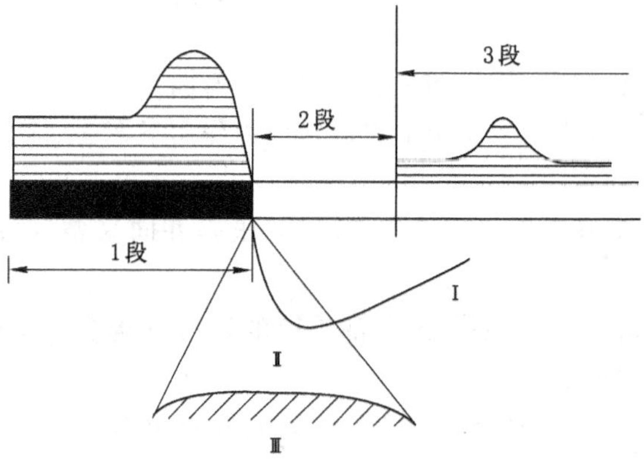

Ⅰ—底板采动导水破坏带；Ⅱ—底板阻水带；Ⅲ—底板承压水导升带；
1段—支承压力带；2段—减压带；3段—压力恢复带。

图 1-5 采空区底板岩层内移动分带示意图

为开采厚度的 2～4 倍。

2. 断裂带

断裂带也称裂缝带，指垮落带上方的岩层产生断裂或裂缝，但仍保持其原有层状的岩层范围。

其主要特点为：

① 导水、不导砂。

② 分层性断裂带自下而上可分为严重断裂带、一般断裂带和微小断裂带。

严重断裂部分的岩层大多断开，但仍保持其原有层位，透水严重；一般断裂部分的岩层很少断开，透水程度一般；较小断裂部分的岩层存在裂缝，连通性较差。

③ 碎胀系数值恒大于 1，但小于垮落带的碎胀系数值。

④ 可压缩性部分离层裂缝可能会被逐渐压实。

断裂带高度主要取决于上覆岩层结构及其力学性质。断裂带和垮落带之间没有明显的分界限，在水体下采煤时这两者合称为导水裂缝带。导水裂缝带高度与岩性有关，一般情况下，软弱覆岩形成的“两带”(断裂带和垮落带)高度为开采厚度的9～12倍，中硬覆岩形成的“两带”高度为开采厚度的12～18倍，坚硬覆岩形成的两带高度为开采厚度的18～28倍。

3. 弯曲带

弯曲带也称为弯曲下沉带，指断裂带上方直至地表产生弯曲的岩层范围。

其主要特点为：

① 导水、不导砂。

② 岩层保持原有的整体性和层状结构。

③ 岩层移动过程连续而有规律，不存在或极少存在离层裂缝。

4. 底板采动导水破坏带

底板采动导水破坏带是指煤层底板岩层受采动影响而产生的采动导水裂隙的范围，其深度为从矿层底板至采动破坏带最深处的法线距离。

底板导水破坏带发育深度主要与采煤工作面尺寸、开采方法和顶板管理方法、煤层厚度及倾角、底板岩层结构和物理力学性质有关。

5. 底板阻水带

底板阻水带也称为保护层带和完整岩层带，指煤层底板采动破坏带以下，底部含水体或底板承压水导升带以上具有阻水能力的岩层范围。

在承压水上采煤时，为保证安全，底板阻水带的最小厚度应保证该段岩层在底部含水体水压力作用下不发生破坏。

6. 底板承压水导升带

底板承压水导升带指煤层底板承压含水层的水在水压力和矿压作用下上升到顶板岩层中的范围。

1.3 矿山开采引起的地表移动过程与特征

矿山开采引起的地表移动过程与特征主要包括地表移动的四种形式、地表移动盆地形成过程、地表移动盆地的特征和地表移动与变形的指标。

1.3.1 地表移动的四种形式

所谓地表移动，是指因采矿引起的岩层移动波及地表而使地表产生移动、变形、破坏的现象和过程。对于煤矿来说，地表移动就是指因采煤引起的岩层移动波及地表而使地表产生移动、变形、破坏的现象和过程。

由于不同地区地质采矿条件不同，地表移动通常有如下四种表现形式：地表移动盆地、裂缝与台阶、塌陷坑、采动滑移或滑坡。

(1) 地表移动盆地：由采空引起的采空区上方地表移动的整体形态和范围；也叫作地表下沉盆地。当地下开采达到一定范围后，岩层移动会波及地表，使地表产生移动和变形；受影响地表从原有的标高向下沉降，从而在采空区上方形成一个比采空区范围大得多的沉陷区域。

(2) 裂缝与台阶：地表会产生延伸型裂缝，裂缝两侧地表有时还会有一定的落差而形成台阶；属于地表非连续性破坏。

裂缝与台阶发生的原因主要是上覆岩层深厚比较小、地表拉伸变形或剪切变形较大。当松散层为塑性较大的黏土，且地表拉伸变形值超过 6～10 mm/m 时，地表出现裂缝；当松散层为塑性较小的砂质黏土、黏土质砂，且地表拉伸变形值超过 2～3 mm/m 时，地表即可产生裂缝。在急倾斜煤层条件下，特别是松散层较薄时，地表可能出现裂缝或台阶。

地表裂缝一般平行于开采区边界发展。在采煤工作面推进过程中，工作面前方地表可能出现垂直于推进方向的裂缝，随着工作面推过裂缝下方，这些裂缝还会闭合。

地表裂缝的形状为楔形，开口大，随深度增加而减小，到一定深度后尖灭。当地表有松散层时裂缝发育深度一般不大于 5 m，但是在基岩露头的地表，裂缝深度可达数十米。

(3) 塌陷坑：发生的边缘较陡、塌陷深度大的漏斗状或沟槽状塌陷坑；属于严重的地表非连续性破坏。其通常发生在浅部开采急倾斜煤层或特厚煤层，对地表的破坏非常严重。

(4) 采动滑移或滑坡：主要发生在山区或黄土沟壑地区。采动滑移指地下开采引起的山区地表附加移动；采动滑坡指地下开采引起的山坡整体性大面积滑动或坍塌。

1.3.2 地表移动盆地形成过程

地表移动盆地是在工作面推进的过程中逐渐形成的，主要包括四个阶段：

(1) 地表移动启动阶段：当工作面自开切眼向前推进相当于开采深度的 1/4～1/2 距离时，开采影响波及地表，引起地表下沉。

(2) 移动范围、最大下沉同步增长阶段：随着工作面继续向前推进，采空区面积增大，地表的影响范围不断扩大，下沉值不断增加，地表移动盆地范围逐渐扩大。

(3) 移动范围稳定增长阶段：当采空区尺寸增大到一定程度时，地表移动盆地范围继续扩大，最大下沉值将不再增加，从而形成一个平底的下沉盆地。

(4) 移动稳定阶段：工作面停采后，地表移动不会马上停止，而是要延续一段时间后才稳定下来，形成最终的地表移动盆地。此时的地表移动盆地又称静态移动盆地。

为了表示地表移动的不同阶段，通常用采动程度来表示。采动程度是指采区尺寸和其对岩层移动和地表下沉影响的状态。依据采动程度可将地表移动分为非充分采动、充分采动和超充分采动三种情况。

(1) 非充分采动：地表最大下沉值随采区尺寸增大而增加的开采状态。

(2) 充分采动：地表最大下沉值不随采区尺寸增大而增加的临界开采状态，也称临界开采。

(3) 超充分采动：地表最大下沉值不随采区尺寸增大而增加，且超出临界开采的状态，也称超临界开采。

显然，地表移动启动阶段和移动范围、最大下沉同步增长阶段属于非充分采动；移动范围稳定增长阶段属于超充分采动；两者中间的临界情况属于充分采动。

1.3.3 地表移动盆地的特征

地表移动盆地主断面是指通过移动盆地最大下沉点沿煤层倾向或走向的垂直断面。沿走向的主断面称为走向主断面，沿倾向的主断面称为倾向主断面。在非充分采动或刚达到充分采动时，盆地内只有一个最大下沉点，沿走向和倾向分别只有一个主断面；当达到超充分采动时，盆地中央平底部分点的下沉值均达到了最大下沉值，此时主断面有无数个。

地表移动盆地主断面的特征为：

① 范围最大：主断面上地表移动盆地的范围最大；

② 变形量最大：主断面上地表移动最充分，移动变形量最大；

③ 无横向位移：主断面上的点通常不产生垂直于主断面方向的水平移动。

下面从地表移动盆地的变形区域特征和几何形态特征两方面来分析地表移动盆地的特征。

1.3.3.1 变形区域特征——中性区域、拉伸区域和压缩区域地表移动盆地特征

中性区域：又称地表移动盆地的中间区域，位于盆地中央部位。在此区域内，地表下沉均匀，地表下沉值达到该地质采矿条件下应有的最大值，其他移动变形值近似为零，一般不出现明显的裂缝。这个区域我们也称为地表移动的充分采动区域。

压缩区域：又称地表移动盆地的内边缘区域，位于采空区边界附近到最大下沉点之间。在此区域内，地表向盆地中心方向倾斜，呈凹形，产生压缩变形，一般不出现裂缝。

拉伸区域：又称地表移动盆地外边缘区域，位于采空区边界到盆地边界之间。在此区域内，地表向盆地中心方向倾斜，呈凸形，产生拉伸变形，是产生地表裂缝的主要区域。

结合前面采动程度的概念，可以引入充分采动角来表征充分采动区域。充分采动角是指在充分采动条件下，地表移动盆地主断面的最大下沉点（或盆地平底边缘点）在地表面上投影点和同侧采空区边界点的连线与煤层底板方向线在采空区一侧的夹角。在倾向主断面上，下山方向的充分采动角称为下山充分采动角，用 ψ_1 表示；上山方向的充分采动角称为上山充分采动角，用 ψ_2 表示。在走向主断面上的充分采动角称为走向充分采动角，用 ψ_3 表示。

1.3.3.2 几何形态特征——水平煤层、倾斜煤层和急倾斜煤层地表移动盆地几何特征

（1）水平煤层地表移动盆地几何特征

与采空区相对位置：地表移动盆地位于采空区的上方，其最大下沉点所在位置和采空区中心一致。地表移动盆地的平底部分位于采空区中部的正上方。

地表移动盆地的形状：与采空区对称，如果采空区的形状为矩形，则地表移动盆地的平面形状为规则椭圆形。地表移动盆地左右两侧基本对称，移动范围相当。

盆地内外边缘分界点：大致位于采空区边界的正上方或略有偏离。

（2）倾斜煤层地表移动盆地几何特征

与采空区相对位置：与采空区位置不完全对称，地表移动盆地向下山方向偏移；最大下沉点偏向采空区的下山方向，与采空区中心不重合。

地表移动盆地的形状：平面呈不规则椭圆形，在走向方向上对称于倾斜中心线；而在倾斜方向上不对称，煤层倾角越大，这种不对称性越明显。上山方向较陡，移动范围小；下山方向较平缓，移动范围大。

（3）急倾斜煤层地表移动盆地几何特征

与采空区相对位置：与采空区位置不对称，整个地表移动盆地明显偏向下山方向；最大下沉点大致位于采空区下边界上方。

地表移动盆地的形状：地表移动盆地形状的不对称性更加明显。工作面下边界上方地表的开采影响达到开采范围以外很远；工作面上边界上方地表的开采影响则达到煤层底板

岩层。

从上面的介绍可以看出，在倾斜或急倾斜煤层条件下，地表最大下沉点的位置都会偏向采空区的下山方向。最大下沉点向下山方向偏移的程度可以用最大下沉角来描述。

最大下沉角是指在移动盆地主断面上，采空区中点和地表最大下沉点在地表面上投影点（非充分采动条件下）或覆岩充分采动区界线延长线交点（充分采动条件下）的连线与水平线在下山方向的夹角；一般用 θ 表示。

大量实测资料表明，最大下沉角主要与上覆岩层岩性和煤层倾角有关，一般随煤层倾角的增大而减小，可用下式表示：

$$\theta = 90° - k\alpha \tag{1-1}$$

式中 k——与上覆岩层岩性有关的系数；

α——煤层倾角，(°)。

1.3.4 地表移动与变形指标

地表移动盆地中不同位置的地表移动与变形程度是不同的。用来描述地表移动盆地中地表移动与变形程度的常用指标有地表下沉值、地表水平移动值、地表倾斜值、地表曲率值和地表水平变形值等。

通常将开采影响前的地表点初始位置与地表移动后位置的连线的长度和方向，称为地表点移动向量。

地表下沉值：地表点移动向量的垂直分量。

地表水平移动值：地表点移动向量的水平分量。

地表倾斜值：地表两相邻点下沉值之差与其变形前的水平距离之比。

地表曲率值：地表两相邻线段倾斜差与其变形前的水平距离平均值之比。

地表水平变形值：地表两相邻点的水平移动值之差与其变形前的水平距离之比。

显然，上述地表移动与变形指标均具有方向性。一个地表点的下沉值为铅垂线方向；同一点的其他移动与变形指标值随水平方向变化而变化，即同一点在不同方向上的水平移动、倾斜、曲率和水平变形是不同的。

1.4 地表移动的范围与确定方法

1.4.1 地表移动盆地边界及其角值参数

1.4.1.1 地表移动盆地边界

地表移动盆地边界可分为地表移动盆地的最外边界、地表移动盆地的危险移动边界和地表移动盆地的裂缝边界。

（1）地表移动盆地的最外边界

地表移动盆地边界是指地表受开采影响的边界，一般以下沉 10 mm 确定。这个边界就是地表移动盆地的最外边界。

（2）地表移动盆地的危险移动边界

地表临界变形值是指受保护的建（构）筑物仍能正常使用所允许的地表最大变形值。即当地表变形值大于该临界变形值时，地表移动与变形对建(构)筑物的影响将具有一定的危险性。通常将以地表临界变形值确定的边界，称为地表移动盆地的危险移动边界。

不同结构的建筑物能承受最大变形的能力不同，所以各种类型的建筑物都应有对应的临界变形值。例如，我国针对一般砖石结构建筑物确定的临界变形值为：$i=\pm 3$ mm/m，$\varepsilon=\pm 2$ mm/m，$K=\pm 0.2\times 10^{-3}$/m。

(3) 地表移动盆地的裂缝边界

地表移动盆地的裂缝边界是指根据移动盆地内最外侧出现的地表裂缝圈定的边界。

1.4.1.2 *地表移动盆地角值参数*

与上述三种地表移动盆地边界相对应的角值参数分别为边界角、移动角和裂缝角。

(1) 边界角

边界角是指在充分或接近充分采动条件下，地表移动盆地主断面上的边界点和采空区边界点连线与水平线在煤壁一侧的夹角。

按照地表移动盆地主断面的不同，边界角可分为走向边界角、下山边界角、上山边界角、急倾斜煤层底板边界角，分别用 δ_0，β_0，γ_0，λ_0 表示。

当有松散层存在时，应该先从盆地边界点用松散层移动角画线和基岩与松散层交界面相交，此点至采空区边界的连线与水平线在煤柱一侧的夹角即为边界角。

松散层移动角实际上就是岩层移动在松散层中传播时向外扩散的角度，用 φ 表示。它主要取决于松散层的性质，不受煤层倾角的影响，一般为 36°～50°。

(2) 移动角

移动角是指在充分采动或接近充分采动条件下，地表移动盆地主断面上，地表最外边的临界变形点和采空区边界点连线与水平线在煤壁一侧的夹角。

按照地表移动盆地主断面的不同，移动角可分为走向移动角、下山移动角、上山移动角、急倾斜煤层底板移动角，分别用 δ，β，γ，λ 表示。

同样，当有松散层存在时，应从最外边的临界变形值点用松散层移动角画线和基岩与松散层交界面相交，此交点至采空区边界的连线与水平线在煤柱一侧的夹角即为移动角。

(3) 裂缝角

裂缝角是指在充分采动或接近充分采动条件下，地表移动盆地主断面上，地表最外侧的裂缝和采空区边界点连线与水平线在煤壁一侧的夹角。

按照地表移动盆地主断面的不同，裂缝角可分为走向裂缝角、下山裂缝角、上山裂缝角、急倾斜煤层底板裂缝角，分别用 δ'，β'，γ'，λ' 表示。

1.4.2 地表移动角值参数的获取和应用

理论上，我们通过地表移动角值参数可以建立起地下开采范围与地表移动盆地范围、地表移动盆地的危险移动范围、地表移动盆地的充分采动范围和地表裂缝非连续性破坏范围之间的几何关系。

在现场技术实践工作中，我们可以用边界角、移动角和裂缝角来预测未来地下开采活动引起的地表移动盆地范围、地表移动盆地的危险移动范围、地表移动盆地的充分采动范围和地表裂缝非连续性破坏范围，为采动灾害预测、安全预警和防护设计提供科学依据。

1.4.2.1　地表移动角值参数的获取

(1) 实测获取：建立地表移动观测站进行现场实测，是获取地表移动角值参数的最可靠途径。前述各角值参数的定义实际上就是通过地表移动观测站实测数据获取各角值参数的方法。

地表移动角值参数与地质采矿条件密切相关，类似地质采矿条件下的地表移动参数相近。

(2) 类比获取：类比选用国内外与本矿区具有类似地质采矿条件的实测参数。

(3) 统计模型计算：首先利用大量实测数据，建立地表移动角值参数与主要地质采矿条件参数之间的统计经验公式；然后利用统计经验公式结合本矿区地质采矿条件参数计算获得需要的角值参数。

我国各矿区经过长期设站观测，获得了大量的地表移动实测资料，为地表移动角值参数的类比获取和统计分析奠定了基础。表 1-1 为我国按覆岩岩性区分的地表移动边界角、移动角和最大下沉角参数参考取值范围。表 1-2 为松散层移动角参考取值范围。

表 1-1　我国按覆岩岩性区分的地表移动边界角、移动角和最大下沉角参数参考取值范围($\alpha<50°$)

覆岩类型	覆岩性质		边界角/(°)			移动角/(°)			最大下沉角/(°)
	主要岩性	单向抗压强度/MPa	走向	上山	下山	走向	上山	下山	
坚硬	大部分以中生代地层硬砂岩、硬石灰岩为主，其他为砂质页岩、页岩、辉绿岩	60	75～80	75～80	$\delta_0-(0.7\sim0.8)\alpha$	60～65	60～65	$\delta-(0.7\sim0.8)\alpha$	$90-(0.7\sim0.8)\alpha$
中硬	大部分以中生代地层中硬砂岩、石灰岩、砂质页岩为主，其他为软砾岩、致密泥灰岩、铁矿石	30～60	70～75	70～75	$\delta_0-(0.6\sim0.7)\alpha$	55～60	55～60	$\delta-(0.6\sim0.7)\alpha$	$90-(0.6\sim0.7)\alpha$
软弱	大部分为新生代地层砂质页岩、页岩、泥灰岩及黏土、砂质黏土等松散层	30	60～70	60～70	$\delta_0-(0.3\sim0.5)\alpha$	50～55	50～55	$\delta-(0.3\sim0.5)\alpha$	$90-(0.5\sim0.6)\alpha$

表 1-2　松散层移动角参考取值范围

松散层厚度/m	干燥、不含水/(°)	含水较强/(°)	含流砂层/(°)
<40	50	45	30
40～60	55	50	35
>60	60	55	40

1.4.2.2　地表移动角值参数的应用

地表移动角值参数的应用包括：预测地表移动盆地范围；预测地表移动盆地的危险移动范围及边界；预测地表移动盆地的充分采动范围。

地表移动角值参数的应用步骤如下：

① 分析地质采矿条件，选定角值参数；

② 在井上下对照图上分析拟开采区域和煤层走向、倾向情况；

③ 确定走向、倾向主断面位置，根据实际情况可选择多个(半)主断面位置；

④ 确定各主断面开采区边界处的开采深度、松散层厚度；

⑤ 绘制主断面剖面图，依据角值参数确定各边界点(或计算确定)；

⑥ 在井上下对照图的各主断面上确定各边界点位置；

⑦ 用光滑曲线连接相邻主断面上各同类边界点，得到相应的区域范围。

复习思考题

1. 简述开采沉陷学的概念。
2. 简述开采沉陷学主要研究内容和研究手段。
3. 简述开采沉陷学的发展历史。
4. 简述开采沉陷学的研究展望。
5. 开采沉陷学研究中存在的主要难题有哪些？

第2章 矿山开采沉陷观测技术

2.1 概论

2.1.1 开采沉陷观测的目的和内容

2.1.1.1 开采沉陷观测的目的

所谓开采沉陷观测，就是对地下采矿引起岩层和地表移动与变形所进行的测量，又称为岩层和地表移动观测，一般需要在地表或岩体内部设置岩层移动观测站，定期对设置的观测点进行空间位置的观测，同时对岩层、地表的裂缝、挤压等破坏现象进行观测。

开采沉陷观测的主要目的有：

(1) 发现科学规律：研究开采引起的岩层与地表移动的基本规律；揭示岩层与地表移动机理；认识岩层与地表移动特征等。具体包括：揭示采矿、地质条件与地表移动和变形的关系；揭示岩体内部移动、变形和破坏的规律；揭示地表移动和变形的分布规律和时间过程。

(2) 建立预测模型：建立开采沉陷预测模型；反演预测模型参数。具体包括：求取边界角、移动角、裂缝角和最大下沉角等；求取开采沉陷预测模型参数。

(3) 进行安全预警：监测地表与岩层移动的动态过程，为沉陷灾害提供实时的安全预警。

2.1.1.2 开采沉陷观测的内容

开采沉陷观测的主要内容包括：

(1) 地表观测点的位移(高程、坐标或到控制点的距离)；

(2) 岩体内部观测点的位移(高程、坐标或到控制点的距离)；

(3) 地表裂缝的位置和宽度；

(4) 覆岩破坏垮落带、导水裂缝带情况；

(5) 岩层和地表移动的其他异常情况或现象。

2.1.2 开采沉陷观测站的种类

2.1.2.1 按照观测站设置的地点分类

(1) 地表移动观测站：为了研究地表移动和变形规律，在开采影响范围内的地表所布设的观测站。

(2) 岩层内部观测站：为了研究岩层内部的移动和变形规律，在井下巷道或岩层内部的钻孔中所布设的观测站。

(3) 专门观测站：为达到特定目的所设立的观测站，如建筑物观测站、铁路观测站、边坡移动观测站等。

2.1.2.2　按照观测的时间分类

（1）普通观测站：观测时间覆盖从地表移动开始到结束整个采动影响过程，时间较长。

（2）短期观测站：在地表移动过程中的某个阶段进行观测，观测时间较短（一般几个月到一年），主要是为了快速求出一些近似的移动参数（如最大下沉速度等）。

2.1.2.3　按观测站布设形式分类

（1）网状观测站：将测点组成网格状、覆盖整个或局部采动影响区的地表移动观测站。网状观测站布设示意图如图 2-1 所示。

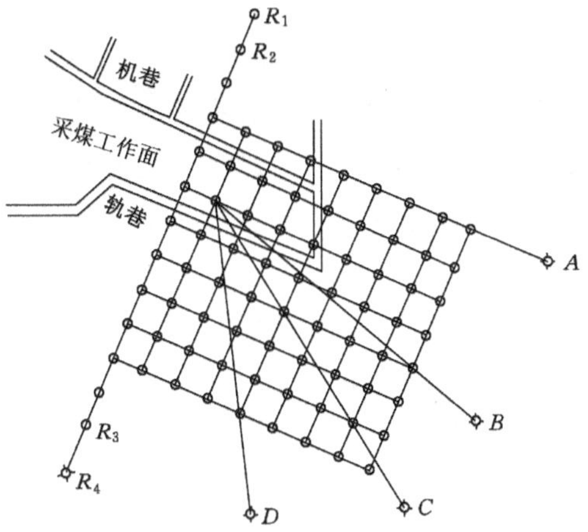

图 2-1　网状观测站布设示意图

（2）剖面线状观测站：将地表移动观测点布设成由一条或多条直线状观测线组成的地表移动观测站。其通常由两条互相垂直且相交的观测线所组成，其中沿走向主断面布设的观测线称为走向观测线，沿倾向主断面布设的观测线称为倾向观测线。剖面线状观测站的布设形式示意图如图 2-2 所示。

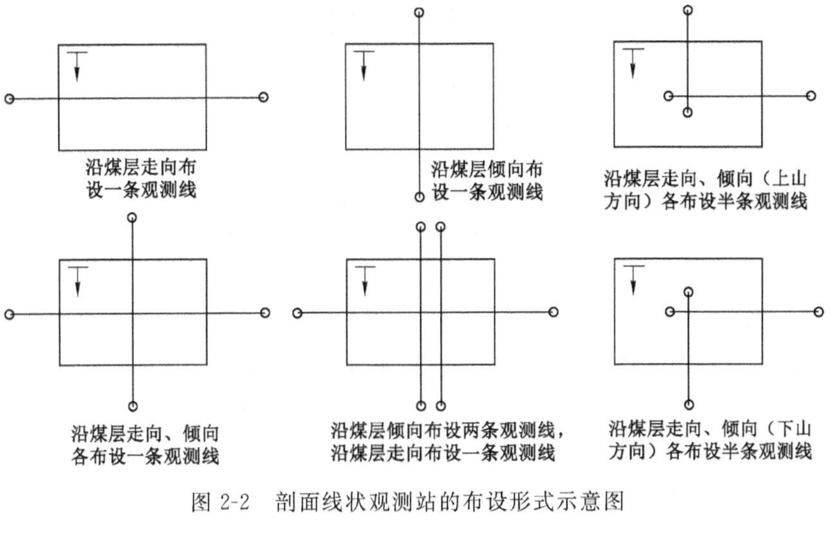

图 2-2　剖面线状观测站的布设形式示意图

(3) 钻孔观测站:在采动区施工监测钻孔,在钻孔中布设观测点并进行定期观测的岩层移动观测站。钻孔观测站示意图如图 2-3所示。

(4) 巷道观测站:在开采工作面的上方岩层中,利用原有巷道或专门开凿的观测巷道布设测点并进行定期观测的岩层移动观测站。某矿Ⅲ64 充填工作面上方 38 m 大巷中的巷道观测站示意图如图 2-4 所示。

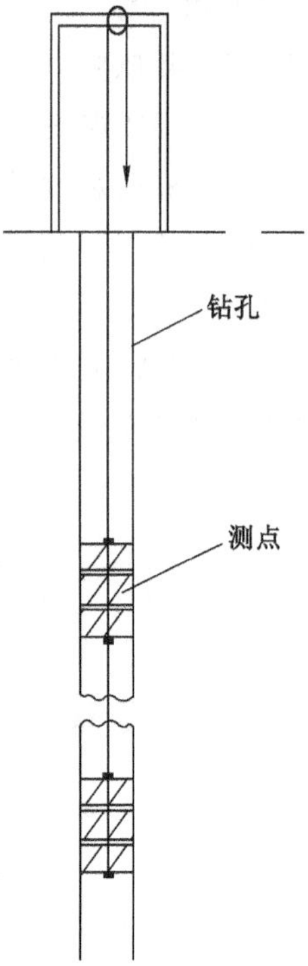

图 2-3 钻孔观测站示意图

2.1.3 开采沉陷观测新技术概况

传统开采沉陷观测主要是采用水准测量、平面测量以及摄影、素描等手段获取地表空间位置和状态的变化,这些方法往往具有效率低、劳动强度大、获取信息较少等缺点。近些年,随着现代测绘、遥感和传感器技术的发展,越来越多的测绘新技术应用到了开采沉陷观测领域,开采沉陷观测工作呈现自动化、全天候、高精度、无线传感、分布式、远程监测等特点,大幅度提高了开采沉陷观测的效率或精度。下面对这些新技术进行简要介绍。

2.1.3.1 测量机器人自动跟踪测量

测量机器人是一种能代替人进行自动搜索、跟踪、辨识和精确照准目标并且获取其角度、距离、三维坐标以及影像等信息的智能型电子全站仪,它是在全站仪基础上集成步进马达、电荷耦合器件(CCD)影像传感器构成的视频成像系统,并且配置智能化的控制及应用软件发展而形成的。

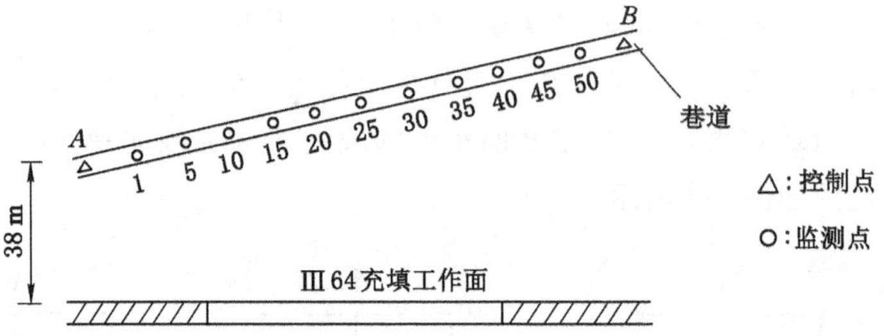

图 2-4 巷道观测站示意图

测量机器人可实现全天候无人值守监测。其目标识别主要依靠衰减全反射(ATR)模块实现,跟踪主要依靠马达和控制系统实现。图 2-5 为徕卡 TM30 测量机器人实物图,图 2-6 为测量机器人 ATR 照准模块示意图。

测量机器人目前广泛应用于采煤塌陷区一些重要建(构)筑物变形的长期自动化监测。

2.1.3.2 GNSS 实时监控系统

全球导航卫星系统(GNSS)技术是在 GPS 基础上发展起来的地表沉陷观测技术,与常规技术相比,具有定位精度高、自动化程度高、全天候观测等优势,同时通过与计算机技术、数据

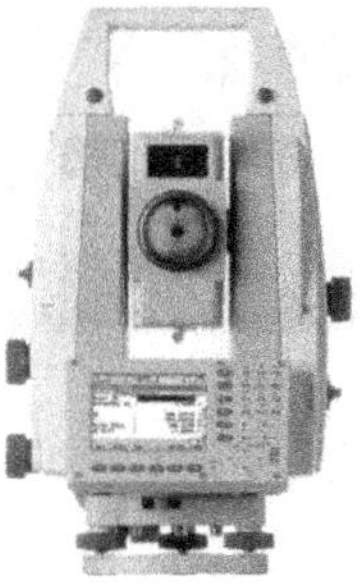

图 2-5　徕卡 TM30 测量机器人实物图

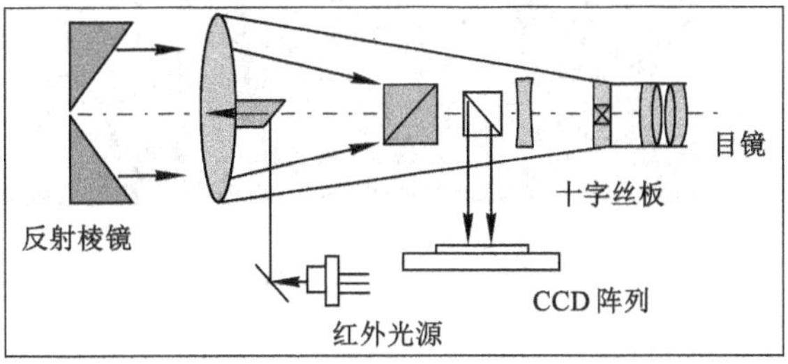

图 2-6　测量机器人 ATR 照准模块示意图

通信技术及空间分析技术进行集成，还可以实现从数据采集、传输、管理到变形分析及预报的自动化，以及远程在线网络实时监控。图 2-7 为全球导航卫星系统-实时动态定位（GNSS-RTK）监测系统。

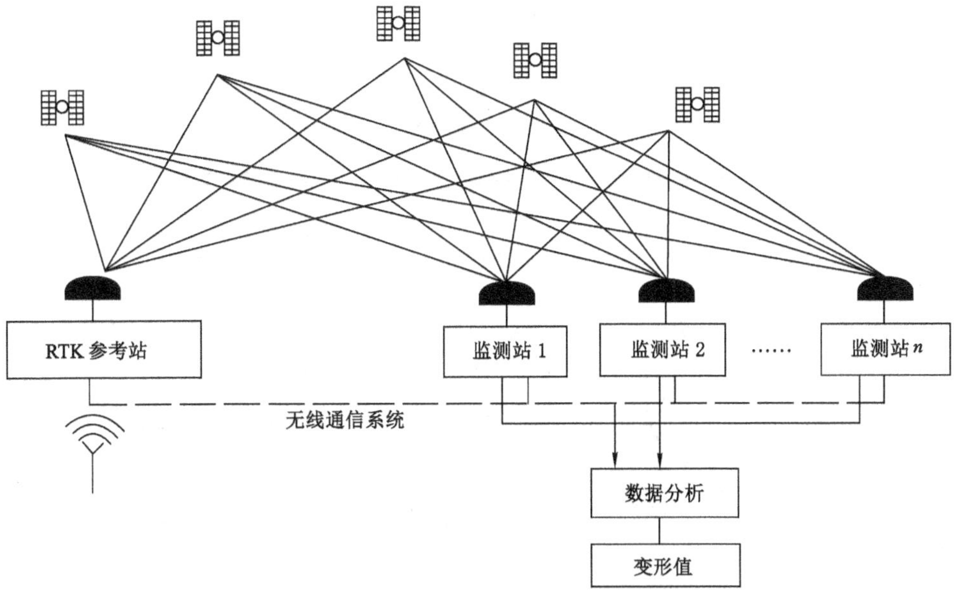

图 2-7　GNSS-RTK 监测系统

2.1.3.3　三维激光扫描监测技术

三维激光扫描监测技术又称为实景复制技术，是采用极坐标测量原理，通过激光测距和光电测角，记录被测物体表面大量密集点的三维坐标、反射率和纹理等信息，从而快速复建出被测目标的三维模型及线、面、体等各种图件数据。

采用三维激光扫描监测技术，可以在不同测站（基站）位置扫描地表沉陷区的局部完整形状信息；多站扫描数据通过共同的连接点可配准到同一坐标系中，形成一个整体。因此地表沉陷可以实现由点监测发展到面监测，对于全面掌握地表沉陷形态具有重要意义。

图 2-8 为某矿区上方采动区高等级公路三维激光扫描点云数据，图 2-9 为基于三维激光扫描监测技术获取的公路纵断面下沉曲线。

图 2-8 某矿区上方采动区高等级公路三维激光扫描点云数据

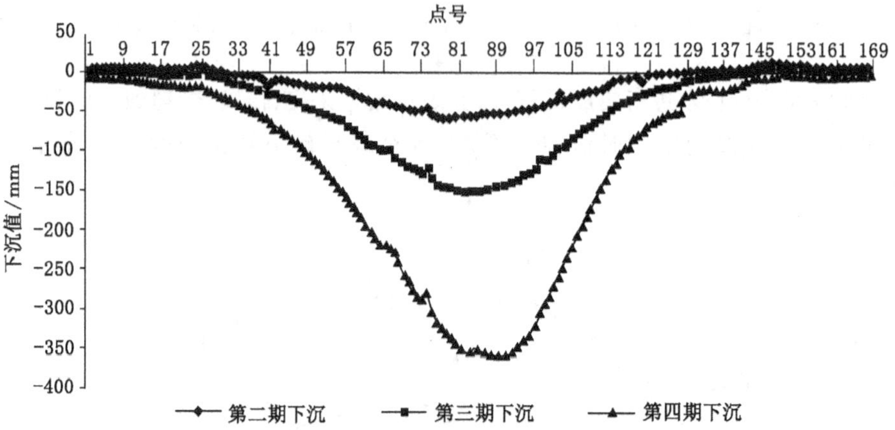

图 2-9 基于三维激光扫描监测技术获取的公路纵断面下沉曲线

2.1.3.4 分布式光纤传感技术

在受到应力和温度等外界环境因素的影响时，光纤中传输的光波容易受到外在场或量的调制，因而光波的表征参量(如布里渊区中心频率)发生相应改变。通过检测这些参量的变化，就可以获得外界被测参量的信息，实现对外界被测参量的“传”和“感”。

图 2-10 中光纤中温度、应变改变引起其布里渊区中心频率显著变化，从而很容易识别温度、应变的变化量。

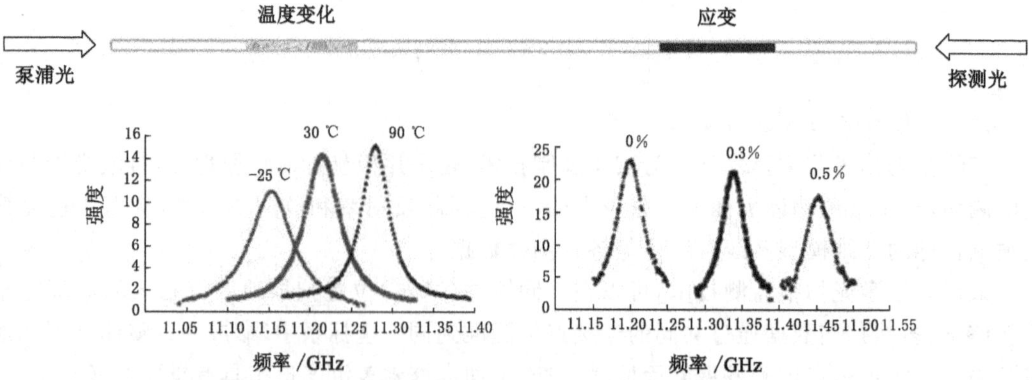

图 2-10 光纤中温度、应变变化引起的布里渊区中心频率偏移

分布式光纤传感技术可以用于测量塌陷区内铁路、公路、高压输电线路、桥梁、隧道、管道、井筒等构筑物的变形，其在采煤塌陷区变形监测方面也得到了越来越广泛的应用。

2.1.3.5　合成孔径雷达差分干涉测量技术

合成孔径雷达差分干涉测量技术(Differential Interferometric Synthetic Aperture Radar，DInSAR)是利用同一地区不同时相的 SAR 影像，通过差分干涉获取该地区地表变形信息的技术手段。DInSAR 技术具有监测范围大、全天候监测、分辨率高、成本低等优势，目前已经在老采空区变形监测、大区域变形监测方面得到了越来越广泛的应用。图 2-11 为某矿区开采过程中的地表动态变形监测结果。

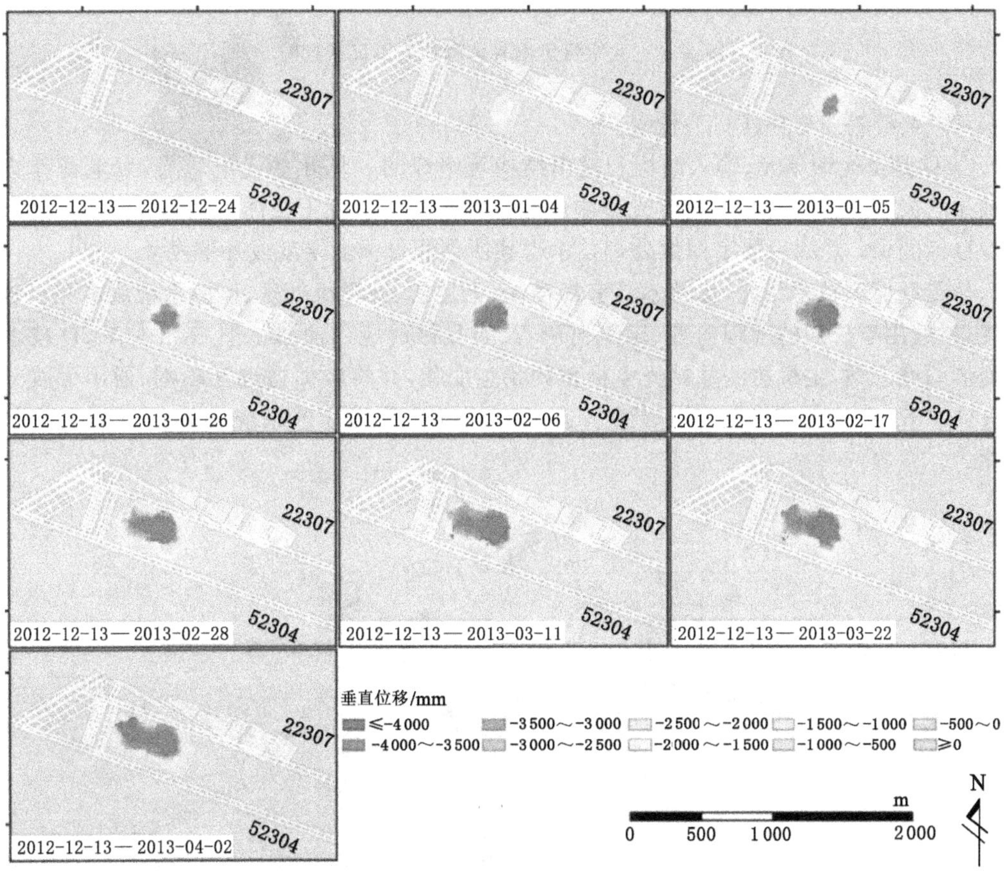

图 2-11　某矿区开采过程中的地表动态变形监测结果

2.1.3.6　数字摄影测量技术

数字摄影测量技术是利用数码照相、数码摄像、激光照相、CT 扫描等影像采集手段，得到被测目标的数字影像后，再运用计算机图形处理分析方法，对被测目标进行变形或是特征分析识别的一种现代测量新技术。

数字摄影测量技术广泛应用于开采沉陷相似材料模型监测、力学试验变形监测等方面。基于无人机的数字摄影测量技术是矿山开采沉陷研究的热点之一。数字摄影测量监测地表下沉示意图如图 2-12 所示。

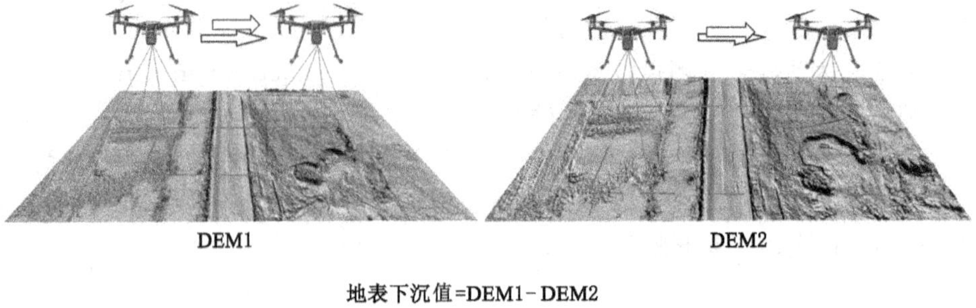

图 2-12 数字摄影测量监测地表下沉示意图

2.1.3.7 电荷耦合器件(CCD)技术

CCD 是由光敏单元、输入结构和输出结构等组成的一体化的光电转换，以电荷作为信号载体的微型影像传感器，具有光谱响应宽、动态范围大、抗干扰能力强等特点，可远距离获取目标图像，并利用数字图像处理技术得到所侦测目标的温度或外形尺寸。

与传统监测技术相比，该技术具有精度高、无接触、计算机处理、监测系统成本相对较低等优点，适用于长期的远程监控、定点监测，具有良好的应用前景。图 2-13 是 CCD 技术监测变形的概念图，主机监测从站光电标靶的状态变化，并将数据通过互联网、通用无线分组服务(GPRS)模块等发送至目标终端，通过本地机的数据处理系统解算出目标点的状态变化。

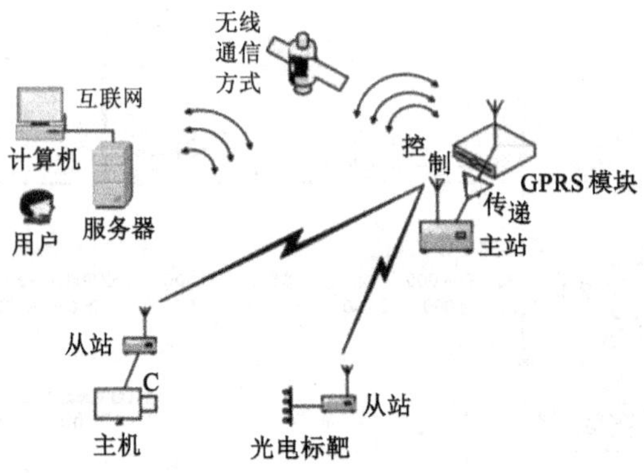

图 2-13 CCD 技术监测变形的概念图

2.1.3.8 时域反射(TDR)技术

TDR 技术是通过在钻孔中安装同轴电缆，当岩土体发生位移时，同轴电缆中的测试信号和反射信号的差异能够实时监测出电缆发生状态变化的位置，从而进一步推算出相应的变形量。

TDR 技术能够有效地监测岩土体深部变形，并能很好地反映变形特征。图 2-14 是 TDR 技术监测变形的概念图，通过主机测试同轴电缆状态变化，并通过通信设备将数据实时传输至数据处理终端。

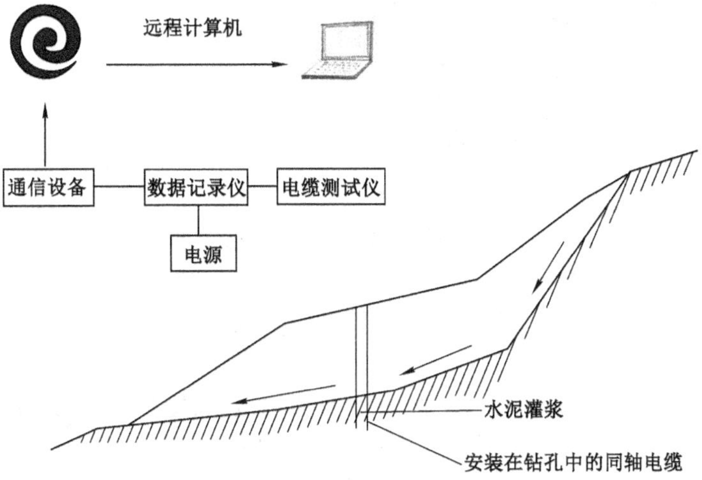

图 2-14　TDR 技术监测变形的概念图

2.1.3.9　阵列式位移计(SAA)

阵列式位移计也叫柔性测斜仪，是一种可以被放置在一个钻孔中或嵌入结构内的变形监测传感器。它由多段连续节串接而成，内部由微电子机械系统加速度计组成，每节有一个已知的长度，一般为 30 cm 或 50 cm。它被广泛应用于滑坡、沉降、挠度等监测领域。

图 2-15 是 SAA 测量节点位移的示意图，其工作原理是通过测量不同节之间角度的变化获取节点位移变形，类似于支导线测量。

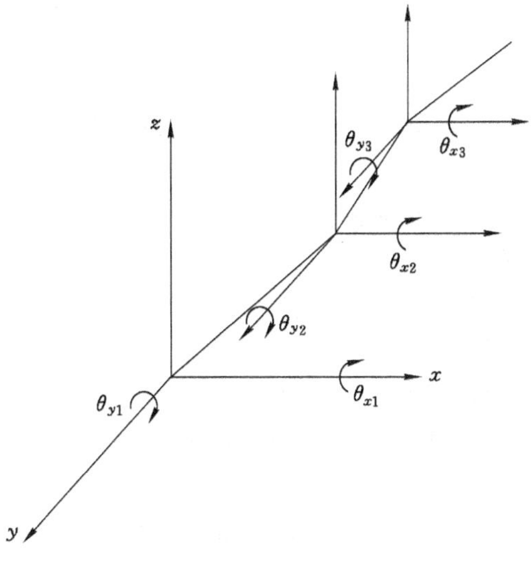

图 2-15　SAA 测量节点位移的示意图

2.2 地表移动观测站设计和数据处理

2.2.1 观测站设计的原则及内容

2.2.1.1 观测站设计资料准备

(1) 图纸资料:采区的井上下对照图、采区的采掘工程平面图、采区的地质剖面图和岩层柱状图,以及采区的采掘工程计划图。

(2) 采矿资料:巷道的布设、回采方法、顶板管理方法、计划回采时间和工作面的推进速度等。

(3) 地质资料:采区煤系地层的生成年代、地质构造、煤层产状和赋存情况,上覆岩层的组成、层位及其岩石力学性质,地面水系和地下水的赋存情况,以及井下水的补给关系等水文资料。

(4) 测绘资料:地面控制点、水准点和井下主要巷道的导线点、水准点资料,以及已有的地表及岩层移动资料(如移动角、最大下沉角、充分采动角等移动角值参数)。

对于新建矿区,可根据矿区的地质条件、水文条件、采矿条件等采用类比法选定地表移动参数。

2.2.1.2 观测站设计原则

观测站设计一般遵循以下原则:

(1) 沿主断面布设:应布设在地表移动盆地的主断面上。

(2) 不受邻近影响:在观测期间不受邻近开采的影响。

(3) 足够长度:观测线的长度要大于地表移动盆地的范围。

(4) 足够密度:观测线上的测点应有一定的密度。

(5) 稳定控制:控制点要设在移动盆地范围以外,埋设要牢固。在冻土地区,控制点底面应在冻土线 0.5 m 以下。

为特殊目的而建立的专门观测站,可不受上述条件限制。

2.2.1.3 观测站设计内容

观测站设计内容包括编写设计说明书和绘制设计图。

设计说明书的内容主要有:

(1) 目的任务:建立观测站的目的和任务。

(2) 环境条件:设站地区的地形、地物及地质采矿条件。

(3) 设计参数:观测站设计时所用的开采沉陷参数。

(4) 设计内容:观测线的形式、位置和长度的确定,以及观测点数目、间距和控制点位置、数目的确定。

(5) 施工方案:观测站建设的实际标定方法和埋设方法。

(6) 观测方案:观测所用的仪器,与矿区控制网连接测量的方法和精度要求,以及连接测量的起始数据、观测时间、方法及精度要求。

(7) 成果整理:观测站成果整理与分析的方法和要求,以及所要获得的成果。

(8) 经费估算:观测站所需材料、占地、人工等费用的预算。

设计图主要包括：

(1) 观测站设计平面图：反映地表移动观测线位置及其与井上下的对照关系。

比例尺一般与矿区的井上下对照图一致。

图上内容：地面地物、地貌、控制点及水准点；采区巷道及四周回采情况，观测点位置及编号；保护煤柱边界及其他地质资料。

(2) 观测线设计剖面图：其比例尺应与平面图一致；图上应表示出观测点和控制点的位置及编号、岩层柱状、地质构造、煤层产状及开采位置等。

2.2.2　地表移动观测线位置和长度的确定

2.2.2.1　倾向观测线位置

倾向观测线设置在地表移动盆地的倾向主断面上。

充分采动时，可利用充分采动角确定地表充分采动区，过地表充分采动区的倾向主断面均可设置倾向观测线；非充分采动时，通过工作面中心的倾向断面即为倾向主断面，在该倾向主断面上即可设置倾向观测线。

2.2.2.2　走向观测线位置

走向观测线设置在地表移动盆地的走向主断面上。

充分采动时，可利用充分采动角确定地表充分采动区，过地表充分采动区的走向主断面均可设置走向观测线；非充分采动时，首先在倾向主断面上用最大下沉角确定最大下沉点的位置，过最大下沉点的走向断面即为走向主断面，在该走向主断面上即可设置走向观测线。

2.2.2.3　观测线长度的确定

1. 全长观测线

全长观测线指地表移动观测线长度覆盖主断面上全部地表移动范围，如图 2-16～图 2-18所示。

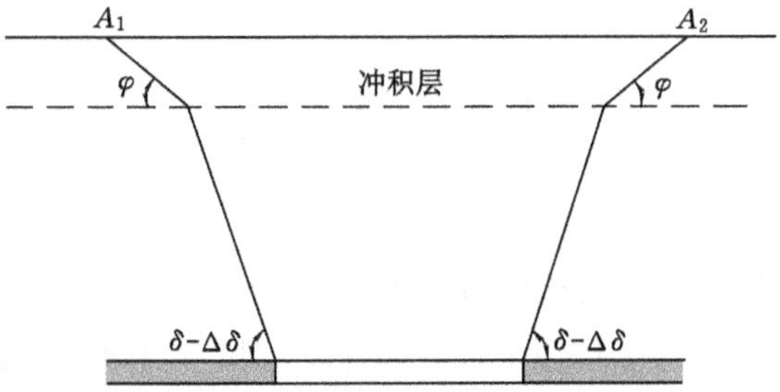

图 2-16　走向主断面上的全长观测线示意图

全长观测线的长度大于沿主断面开采区域平面投影长度与两侧采区边界外侧采动影响区范围之和。如倾向全长观测线长度至少为：

$$A_1A_2 = 2h\cot\varphi + (H_1 - h)\cot(\beta - \Delta\beta) + (H_2 - h)\cot(\gamma - \Delta\gamma) + L\cos\alpha \quad (2\text{-}1)$$

式中　L——工作面倾向长度，m；

γ——上山移动角，(°)；

β——下山移动角，(°)；

$\Delta\gamma$——上山移动角的修正值，(°)；

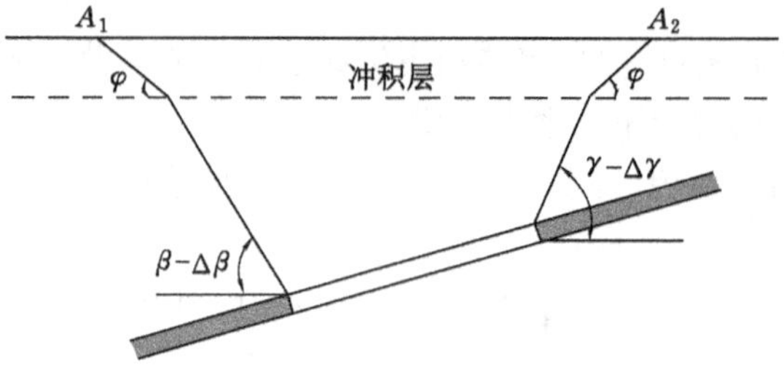

图 2-17 倾向主断面上的全长观测线示意图

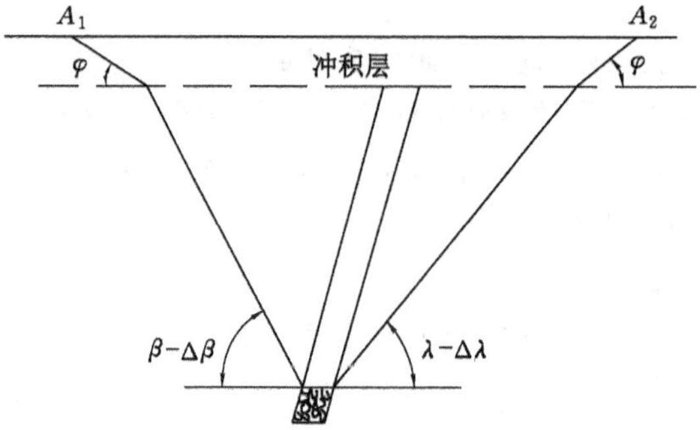

图 2-18 急倾斜煤层全长观测线示意图

$\Delta\beta$——下山移动角的修正角,(°);

h——松散层厚度,m;

φ——松散层移动角,(°);

α——煤层倾角,(°);

H_1,H_2——采区下边界和上边界的开采深度,m。

若在充分采动区布设两条倾向观测线,其间距一般为 50～70 m,并且应距开切眼或终采线 0.7H(H 为开采深度)以上。

2. 半长观测线

半长观测线指地表移动观测线长度覆盖主断面上地表移动一侧范围。通常在工作面走向长度大于 0.9H_0(H_0 为采煤工作面平均开采深度)时,可以只设半长走向观测线。

半长观测线长度大于最大下沉点至采区边界距离与采区边界外侧采动影响区范围之和。走向主断面半长观测线示意图如图 2-19 所示。

采区边界外侧采动影响区范围可根据移动角、移动角修正值、松散层移动角和平均开采深度等确定。如走向主断面上采区边界外侧采动影响区范围为:

$$GF = h\cot\varphi + (H_0 - h)\cot(\delta - \Delta\delta) + H_0\cot\psi_3 + d \tag{2-2}$$

式中 δ——走向移动角,(°);

$\Delta\delta$——走向移动角修正值,(°);

H_0——采煤工作面平均开采深度,m;

h——松散层厚度,m;

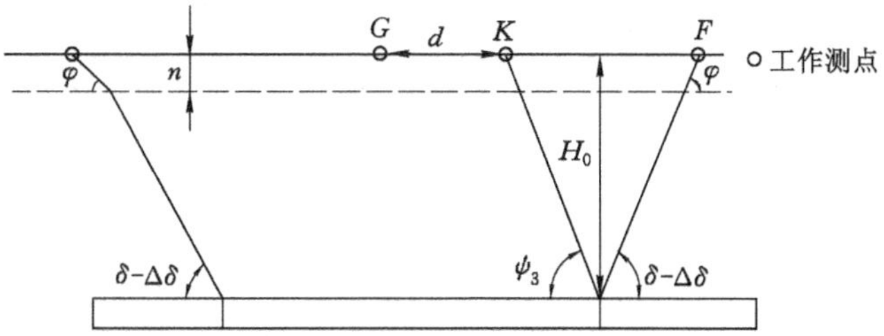

图 2-19　走向主断面半长观测线示意图

φ——松散层移动角,(°);

ψ_3——充分采动角,(°);

d——观测线超过最大下沉点的距离,m。

考虑到地表移动角值的误差,一般需要对地表移动角值进行修正。煤层上山移动角和走向移动角的修正值 $\Delta\gamma$、$\Delta\delta$ 一般取 20°;下山移动角的修正值 $\Delta\beta$ 和急倾斜煤层底板移动角的修正值 $\Delta\lambda$ 可依据表 2-1 按不同煤层倾角 α 确定;松散层移动角不加修正值。

表 2-1　地表移动观测站设计移动角修正值

煤层倾角 α/(°)	$\Delta\beta$/(°)	$\Delta\lambda$/(°)	$\Delta\gamma$/(°)	$\Delta\delta$/(°)
0	20		20	20
10	17		20	20
20	15		20	20
30	13		20	20
40	12		20	20
50	11		20	20
60	9	10	20	20
70	7	10	20	20
80 以上	6	10	20	20

2.2.3　控制点与观测点布置

控制点:每条观测线两端或一端沿观测线方向向外一般还要设置 2 个控制点,如果观测线是半条的或由于地形限制不能在观测线两端同时设置控制点时,应在可设置控制点的一端向外设置至少 3 个控制点。

控制点间距:控制点与控制点之间、控制点与相邻观测点之间的距离可在 50～100 m 范围内选定。

观测点:观测点应均匀布设在观测线上,尽量采用等间距布设。

观测点间距:观测线上观测点间距可按开采深度确定(表 2-2)。

表 2-2 地表移动观测线观测点间距

开采深度/m	观测点间距/m
<50	≤5
50～<100	10
100～<200	15
200～<300	20
≥300	30

2.2.4 控制点与观测点埋设及编号

非冻土地区：埋设深度应不小于 0.6 m；冻土地区：观测点标志底面应在冻土线 0.5 m 以下。

观测点编号：倾向观测线观测点编号自下山向上山方向增序编号；走向观测线按工作面推进方向增序编号。

2.2.5 地表移动观测站观测方案设计

地表移动观测站的主要观测内容包括连接测量、全面观测和日常观测，具体的观测程序如表 2-3 所列。

表 2-3 地表移动观测站观测程序

观测时间	观测内容	观测时间	观测内容
设站后 10～15 d	连接测量	地表移动活跃期	日常观测、全面观测
采动影响前	全面观测	地表移动衰退期	水准测量
地表移动初期	日常观测	地表移动稳定后	全面观测

2.2.5.1 连接测量

连接测量是指观测站控制点与矿区控制网之间进行测量，以确定观测站控制点的平面位置和高程。连接测量分为高程连接测量和平面连接测量。一般高程连接测量采用三等水准测量，平面连接测量采用一级导线测量或 D 级 GPS 测量。

连接测量的要求：独立进行两次，取平均值作为观测站控制点成果。

2.2.5.2 全面观测

观测内容：测点高程、测点坐标或各测点间距和测点偏离观测线方向的距离（称为测点支距），以及记录地表破坏情况。

测点高程：三等水准测量，尽量布设成闭合水准路线；在山区可采用三角高程测量。

测点坐标：5″导线测量或 GPS 静态测量。

测点间距：钢尺丈量、激光测距。

测点支距：经纬仪与支距尺联合测量。

在采动影响前，应独立进行两次全面观测。两次测得的同一点的高程差不得大于 10 mm、支距互差不大于 30 mm，同一边的长度差不大于 4 mm，测点的点位中误差不大于

7 cm；取两次观测的平均值作为初次观测数据。

2.2.5.3 日常观测

日常观测指首次和末次全面观测之间的定期四等水准测量工作。一般在工作面推进一定距离[$(0.25\sim0.5)H_0$]后，在预计可能首先移动区域，每隔几天进行一次水准测量，如果发现有下沉的趋势，即说明地表已经开始移动，称为巡视测量。在地表移动开始后，定期对测点高程进行测量，测量时间间隔视地表的下沉速度而定；在地表移动的活跃阶段，应在下沉较大的区段增加水准观测次数，称为日常观测。

日常观测过程中，还应及时记录和描述地表出现裂缝、塌陷的形态和时间，以及相应工作面位置、实际采出厚度、工作面推进速度、顶板垮落情况、煤层产状、地质构造、水文条件等有关情况。

山区地形起伏较大(两点间的倾角大于20°)时，可以选用测角精度不低于6″的全站仪进行两个测回的竖角和斜距测量。往返测量高差的允许互差Δh为：

$$\Delta h = 8 + 0.1D \tag{2-3}$$

式中 D——两点间的水平距离，m。

2.2.6 观测成果的数据处理

观测成果的数据处理工作主要包括测点高程、坐标、边长、支距计算，以及相关移动与变形曲线图的绘制。地表移动与变形计算取位规则如表2-4所列。

表2-4 地表移动与变形计算取位规则

名称	下沉值W/mm	水平移动值U/mm	倾斜值i/(mm/m)	曲率值K/(10^{-3}/m)	水平变形值ε/(mm/m)	水平移动值U'/mm	下沉速度v/(mm/d)
取位	1	1	0.1	0.01	0.1	1	0.1

2.2.6.1 观测成果的计算

1. 观测高程和坐标时的移动变形值计算

(1) 地表下沉值计算

某一点的地表下沉值表示为该点的初始观测高程与本次观测高程之差。正值表示下沉，负值表示上升。地表下沉值计算公式如下：

$$W_n = H_{n_0} - H_{n_m} \tag{2-4}$$

式中 W_n——n点的下沉值；

H_{n_0}，H_{n_m}——首次和m次观测时n点的高程。

(2) 地表倾斜值计算

地表倾斜值表示为相邻两点的下沉差值和两点之间距离的比值。正值表示向采空区方向倾斜，负值表示背离采空区方向倾斜。地表倾斜值计算公式如下：

$$i_{n\sim n+1} = \frac{W_{n+1} - W_n}{S_{n\sim n+1}} \tag{2-5}$$

式中 W_{n+1}，W_n——$n+1$号点和n号点的下沉值；

$S_{n\sim n+1}$——n号点和$n+1$号点间初次观测的水平距离。

（3）地表曲率值计算

地表曲率值表示为相邻两条线段的倾斜差值与两条线段中点连线距离的比值。正值表示向上凸起，负值表示下凹。地表曲率值计算公式如下：

$$K_{n+1\sim n\sim n-1}=\frac{2(i_{n+1\sim n}-i_{n\sim n-1})}{S_{n+1\sim n}+S_{n\sim n-1}} \tag{2-6}$$

式中 $i_{n+1\sim n}$，$i_{n\sim n-1}$——$n+1$ 号点至 n 号点和 n 号点至 $n-1$ 号点的倾斜值；

$S_{n+1\sim n}$，$S_{n\sim n-1}$——$n+1$ 号点至 n 号点和 n 号点至 $n-1$ 号点初次观测的水平距离。

（4）地表水平位移值计算

地表水平位移值表示某一点第 m 次观测时距离控制点的水平距离与初始距离的差值。正值表示该点向采空区方向移动，负值表示该点背离采空区方向移动。地表水平位移值计算公式如下：

$$U_n=L_{n_0}-L_{n_m} \tag{2-7}$$

式中 U_n——n 点的水平移动值；

L_{n_0}，L_{n_m}——首次和 m 次观测时 n 点距离控制点的水平距离。

（5）地表水平变形值计算

地表水平变形值表示相邻两点水平距离的变化。正值表示拉伸变形，负值表示压缩变形。地表水平变形值计算公式如下：

$$\varepsilon_{n\sim n+1}=\frac{U_{n+1}-U_n}{L_{n\sim n+1}} \tag{2-8}$$

式中 $L_{n\sim n+1}$——首次观测时 n 点至 $n+1$ 点的水平距离。

2.2.6.2 绘制移动与变形曲线图

绘制移动与变形曲线图是地表移动观测成果的数据处理工作的另一项重要内容。绘图的依据主要是地质与采矿资料和全面观测的实测数据。剖面图的垂直比例尺和平面图的水平比例尺一致；图样的比例、绘制的方法与设计图相同。图上内容主要包括观测点实际位置、地貌、地物，地表裂缝和塌陷坑的形态及出现日期，实际的开采厚度、倾角，新揭露的地质构造，采区的实际形状及倾向、走向尺寸，以及每次观测时的工作面位置等。

观测线的地表移动与变形曲线图绘制有两种方法。第一种方法是在对应的观测线剖面图上方将某次观测的各种移动与变形曲线绘制在一张图上，用于研究某一时刻盆地主断面上移动和变形的分布规律。第二种方法是将每次观测的同一曲线绘制在同一张观测线剖面图上，用于研究地表在移动过程中移动和变形的发展规律。这两种曲线图的绘制原理相同。

下面介绍第一种曲线图的绘制方法和步骤：

（1）绘制剖面图：在图纸的下半部分绘出观测线的剖面图。

（2）绘制各曲线水平投影轴：在图纸的上部均匀地画出 5 种曲线的水平投影轴（由下向上依次为下沉、倾斜、曲率、水平移动和水平变形）。

（3）观测点投影：将观测点投影到各水平投影轴上，并注记相应的点号。

（4）选定曲线比例尺：各曲线的水平比例尺应与剖面图的垂直比例尺一致；垂直比例尺确定原则为曲线要能清楚地反映出移动和变形的变化规律，并便于对比、分析和图解参数。

（5）展点：在各水平投影轴上定出点位（下沉和水平移动为各观测点，倾斜和水平变形为各点间距的中点，曲率应在相邻两线段之和的中点），根据计算的移动和变形值按各自的垂直比例尺展点。

需要注意的是，下沉向下取值为正，其他移动与变形均向上取值为正、向下取值为负。下沉展在测点的正下方；水平移动是根据其正、负号分别展在测点的正上方或正下方；倾斜和水平变形是依据其正、负号展在两测点间中点的正上方或正下方；曲率应展在相邻两线段之和的中点的正上方或正下方。

(6) 连线：将各曲线点分别用平滑曲线连接起来，即为各种移动与变形曲线(图 2-20)。

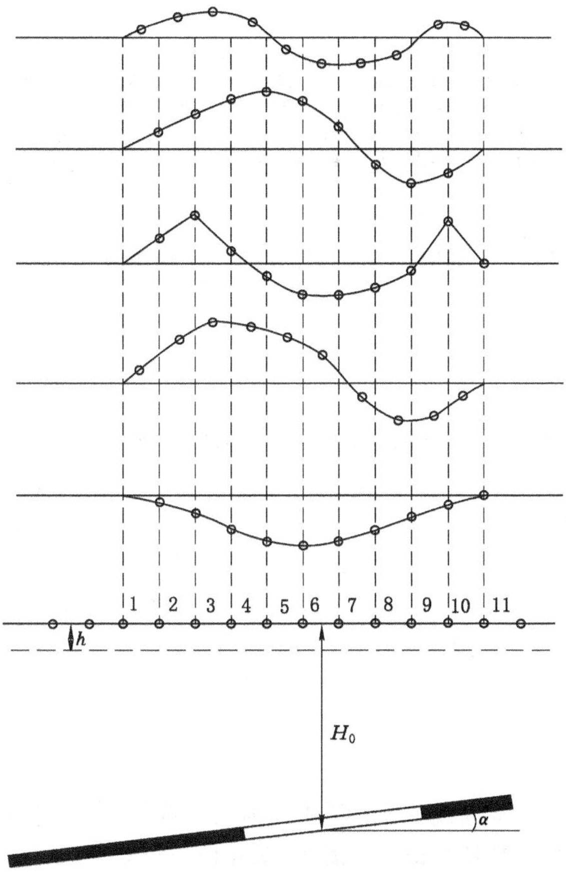

图 2-20　地表移动与变形曲线图

2.3 岩体内部移动与变形监测技术

地下采矿引起的岩层移动与变形，是从工作面围岩移动与变形开始，向上发展直到地表，形成地表移动与变形。要全面了解岩层和地表移动与变形的全过程，仅依靠地表移动观测站是不够的，还需要对岩层内部的移动与变形进行监测。

岩层内部移动观测站指在岩层内部设置一系列互相联系的观测点，一般包括巷道岩移观测站和钻孔岩移观测站。

2.3.1 巷道岩移观测站

巷道岩移观测站指在采空区上方不同高度的近水平巷道内设置一系列观测点并定期对高程和位移进行观测，如图 2-21 所示。

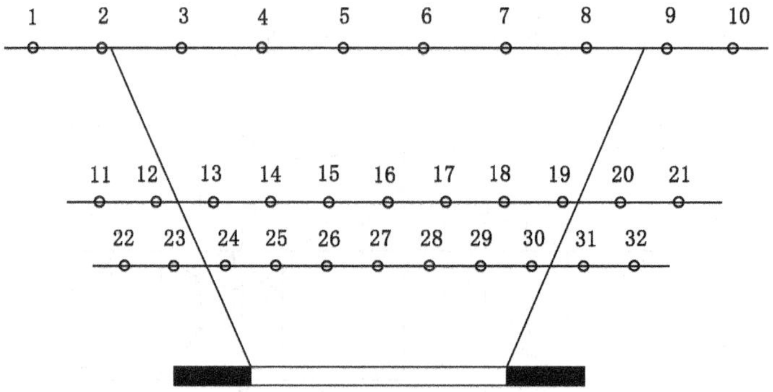

图 2-21 巷道岩移观测站示意图

技术要求如下：

(1) 位置：为保证安全，观测巷道应位于导水裂缝带之上；其方向应与煤层走向垂直或平行，最好位于移动盆地主断面上。

(2) 长度：巷道观测线长度应该超出采动影响范围外一部分。

(3) 测点间距：按巷道离开采空区的高度确定，一般取 5～15 m。

(4) 观测内容：测点高程和相邻测点间边长，或测点高程和坐标。

(5) 观测精度：两点间往返观测或两次仪器高观测高差互差小于 3 mm，往返测边长互差小于 2 mm。

2.3.2 钻孔岩移观测站

钻孔岩移观测站指从地面或井下巷道中向岩层内部打钻孔，并在钻孔中设置观测点进行观测。观测方法主要包括钻孔钢丝观测法、钻孔伸长仪观测法、钻孔倾斜仪观测法、钻孔光纤观测法等。

2.3.2.1 钻孔钢丝观测法

原理：在钻孔中不同深度设测点，用钢丝将钻孔中的测点引至地表进行观测。钻孔钢丝观测法结构安装示意图如图 2-22 所示。

测点：用压缩木或混凝土将测点标志与孔壁岩层固结在一起；每个测点用细钢丝连接并引至地表，借助滑轮和重锤绷紧钢丝。

观测：定期测量各测点连接的重锤上下移动量，即相应各测点的上下位移量。

2.3.2.2 钻孔伸长仪观测法

原理：在钻孔中安装附有感应环（测点）的波状塑料管，用感应探头和带有刻度的电缆定期测量感应环（测点）的位置，测定其上下位移量。钻孔伸长仪使用安装示意图如图 2-23 所示。

组成：带有金属感应环的波状塑性管、感应探头、带有读数装置的卷缆轮及基准架。

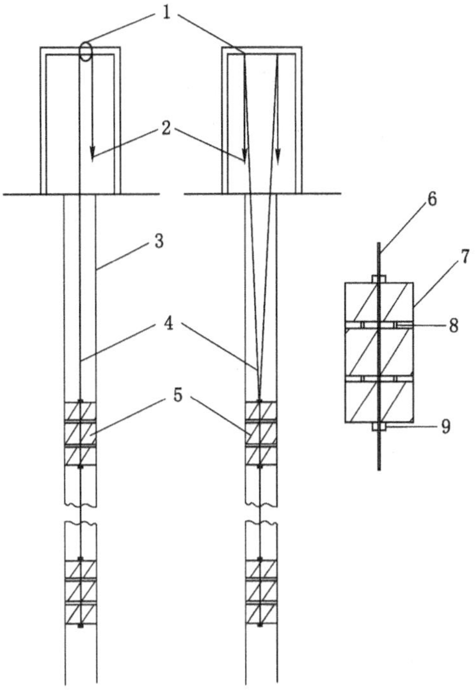

1—滑轮；2—重锤；3—钻孔；4—钢丝；5—测点；
6—钢管；7—压缩木；8—垫圈；9—螺母。

图 2-22　钻孔钢丝观测法结构安装示意图

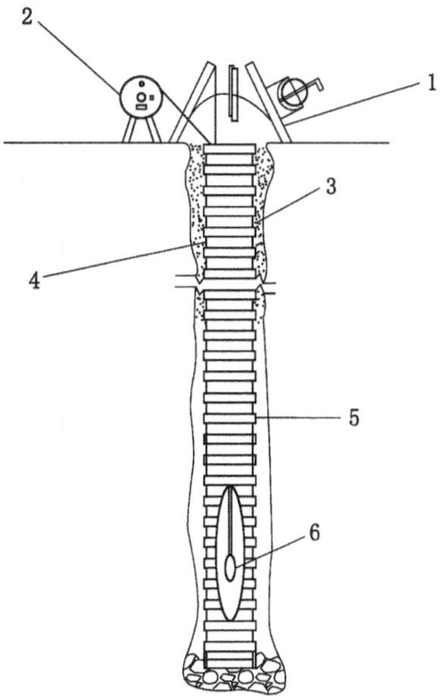

1—基准架；2—带有读数装置的卷缆轮；3—砂砾石填料；
4—金属感应环；5—套管；6—感应探头。

图 2-23　钻孔伸长仪使用安装示意图

(1) 塑性管：每节长度为 2～6 m，沿竖向可伸缩；每隔一定距离固定一个金属感应环于塑性管外侧。

(2) 感应探头：内部有无线电频率振荡器和电测器电路，用于感应金属感应环发生感应。

(3) 卷缆轮：带有读数装置的卷缆轮上有整米刻度电缆、电压指示器、灵敏度旋钮、蜂鸣器和电池检验旋钮等，用于下方收起电缆和显示感应信号。

(4) 基准架：配置有手柄、滑轮和毫米刻画的标尺等，用来测量电缆上不足 1 m 的尾数部分。

作业步骤：

(1) 下放：转动卷缆轮在观测钻孔的波状塑性管中下放电缆及感应探头。

(2) 探测：当探头接近金属感应环时，将引起蜂鸣报警，同时指示器上的指针偏转；当指针偏转量达到最大时，此时探头中心正好对准金属感应环。

(3) 读数：利用电缆和标尺上的刻度，读出测点的深度。

(4) 继续探测下一个测点。

(5) 返测：到达钻孔底部后，再提升电缆并对各测点进行返测。

根据开采前后的测量结果，可计算出不同深度岩层的移动与变形值。为获得绝对的位移值，应在移动区以外的测量基点测出空口基准架的移动值。钻孔伸长仪的测深精度可达1.5 mm。

2.3.2.3 钻孔倾斜仪观测法

原理：在钻孔中安装带有正交导向槽的测管；应用带导向轮的倾斜传感器沿导向槽在测管中下放或提升，测定不同深度测管的倾斜度；通过与初次观测结果进行比较分析，可计算出不同深度位置岩层的横向位移。钻孔倾斜仪测量示意图如图 2-24 所示。

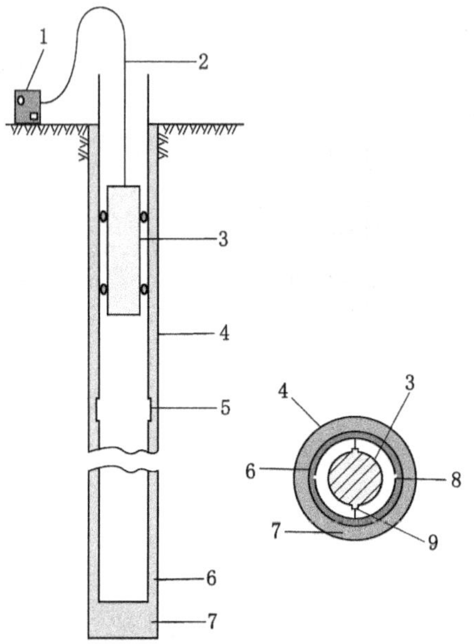

1—数据记录器；2—电缆；3—倾斜传感器；4—钻孔；5—接头；6—套管；7—充填材料；8—导向槽；9—导向轮。

图 2-24 钻孔倾斜仪测量示意图

组成：测管、倾斜传感器、电缆和数据记录器等。

(1) 测管：一般为铝管或塑料管，其上带有两对正交的导向槽；测管导向槽可为倾斜传感器提供可靠的方位。

(2) 倾斜传感器：由两个相互垂直的伺服加速器组成，有两对导向轮，并具有防水功能。

(3) 电缆：连接传感器和地面数据记录器，内有数据线和钢丝绳，外皮有 0.5 m 间隔刻度，可以起到传输数据、测量深度和提升钢丝作用。

(4) 数据记录器：采集和处理数据的仪器。

作业步骤：

(1) 下放：先将倾斜传感器与数据记录器用电缆相连，在孔口把倾斜传感器导向轮下放于测管内导向槽。

(2) 测量：按设定的系列观测深度，借助电缆上的刻度依次将倾斜传感器下放到指定深度，并用数据记录器进行读数和记录。

(3) 返测：到达钻孔底部后，再提升电缆并对各深度位置(测点)进行返测。

(4) 计算：整个钻孔测完后，由数据记录器计算出钻孔内每一个指定深度的偏斜值。根据移动前后钻孔不同深度位置的偏斜值之差，可以推算出每个位置的两个正交方向的水平移动值。

2.3.2.4　钻孔光纤观测法

在钻孔中布置光纤传感器，当钻孔中的岩土层发生变形时，引起光纤传感器中的光波表征量发生变化，通过监测这些变化，依据光波特征量与光纤应变、温度等外部参量之间的关系，可获取相应岩土体处的应变、温度等变化情况。钻孔光纤监测示意图如图 2-25 所示。

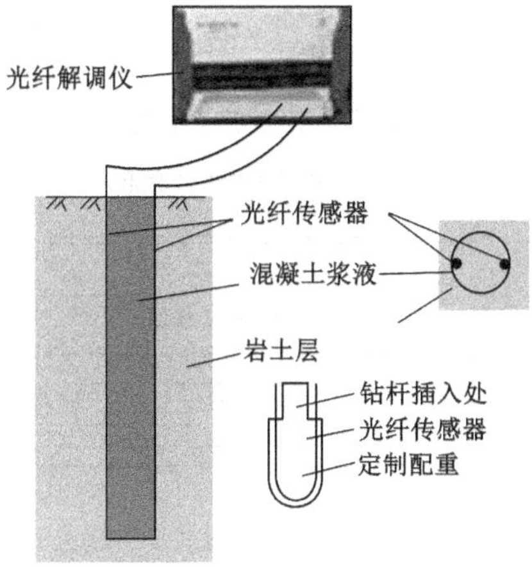

图 2-25　钻孔光纤监测示意图

2.4　岩体内部移动与变形监测工程案例

2.4.1　工程背景

河堤下压煤是一个普遍存在的问题，如小浪底水利枢纽库区及其堤下压煤量达 3.41 亿 t，南四湖及其堤下压煤量达 92.00 亿 t，淮河及其堤下压煤量达 2.10 亿 t。许多矿区开展了河堤下采煤工作（如伊家河河堤下采煤、汝河河堤下采煤、南沱河河堤下采煤等），为相似地质条件下煤矿开采积累了宝贵的经验。在进行河堤下采煤时，开采引起的堤防内部结构变化及堤防强度的变化规律是人们广泛关心的问题。本案例依托山东兖矿集团鲍店煤矿（以下简称鲍店煤矿）5305 综采工作面，在开采影响的堤防段布置堤防内部监测站，对堤防内部在开采影响期不同阶段的移动和变形进行监测。研究发现：钻孔内部各点在水平方向的移动保持了较好的同步性，不存在错动的情况；对堤防的破坏程度较小，且在工作面推进的任何位置，钻孔内各点的移动方向均指向采空区中心位置。

2.4.2　研究区域河道及地质采矿条件

泗河发源于山东省新泰市太平顶西侧，流经济宁市泗水、曲阜、兖州、邹城、微山，于济宁市任城区辛闸村入南阳湖，全长 159 km，流域面积 2 357 km^2，是一条流经济宁市最大的山洪河道。泗河共有大小支流 30 多条，其中流域面积大于 100 km^2 的有 5 条（黄沟河、石漏河、济河、险河和小沂河），其中小沂河为最大的上游支流，流域面积为 649.9 km^2。上游修建大中型水库 4 座、小（一）型水库 23 座、小（二）型水库 178 座和塘坝 758 座。

鲍店煤矿位于泗河流域，在井田范围内，占压 3 煤储量 1 316.5 万 t。研究区域为鲍店煤矿

5305 工作面，该工作面东部为 5306 工作面采空区，西部为设计的 5304 工作面。工作面井下标高为－310～－350 m，地面标高为＋46 m，走向长为 1 987 m，倾向长为 192 m，煤层平均厚度为 8.7 m，煤层厚度稳定、结构简单。5305 工作面与泗河河道对应关系图见图 2-26。

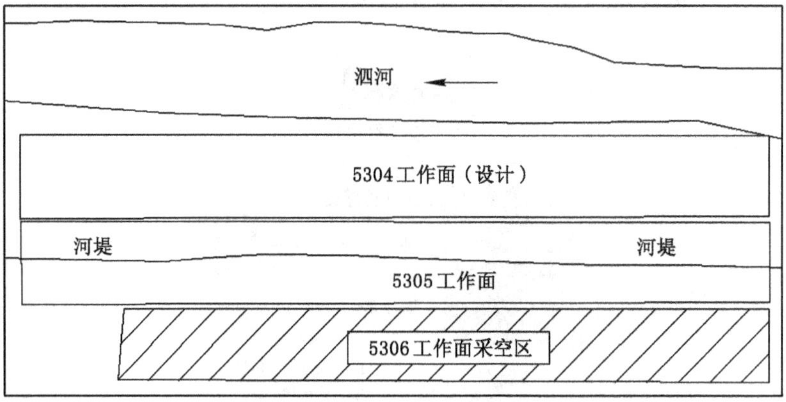

图 2-26 5305 工作面与泗河河道对应关系图

2.4.3 监测孔的设计与施工

2.4.3.1 孔位确定

为了确定开采影响的不同位置堤防内部变化规律，在开切眼和工作面上方分别布置监测孔，在工作面开采影响的不同时期对监测孔内的移动与变形进行监测。河堤内部监测孔孔位布置图如图 2-27 所示。

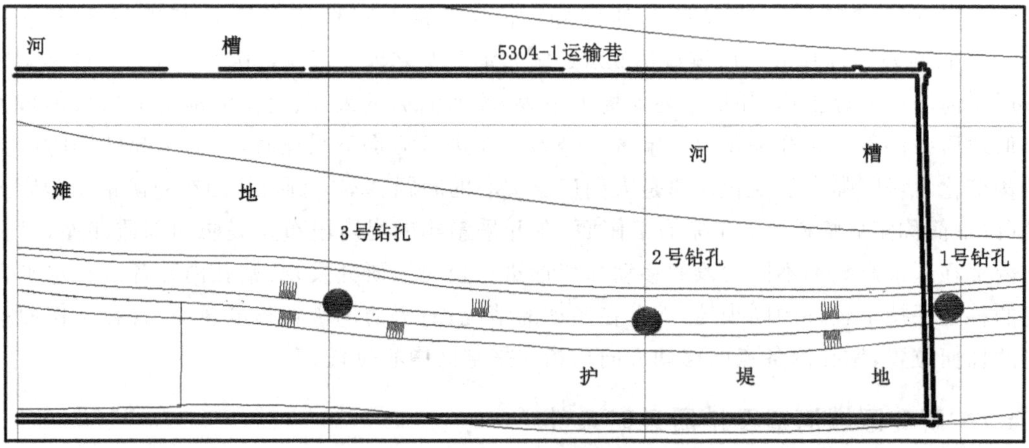

图 2-27 河堤内部监测孔孔位布置图

2.4.3.2 钻孔施工

钻孔的施工采用 ϕ128 mm 钻头无芯钻进，一次成孔。在整个钻进过程中要求有效地保护孔壁，防止钻进过程中出现垮孔现象。钻进到设计深度后及时冲孔，减少孔底的沉积物，使孔壁光顺，确保监测套管顺利下放到设计深度。在测管下放到孔底之后，为了保证岩土体与测管更好地结为一体，采用投放泥球的方法充实钻孔孔壁与测管外壁间隙，泥球以 1 cm直径制作，每 2 h 投放一次，每次投放量为 15～20 kg，直到泥球不再下沉为止。钻孔施工完成后需制作孔口保护装置，保证监测孔不受人为破坏。监测孔施工程序图如图 2-28 所示。

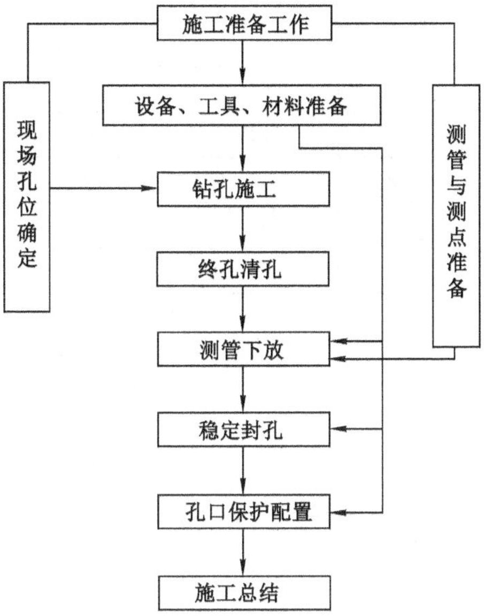

图 2-28　监测孔施工程序图

2.4.4　堤防内部变形监测过程

堤防内部变形监测是指通过堤防内部布设的监测点，利用钻孔伸长仪、钻孔倾斜仪对堤防内部垂直变形和水平变形进行监测。

将钻孔内部套管和测点下放并待其稳定 10 d 后，开展首次观测工作。首先由工作面南部风井高程控制点，采用水准测量方法，引测孔口高程；然后采用钻孔伸长仪测量钻孔内部测点至孔口的距离；为消除钻孔伸长仪测量偶然误差，对于同一测点，每次测量 2 次，取平均值。堤体内部水平变形采用双向式滑动倾斜仪进行观测。观测时先将探头沿主导槽放入孔底，待稳定 5～10 min 后，开始读数（使传感器温度与堤坝内部温度接近）。每隔一定距离测读一次 A 向和 B 向的读数（其中 A 向为主导槽方向，B 向垂直于 A 向），至孔口后将探头反转 180°再观测一次，在观测过程中应与上一次观测结果对照并作记录，至孔口 0.5 m 为止。观测周期根据工作面开采进度确定。为保证读数的准确性，要注意下面两点：要保证测头在每个深度上每次观测时都处于同一位置；电子读数显示数值稳定时方可读数。

2.4.5　堤防内部变形分析

堤防内部共布设 3 个钻孔对内部测点进行监测。现在以 2 号钻孔内部监测结果为例进行分析。

位于工作面上方的 2 号钻孔各测点下沉量见表 2-5 和图 2-29。

表 2-5　2 号钻孔各测点下沉量　　单位：mm

测点编号	2010-11-03	2010-11-12	2010-11-25	2010-12-16	2010-12-30	2011-01-12
1	2 092.6	4 340.5	5 625.5	5 705.0	5 733.3	5 754.8
2	2 104.0	4 328.1	5 622.0	5 722.6	5 754.1	5 776.4
3	2 101.1	4 336.0	5 624.7	5 720.7	5 751.9	5 774.2
4	2 099.4	4 344.0	5 624.5	5 716.7	5 746.5	5 770.2
5	2 100.7	4 344.1	5 628.1	5 718.0	5 748.4	5 766.9
6	2 101.0	4 348.6	5 625.4	5 709.5	5 738.8	5 758.3
7	2 097.6	4 346.2	5 622.2	5 700.7	5 730.8	5 751.7
8	2 099.8	4 361.8	5 630.8	5 703.6	5 731.9	5 754.4
9	2 098.2	4 363.9	5 626.9	5 695.7	5 723.9	5 742.1
10	2 100.3	4 378.9	5 639.2	5 697.1	5 724.0	5 744.1
11	2 079.3	4 367.6	5 624.4	5 677.5	5 706.1	5 723.9

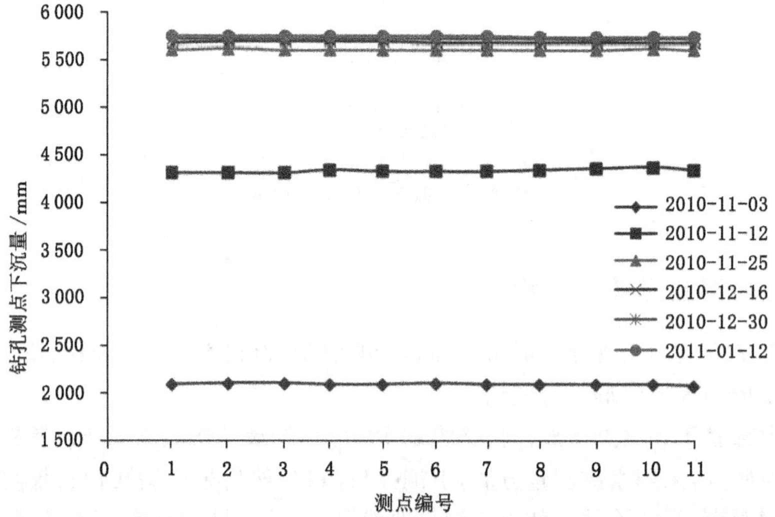

图 2-29　2 号钻孔测点下沉量

从图 2-29 可以看出，随着时间的增加，2 号钻孔内各测点的下沉量呈现逐渐增大的趋势，但其增大量随着时间的推移逐渐减小，2010 年 11 月 25 日至 2011 年 1 月 12 日间，钻孔内各测点下沉量变化不大。根据监测数据可进一步计算钻孔内的拉伸或压缩变形情况。

复习思考题

1. 什么是地表移动观测站？设置地表移动观测站的目的是什么？
2. 地表移动观测站有哪些种类？
3. 地表移动观测站设计的原则有哪些？

4. 地表移动观测站观测内容有哪些？
5. 地表移动观测线位置、长度如何确定？
6. 地表移动观测站观测工作包括哪些？
7. 简述地表移动观测站数据处理流程，以及绘制地表移动与变形等值线的步骤。
8. 岩体内部移动观测站有哪些？
9. 地表、岩体内部移动与变形观测的手段有哪些？各有什么优缺点？

第3章 地表移动的一般规律

地表沉陷规律是指地下开采引起的地表移动与变形的大小、空间分布形态及其与地质采矿条件的关系。掌握地表移动规律是进一步建立地表移动与变形预测模型和实施地表移动与变形控制设计的基础。根据大量的现场实测研究成果即可归纳、总结出地表移动的一般规律。由于地质采矿条件对地表移动与变形分布规律有着显著影响，本章所讨论的地表移动与变形分布规律是基于典型、理想化地质采矿条件的一般规律：开采深厚比大于30；地质采矿条件正常；单一煤层开采，不受邻区开采影响。

研究表明，采用走向长壁式采煤、全部垮落法管理顶板，且开采厚度一定时，影响地表移动与变形分布规律的地质采矿因素主要是煤层倾角、采区尺寸和开采深度。其中，采区尺寸和开采深度可由采动程度反映。因此，本章将按采动程度和煤层倾角，分类讨论地表移动盆地稳定后（又称静态）及采动过程中（又称动态）主断面内的移动与变形分布规律。

3.1 地表沉陷稳定后主断面内地表移动与变形分布规律

3.1.1 水平煤层非充分采动主断面内地表移动和变形分布规律

3.1.1.1 沿主断面的地表下沉分布规律

当地下开采结束、地表移动稳定后，沿主断面的下沉曲线就表示了地表移动盆地内沿主断面的下沉分布规律。

如图3-1所示，设沿主断面方向为x轴，则下沉曲线可用$W(x)$表示。

在下沉曲线上，有3组特征点：

(1) 最大下沉点O：下沉值最大的地表点。

(2) 盆地边界点A，B：主断面与地表移动盆地边界的交点，下沉值为零，可根据走向边界角δ_0确定A，B两点的位置。

(3) 拐点E：地表移动盆地主断面上下沉曲线的凸凹分界点，其位置大约在开采区域边界正上方地表附近。

拐点偏移距是指拐点至采空区边界在地表投影点的距离；当拐点位于采区边界内侧时为正值，反之为负值。

在分析和描述地表移动的一般规律时，通常重点关注上述特征点的移动变形值及其相互之间的变化趋势。由此我们来分析水平煤层非充分采动时沿主断面的下沉曲线分布规律（图3-1中曲线1），可以描述为：

(1) 变化分布：从盆地边界点向盆地中心点下沉逐渐增大，拐点位于开采边界上方附近。

(2) 极值点：有1个极值点，即在采空区中央上方O处（盆地中心）地表下沉值最大。

(3) 零点：有 2 个零点，即下沉曲线两侧边界点 A，B 处下沉值为零。

(4) 对称性：下沉曲线关于过盆地中心垂线对称。

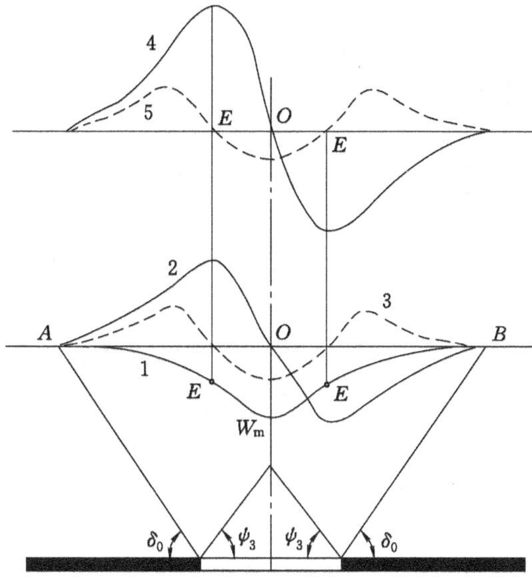

1—下沉曲线；2—倾斜曲线；3—曲率曲线；4—水平移动曲线；5—水平变形曲线。

图 3-1　非充分采动时主断面内地表移动和变形分布规律

3.1.1.2　沿主断面的地表倾斜分布规律

当地下开采结束、地表移动稳定后，沿主断面的倾斜曲线表示了地表移动盆地内沿主断面的地表倾斜分布规律，倾斜曲线 $i(x)$ 为下沉曲线 $W(x)$ 的一阶导数，即：

$$i(x)=\frac{\mathrm{d}W(x)}{\mathrm{d}x} \tag{3-1}$$

倾斜曲线(图 3-1 中曲线 2)分布规律可以描述为：

(1) 变化分布：从盆地边界至拐点间倾斜渐增，拐点至最大下沉点间倾斜值逐渐减小。

(2) 极值点：有 2 个绝对值相等、方向相反的极值点，分别位于两侧拐点处。

(3) 零点：有 3 个零点，即在两侧边界点和中间最大下沉点处倾斜值为零。

(4) 对称性：倾斜曲线关于最大下沉点呈反对称。

3.1.1.3　沿主断面的地表曲率分布规律

当地下开采结束、地表移动稳定后，沿主断面的曲率曲线表示了地表移动盆地内沿主断面的曲率变化规律，它是倾斜曲线的一阶导数、下沉曲线的二阶导数，用 $K(x)$ 表示，即：

$$K(x)=\frac{\mathrm{d}i(x)}{\mathrm{d}x}=\frac{\mathrm{d}^2W(x)}{\mathrm{d}x^2} \tag{3-2}$$

曲率曲线(图 3-1 中曲线 3)的分布规律可以描述为：

(1) 变化分布：自地表移动盆地边界至拐点间先渐增至最大正曲率然后逐渐减小至零；拐点至最大下沉点间曲率值继续减小至最大负曲率；盆地两侧对称。

(2) 极值点：有 3 个极值，两个相等的最大正曲率和一个最大负曲率，两个最大正曲率分别位于两侧的边界点和拐点之间，最大负曲率位于盆地中间的最大下沉点处。

(3) 零点：有 4 个零点，即两侧边界点和拐点处的曲率值为零。

(4) 对称性：曲率曲线关于盆地中心垂线对称；盆地两侧拐点外侧的外边缘区为正曲率区，两拐点之间的盆地中部为负曲率区。

3.1.1.4 沿主断面的地表水平移动分布规律

沿主断面的水平移动曲线（图 3-1 中曲线 4）表示地表移动盆地主断面内水平移动的分布规律，用 $U(x)$ 表示。

在水平煤层开采条件下，沿主断面的水平移动曲线的分布规律与倾斜曲线的分布规律相似：

(1) 变化分布：从两侧移动盆地边界至拐点间水平移动渐增，拐点至最大下沉点间水平移动逐渐减小。

(2) 极值点：存在 2 个绝对值相等、方向相反的极值点，分别位于盆地两侧拐点处。

(3) 零点：有 3 个零点，即在两侧边界点和最大下沉点处水平移动值为零。

(4) 对称性：水平移动曲线关于盆地中央的最大下沉点呈反对称。

3.1.1.5 沿主断面的地表水平变形分布规律

沿主断面的水平变形曲线（图 3-1 中曲线 5）表示地表移动盆地主断面内水平变形的分布规律，用 $\varepsilon(x)$ 表示，是水平移动曲线的一阶导数，即：

$$\varepsilon(x)=\frac{\mathrm{d}U(x)}{\mathrm{d}x} \tag{3-3}$$

在水平煤层开采条件下，沿主断面的水平变形曲线的分布规律与曲率曲线的分布规律相似：

(1) 变化分布：从两侧移动盆地边界至拐点间先渐增至最大拉伸变形值然后逐渐减小至零；拐点至最大下沉点间水平变形值继续减小至最大压缩变形值；盆地两侧对称。

(2) 极值点：有 3 个极值点，两个相等的最大拉伸变形点分别位于两侧边界点和拐点之间，最大压缩变形点位于盆地中间的最大下沉点处。

(3) 零点：有 4 个零点，即两侧边界点和拐点处水平变形值为零。

(4) 对称性：水平变形曲线关于盆地中心垂线对称；盆地两侧拐点外侧的外边缘区为拉伸变形区，两拐点之间的盆地中部为压缩变形区。

在水平煤层开采条件下，沿地表移动盆地主断面的倾斜曲线和水平移动曲线相似，曲率曲线和水平变形曲线相似，可表示为：

$$U(x)=B\cdot i(x)=B\cdot\frac{\mathrm{d}W(x)}{\mathrm{d}x} \tag{3-4}$$

$$\varepsilon(x)=B\cdot K(x)=B\cdot\frac{\mathrm{d}^2W(x)}{\mathrm{d}x^2} \tag{3-5}$$

式中，B 为水平移动系数，主要与上覆岩层岩性和开采深度 H 有关；$B=(0.13\sim0.18)H$，单位为 m。

3.1.2 水平煤层充分采动时主断面内地表移动和变形分布规律

与水平煤层非充分采动主断面内地表移动和变形分布规律相比，充分采动条件下的主断面内地表移动和变形分布规律（图 3-2）具有以下特点：

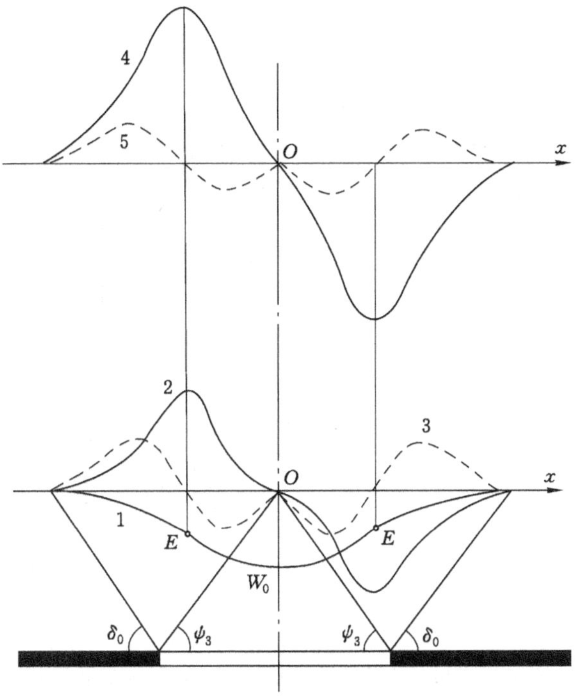

1—下沉曲线；2—倾斜曲线；3—曲率曲线；4—水平移动曲线；5—水平变形曲线。

图 3-2　水平煤层充分采动时主断面内地表移动和变形分布规律

(1) 下沉曲线上的最大下沉点 O 的下沉值已达到该地质采矿条件下应有的最大值 W_0。

(2) 倾斜曲线、水平移动曲线没有明显变化。

(3) 在最大下沉点 O 处，水平变形值和曲率值均为零，盆地中部区域出现了两个最大负曲率值和两个最大压缩变形值，位于拐点 E 和最大下沉点 O 之间。

(4) 两侧拐点处下沉值为最大下沉值的一半；拐点一般位于开采边界的内侧。

3.1.3　水平煤层超充分采动时主断面内地表移动和变形分布规律

与水平煤层充分采动时的主断面内地表移动和变形分布规律相比，超充分采动条件下的主断面内地表移动和变形分布规律(图 3-3)具有以下特点：

(1) 下沉盆地中部出现平底区，平底区下沉值均达到该地质采矿条件下的最大值 W_0。

(2) 平底区内，倾斜值、曲率值、水平变形值均为零或接近零；倾斜、曲率、水平移动和水平变形主要发生在开采区域边界上方附近。

3.1.4　倾斜煤层非充分采动时主断面内地表移动和变形分布规律

如图 3-4 所示，倾斜煤层非充分采动时主断面内地表移动分布规律与水平煤层非充分采动时地表移动分布规律相比，具有以下特点：

(1) 5 种移动与变形曲线均失去对称性。

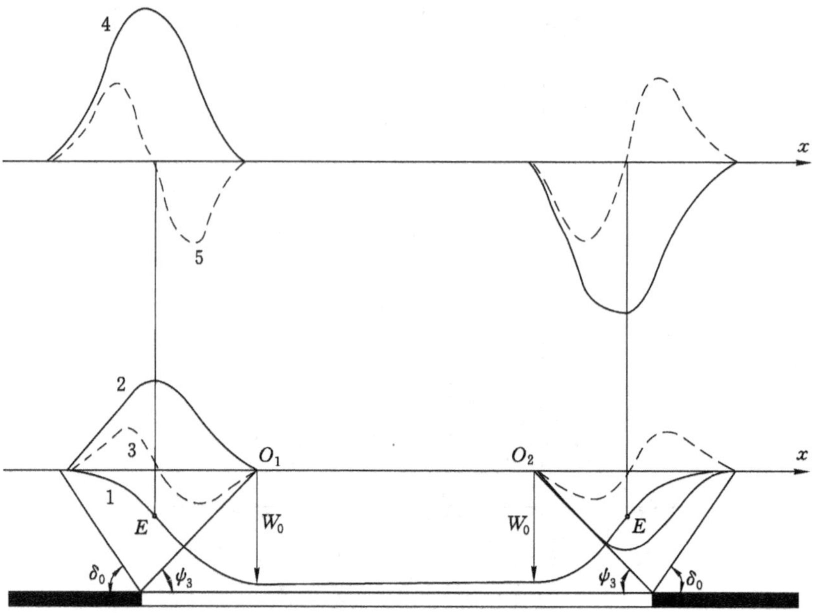

1 下沉曲线；2—倾斜曲线；3—曲率曲线；4—水平移动曲线；5—水平变形曲线。

图 3-3　水平煤层超充分采动时主断面内地表移动和变形分布规律

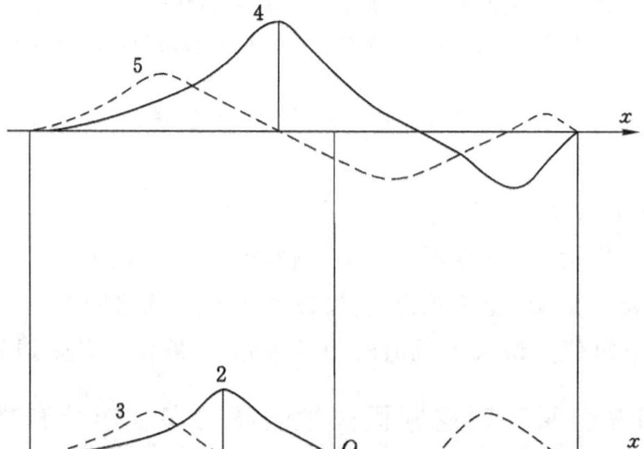

1—下沉曲线；2—倾斜曲线；3—曲率曲线；4—水平移动曲线；5—水平变形曲线。

图 3-4　倾斜煤层非充分采动时主断面内地表移动和变形分布规律

(2) 下沉曲线：最大下沉点偏向下山方向；上山部分的下沉曲线陡，范围小。随下沉曲线的变化，倾斜曲线和曲率曲线相应发生变化。

(3) 水平移动曲线：随煤层倾角的增大，指向上山方向的水平移动值逐渐增大，指向下山方向的水平移动值逐渐减小。随着水平移动曲线的变化，水平变形曲线发生相应变化，最大拉伸变形发生在下山方向，最大压缩变形发生在上山方向。

(4) 水平移动曲线和倾斜曲线不再相似，水平变形曲线和曲率曲线也不再相似。

3.1.5　急倾斜煤层非充分采动时主断面内地表移动和变形分布规律

如图 3-5 所示，在急倾斜煤层非充分采动条件下，主断面内地表移动和变形分布规律为：

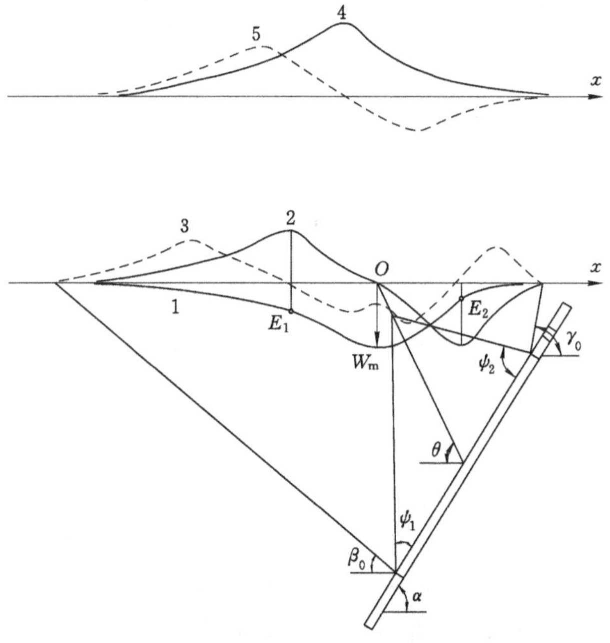

1—下沉曲线；2—倾斜曲线；3—曲率曲线；4—水平移动曲线；5—水平变形曲线。

图 3-5　急倾斜煤层非充分采动时主断面内地表移动和变形分布规律

(1) 5 种移动变形曲线的非对称性十分明显。

(2) 下沉曲线：下山方向的影响范围远大于上山方向的影响范围。随着煤层倾角的增大，下沉盆地剖面形状由对称碗形逐渐变为非对称瓢形，最大下沉点也逐渐向上山方向移动；当煤层倾角接近 90°时(图 3-6)，下沉盆地剖面又可能变成比较对称的碗形或兜形，最大下沉点在露头上方。

(3) 水平移动：在松散层较薄的情况下，可能只出现指向上山方向的水平移动。

(4) 非连续性破坏：在开采厚度较大、开采深度较小、煤层顶底板坚硬而煤质又较软时，开采后采空区上方的煤层极易沿底板滑落，这种滑落一直发展到地表，使地表煤层露头出现塌陷坑(图 3-7)。

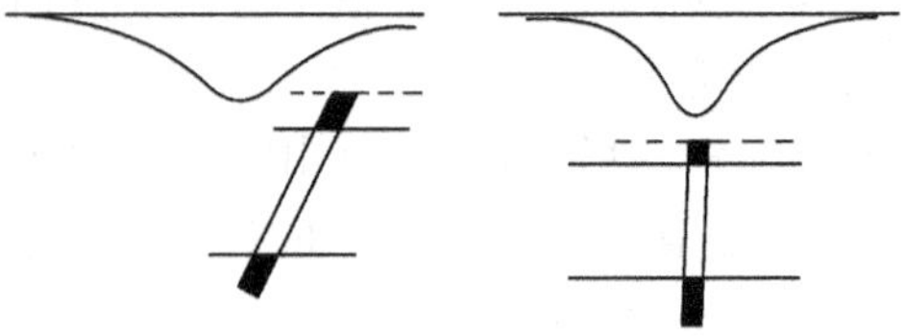

(a) 煤层倾角小于 90°　　(b) 煤层倾角接近 90°

图 3-6　急倾斜煤层开采后的下沉盆地形态

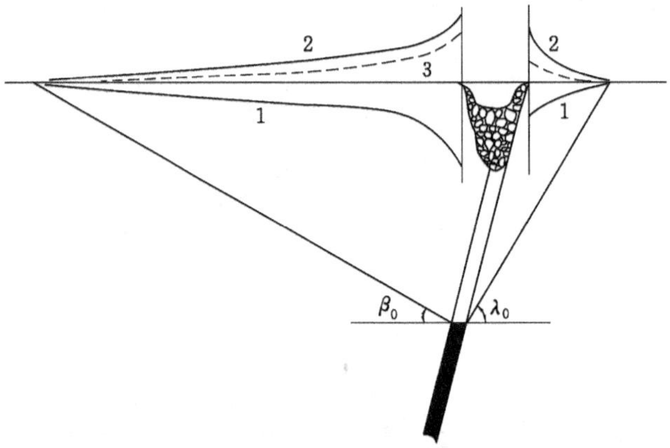

1—下沉曲线；2—倾斜曲线；3—水平移动曲线。

图 3-7　急倾斜煤层开采后地表出现塌陷坑的沉陷分布规律

3.2　采动过程中的地表移动和变形规律

地下采煤引起地表移动和变形是一个较复杂的时间和空间过程。随着工作面向前推进，不同时间采煤工作面与地表点的相对位置不同，开采对地表点的影响也不同。地表点的移动经历了移动开始、移动剧烈、移动减缓并逐渐停止的全过程。因此，在进行开采沉陷控制设计和选择地面建(构)筑物保护措施时，仅根据各点移动停止后的移动和变形分布规律是不够的，往往采动过程中的地表移动和变形对地面建(构)筑物破坏更严重。

3.2.1　充分采动区地表点的移动轨迹

如图 3-8 所示，随着工作面推进至接近和通过地表点下方时，地表点的移动方向和大小是动态变化的；其从开始移动到稳定的全过程可分为 4 个阶段：

第一阶段：当工作面由远处向 A 点推进，A 点开始产生移动，下沉速度由小逐渐变大；移动方向与工作面的推进方向相反。

第二阶段：当工作面通过 A 点正下方继续向前推进，A 点下沉速度迅速增大，并逐渐达到最大下沉速度；移动方向近于铅直。

第三阶段：工作面继续推进逐渐远离 A 点后，下沉速度逐渐减小；A 点的移动方向逐渐

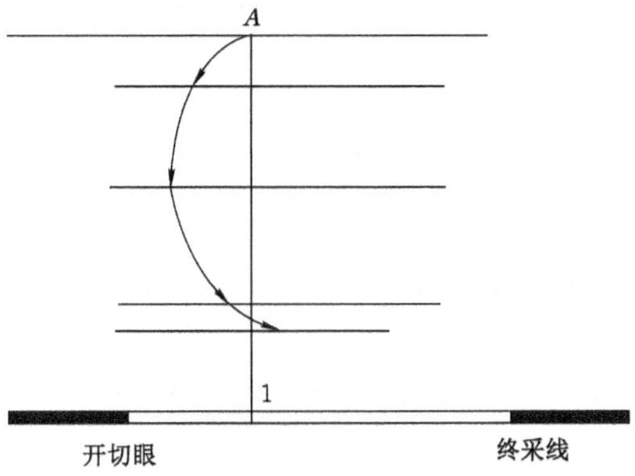

图3-8 采动过程中主断面内地表点移动轨迹示意图

与工作面推进方向相同。

第四阶段:工作面远离 A 点一定距离后,采煤工作面对 A 点的影响逐渐消失,最终 A 点停止移动。

上述4个阶段仅描述了位于充分采动区内地表点的移动轨迹,由于地表其他点与采空区相对位置不同,各点的移动轨迹并不相同。如位于开切眼一侧煤壁上方的点只受工作面通过该点后的影响,而位于终采线一侧煤壁上方的点只受工作面推进的影响。移动盆地内各地表点移动的共同特点是:开始移动时移动方向都是指向采煤工作面,移动稳定后移动向量都是指向采空区中心。

3.2.2 工作面推进过程中的超前影响

3.2.2.1 地表移动的启动距

当工作面自开切眼推进一定距离后,岩层移动才开始波及地表。地表移动的启动距是指地表开始移动时(实测中取下沉 10 mm 为标准)的工作面推进距离,如图3-9中的 OA 段。

地表移动的启动距大小主要与开采区域宽度(开采工作面面长)、开采深度和覆岩力学性质有关;开采深度越大启动距越大,上覆岩层越坚硬启动距越大;地表移动的启动距值一般为$(0.25\sim0.5)H_0$(H_0 为平均开采深度)。

3.2.2.2 超前影响、超前影响距和超前影响角

如图3-9所示,随着采煤工作面的推进,地表移动盆地逐渐扩大。当工作面推进至 B 点时,地表下沉曲线为 W_1;当工作面至 C 点时,地表下沉曲线为 W_2。在工作面推进过程中,通常将工作面前方地表受到采动影响而产生下沉的现象称为超前影响。工作面前方受到采动影响刚开始移动的地表点(实测中取下沉 10 mm 为标准)与当时工作面位置的水平投影距离称为超前影响距。

在充分或接近充分采动条件下,地表移动盆地主断面上,将工作面前方开始移动的地表点和工作面推进位置的连线与水平线在煤壁一侧的夹角称为超前影响角,一般用 ω 表示。显然,超前影响角 ω 与超前影响距 l、平均开采深度 H_0 的关系为:

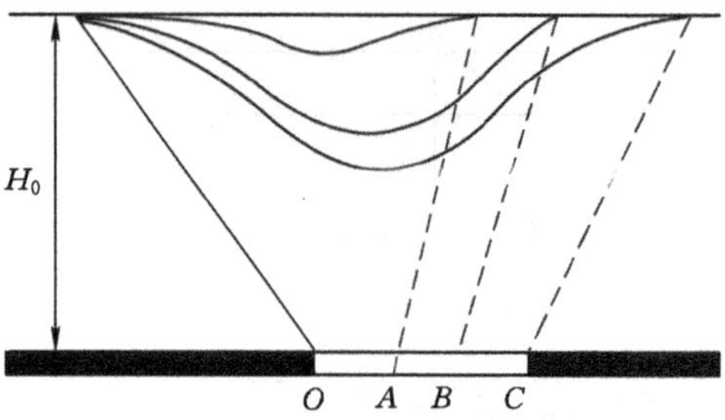

图 3-9　工作面推进过程中的启动距和超前影响

$$\omega = \operatorname{arccot}\left(\frac{l}{H_0}\right) \tag{3-6}$$

超前影响角 ω 主要与上覆岩层岩性和工作面推进速度有关。覆岩越软弱，ω 值越小；工作面推进速度越大，ω 值越大。应用超前影响角 ω 可以预测工作面推进过程中前方地表的采动影响范围，以实现提前预警和及时采取灾害预防措施。

3.2.3　工作面推进过程中地表移动变化规律

3.2.3.1　工作面推进过程中沿主断面的地表下沉变化规律

如图 3-10 所示，水平煤层开采条件下，工作面推进过程中沿主断面的地表下沉变化过程可划分为以下 3 个阶段：

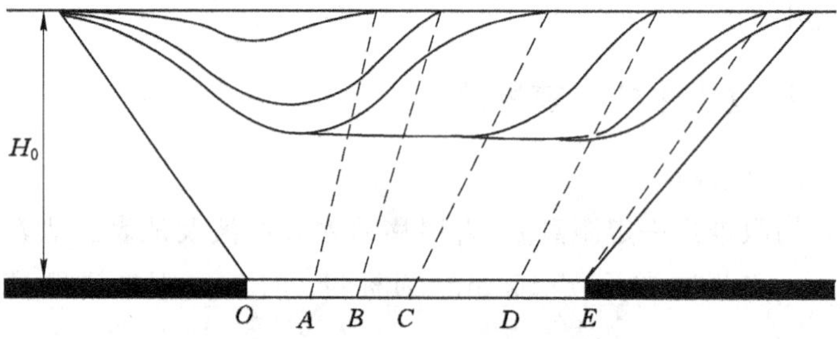

图 3-10　地表移动盆地形成过程

(1) 非充分采动阶段：随着工作面的推进，采空区面积不断扩大，地表下沉范围和下沉值逐渐增大。

(2) 充分、超充分采动阶段：当工作面推进至临界开采尺寸时，地表达到充分采动状态，最大下沉值达到该地质采矿条件下的最大值；随着工作面继续向前推进，地表下沉范围继续扩展，但左侧开采边界(开切眼)上方的下沉曲线形状基本不再变化，而地表盆地出现平底区域并不断扩大。

(3) 停采至地表移动稳定阶段：工作面停采后，终采线一侧的地表下沉范围继续扩大并逐渐停止；整个下沉曲线演变为稳定后的地表下沉分布曲线。

3.2.3.2　工作面推进过程中沿主断面的水平移动变化规律

如图 3-11 所示，水平煤层开采条件下，工作面推进过程中沿主断面的地表水平移动变化过程可划分为以下3个阶段：

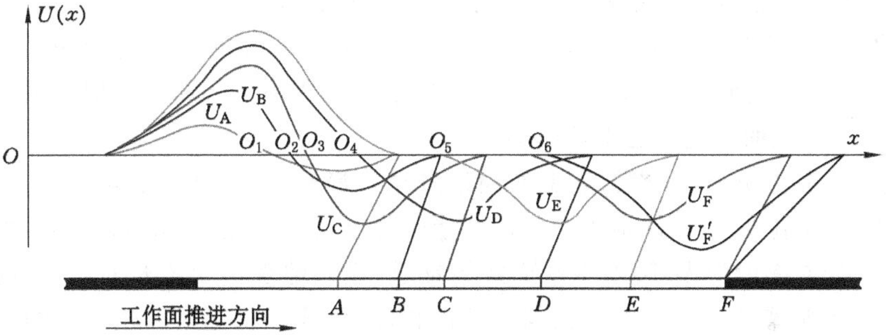

图3-11 采动过程中地表水平移动曲线变化规律

(1) 非充分采动阶段：随着工作面的推进，采空区面积不断扩大，地表水平移动值逐渐增大。当工作面分别推进至 A，B，C，D 时，各点的水平移动值 $U_D > U_C > U_B > U_A$，且水平移动值等于零的点(即图中的 O_1，O_2，O_3，O_4)随工作面的推进而向前移动。

(2) 充分与超充分采动阶段：当工作面推进至临界开采尺寸时，地表达到充分采动状态，此时固定边界上方的水平移动逐渐趋于稳定，采空区中部上方水平移动值等于零的点不再向前移动。随着工作面继续向前推进，进入超充分采动状态，盆地中部地表水平移动值为零的区域(如图中的 $O_5 \sim O_6$)不断扩大，工作面推进边界上方附近的水平移动分布曲线形状相似，最大水平移动值也基本相等；其位置随工作面推进而前移。

(3) 停采至地表移动稳定阶段：工作面停采后，终采线一侧的最大水平移动值仍继续增大直至地表移动稳定为止；水平移动值继续增大，最后演变为移动稳定后的水平移动曲线。

根据水平煤层地表移动规律特点，采动过程中，地表倾斜变化规律与水平移动变化规律相似。

3.2.3.3 工作面推进过程中沿主断面的曲率变化规律

如图3-12所示，水平煤层开采条件下，工作面推进过程中沿主断面的地表曲率变化过程可划分为以下3个阶段：

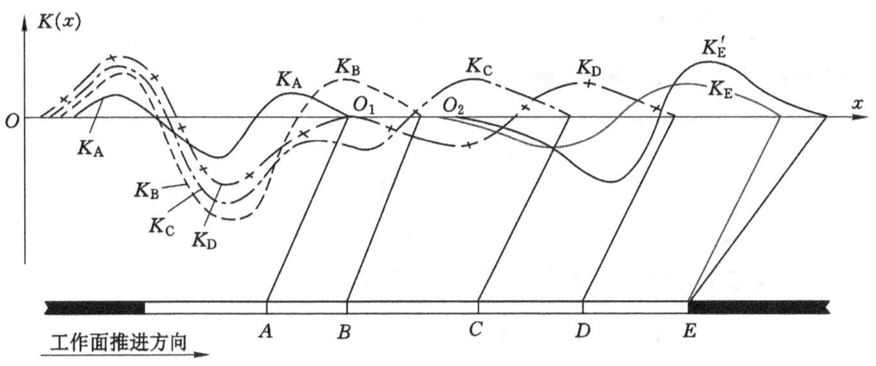

图3-12 采动过程中地表曲率曲线变化规律

(1) 非充分采动阶段：随着工作面的推进，工作面边界上方的两个最大正曲率由小逐渐增大到一固定值，如图 3-12 中地表曲率曲线 K_A、K_B、K_C 所示。而盆地内只有一个最大负曲率，且当工作面推进到一定距离后（至 B 点）达到最大。而后，随着工作面继续推进，移动盆地中部的负曲率变形区不断扩大，最大负曲率绝对值逐渐减小并演变为两个负曲率极值点（如图 3-12 中曲率曲线 K_C）；左侧煤柱上方的最大正曲率值继续增大但增大幅度逐渐减小，工作面前方的正曲率变形区不断前移。

(2) 充分及超充分采动阶段：当工作面推进至临界开采尺寸时，地表达到充分采动，此时固定边界（左侧边界）上方的地表曲率逐渐趋于稳定，移动盆地内出现两个最大负曲率，盆地中心点 O_1 处曲率值为零；随着工作面继续推进，进入地表移动超充分采动状态，工作面前后的曲率曲线随着工作面的推进而均匀向前移动，曲线形状基本相似，最大正、负曲率值基本相等，盆地中央曲率值等于零的区域不断扩大。

(3) 停采至地表移动稳定阶段：工作面停止推进后，工作面终采线上方的地表曲率值和影响范围均继续增大，直至地表移动稳定后演变为最终的曲率分布曲线。

根据水平煤层地表移动规律特点，采动过程中，地表水平变形变化规律与曲率变化规律相似。

需要特别注意的是，在工作面推进过程中，地表尚未达到充分采动状态时，在一定阶段内盆地中部的地表最大负曲率变形值和最大压缩变形值大于充分采动后的地表最大负曲率变形值和最大压缩变形值。

3.2.3.4 垂直于推进方向断面上地表移动和变形的变化规律

在垂直于工作面推进方向的断面上，地表移动过程中的各移动变形只有由小到大逐渐增加的过程，而没有正、负曲率变形和拉伸、压缩变形交替变化的现象，图 3-13 给出了地表下沉、水平移动和水平变形由小到大变化过程示意图。

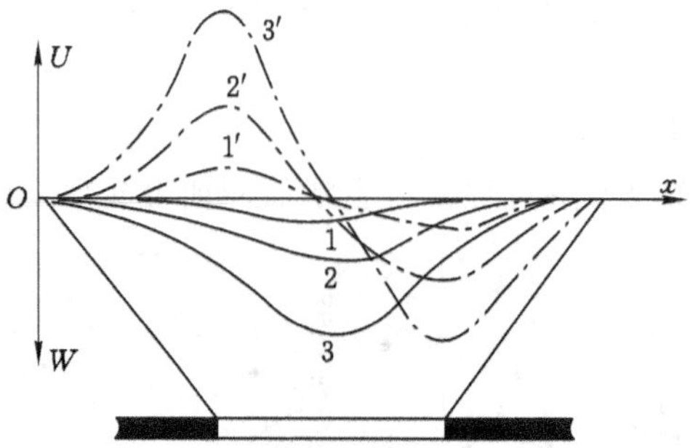

(a) 下沉和水平移动分布的变化

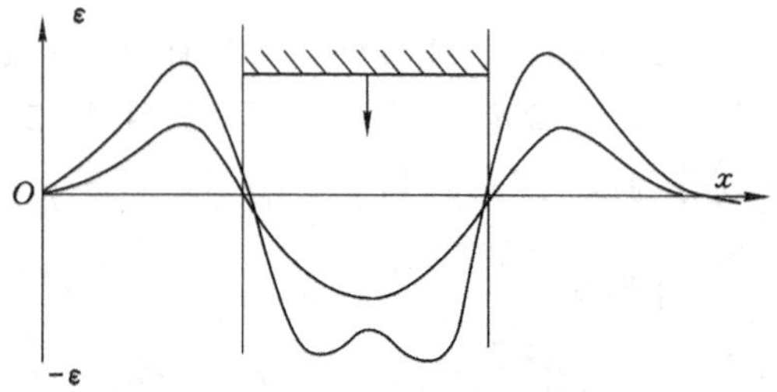

(b) 水平变形分布的变化

图 3-13 采动过程中垂直于推进方向断面上的移动变形变化规律

3.2.4 工作面推进过程中的地表下沉速度分布规律

3.2.4.1 工作面推进过程中地表下沉速度分布变化规律

受采动影响地表点的下沉速度是指地表点两次观测的下沉差与其观测的时间间隔之比；它反映地表移动与变形的剧烈程度。

通过地表移动观测站的定期观测，可计算出编号为 n 的地表点在某一时段的平均下沉速度为：

$$v_n = \frac{W_{m+1} - W_m}{t} = \frac{H_{m+1} - H_m}{t} \tag{3-7}$$

式中　W_{m+1}, W_m——n 号点第 $m+1$ 次和第 m 次测得的下沉量，mm；

H_{m+1}, H_m——n 号点第 $m+1$ 次和第 m 次测得的高程，mm；

t——两次观测时间间隔，d。

根据工作面推进过程中不同时刻沿主断面各地表下沉速度，可绘出地表下沉速度分布变化曲线，如图 3-14 所示。伴随地下工作面开采推进过程，地表下沉速度分布及变化过程可大致划分为以下 3 个阶段：

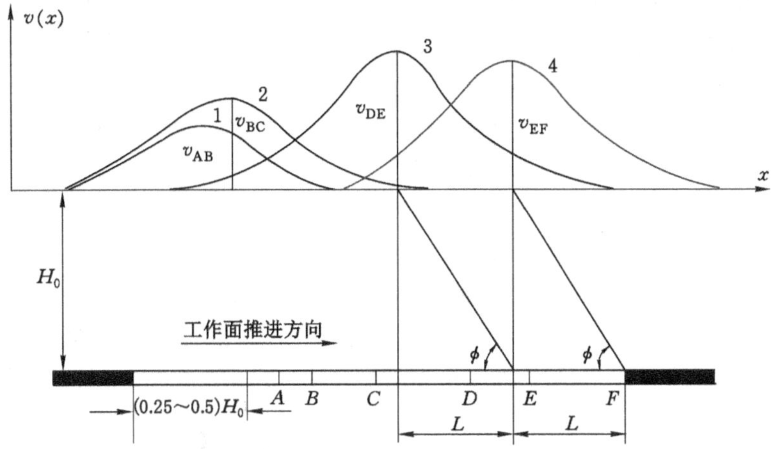

图 3-14　工作面推进过程中沿主断面的地表下沉速度分布变化曲线

(1) 非充分采动阶段：随着采空区面积的增大，地表下沉范围扩大，各点下沉速度不断增大；下沉速度分布曲线近似正态分布，最大下沉速度点滞后工作面一定距离。

(2) 充分和超充分采动阶段：地表下沉速度分布曲线形状基本不变，且随着工作面的推进而向前移动；当工作面推进速度比较均匀时，最大下沉速度点滞后工作面的距离也基本一致。

(3) 停采至地表移动稳定阶段：终采线上方的地表下沉速度分布曲线不再移动，但各点的下沉速度逐渐减小并最终停止下沉。

3.2.4.2　最大下沉速度滞后现象

从图 3-14 中可看出，在工作面推进过程中，地表下沉速度最大的地表点总是滞后采煤工作面一定的距离，这种现象称为最大下沉速度滞后现象。最大下沉速度点滞后工作面位置的距离称为最大下沉速度滞后距，用 L 表示。

将地表最大下沉速度点与当时相应的采煤工作面位置连线，该连线与水平线在煤层一侧的夹角，称为最大下沉速度滞后角，用 ϕ 表示：

$$\phi = \operatorname{arccot}\left(\frac{L}{H}\right) \tag{3-8}$$

最大下沉速度滞后角的大小主要与上覆岩层力学性质、开采深度和工作面推进速度有关。通常，开采深度越小，最大下沉速度滞后角越小；推进速度越大，最大下沉速度滞后角越小;覆岩越坚硬,最大下沉速度滞后角越小。

3.2.5 地表移动延续时间

地表移动延续时间是指一定区域开采条件下,从地表移动开始(下沉量达到 10 mm)到结束(连续 6 个月内下沉值小于 30 mm)的整个时间。显然,对于一个地下采煤工作面来说,开采时间越长则地表移动延续时间越长,开采深度越大则地表移动延续时间也越长。

对于每个地表点来说,因各点与地下开采区相对位置不同,其地表移动延续时间也不同。其中位于充分采动区的最大下沉点的地表移动延续时间最长。通常将充分采动条件下最大下沉点从开始下沉(下沉值达到 10 mm)到结束(连续 6 个月内下沉值小于 30 mm)的整个时间,称为最大下沉点移动时间。根据地表点的下沉速度,通常可将其移动过程划分为 3 个阶段:开始阶段、活跃阶段和衰退阶段。

(1) 开始阶段:下沉速度≤1.67 mm/d;指最大下沉点从下沉值达到 10 mm 时开始,至下沉速度达到 1.67 mm/d(或 50 mm/月)时止。

(2) 活跃阶段:下沉速度>1.67 mm/d(或 50 mm/月);指最大下沉点下沉速度超过 1.67 mm/d的阶段。该阶段内地表点的下沉量占其总下沉量的 85%以上,地表移动剧烈,是地面建(构)筑物损坏的主要时期,因此也称该阶段为危险变形阶段。

(3) 衰退阶段:下沉速度≤1.67 mm/d;指最大下沉点从下沉速度降低到 1.67 mm/d 时起,至 6 个月内下沉值累计不超过 30 mm 时止。

3.3 地质采矿因素对岩层和地表移动规律的影响

研究表明,开采引起的地表移动规律受到地质和采矿因素的综合影响。只有正确地认识和掌握这些因素对地表移动规律的影响,才能更科学地建立适用于不同条件的地表移动模型,科学解决地表移动预测与控制和防护难题。对地表移动规律有显著影响的地质采矿因素主要有覆岩力学性质和层位结构、松散层性质和厚度、煤层倾角、开采厚度、开采深度、采区尺寸、重复采动、采煤方法、顶板管理方法等。

3.3.1 覆岩力学性质和层位结构对地表移动盆地形态和地表移动分布规律的影响

3.3.1.1 对地表移动盆地形态的影响

覆岩力学性质和层位结构是岩层移动的主要控制因素之一,对地表移动盆地的发育形态有重要影响。

(1) 当覆岩主要为极软弱岩层或松散层时,地表易出现漏斗形塌陷坑;尤其是在浅部开采特厚煤层或急倾斜煤层时,这种情况极易发生。

(2) 当煤层顶板为中硬、软弱岩层或其互层沉积时,煤层顶板通常随采随垮;上覆岩层移动变形过程连续性强,地表一般产生连续性变形。

(3) 当覆岩中大部分为坚硬岩层时,大面积开采时顶板易产生切冒变形,地表易发生周期性的非连续性变形。

(4) 当覆岩中上部存在厚层状硬岩层时,可对其上覆岩层和地表移动起到控制作用,改变地表移动与变形特征。如果开采面积相对较小不足以导致上部厚硬岩层破断时，地表下沉量极小；随着开采面积的增大，上部厚硬岩层的破断可能导致地表出现突然性下沉和裂缝破坏。

（5）在急倾斜煤层开采时，若顶底板均坚硬，容易在地表形成塌陷坑。若顶底板一个坚硬、一个软弱，将导致地表变形集中在软弱岩层一侧。

（6）当存在较厚软弱覆盖层时，通常地表的移动速度更平缓、均匀，连续性更好。

3.3.1.2　对地表移动分布规律的影响

实测资料统计表明：上覆岩层越坚硬，地表移动盆地的拐点偏移距（s）越大；上覆岩层整体刚度越大，地表最大下沉值越小。

坚硬覆岩：$s=(0.30\sim0.43)H_0$；地表最大下沉值为开采厚度的 27%～54%。

中硬覆岩：$s=(0.08\sim0.30)H_0$；地表最大下沉值为开采厚度的 55%～84%。

软弱覆岩：$s=(0\sim0.07)H_0$；地表最大下沉值为开采厚度的 85%～100%。

3.3.2　松散层对地表移动的影响

松散层在岩层移动传递到地表的过程中起到了一定的缓冲作用，使得地表移动速度更平缓、均匀，连续性更好。

在倾斜煤层开采时，松散层的存在会局部增强和部分抵消基岩水平移动特征，使地表呈现出指向上山方向的水平移动增大、指向下山方向的水平移动减小的特点，如图 3-15 所示。

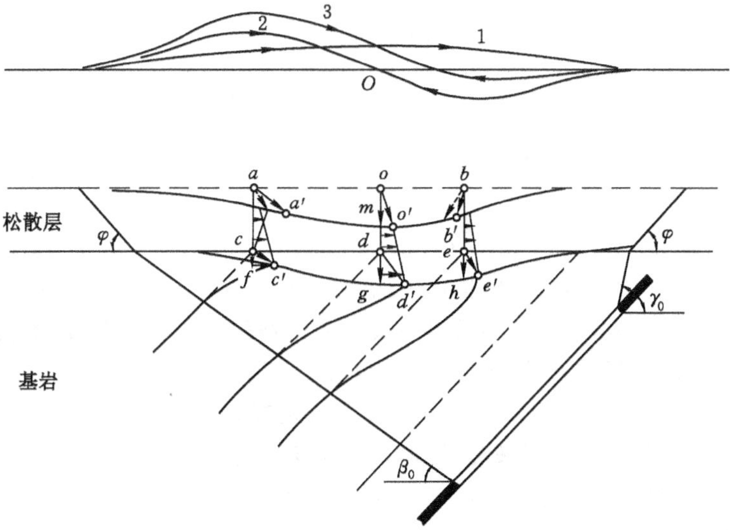

1—基岩面的水平移动曲线；2—松散层垂直弯曲引起的水平移动曲线；3—地表最终水平移动曲线。

图 3-15　松散层对水平移动的影响

3.3.3　煤层倾角对地表移动的影响

煤层倾角是影响地表移动盆地几何形态的关键因素。煤层倾角越大，地表移动盆地越偏向下山方向，其不对称性越显著，移动盆地下山方向的移动角和边界角越小，最大下沉角越小。

实测资料统计表明：移动角 $\beta=\delta-K_1\alpha$；边界角 $\beta_0=\delta-K_2\alpha$；最大下沉角 $\theta=90°-K\alpha$。K，K_1，K_2 为与覆岩岩性有关的系数。当为坚硬覆岩时，K_1，K_2 取值为 0.7～0.8；当为中硬覆岩时，K_1，K_2 取值为 0.6～0.7；当为软弱覆岩时，K_1，K_2 取值为 0.3～0.5。K 一般取值为 0.5～0.8。

3.3.4 开采厚度与开采深度对地表移动的影响

（1）地表移动变形值与开采厚度成正比：开采厚度越大，上覆岩层破坏越严重，垮落带、导水裂缝带高度越大，地表移动变形值也越大，其移动过程表现得也越剧烈。

（2）地表变形与开采深度成反比：随着开采深度的增加，地表倾斜值、曲率值和水平变形值减小；地表移动范围扩大，地表移动盆地更平缓；地表下沉速度减小，移动速度更缓慢、均匀，移动延续时间更长。

（3）通常用深厚比（H/M）来初步估计地表沉陷损害程度。深厚比越大，地表移动变形值越小，移动变形越平缓；深厚比越小，地表移动变形越剧烈。深厚比很小（$H/M<30$）时，地表将出现大裂缝、台阶状断裂，甚至塌陷坑。

3.3.5 采区尺寸大小对地表移动的影响

当开采深度一定时，采区尺寸大小反映了地表采动程度。通常用宽深比来反映工作面开采后的地表采动程度，若采空区沿倾向和走向的实际尺寸分别为 D_1，D_3，则：

当 D_1/H_0 和 D_3/H_0 小于 R_w 时，地表为非充分采动；

当 D_1/H_0 和 D_3/H_0 等于 R_w 时，地表达到充分采动；

当 D_1/H_0 和 D_3/H_0 大于 R_w 时，地表达到超充分采动。

大量实测结果表明，R_w 取值为 1.2～1.4。

3.3.6 重复采动对地表移动的影响

重复采动是指岩层和地表已经历过一次开采的影响而产生移动、变形和破坏后，再次经受开采的扰动影响。上覆岩层在经历第一次采动影响后会产生垮落、断裂、离层、裂缝等破坏，其整体强度和刚度降低，相当于岩性变得软弱了；当再次受到采动影响时将会出现岩层和地表移动加剧现象，也称为重复采动时岩层移动的“活化”。

地表移动和变形加剧：重复采动时，地表移动变形值增大 10%～20%；地表下沉速度增加，地表移动延续时间缩短；地表非连续性的破坏增多。

地表移动参数发生变化：最大下沉角增大，边界角减小 5°～10°，移动角减小 10°～15°，充分采动角增大 1°～5°，超前影响角减小 10°～15°，最大下沉速度滞后角增大 5°～10°。

3.3.7 采煤方法对地表移动的影响

采煤方法是指采煤工艺与回采巷道布置及其在时间、空间上的相互配合。采煤方法决定了岩层及地表移动的形式、先后顺序和方向。常用的采煤方法有长壁采煤法、短壁采煤法、特厚放顶煤采煤法、伪倾斜柔性掩护支架采煤法和水平（斜切）分层采煤法。

长壁采煤法是指采用长壁工作面（工作面长度一般在 50 m 以上）的采煤方法。目前长壁工作面的面长多控制在120～300 m；推进长度视煤层赋存条件而定，短则几百米，长则数千米。其岩层及地表移动特点是：覆岩破坏较均衡，地表多呈连续、大面积弯曲下沉，地表移动规律性明显。

短壁采煤法是指采用短壁工作面（工作面长度一般在50 m以下）的采煤方法。其岩层及地表移动特点是：岩层移动受到周围残留煤柱的控制作用明显，覆岩易出现非均衡破坏；地表可能出现波浪状下沉现象。

特厚放顶煤采煤法一般与长壁采煤法配套布置使用，先采出煤层底部的煤，随即再放采出上部顶煤。其岩层及地表移动特点是：由于一次性开采厚度大，岩层和地表移动剧烈。

伪倾斜柔性掩护支架采煤法是指在急倾斜煤层中，沿伪倾斜布置采煤工作面，用柔性掩护支架将采空区和工作空间隔开，沿走向推进的采煤方法。其岩层及地表移动的主要特点是：覆岩破坏较均衡，地表移动平稳、规律性明显。

水平（斜切）分层采煤法是一种急倾斜厚煤层沿水平面（或呈一定角度的斜面）划分分层的采煤方法。其岩层及地表移动的特点是：容易造成顶部煤柱抽冒，地表容易形成塌陷坑和塌陷漏斗。

3.3.8　顶板管理方法对岩层移动的影响

采空区顶板管理方法决定了采空区顶板岩层垮落和下沉空间的大小，对上覆岩层和地表移动的形式和破坏程度有决定性影响。常用的采空区顶板管理方法有全部垮落法、充填法、煤柱支撑法和缓慢下沉法。

全部垮落法是指采空区悬露顶板岩层自由垮落充填到采空区的顶板管理方式，是我国应用最普遍的顶板管理方法。其岩层及地表移动的主要特点是：覆岩破坏最充分，岩层和地表移动最剧烈；地表移动变形量最大。

充填法是指用外来材料充填采空区的顶板管理方式，主要包括水力充填、风力充填、固体直接充填、膏体充填等方法。其岩层及地表移动的主要特点是：覆岩破坏较轻，岩层和地表移动平缓；根据充填效果的差异，覆岩和地表的移动变形程度也有所不同。

煤柱支撑法是指用煤柱支撑采空区顶板的顶板管理方式。其岩层及地表移动的主要特点是：若煤柱长期稳定，则覆岩破坏较轻，岩层和地表移动平缓，地表损害轻微；一旦煤柱失稳坍塌，则造成覆岩及地表的突发性、非连续性破坏。

缓慢下沉法是指在薄煤层开采时，石灰岩顶板自然弯曲下沉的顶板管理方式。其岩层及地表移动的主要特点是：岩层和地表移动平缓，地表损害轻微。

复习思考题

1. 岩层移动与变形规律与哪些因素有关？
2. 水平煤层非充分采动主断面上地表移动与变形一般规律是什么？
3. 简述水平煤层非充分采动、充分采动、超充分采动地表移动与变形规律的异同。
4. 简述倾斜煤层非充分采动与水平煤层非充分采动主断面移动与变形规律的异同。
5. 简述急倾斜煤层非充分采动主断面内的地表移动与变形规律。
6. 什么是主断面？主断面上地表移动与变形有什么特征？

7. 地表点移动与工作面推进距离之间有什么关系？

8. 什么是启动距、超前影响距、超前影响角、最大下沉速度滞后距、最大下沉速度滞后角？

9. 地表移动的超前影响、最大下沉速度滞后影响与哪些因素有关？

10. 简述工作面推进过程中地表下沉、倾斜、曲率、水平移动、水平变形曲线的动态变化规律。

11. 影响开采沉陷的地质采矿因素有哪些？影响的规律是怎样的？

12. 什么是地表移动延续时间？地表移动延续时间与哪些因素有关？

13. 地表移动的开始阶段、活跃阶段、衰退阶段划分的指标是什么？

第 4 章　地表移动与变形计算方法

在开采之前，根据已知的地质采矿条件和选用的计算方法、参数，预先计算出受开采影响的岩层和(或)地表可能产生的移动与变形的工作叫作地表移动与变形预计，又叫作地表移动与变形计算。有时，因为环境影响评估或工程建设的需要，对于已经形成的采矿沉陷区难以通过实测获取移动与变形数据，也需要进行地表移动与变形计算工作。地表移动与变形计算是矿山开采沉陷及其控制的核心内容之一，可为开采沉陷环境影响评估、地表移动与变形控制方案优化设计、采动损害预警与防治等提供科学依据。地表移动与变形计算的主要内容一般包括：

(1) 地表移动与变形最大值的计算；

(2) 移动盆地主断面上的地表移动与变形计算；

(3) 移动盆地内地表任意点的移动与变形计算；

(4) 多工作面开采地表任意点的移动与变形计算。

4.1　地表移动与变形计算的主要方法

4.1.1　地表移动与变形计算的基本概念

地表移动与变形预计可称为地表移动与变形计算，亦可称为开采沉陷预计，简称“预计”。

无论是采前进行的地表移动与变形计算，还是采后进行的地表移动与变形计算，其基本原理和计算模型与方法是基本相同的。根据地表移动与变形计算成果，可以定量表达某一个开采引起的地表移动和变形值的大小及其在时空上的分布规律，为科学评价采动影响区地表及建(构)筑物设施和其他附着物的采动损害程度及灾害预警提供依据，并可为沉陷灾害监测、沉陷变形控制、地面建(构)筑物保护及治理方案设计与决策提供科学依据。

在开展地表移动与变形计算工作之前，应首先根据本矿区的地质采矿条件和地表移动一般规律，选定适合本矿区条件的计算方法和预测模型及相关参数。

4.1.1.1　地质采矿条件

收集研究区域的采掘工程平面图、井上下对照图、钻孔柱状图、开采规划图等，开采区域地质说明书(地质报告)，覆岩岩石物理力学参数和矿区已有地表移动资料等；弄清研究区域煤层的开采厚度 M，煤层倾角 α，开采区域范围及各开采块段的下山边界、上山边界、走向主断面上的平均开采深度 H_1，H_2，H_0，各开采块段的走向长 D_3、倾向长 D_1，各开采块段的采煤方法及顶板管理方法，上覆岩层的性质，工作面形状和工作面推进的速度等。

4.1.1.2　地表移动与变形计算模型及其参数

分析研究区域地质采矿条件和已有地表移动资料，选择基本适合研究区域条件的地表移动与变形计算模型和参数。

所谓计算模型，是指所选用地表移动与变形计算方法的数学函数模型。不同的计算方法都有自己的一套计算函数和计算参数。计算参数是指在选用的计算函数中用到的一系列参数，这些参数通常是根据所计算矿区的地质采矿条件和因素决定的。

地表移动与变形的计算方法有很多种，可以根据计算要求和开采的地质采矿条件来决定选用什么方法。

4.1.2 地表移动与变形计算方法分类

按计算方法建立的原理与途径，通常将地表移动与变形计算方法分为以下三类：

(1) 基于实测资料的经验方法：通过对地表移动实测资料的统计分析，确定计算各种移动变形值的无因次曲线或函数形式的预测方法，如典型曲线法、诺模图法、剖面函数法、灰色预测法、卡尔曼滤波法、时间序列分析法、神经网络法等。该类方法所用到的参数主要为不同计算方法的特征参数和开采区域地质采矿条件几何特征参数。

(2) 理论模型方法：把岩体抽象为某个理论模型（如连续介质模型和非连续介质模型），按照这个模型计算受开采影响岩体产生的移动、变形和应力的分布情况。该类方法所用到的参数主要为实验室测定的岩石物理力学参数和开采区域地质采矿条件几何特征参数。

(3) 影响函数法：假定微小单元开采将引起地表产生微小的地表移动（用影响函数表示），整个开采区域引起的地表移动可看作该开采区域内所有微小单元开采引起的微小地表移动的总和。该类方法所用到的参数主要为不同影响函数的特征参数和开采区域地质采矿条件几何特征参数。

我国积累了大量的地表移动与变形实测资料，并先后建立了以概率积分法、负指数函数法、典型曲线法为基础的地表移动与变形计算方法体系，并在实践中得到了广泛的应用。

4.1.3 典型曲线法

典型曲线法是指根据实测资料概括的无量纲曲线来计算类似地质、采煤条件的地表移动和变形值。

4.1.3.1 典型曲线法的基本原理

典型曲线法的基本原理就是将类似条件下的实测移动与变形曲线按其几何参数进行无因次化后取平均值，得到该条件下反映移动与变形分布状态的典型曲线；预测时结合计划开采区的相关几何参数，利用典型曲线来预测地表移动和变形值。建立典型曲线的基本步骤如下：

(1) 观测资料分组：将观测站按地质采矿条件（如所采煤层、充分采动程度、开采深度或开采厚度）分成若干组。

(2) 实测曲线无因次化：通过将观测站实测的移动变形曲线上各点坐标值除以某特定值（如最大值、开采深度或盆地半长等），将移动和变形曲线无因次化。

如选择共同的下沉曲线特征点（最大下沉点）作为坐标原点，沿地表的 x 值（沿走向主断面）或 y 值（沿倾向主断面）除以平均开采深度 H_0 或相应的半移动盆地长（如下山方向为

L_1、上山方向为 L_2、走向方向为 L_3)作为无因次横轴，将移动或变形值除以相应的最大值作为无因次纵轴，将实测的移动和变形曲线化为无因次曲线。

(3) 求取平均曲线：比较同组内的同名移动或变形无因次曲线，求出它们的平均曲线，即为此组此种移动与变形分布的典型曲线。

典型曲线法的主要优点是建立与使用方法简单，应用本矿区实测资料建立的典型曲线在本矿区使用时可以获得较高的预测精度。其缺点也十分明显：① 因地质采矿条件的复杂性，不便于推广到其他矿区；② 在实测资料不足的矿区难以使用；③ 地表移动分布系数常采用曲线或者表格来表达，不便于进行数学处理；④ 原则上只适用于矩形或近似矩形工作面的主断面计算。

4.1.3.2　峰峰型典型曲线法的建立与使用

峰峰型典型曲线的主要特点是建立以最大下沉点为坐标原点、以主断面半盆地长为横轴的下沉典型曲线，其他移动变形值则用它们与下沉曲线之间的数学关系求取。

1. 峰峰型典型曲线的建立方法

(1) 建立坐标系统：如图 4-1 所示，坐标原点选在最大下沉点，沿地面的水平坐标轴指向下沉盆地的边界，沿走向为 x，沿倾向为 y。

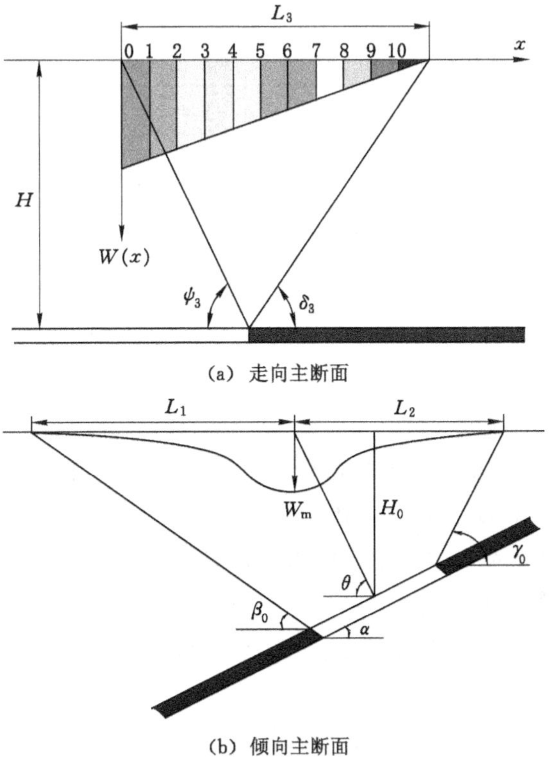

图 4-1　峰峰型典型曲线坐标选取及半盆地长

(2) 下沉曲线无因次化：横轴 x(或 y)除以相应的半盆地长 L_1，L_2 或 L_3 使之无因次化；纵轴 $W(x)$除以最大下沉值 W_m 使之无因次化。

半盆地长是指在各主断面上最大下沉点至下沉盆地边界的平距，下山、上山和走向半盆

地长分别用 L_1，L_2 和 L_3 表示。

（3）形成典型曲线：类似地质采矿条件的下沉无因次曲线取平均值，按十等间隔取值得到下沉典型曲线分布系数。表 4-1 和表 4-2 就是用表格表示的峰峰矿区走向主断面和倾向主断面下沉典型曲线分布系数。

表 4-1 峰峰矿区走向主断面下沉典型曲线分布系数[$W(x)/W_m$]

$\frac{x}{L_1}$	0	0.1	0.2	0.3	0.4	0.5	0.6	0.7	0.8	0.9	1.0
$\frac{W(x)}{W_m}$	1.000	0.974	0.900	0.746	0.499	0.266	0.119	0.059	0.029	0.014	0.000

表 4-2 峰峰矿区倾向主断面下沉典型曲线分布系数[$W(y)/W_m$]

n_1	$\frac{y}{L_1}$或$\frac{y}{L_2}$										
	0	0.1	0.2	0.3	0.4	0.5	0.6	0.7	0.8	0.9	1.0
1.0	1.000	0.974	0.900	0.746	0.499	0.266	0.119	0.059	0.029	0.014	0.000
0.9	1.000	0.960	0.875	0.700	0.454	0.247	0.115	0.057	0.029	0.014	0.000
0.8	1.000	0.946	0.850	0.653	0.409	0.228	0.111	0.055	0.28	0.014	0.000
0.7	1.000	0.932	0.826	0.607	0.365	0.209	0.107	0.052	0.28	0.014	0.000
0.6	1.000	0.925	0.749	0.505	0.289	0.155	0.073	0.036	0.021	0.010	0.000
0.5	1.000	0.918	0.652	0.404	0.214	0.102	0.040	0.028	0.017	0.008	0.000
0.3	1.000	0.888	0.613	0.370	0.196	0.084	0.040	0.026	0.015	0.007	0.000

注：表中 n_1 表示倾向采动程度系数。

2. 峰峰型典型曲线的使用方法

（1）准备计算参数。需要的计算参数包括下沉系数、水平移动系数、充分采动角、边界角、最大下沉角和松散层移动角等。其中：

峰峰矿区下沉系数 q 在初次采动时取为 0.78，厚煤层分层开采重复采动时取为 0.88，近距离煤层重复采动时取为 0.94。

水平移动系数 B 表示同一主断面上某点水平移动值 $U(x)$ 与倾斜值 $i(x)$ 的比值，峰峰矿区的经验值为 12～14 m。

峰峰矿区地表移动盆地各方向边界角值为：$\delta_0=58°$，$\beta_0=58°-0.32\alpha$，$\gamma_0=58°$；最大下沉角 $\theta=90°-0.6\alpha$；松散层移动角 $\varphi=56°$。

峰峰矿区地表移动各方向充分采动角为：$\psi_1=64°-0.55\alpha$，$\psi_2=55°+0.4\alpha$，$\psi_3=58°$。

（2）计算最大下沉值。峰峰矿区地表最大下沉值按下式计算：

$$W_m=Mq\cos\alpha\sqrt[j]{n_1 n_3} \tag{4-1}$$

式中 j——系数，一般取值为 2～3；

n_1, n_3——沿倾向和走向的采动程度系数。

$$\begin{cases} n_1 = K_1 \dfrac{D_1}{H_0} \\ n_3 = K_3 \dfrac{D_3}{H_0} \end{cases} \tag{4-2}$$

式中　K_1, K_3——系数，一般取 0.8；

D_1, D_3——开采区域沿倾向、走向的水平投影长度；

H_0——开采区域平均开采深度。

当计算出的 n_1, n_3 大于 1 时，取为 1。

(3) 计算半盆地长(图 4-1)。在地表达到充分采动时，半盆地长由边界角($\beta_0, \gamma_0, \delta_0$)、松散层移动角($\varphi$)和充分采动角确定；在地表为非充分采动时，半盆地长由边界角($\beta_0, \gamma_0, \delta_0$)、松散层移动角($\varphi$)和最大下沉角($\theta$)确定。

(4) 计算走向、倾向主断面各半盆地的下沉值。分别用最大下沉值乘以查表 4-1 和表 4-2得到各半盆地长十等分点的下沉典型曲线分布系数，得到各十等分点的计算下沉值；或通过内插得到其他非十等分点的下沉值。

(5) 计算其他移动变形值。按下列公式计算地表倾斜值、曲率值、水平移动值和水平变形值：

$$i_{n\sim n+1} = \frac{W_{n+1} - W_n}{0.1L} \quad (n = 0 \sim 9) \tag{4-3}$$

$$K_{n+1} = \frac{i_{n\sim n+1} - i_{n+1\sim n+2}}{0.1L} \quad (n = 0 \sim 9) \tag{4-4}$$

$$U(x) = Bi(x) \tag{4-5}$$

$$U(y) = Bi(y) + W(y)\cot\theta \tag{4-6}$$

$$\varepsilon(x) = BK(x) \tag{4-7}$$

$$\varepsilon(y) = BK(y) + i(y)\cot\theta \tag{4-8}$$

式中　$i_{n\sim n+1}$——n 号至 $n+1$ 号点连线中点的倾斜值；

K_{n+1}——$n+1$ 号点的曲率值。

4.1.4　剖面函数法

所谓剖面函数法，其实质就是用一个剖面函数来表示典型曲线的解析函数表达式，它是以某些函数来表示各种开采条件下主断面内的典型移动与变形分布情况。因此，剖面函数法一般只适用于矩形或近似于矩形的工作面开采时的计算。常用的剖面函数有负指数函数、双曲函数、威布尔函数、样条函数和皮尔森Ⅲ型函数等。

与典型曲线法相比，剖面函数法显然更便于进行数学处理和应用计算机进行计算。但由于剖面函数形式的限制，其函数值不一定能在每一点上都与实测确定的典型曲线值一致，求得的参数也可能与实际值有出入，因此，用剖面函数法计算的误差比用典型曲线法计算的误差稍大。

4.2 概率积分法的基本原理和单元盆地模型

概率积分法是以正态概率函数为影响函数的地表移动与变形计算方法，因其所用的移动与变形计算公式中含有概率积分函数而得名。因为这种方法的理论基础是随机介质理论，所以又叫随机介质理论法。经过我国开采沉陷工作者的不断研究，该方法已发展成我国较成熟、应用最广泛的计算方法。

4.2.1 概率积分法的理论基础

4.2.1.1 岩层移动的连续介质模型与非连续介质模型概念

连续介质模型是指在岩层移动过程中，介质始终保持它的连续性，介质单元之间的联系保持不变。这类模型可用弹塑性力学方法求解。

非连续介质模型是指在岩层移动过程中，介质的连续性受到破坏，介质单元之间原有的联系发生变化，单元互相分离并发生相对运动。这类模型可采用块体力学、颗粒体力学方法求解。

4.2.1.2 岩层移动的随机介质理论

自然界中的岩体由于被节理、裂隙、断层、软弱夹层等非均质结构面所切割，因此具有明显的非连续介质特征；用非连续介质模型研究开采沉陷问题是适当的。

波兰学者李特威尼申通过将自然岩体抽象为非连续介质中的颗粒体介质，提出并建立了岩层移动的随机介质理论。

随机介质理论的基本假设与推论：岩体介质是由许多足够小的岩块颗粒组成的；这些颗粒之间完全失去联系，可以相对运动，且它们的运动过程是随机过程；开采引起的岩层与地表移动的规律与作为随机介质的颗粒介质模型所描述的规律在宏观上是相似的。

理论与实践相互验证：基于随机介质理论建立的影响函数与基于实测资料的克诺特-布德雷克理论建立的影响函数——高斯函数是非常相似的。

4.2.1.3 岩层与地表移动的概率积分法模型

我国学者刘宝琛、廖国华在20世纪60年代初期将随机介质理论引入国内，并逐渐发展为概率积分法。概率积分法是将矿山岩层移动作为一个服从统计规律的随机现象来讨论的，通过随机介质理论导出单元开采引起的单元地表下沉和水平移动表达式；通过对开采区域求积分得到地下开采引起的地表移动与变形值。因此，从本质上概率积分法属于影响函数法。

4.2.2 颗粒体介质移动的随机模型

4.2.2.1 基本假设

假设岩层介质由类似砂粒或相对来说很小的岩块这样的介质颗粒组成，颗粒之间完全失去联系，可以相互运动，大量的颗粒介质之间的移动可以看作是随机过程，如图4-2(a)所示。

4.2.2.2 颗粒介质移动的随机过程

将地下开挖引起的岩层移动过程看作大量单元空洞从地层深处向地面移动的过程。如图4-2(b)所示，当拿走第1分层的 a_1 时，则上面的颗粒 a_2，b_2 都有1/2的概率将会在重力作用下下落并充填 a_1 的空洞，而其上一层 a_3 有1/4、b_3 有2/4和 c_3 有1/4的概率下落并充填第2层的空洞，这种过程一直持续到地表，便会在地表形成一个单元下沉盆地；下沉盆

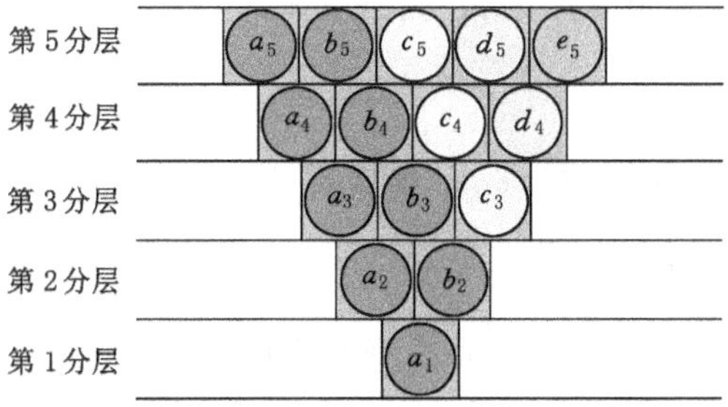

(a) 理论模型

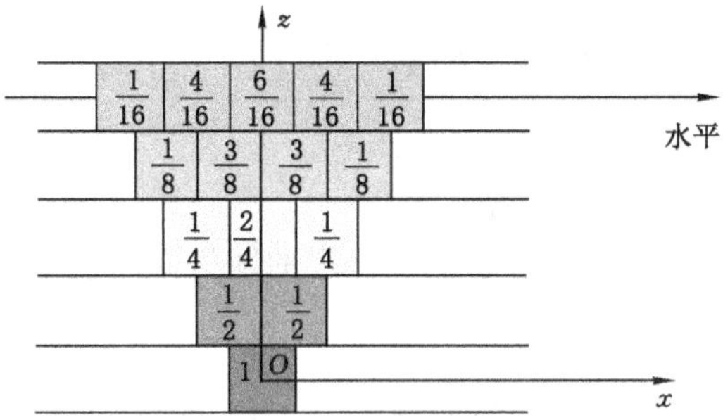

(b) 颗粒体介质移动的概率模型

图 4-2　颗粒体介质移动的随机模型

地的剖面形态符合概率密度函数。在水平地层条件时，该密度函数符合正态分布。

因此，水平地层条件下单元开挖引起地表产生单元下沉盆地的剖面形态为正态分布概率密度函数。

4.2.3　单元开采引起的单元下沉盆地表达式

4.2.3.1　*岩层移动随机介质理论的随机游动模型*

如图 4-3 所示，在前述抽象理论模型中任取相邻三个单元体建立颗粒体介质的随机游动模型。

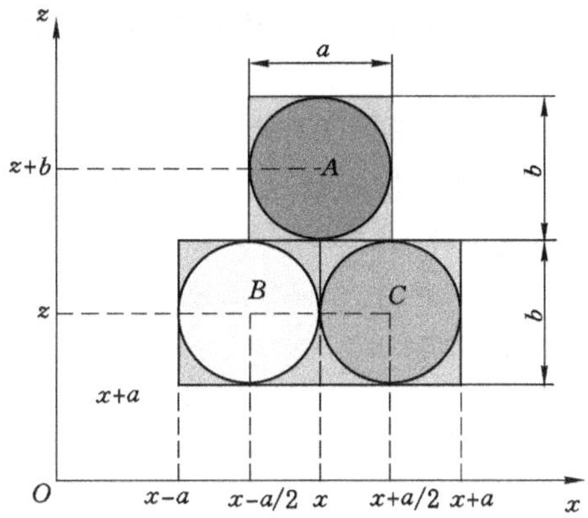

图 4-3　颗粒体介质的随机游动模型

假定1：设 A,B,C 三个单元体的长、宽各为 a,b，则其中心坐标分别为 $A(x,z+b)$，$B(x-\frac{a}{2},z)$，$C(x+\frac{a}{2},z)$。

假定2：设当模型中坐标原点处的 a_1 被移走，则 A,B,C 小球发生移动的概率分别为 $P(x,z+b)$，$P(x-\frac{a}{2},z)$，$P(x+\frac{a}{2},z)$。

随机游动规则：若 B 或 C 被移走，则 A 在重力的作用下可能向 B 或 C 移动的概率各为 $\frac{1}{2}$，则得到上覆岩层的随机游动模型为：

$$P(x,z+b)=\frac{1}{2}P(x-\frac{a}{2},z)+\frac{1}{2}P(x+\frac{a}{2},z) \tag{4-9}$$

4.2.3.2 单元开采引起的单元下沉表达式推导

1. 建立岩层移动的数学物理方程

因单元体的尺寸 a 和 b 很小，可将上覆岩层的随机游动模型按泰勒公式展开并取前2项，则式(4-9)可以近似写为：

$$P(x,z)+\frac{\partial P(x,z)}{\partial z}b=\frac{1}{2}\left[P(x,z)-\frac{\partial P(x,z)}{\partial x}\cdot\frac{a}{2}+\frac{\partial^2 P(x,z)}{\partial x^2}\cdot\frac{a^2}{8}\right]+\frac{1}{2}\left[P(x,z)+\frac{\partial P(x,z)}{\partial x}\cdot\frac{a}{2}+\frac{\partial^2 P(x,z)}{\partial x^2}\cdot\frac{a^2}{8}\right] \tag{4-10}$$

化简得到岩层移动的数学物理方程为：

$$\frac{\partial P(x,z)}{\partial z}=\frac{a^2}{8b}\cdot\frac{\partial^2 P(x,z)}{\partial x^2} \tag{4-11}$$

2. 取极限，建立偏微分方程

在 $a\to 0$、$b\to 0$ 的条件下取极限，同时令 $A=\lim\limits_{\substack{a\to 0\\ b\to 0}}\frac{a^2}{8b}$，则式(4-11)可化简为：

$$\frac{\partial P(x,z)}{\partial z}=A\frac{\partial^2 P(x,z)}{\partial x^2} \tag{4-12}$$

显然，式(4-12)中 A 为一个反映单元尺寸的常数，$P(x,z)$ 为一个连续函数，表示地下单元开采引起的上覆岩层中点 (x,z) 处小单元产生移动的概率。这就是基于随机介质理论的岩层移动偏微分方程。

3. 根据边值条件求解偏微分方程，得到 $P(x,z)$ 函数表达式

根据前述模型假设和采矿工程中的实际情况，理论模型中 a_1 单元小球移走就相当于采矿中的单元开采，由此可列出边值条件为：

$$P(x,0)=\delta(x) \tag{4-13}$$

式中，$\delta(x)$ 称为狄拉克函数，其有如下特点：

$$\begin{cases}\delta(x)=\begin{cases}0 & (x\neq 0)\\ \infty & (x=0)\end{cases}\\ \int_{-\infty}^{\infty}\delta(x)\mathrm{d}x=1\end{cases} \tag{4-14}$$

根据狄拉克函数的特点，则有：

$$\int_{-\infty}^{\infty}\delta(x)f(x,y)\mathrm{d}x = f(0,y) \tag{4-15}$$

结合边值条件式(4-14),解偏随机介质理论的微分方程式(4-15),可得:

$$P(x,z)=\frac{1}{\sqrt{4A\pi z}}\cdot\int_{-\infty}^{\infty}\delta(\zeta)\mathrm{e}^{-\frac{(\zeta-x)^2}{4Az}}\mathrm{d}\zeta \tag{4-16}$$

根据狄拉克函数积分特点,式(4-16)可化为:

$$P(x,z)=\frac{1}{\sqrt{4A\pi z}}\cdot\mathrm{e}^{-\frac{x^2}{4Az}} \tag{4-17}$$

令 $r_z=\sqrt{4A\pi z}$,则式(4-17)可化简成:

$$P(x,z)=\frac{1}{r_z}\mathrm{e}^{-\frac{\pi x^2}{r_z^2}} \tag{4-18}$$

此时 $P(x,z)$就是单元开采引起的 z 水平上(x,z)点的下沉值,用 W_e 来表示:

$$W_e(x,z)=\frac{1}{r_z}\mathrm{e}^{-\frac{\pi x^2}{r_z^2}} \tag{4-19}$$

对于地表而言,$z=H$,则 $r_z=r=\sqrt{4A\pi H}$,则式(4-19)变为:

$$W_e(x)=\frac{1}{r}\mathrm{e}^{-\frac{\pi x^2}{r^2}} \tag{4-20}$$

式(4-20)即为地下单元开采引起的地表单元下沉表达式。式中,r 为主要影响半径,是与上覆岩层性质和开采深度有关的参数。

由于主要影响半径 r 随开采深度 H 的变化而变化,令:

$$r=H/\tan\beta \tag{4-21}$$

式中,$\tan\beta$ 为主要影响角正切,这是概率积分法模型的一个重要参数,主要与上覆岩层性质有关,一般为 1.5～2.5。

4.2.4　单元开采引起的地表单元水平移动表达式

4.2.4.1　基本假设

(1) 在单元开采影响下,岩体产生的移动和变形很小,并且是连续分布的;

(2) 在单元开采作用下,岩石只发生变形,而体积不发生改变;

(3) 岩体是各向同性的、均质的,开采引起的移动与方向无关(等影响原理)。

4.2.4.2　单元水平移动表达式的建立

设 $U_e(x,z)$为上覆岩层中(x,z)点受单元开采影响产生的水平移动,简称单元水平移动。

设 $\varepsilon_x,\varepsilon_y,\varepsilon_z$ 为(x,z)点单元岩体沿三个轴方向的应变量,根据基本假设(2),显然:

三维情况:

$$e=\varepsilon_x+\varepsilon_y+\varepsilon_z=0 \tag{4-22}$$

二维情况:

$$\varepsilon_x+\varepsilon_z=0 \tag{4-23}$$

根据基本假设,针对二维情况:

$$\varepsilon_x = \frac{\partial U_e(x,z)}{\partial x};\varepsilon_z = -\frac{\partial W_e(x,z)}{\partial z} \tag{4-24}$$

式(4-24)中的负号是由于 W 轴与 z 轴方向相反造成的。结合式(4-23)和式(4-24)可得：

$$\frac{\partial U_e(x,z)}{\partial x} = \frac{\partial W_e(x,z)}{\partial z} \tag{4-25}$$

式(4-25)两侧对 x 积分，可得：

$$U_e(x,z) = \int \frac{\partial W_e(x,z)}{\partial z}\mathrm{d}x + c(z) \tag{4-26}$$

式中，$c(z)$ 为积分常数。

单元下沉盆地表达式(4-19)两侧对 z 求偏导得：

$$\frac{\partial W_e(x,z)}{\partial z} = \frac{1}{r_z^2} \cdot \frac{\mathrm{d}r_z}{\mathrm{d}z}\left(\frac{2\pi x^2}{r_z} - 1\right)\mathrm{e}^{-\frac{\pi x^2}{r_z^2}} \tag{4-27}$$

将上式代入式(4-26)得：

$$\begin{aligned}
\partial U_e(x,z) &= \int \frac{1}{r_z^2}\frac{\mathrm{d}r_z}{\mathrm{d}z}\left(\frac{2\pi x^2}{r_z} - 1\right)\mathrm{e}^{-\frac{\pi x^2}{r_z^2}}\mathrm{d}x + c(z) \\
&= \frac{1}{r_z^2}\frac{\mathrm{d}r_z}{\mathrm{d}z}\int\left(\frac{2\pi x^2}{r_z}\mathrm{e}^{-\frac{\pi x^2}{r_z^2}} - \mathrm{e}^{-\frac{\pi x^2}{r_z^2}}\right)\mathrm{d}x + c(z) \\
&= \frac{1}{r_z^2}\frac{\mathrm{d}r_z}{\mathrm{d}z}\left(\int - x\mathrm{d}\mathrm{e}^{-\frac{\pi x^2}{r_z^2}} - \int \mathrm{e}^{-\frac{\pi x^2}{r_z^2}}\mathrm{d}x\right) + c(z) \\
&= \frac{1}{r_z^2}\frac{\mathrm{d}r_z}{\mathrm{d}z}\left(- x\mathrm{e}^{-\frac{\pi x^2}{r_z^2}} + \int \mathrm{e}^{-\frac{\pi x^2}{r_z^2}}\mathrm{d}x - \int \mathrm{e}^{-\frac{\pi x^2}{r_z^2}}\mathrm{d}x\right) + c(z) \\
&= -\frac{x}{r_z^2}\frac{\mathrm{d}r_z}{\mathrm{d}z}\mathrm{e}^{-\frac{\pi x^2}{r_z^2}} + c(z)
\end{aligned} \tag{4-28}$$

根据上述基本假设(3)，在开采单元中心线上($x=0$ 处)不产生水平移动。

则有 $U_e(0,z)=0 \rightarrow c(z)=0$，即可得到单元开采引起的单元水平移动表达式为：

$$U_e(x,z) = -\frac{x}{r_z^2}\frac{\mathrm{d}r_z}{\mathrm{d}z}\mathrm{e}^{-\frac{\pi x^2}{r_z^2}} \tag{4-29}$$

单元下沉表达式两侧对 x 求偏导得：

$$\frac{\partial W_e(x,z)}{\partial x} = -\frac{2\pi x}{r_z^3}\mathrm{e}^{-\frac{\pi x^2}{r_z^2}} = \frac{2\pi}{r_z} \cdot \frac{\mathrm{d}z}{\mathrm{d}r_z} \cdot \left(-\frac{x}{r_z^2} \cdot \frac{\mathrm{d}r_z}{\mathrm{d}z}\mathrm{e}^{-\frac{\pi x^2}{r_z^2}}\right) = \frac{2\pi}{r_z} \cdot \frac{\mathrm{d}z}{\mathrm{d}r_z} \cdot U_e(x,z) \tag{4-30}$$

$$U_e(x,z) = \frac{r_z}{2\pi} \cdot \frac{\mathrm{d}r_z}{\mathrm{d}z}\frac{\partial W_e(x,z)}{\partial x} \tag{4-31}$$

令 $B(z) = \frac{r_z}{2\pi} \cdot \frac{\mathrm{d}r_z}{\mathrm{d}z}$，则式(4-31)可表达为：

$$U_e(x,z) = B(z)\frac{\partial W_e(x,z)}{\partial x} = B(z)i_e(x,z) \tag{4-32}$$

式(4-32)表明，单元盆地水平移动分布函数与单元下沉盆地的倾斜分布函数成正比。

对于地表，$z=H$，$B(z)$ 为常数，并令 $B=B(z)$，则可导出单元开采引起的地表单元水平移动表达式为：

$$U_e(x) = B\frac{\partial W_e(x)}{\partial x} = -\frac{2\pi Bx}{r^3}e^{-\frac{\pi x^2}{r^2}} \tag{4-33}$$

图 4-4 是地下单元开采引起的地表单元下沉盆地与水平移动曲线分布示意图。

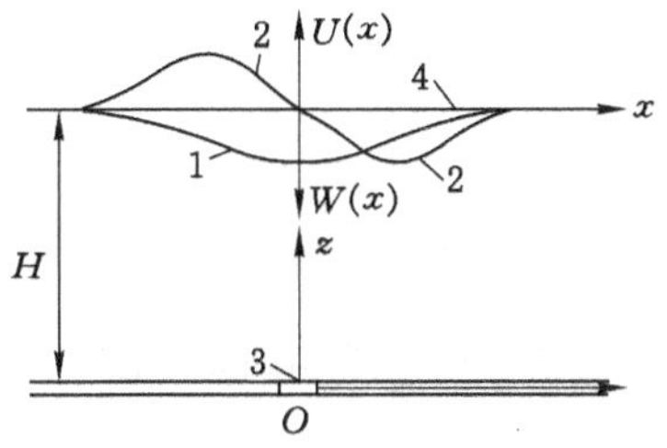

1—地表单元下沉盆地；2—地表单元水平移动；3—开采单元；4—地表。

图 4-4　地下单元开采引起的地表单元下沉盆地与水平移动曲线分布示意图

4.3　半无限开采地表移动盆地走向主断面移动与变形计算

4.3.1　地表移动计算平面问题的概念

所谓地表移动计算的平面问题，是指某开采区域一个方向的尺寸是无限的(如 y 方向，一般指超充分采动)，专门研究另一方向沿主断面的地表移动与变形的问题。

半无限开采是指在平面问题中($y\to\infty$)，x 方向的开采宽度已使地表达到充分采动的情况，如图 4-5 所示。有限开采是指在平面问题中($y\to\infty$)，x 方向的开采宽度还不能使地表达到充分采动的状态，如图 4-6 所示。

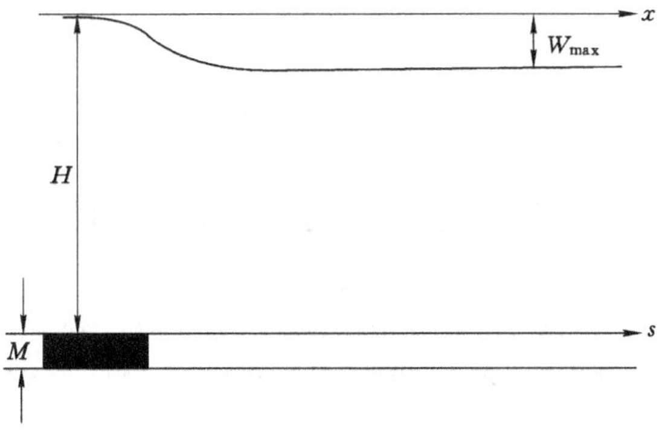

图 4-5　半无限开采示意图

影响函数法的基本假设：微小单元开采使地表产生微小的移动与变形，整个开采区域引起的地表移动与变形可看作该开采区域内所有微小单元开采引起的微小地表移动与变形的总和，即符合叠加原理。

大面积开采引起的地表移动与变形计算模型，就是基于单元开采引起的单元地表移动模型采用叠加原理并通过对开采区域进行积分的方法建立起来的。

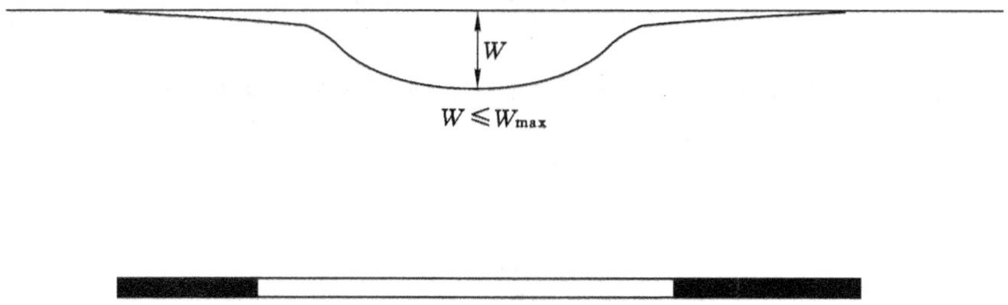

图 4-6　有限开采示意图

4.3.2　半无限开采沿走向主断面的地表移动与变形计算模型

4.3.2.1　建立坐标系

如图 4-7 所示，以半无限开采的开采边界正上方为坐标原点建立坐标系，x 轴正向指向采空区方向，地表下沉轴指向下方为正，地表水平移动轴指向上方为正。

设煤层的开采厚度为 M，开采深度为 H。

设横坐标为 s 的单元开采（图 4-7 中 2）引起上方地表产生的单元下沉盆地为 W_e 和单元水平移动盆地为 U_e。则该单元开采引起的横坐标为 x 的 A 点下沉值为 $W_e(x-s)$ 和水平移动值为 $U_e(x-s)$。

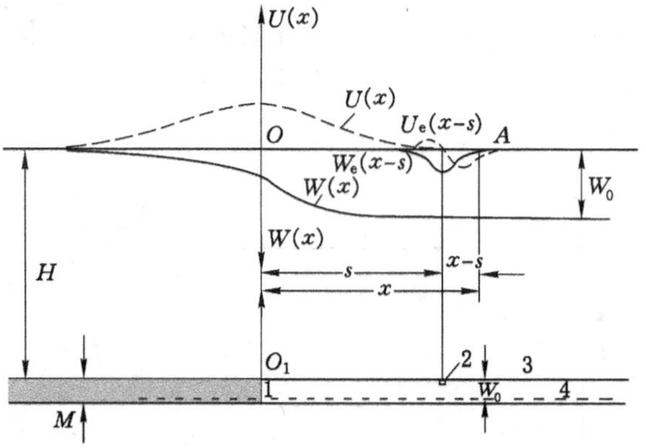

1—煤壁；2—开采单元；3—下沉前顶板原始位置；4—下沉后顶板假设位置。

图 4-7　水平煤层半无限开采沿走向主断面地表移动与变形坐标系

4.3.2.2　半无限开采时地表移动与变形计算模型的建立

1. 采空区上覆顶板岩层的等效下沉量

由于采空区顶板垮落岩石碎胀性，上覆顶板岩层的等效下沉量 W_0 要小于采煤厚度 M：

水平煤层时：

$$W_0 = qM \tag{4-34}$$

倾斜煤层时：

$$W_0 = qM\cos\alpha \tag{4-35}$$

式中　q——下沉系数，无量纲，概率积分法的主要参数之一，主要取决于顶板管理方法和上覆岩性；

M——煤层开采厚度，mm；

α——煤层倾角，(°)。

2. 半无限开采时沿主断面的地表下沉计算模型

根据图4-7和上述条件，横坐标为 s 的单元开采（开采面积为 $1\times \mathrm{d}s$）引起的 $A(x)$点的下沉应该为：

$$\mathrm{d}W_e(x)=\frac{1}{r}\mathrm{e}^{-\frac{\pi(x-s)^2}{r^2}}\mathrm{d}s \tag{4-36}$$

按照叠加原理，当开采面积为 $W_0\mathrm{d}s$ 时，则 $A(x)$点的下沉为：

$$\mathrm{d}W_e(x)=\frac{W_0}{r}\mathrm{e}^{-\frac{\pi(x-s)^2}{r^2}}\mathrm{d}s \tag{4-37}$$

从图4-7中可以看出，半无限开采时，边界从 $s=0\rightarrow s=\infty$，因此，可通过积分计算得到半无限开采时 $A(x)$点下沉为：

$$W(x)=W_0\int_0^{\infty}\frac{1}{r}\mathrm{e}^{-\frac{\pi(x-s)^2}{r^2}}\mathrm{d}s \tag{4-38}$$

令 $\frac{\sqrt{\pi}}{r}(x-s)=\lambda$，则 $\mathrm{d}s=-\frac{r}{\sqrt{\pi}}\mathrm{d}\lambda$。显然，当 $s=0\rightarrow s=\infty$时，$\lambda=\frac{\sqrt{\pi}}{r}x\rightarrow\lambda=-\infty$，得到：

$$W(x)=-\frac{W_0}{\sqrt{\pi}}\int_{\frac{\sqrt{\pi}}{r}x}^{-\infty}\mathrm{e}^{-\lambda^2}\mathrm{d}\lambda \tag{4-39}$$

由被积函数的对称性，故有：

$$W(x)=\frac{W_0}{\sqrt{\pi}}\int_{-\frac{\sqrt{\pi}}{r}x}^{\infty}\mathrm{e}^{-\lambda^2}\mathrm{d}\lambda \tag{4-40}$$

当 $x\rightarrow\infty$时，地表点应有最大值 W_0，故有：

$$W_0=\frac{W_0}{\sqrt{\pi}}\int_{-\infty}^{\infty}\mathrm{e}^{-\lambda^2}\mathrm{d}\lambda\rightarrow\sqrt{\pi}=\int_{-\infty}^{\infty}\mathrm{e}^{-\lambda^2}\mathrm{d}\lambda\rightarrow\int_0^{\infty}\mathrm{e}^{-\lambda^2}\mathrm{d}\lambda=\frac{\sqrt{\pi}}{2} \tag{4-41}$$

将式(4-40)右侧积分分开可得：

$$W(x)=\frac{W_0}{2}\left[\frac{2}{\sqrt{\pi}}\int_{-\frac{\sqrt{\pi}}{r}x}^{0}\mathrm{e}^{-\lambda^2}\mathrm{d}\lambda+\frac{2}{\sqrt{\pi}}\int_0^{\infty}\mathrm{e}^{-\lambda^2}\mathrm{d}\lambda\right]=\frac{W_0}{2}\left(\frac{2}{\sqrt{\pi}}\int_0^{\frac{\sqrt{\pi}}{r}x}\mathrm{e}^{-\lambda^2}\mathrm{d}\lambda+1\right) \tag{4-42}$$

引入高斯误差函数（概率积分函数）：$\mathrm{erf}(x)=\frac{2}{\sqrt{\pi}}\int_0^{x}\mathrm{e}^{-t^2}\mathrm{d}t$，代入式(4-42)，就可得到半无

限开采时沿主断面的地表下沉计算模型：

$$W(x)=\frac{W_0}{2}\left[\mathrm{erf}\left(\frac{\sqrt{\pi}}{r}x\right)+1\right] \tag{4-43}$$

显然，当 $x\rightarrow+\infty$ 时，$\mathrm{erf}\left(\frac{\sqrt{\pi}}{r}x\right)\rightarrow 1$，$W(x)\rightarrow W_0$。

3. 半无限开采时沿主断面的地表倾斜计算模型

地表倾斜 $i(x)$ 应为地表下沉 $W(x)$ 的一阶导数，则有：

$$i(x)=\frac{\mathrm{d}W(x)}{\mathrm{d}x}=\frac{W_0}{r}\mathrm{e}^{-\frac{\pi x^2}{r^2}} \tag{4-44}$$

4. 半无限开采时沿主断面的地表曲率计算模型

地表曲率 $K(x)$ 应为地表倾斜 $i(x)$ 的一阶导数，则有：

$$K(x)=\frac{\mathrm{d}i(x)}{\mathrm{d}x}=-2\pi\frac{W_0}{r^3}x\mathrm{e}^{-\frac{\pi x^2}{r^2}} \tag{4-45}$$

5. 半无限开采时沿主断面的地表水平移动计算模型

根据主断面上地表水平移动曲线 $U(x)$ 和地表倾斜曲线 $i(x)$ 成正比的原理，则有：

$$U(x)=Bi(x)=\frac{BW_0}{r}\mathrm{e}^{-\frac{\pi x^2}{r^2}} \tag{4-46}$$

令 $b=\frac{B}{r}$，称其为水平移动系数，无量纲，这是概率积分法的另一个重要参数，则得到半无限开采时沿主断面的地表水平移动计算模型为：

$$U(x)=bW_0\mathrm{e}^{-\frac{\pi x^2}{r^2}} \tag{4-47}$$

6. 半无限开采时沿主断面的地表水平变形计算模型

地表水平变形 $\varepsilon(x)$ 应为水平移动 $U(x)$ 的一阶导数，则有：

$$\varepsilon(x)=\frac{\mathrm{d}U(x)}{\mathrm{d}x}=-\frac{2\pi bW_0}{r^2}x\mathrm{e}^{-\frac{\pi x^2}{r^2}} \tag{4-48}$$

4.3.3 地表移动与变形最大值计算公式

根据上述水平煤层半无限开采沿主断面的地表移动与变形计算模型，可通过求极值的方法得到地表移动与变形最大值计算公式及其出现位置。

1. 地表最大下沉值 W_0

$$W_0=Mq\cos\alpha \tag{4-49}$$

出现位置：$x=+\infty$；充分采动区。

2. 最大地表倾斜值 i_0

$$i_0=\frac{W_0}{r} \tag{4-50}$$

出现位置：$x=0$；此处的下沉值 $W(0)$ 为 $\frac{W_0}{2}$。

3. 地表最大曲率值 K_0

$$K_0 = \pm \frac{1.52W_0}{r^2} \tag{4-51}$$

出现位置：$x \approx \pm 0.4r$。显然：

当 $x \approx -0.4r$ 时，$W(x) \approx 0.16W_0$，该处地表出现最大正曲率值；

当 $x \approx +0.4r$ 时，$W(x) \approx 0.84W_0$，该处地表出现最大负曲率值。

4. 地表最大水平移动值

$$U_0 = bri_0 = bW_0 \tag{4-52}$$

出现位置：$x=0$。

5. 地表最大水平变形值

$$\varepsilon_0 = \pm \frac{1.52bW_0}{r} \tag{4-53}$$

出现位置：$x \approx \pm 0.4r$。显然：

当 $x \approx -0.4r$ 时，$W(x) \approx 0.16W_0$，该处地表出现最大拉伸变形值；

当 $x \approx +0.4r$ 时，$W(x) \approx 0.84W_0$，该处地表出现最大压缩变形值。

4.3.4　地表移动与变形计算公式的简化和应用

将地表移动与变形最大值公式代入半无限开采时沿主断面的各移动与变形计算模型，则计算模型可表示为：

$$W(x) = \frac{W_0}{2}\left[\operatorname{erf}\left(\frac{\sqrt{\pi}}{r}x\right)+1\right] \tag{4-54}$$

$$i(x) = \frac{W_0}{r}e^{-\frac{\pi x^2}{r^2}} = i_0 e^{-\frac{\pi x^2}{r^2}} \tag{4-55}$$

$$K(x) = -2\pi\frac{W_0}{r^3}x e^{-\frac{\pi x^2}{r^2}} = -4.134K_0\frac{x}{r}e^{-\frac{\pi x^2}{r^2}} \tag{4-56}$$

$$U(x) = U_0 e^{-\frac{\pi x^2}{r^2}} \tag{4-57}$$

$$\varepsilon(x) = -4.134\varepsilon_0\frac{x}{r}e^{-\frac{\pi x^2}{r^2}} \tag{4-58}$$

分别将式(4-54)～式(4-58)左右两侧同时除以各自的最大值，则可得到半无限开采时各移动变形分布的无因次曲线表达式，即：

$$\frac{W(x)}{W_0} = \frac{1}{2}\left[\operatorname{erf}\left(\frac{\sqrt{\pi}}{r}x\right)+1\right] = A\left(\frac{x}{r}\right) \tag{4-59}$$

$$\frac{i(x)}{i_0} = \frac{U(x)}{U_0} = e^{-\frac{\pi x^2}{r^2}} = A'\left(\frac{x}{r}\right) \tag{4-60}$$

$$\frac{K(x)}{K_0}=\frac{\varepsilon(x)}{\varepsilon_0}=-4.134\frac{x}{r}e^{-\frac{\pi x^2}{r^2}}=A''\left(\frac{x}{r}\right) \tag{4-61}$$

式中，$A\left(\frac{x}{r}\right)$，$A'\left(\frac{x}{r}\right)$，$A''\left(\frac{x}{r}\right)$分别代表了半无限开采主断面上各移动变形的分布形态，称为移动和变形的分布函数(图 4-8)；也可以$\frac{x}{r}$为引数直接查表 4-3 获得。

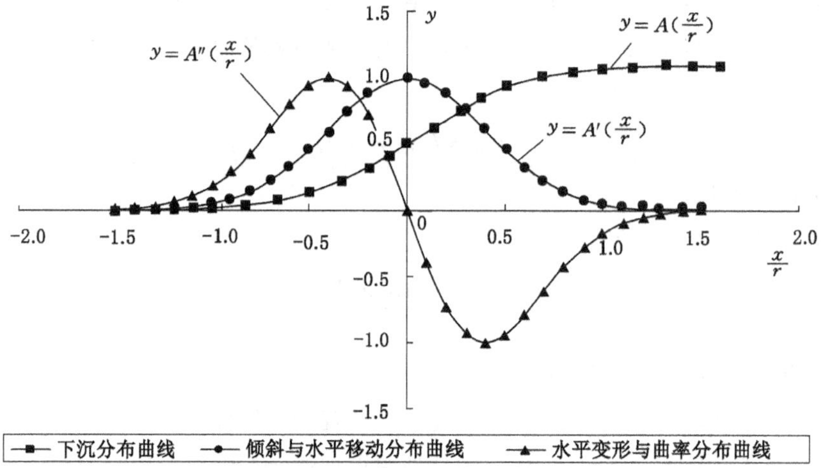

图 4-8 水平煤层半无限开采时沿主断面的地表移动与变形分布曲线图

表 4-3 水平煤层半无限开采时沿主断面的地表移动与变形分布函数表

$\frac{x}{r}$	0	±0.1	±0.2	±0.3	±0.4	±0.5	±0.6	±0.7
$A\left(\frac{x}{r}\right)=\frac{W(x)}{W_0}$	0.500 0	0.598 9	0.691 9	0.773 9	0.841 9	0.894 9	0.933 5	0.960 1
	0.500 0	0.401 1	0.308 1	0.226 1	0.158 1	0.105 1	0.066 5	0.039 9
$A'\left(\frac{x}{r}\right)=\frac{i(x)}{i_0}=\frac{U(x)}{U_0}$	1.000 0	0.969 3	0.881 9	0.753 7	0.604 9	0.455 9	0.322 7	0.214 5
$A''\left(\frac{x}{r}\right)=\frac{K(x)}{K_0}=\frac{\varepsilon(x)}{\varepsilon_0}$	0.000	∓0.401	∓0.730	∓0.933	∓1.000	∓0.940	∓0.800	∓0.620
$\frac{x}{r}$	±0.8	±0.9	±1.0	±1.1	±1.2	±1.3	±1.4	±1.5
$A\left(\frac{x}{r}\right)=\frac{W(x)}{W_0}$	0.977 5	0.987 9	0.993 8	0.997 1	0.998 6	0.999 4	0.999 8	0.999 9
	0.022 5	0.012 1	0.006 2	0.002 9	0.001 4	0.000 6	0.000 2	0.000 1
$A'\left(\frac{x}{r}\right)=\frac{i(x)}{i_0}=\frac{U(x)}{U_0}$	0.133 9	0.078 5	0.043 2	0.022 3	0.011 1	0.004 9	0.002 1	0.000 9
$A''\left(\frac{x}{r}\right)=\frac{K(x)}{K_0}=\frac{\varepsilon(x)}{\varepsilon_0}$	∓0.442	∓0.292	∓0.178	∓0.100	∓0.054	∓0.026	∓0.013	∓0.005

注：当$\frac{x}{r}$为“+”值时，$A\left(\frac{x}{r}\right)$取上一行的数，$A''\left(\frac{x}{r}\right)$取“－”号；当$\frac{x}{r}$为“－”值时，$A\left(\frac{x}{r}\right)$取下一行的数，$A''\left(\frac{x}{r}\right)$取“+”号。

在应用表 4-3 进行水平煤层半无限开采时沿主断面的地表移动与变形计算时的具体步骤如下：

（1）首先按 $r=H/\tan\beta$ 计算主要影响半径 r，按各移动与变形最大值公式计算出各最大值；

（2）以计算点的坐标 x 和主要影响半径 r 计算的 x/r 为引数查表 4-3，得到各移动与变形的分布函数 $A\left(\frac{x}{r}\right)$，$A'\left(\frac{x}{r}\right)$，$A''\left(\frac{x}{r}\right)$ 的值；

（3）再把相应的最大值与分布函数值相乘就可计算出各点的移动与变形值。

4.3.5　地表移动与变形曲线的平移

4.3.5.1　水平煤层半无限开采时沿主断面下沉曲线拐点的偏移问题

在前述推导水平煤层半无限开采沿主断面的移动与变形计算公式时，是以开采边界为坐标原点，假定开采边界外侧的煤层顶板下沉值为 0，右侧的采空区顶板下沉值突变为 W_0。但在实际工程中，由于开采边界上方煤层顶板的悬臂梁作用，顶板的下沉值是从开采边界外侧的煤柱上方一直到采空区内侧的一定距离内逐渐从 0 增大到 W_0。岩层移动向上传递发展到地表以后，具体表现为地表下沉曲线的拐点（其下沉值为最大下沉值的一半）通常偏向采空区内侧一定距离；这种下沉曲线拐点偏移的距离称为拐点偏距。反映到移动变形曲线上，这种现象就相当于沿主断面的地表移动与变形曲线在位置上整体向采空区一侧偏移了一定距离，而移动与变形曲线的分布形态并没有改变。

拐点偏距通常用 s 或 s_0 来表示，单位为 m；它也是概率积分法的一个重要参数。当拐点偏距偏向采空区内侧时，用正值表示；当拐点偏距偏向采空区外侧时，用负值表示。

为区别矩形采空区沿不同方向主断面上的拐点偏距，通常将倾向主断面下山一侧的拐点偏距表示为 s_1 或 $s_{下}$；将倾向主断面上山一侧的拐点偏距表示为 s_2 或 $s_{上}$；将走向主断面左侧的拐点偏距表示为 s_3 或 $s_{左}$；将走向主断面右侧的拐点偏距表示为 s_4 或 $s_{右}$。

4.3.5.2　水平煤层半无限开采时沿主断面移动与变形曲线的平移

根据前述半无限开采时沿主断面的地表移动与变形计算模型，其坐标原点应该与下沉曲线的拐点重合。因此，为解决实际工程中下沉曲线拐点的偏移问题，通常是移动与变形曲线的坐标原点直接从开采区域边界位置平移到实际的拐点位置；平移过程中各移动变形曲线的分布函数保持不变。这样，在实际工程中进行半无限开采沿主断面的移动与变形计算时，仍然使用上述计算模型和表 4-3 中的分布函数，只是取拐点位置作为坐标原点计算即可，如图 4-9 所示。这也相当于开采工作面实际的计算区域为过各侧拐点所作的开采边界平行线确定的矩形区域，如图 4-10 所示。

4.3.6　主要影响半径 r 及主要影响角正切 $\tan\beta$

从图 4-11 可明显看出，地表移动变形主要发生在 $-r\sim+r$ 的范围内，这就是 r 被称为主要影响半径的原因。主要影响半径 r 的大小主要取决于上覆岩层性质和开采深度。

即使在同一矿区或者同一采区，开采深度的变化都是非常大的；为便于保持参数的稳定性，我们引入了主要影响角正切 $\tan\beta$ 作为概率积分法计算模型的主要参数。

如图 4-11 所示，将 $x=\pm r$ 的地表点与煤壁（或 $x=0$ 坐标轴与煤层的交点）相连，其连

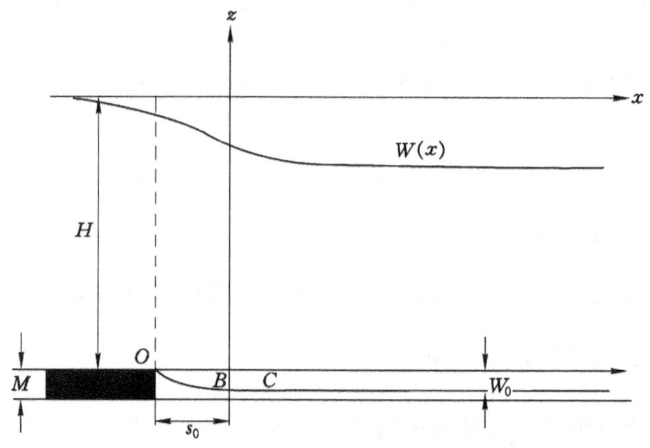

图 4-9　主断面上下沉曲线的平移

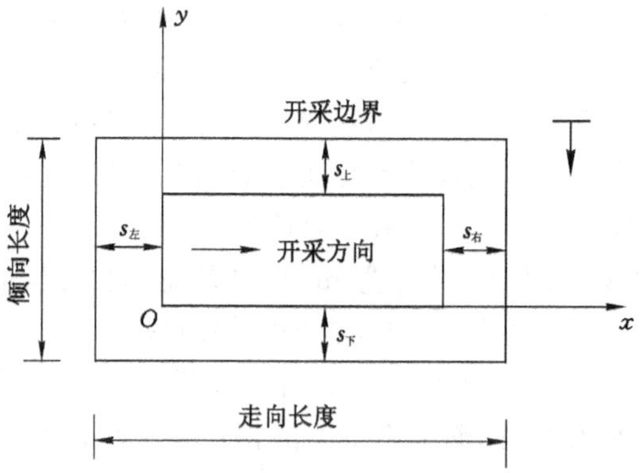

图 4-10　四周均未开采时，实际开采工作面与计算工作面示意图

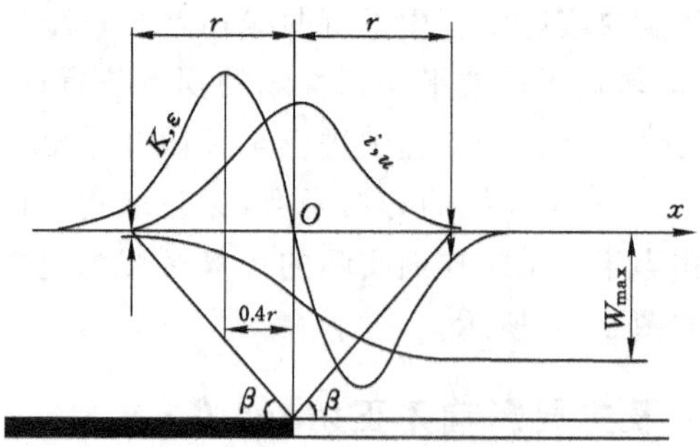

图 4-11　参数 r 及 $\tan\beta$ 的几何意义

线与水平线之间所夹的锐角 β 称为主要影响角，$\tan\beta$ 称为主要影响角正切，$\tan\beta$ 与 r 的关系为：

$$\tan\beta = \frac{H}{r} \tag{4-62}$$

$\tan\beta$ 主要与上覆岩层性质有关，随着覆岩坚硬程度的增大而减小。主要影响半径及主要影响角 β 的几何关系如图 4-11 所示。

4.4　有限开采地表移动与变形计算方法

在平面问题中（$y\to\infty$），当 x 方向的开采宽度还不能使地表达到充分采动时，称为有限开采或单向有限开采。当开采区域在 x 方向、y 方向的开采宽度均不能使地表达到充分采动时，则称为双向有限开采。有限开采时沿主断面的地表移动与变形计算模型是根据随机介质理论的基本假设，采用叠加原理利用前述半无限开采时的计算模型叠加而建立起来的。

4.4.1　有限开采时地表移动盆地走向主断面移动与变形的计算

4.4.1.1　水平煤层有限开采沿主断面的地表下沉表达式

假设：煤层沿倾向方向已达到充分采动，沿走向方向没有达到充分采动。如图 4-12 所示，考虑两侧拐点偏距分别为 s_3，s_4。

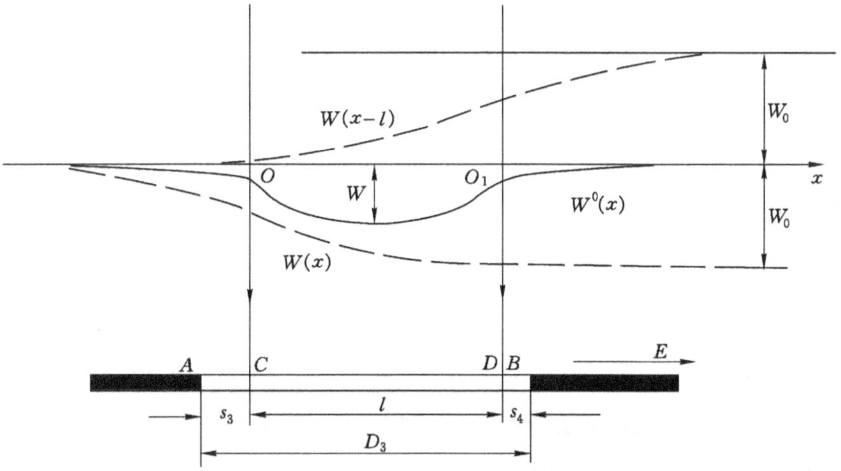

图 4-12　有限开采时地表的移动与变形的叠加计算

有限开采时的计算长度为：

$$l = D_3 - s_3 - s_4 \tag{4-63}$$

根据式(4-37)的 $W_0\mathrm{d}s$ 单元开采引起的地表单元下沉表达式，求积分可得到有限开采时主断面上坐标为 x 的点的下沉为：

$$W^0(x) = \int_0^l \frac{W_0}{r} e^{-\frac{\pi(x-s)^2}{r^2}} \mathrm{d}s \tag{4-64}$$

令 $\frac{\sqrt{\pi}}{r}(x-s)=\lambda$，则 $\mathrm{d}s = -\frac{r}{\sqrt{\pi}}\mathrm{d}\lambda$。显然，当 $s=0$ 时，$\lambda=\frac{\sqrt{\pi}}{r}x$；当 $s=l$ 时，$\lambda=\frac{\sqrt{\pi}}{r}(x-l)$，则

式(4-64)变为：

$$W^0(x)=-\frac{W_0}{\sqrt{\pi}}\int_{\frac{\sqrt{\pi}}{r}x}^{\frac{\sqrt{\pi}}{r}(x-l)}e^{-\lambda^2}d\lambda \tag{4-65}$$

根据被积函数的对称性，故有：

$$W^0(x)=\frac{W_0}{\sqrt{\pi}}\int_{-\frac{\sqrt{\pi}}{r}x}^{\frac{\sqrt{\pi}}{r}(l-x)}e^{-\lambda^2}d\lambda=\frac{W_0}{\sqrt{\pi}}\int_{-\frac{\sqrt{\pi}}{r}x}^{0}e^{-\lambda^2}d\lambda+\frac{W_0}{\sqrt{\pi}}\int_{0}^{\frac{\sqrt{\pi}}{r}(l-x)}e^{-\lambda^2}d\lambda=\frac{W_0}{\sqrt{\pi}}\left(\int_{-\frac{\sqrt{\pi}}{r}x}^{0}e^{-\lambda^2}d\lambda+\int_{0}^{\frac{\sqrt{\pi}}{r}(l-x)}e^{-\lambda^2}d\lambda\right) \tag{4-66}$$

同样，引入高斯误差函数(概率积分函数)：$\mathrm{erf}(x)=\frac{2}{\sqrt{\pi}}\int_0^x e^{-t^2}dt$，则式(4-66)可写为：

$$\begin{aligned}W^0(x)&=\frac{W_0}{2}\left\{\mathrm{erf}\left(\sqrt{\pi}\,\frac{x}{r}\right)-\mathrm{erf}\left[\sqrt{\pi}\,\frac{(x-l)}{r}\right]\right\}\\&=\frac{W_0}{2}\left(\left[\mathrm{erf}\left(\sqrt{\pi}\,\frac{x}{r}\right)+1\right]-\left\{\mathrm{erf}\left[\sqrt{\pi}\,\frac{(x-l)}{r}\right]+1\right\}\right)\end{aligned} \tag{4-67}$$

$$W^0(x)=\frac{W_0}{2}\left[\mathrm{erf}\left(\sqrt{\pi}\,\frac{x}{r}\right)+1\right]-\frac{W_0}{2}\left\{\mathrm{erf}\left[\sqrt{\pi}\,\frac{(x-l)}{r}\right]+1\right\}=W(x)-W(x-l) \tag{4-68}$$

显然，式(4-68)中，$W(x)=\frac{W_0}{2}\left[\mathrm{erf}\left(\sqrt{\pi}\frac{x}{r}\right)+1\right]$，就相当于是以有限开采左侧计算边界 O 为原点的右侧半无限开采时的 x 点下沉值；$W(x-l)=\frac{W_0}{2}\left\{\mathrm{erf}\left[\sqrt{\pi}\frac{(x-l)}{r}\right]+1\right\}$，就相当于是以有限开采右侧计算边界 O_1 为原点的右侧半无限开采时的 x 点下沉值。

因此，在平面问题有限开采概率积分法计算时，可以按叠加原理来进行计算，同时也简化了计算公式的表示方式。即有限开采的地表移动与变形可以看作两个半无限开采地表移动与变形问题的叠加。

4.4.1.2 水平煤层有限开采时沿主断面的其他移动与变形表达式

地表倾斜变形为地表下沉的一阶导数，则：

$$i^0(x)=\frac{dW^0(x)}{dx}=\frac{dW(x)}{dx}-\frac{dW(x-l)}{dx}=i(x)-i(x-l) \tag{4-69}$$

地表曲率变形为地表倾斜的一阶导数，则：

$$K^0(x)=\frac{di^0(x)}{dx}=\frac{di(x)}{dx}-\frac{di(x-l)}{dx}=K(x)-K(x-l) \tag{4-70}$$

根据水平煤层沿主断面的地表水平移动与地表倾斜分布相似特征，可以得到有限开采时地表水平移动的表达式为：

$$U^0(x)=Bi^0(x)=bW_0e^{-\frac{\pi x^2}{r^2}}-bW_0e^{-\frac{\pi(x-l)^2}{r^2}}=U(x)-U(x-l) \tag{4-71}$$

地表水平变形为地表水平移动的一阶导数，则：

$$\varepsilon^0(x)=\frac{dU^0(x)}{dx}=\frac{dU(x)}{dx}-\frac{dU(x-l)}{dx}=\varepsilon(x)-\varepsilon(x-l) \tag{4-72}$$

综上，可将水平煤层有限开采时沿主断面的移动与变形计算公式归纳如下，这些公式同样适用于倾斜煤层开采时沿倾向充分采动、沿走向非充分采动（走向有限开采）条件下沿走向主断面的移动变形计算。

水平或倾斜煤层沿走向主断面（沿倾向主断面达到充分采动）：

$$W^0(x)=W(x)-W(x-l) \tag{4-73}$$

$$i^0(x)=i(x)-i(x-l) \tag{4-74}$$

$$K^0(x)=K(x)-K(x-l) \tag{4-75}$$

$$U^0(x)=U(x)-U(x-l) \tag{4-76}$$

$$\varepsilon^0(x)=\varepsilon(x)-\varepsilon(x-l) \tag{4-77}$$

水平煤层沿倾向主断面（沿走向主断面达到充分采动，倾向计算长度用 L 表示）：

$$W^0(y)=W(y)-W(y-L) \tag{4-78}$$

$$i^0(y)=i(y)-i(y-L) \tag{4-79}$$

$$K^0(y)=K(y)-K(y-L) \tag{4-80}$$

$$U^0(y)=U(y)-U(y-L) \tag{4-81}$$

$$\varepsilon^0(y)=\varepsilon(y)-\varepsilon(y-L) \tag{4-82}$$

需要特别注意的是，有限开采时的地表移动与变形是通过两个原点不同的半无限开采移动与变形叠加计算获得的，因此在进行计算时所用到的计算参数和最大移动与变形值就是指半无限开采条件下的计算参数和最大移动与变形值。

4.4.2　倾斜煤层倾向有限开采时沿倾向主断面的移动与变形计算

根据第 3 章地表移动的一般规律，倾斜煤层开采时地表下沉盆地将产生向下山方向的偏移，并且失去对称性。地表移动盆地倾向主断面上地表下沉拐点的位置也不在计算边界的正上方，而是向下山方向偏移了一定距离；将偏移后的地表下沉曲线拐点与同侧计算边界的连线与水平线在下山方向一侧的夹角称为开采影响传播角，通常用 θ_0 表示，这是概率积分法计算倾斜煤层开采地表移动与变形时的一个重要参数，主要与地层倾角和上覆岩层性质有关。

由于煤层和覆岩的倾斜，地下开采后顶板覆岩垮落、弯曲，基本上是沿着近似煤层法线方向向上传播，即遵循“法向移动”规律。岩层的近似“法向”移动就导致产生了垂直下沉和指向上山方向的水平移动分量。正是指向上山的水平移动分量的存在，使得地表水平移动由两部分构成，即正常的地表下沉弯曲所产生的水平分量和倾斜岩层法向移动导致的指向上山方向的附加水平移动。这也是倾斜煤层开采时倾向主断面上指向上山方向的水平移动增大，而指向下山方向的水平移动相对减小的根本原因。

在进行倾斜煤层倾向有限开采时倾向主断面的地表移动变形计算时，仍然可以采用叠加原理。假设某倾斜煤层的开采区域沿走向方向已达到充分采动，沿倾向方向为非充分采动。如图 4-13 所示，在其倾向主断面上，A，B 为煤层的实际开采边界，实际计算边界在考虑了拐点偏距的 C，D 处，其下山和上山的拐点偏移距分别为 s_1，s_2。由于煤层倾斜，地表下沉曲线拐点并不在计算边界 C，D 的正上方，而是向下山方向偏移，位于 O，O_1 处。CO 连线（或 DO_1 连线）与水平线的夹角 θ_0 即为开采影响传播角。

则开采区域计算边界投影到地表面后的计算长度为：

$$L=(D_1-s_1-s_2)\frac{\sin(\theta_0+\alpha)}{\sin\theta_0} \tag{4-83}$$

为便于理解，引入等影响原则假设：近似认为图 4-13 中水平煤层 $C'F$ 的半无限开采与倾斜煤层 CG 的半无限开采引起的地表移动与变形是相同的，即 $C'F$ 开采与 CG 开采等影响。同理水平煤层 $D'E$ 开采与倾斜煤层 DG 开采等影响。

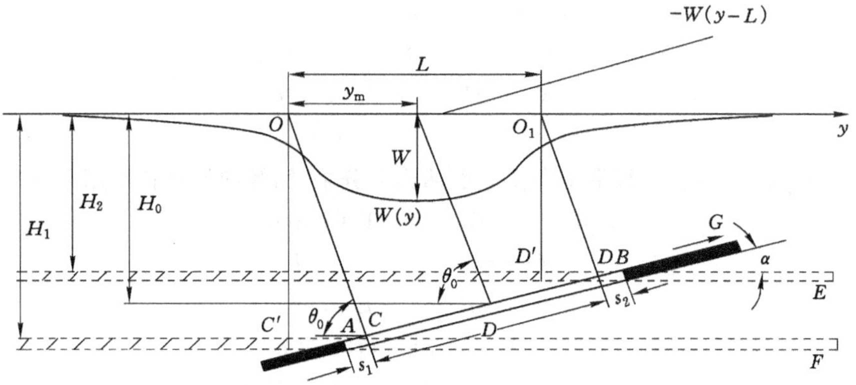

图 4-13　倾斜煤层倾向有限开采时沿倾向主断面地表下沉计算示意图

参考走向主断面有限开采地表移动与变形计算，计算边界 CD 开采对地表的影响等效于 CG 和 DG 两个半无限开采之差，近似等于 $C'F$ 和 $D'E$ 半无限开采引起影响之差。由此可以得到倾斜煤层倾向主断面上的地表下沉值为：

$$W^0(y)=\frac{W_0}{\sqrt{\pi}}\left[\int_{-\sqrt{\pi}\frac{y}{r_1}}^{\infty}e^{-\lambda^2}d\lambda-\int_{-\sqrt{\pi}\frac{(y-L)}{r_2}}^{\infty}e^{-\lambda^2}d\lambda\right]=\frac{W_0}{\sqrt{\pi}}\left(\left[\text{erf}\left(\sqrt{\pi}\frac{y}{r_1}\right)+1\right]-\left\{\text{erf}\left[\sqrt{\pi}\frac{(y-L)}{r_2}\right]+1\right\}\right) \tag{4-84}$$

$$W^0(y)=W(y,t_1)-W(y-L,t_2) \tag{4-85}$$

同理可得到：

$$i^0(y)=i(y,t_1)-i(y-L,t_2) \tag{4-86}$$

$$K^0(y)=K(y,t_1)-K(y-L,t_2) \tag{4-87}$$

对于倾斜煤层倾向主断面上的水平移动，由于上覆倾斜岩层“法向弯曲”产生了附加的指向上山方向的水平移动分量，因此，沿倾向主断面的地表水平移动将由 3 项几何叠加而得：

$$U^0(y)=U(y,t_1)-U(y-L,t_2)+W^0(y)\cot\theta_0 \tag{4-88}$$

沿倾向主断面的地表水平变形是水平移动的一阶导数，则有：

$$\varepsilon^0(y)=\frac{dU^0(y)}{dy}=\varepsilon(y,t_1)-\varepsilon(y-L,t_2)+i^0(y)\cot\theta_0 \tag{4-89}$$

上述公式中，t_1，t_2 分别表示了下山、上山方向的计算参数取值，即：

t_1 时：开采深度为倾斜煤层开采区域下山边界的开采深度 H_1；投影到地表的拐点位置在 O 点；下山方向的主要影响半径 $r_1=\frac{H_1}{\tan\beta_1}$，$\tan\beta_1$ 为下山方向的主要影响角正切。

t_2 时：开采深度为倾斜煤层开采区域上山边界的开采深度 H_2；投影到地表的拐点位置在 O_1 点；上山方向的主要影响半径 $r_2=\dfrac{H_2}{\tan\beta_2}$，$\tan\beta_2$ 为上山方向的主要影响角正切。

4.4.3　双向有限开采时地表移动盆地主断面移动与变形计算

所谓双向有限开采，是指开采区域在走向方向（x 方向）、倾向方向（y 方向）的开采宽度都不能使地表达到充分采动。

4.4.3.1　采动程度系数的概念

此时，无论走向方向还是倾向方向都不能单纯用另一个方向为充分采动的公式求取地表移动与变形值，需在原有的值上再乘上一个小于 1 的系数，这个系数称为采动程度系数。采动程度系数分为走向采动程度系数 C_{xm} 和倾向采动程度系数 C_{ym}。

走向采动程度系数 C_{xm} 表示走向不是充分采动而导致倾向主断面上移动与变形减小的倍数，其值为：

$$C_{xm}=\frac{W_{my}^0}{W_0} \tag{4-90}$$

倾向采动程度系数 C_{ym} 表示倾向不是充分采动而导致走向主断面上移动与变形减小的倍数，其值为：

$$C_{ym}=\frac{W_{mx}^0}{W_0} \tag{4-91}$$

式中　W_{my}^0——倾向充分采动而走向为有限开采时的地表最大下沉值，mm；

W_{mx}^0——走向充分采动而倾向为有限开采时的地表最大下沉值，mm；

W_0——双向均为充分采动时（半无限开采）的地表最大下沉值，mm。

在实际应用中，走向或倾向采动程度系数可以 l/r 或 L/r 为引数查表 4-4 获得。

表 4-4　走向或倾向采动程度系数计算表

$l/r(L/r)$	0.0	0.2	0.4	0.6	0.8	1.0	1.2	1.4	1.6	1.8	2.0
$C_{xm}(C_{ym})$	0.000	0.198	0.383	0.547	0.684	0.789	0.867	0.920	0.955	0.976	0.988

4.4.3.2　双向有限开采时沿走向主断面的移动与变形计算

首先根据倾向主断面开采尺寸、开采影响传播角和上下山方向开采深度、拐点偏距、主要影响角正切计算出倾向计算长度 L［式(4-83)］和平均主要影响半径 r；以 L/r 为引数查表 4-4 得到倾向采动程度系数 C_{ym}；然后按下列公式计算沿走向主断面的移动与变形值：

$$W^0(x)=C_{ym}[W(x)-W(x-l)] \tag{4-92}$$

$$i^0(x)=C_{ym}[i(x)-i(x-l)] \tag{4-93}$$

$$K^0(x)=C_{ym}[K(x)-K(x-l)] \tag{4-94}$$

$$U^0(x)=C_{ym}[U(x)-U(x-l)] \tag{4-95}$$

$$\varepsilon^0(x)=C_{ym}[\varepsilon(x)-\varepsilon(x-l)] \tag{4-96}$$

首先根据走向主断面开采尺寸和平均开采深度、拐点偏距、主要影响角正切等计算出走向计算长度 l 和主要影响半径 r；以 l/r 为引数查表 4-4 得到走向采动程度系数 C_{xm}；然后按下列公式计算沿倾向主断面的移动与变形值：

$$W^0(y)=C_{xm}[W(y,t_1)-W(y-L,t_2)] \tag{4-97}$$

$$i^0(y)=C_{xm}[i(y,t_1)-i(y-L,t_2)] \tag{4-98}$$

$$K^0(y)=C_{xm}[K(y,t_1)-K(y-L,t_2)] \tag{4-99}$$

$$U^0(y)=C_{xm}[U(y,t_1)-U(y-L,t_2)+W^0(y)\cot\theta_0] \tag{4-100}$$

$$\varepsilon^0(y)=C_{xm}[\varepsilon(y,t_1)-\varepsilon(y-L,t_2)+i^0(y)\cot\theta_0] \tag{4-101}$$

4.4.4 有限开采的判断与公式的选用

根据采动程度系数的定义和计算方法可以看出，当$\frac{l}{r}\geqslant 2.0$或$\frac{L}{r}\geqslant 2.0$时，采动程度系数趋近于1.0，因此可以认为：

(1) 当计算宽度$l\leqslant 2r, L\geqslant r_1+r_2$时，地表为走向非充分采动、倾向充分采动，属于走向有限开采；选择走向有限开采计算公式。

(2) 当计算宽度$l\geqslant 2r, L\leqslant r_1+r_2$时，地表为走向充分采动、倾向非充分采动，属于倾向有限开采；选择倾向有限开采计算公式。

(3) 当计算宽度$l\leqslant 2r, L\leqslant r_1+r_2$时，地表为双向非充分采动，属于双向有限开采；选择双向有限开采计算公式。

(4) 当计算宽度$l\geqslant 2r, L\geqslant r_1+r_2$时，地表为双向充分采动，属于双向半无限开采；选择半无限开采计算公式。

4.5 地表任意点移动与变形计算

根据概率积分法的基本假设，地表任意点移动与变形的计算公式可以表述为上述半无限开采、有限开采等公式的组合体。由于涉及符号较多，为了避免混乱和误解，首先将本节用到的主要符号含义表述如下：

ξ：地表移动与变形值的符号，$\xi=\{W,i,K,U,\varepsilon\}$；

ξ_0：双向充分采动时地表移动与变形最大值；

$\xi^0(x)$：倾向方向充分采动时走向主断面上坐标为x的点的移动与变形值；

$\xi^0(y)$：走向方向充分采动时倾向主断面上坐标为y的点的移动与变形值；

$\xi(x)$：半无限开采时走向主断面上坐标为x点的移动与变形值；

$\xi(x-l)$：半无限开采时走向主断面上坐标为$x-l$的点的移动与变形值；

$\xi(y,t_1)$：半无限开采时倾向主断面上坐标为y的点的移动与变形值；

$\xi(y-L,t_2)$：半无限开采时倾向主断面上坐标为$y-L$的点的移动与变形值；

$W(x,y)$：坐标为(x,y)的点的地表下沉值；

$\xi(x,y,\varphi)$：坐标为(x,y)的点沿φ方向的移动与变形值，φ是由x轴正方向逆时针旋转至地表移动方向所夹的水平角度；此时$\xi=\{i,K,U,\varepsilon\}$。

4.5.1 三维情况下单元开采引起的单元下沉盆地表达式

二维情况下(沿主断面的移动与变形问题)，单元开采引起的地表单元下沉盆地的表达式为：

$$W_e(x,z)=\frac{1}{r}e^{-\frac{\pi x^2}{r^2}} \tag{4-102}$$

对于地面任意点来说，其移动与变形属于三维空间问题，即地表任意点 A 的下沉是地下工作面沿走向（x 轴方向）和倾向（y 轴方向）共同影响的结果。

由概率的独立性可知，引起 A 点下沉的概率应为 x，y 方向概率的乘积，即 $1\times1\times1$ 单元开采引起的地表单元下沉盆地应为：

$$W_e(x,y,z)=\frac{1}{r}e^{-\frac{\pi x^2}{r^2}}\cdot\frac{1}{r}e^{-\frac{\pi y^2}{r^2}}=\frac{1}{r^2}e^{-\frac{\pi(x^2+y^2)}{r^2}} \tag{4-103}$$

4.5.2 地表任意点的下沉计算

4.5.2.1 建立坐标系

建立如图 4-14 所示的坐标系。

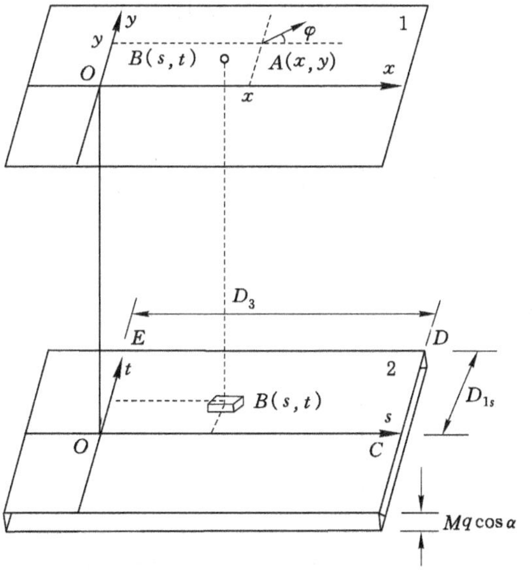

图 4-14　地表任意点移动与变形计算坐标系

如图 4-14 所示，设矩形采区沿走向的计算开采长度为 $l(-s_0\rightarrow s_0)$，沿倾向的计算开采宽度为 $L(-t_0\rightarrow t_0)$；开采煤层厚度为 $2M_0(-M_0\rightarrow M_0)$。则计算开采区域四角点的平面投影坐标分别为$(-s_0,-t_0)$，$(s_0,-t_0)$，$(s_0,t_0)$和$(-s_0,t_0)$。

$$dW=\frac{1}{r^2}e^{-\frac{\pi}{r^2}[(x-s)^2+(y-t)^2]}dM\,ds\,dt \tag{4-104}$$

4.5.2.2 地表任意点的下沉计算公式

如图 4-14 所示，计算开采区域为 $2s_0\times2t_0\times2M_0$ 的水平煤层开采引起的地表 $A(x,y)$ 点的下沉为：

$$W(x,y)=\int_{-s_0}^{s_0}\int_{-t_0}^{t_0}\int_{-M_0}^{M_0}\frac{1}{r^2}e^{-\frac{\pi}{r^2}[(x-s)^2+(y-t)^2]}dM\,dt\,ds \tag{4-105}$$

假定双向充分采动时的地表最大下沉值为 W_0，则有：

$$W(x,y)=W_0\int_{-s_0}^{s_0}\int_{-t_0}^{t_0}\frac{1}{r^2}e^{-\frac{\pi}{r^2}[(x-s)^2+(y-t)^2]}\mathrm{d}t\,\mathrm{d}s$$

$$=\frac{1}{W_0}\left[\int_{-s_0}^{s_0}\frac{W_0}{r}e^{-\frac{\pi}{r^2}(x-s)^2}\mathrm{d}s\right]\left[\int_{-t_0}^{t_0}\frac{W_0}{r}e^{-\frac{\pi}{r^2}(y-t)^2}\mathrm{d}t\right] \tag{4-106}$$

$$W(x,y)=\frac{1}{W_0}W^0(x)W^0(y) \tag{4-107}$$

式中 $W^0(x)$——倾向方向充分采动时走向主断面上坐标为 x 的点的下沉值；

$W^0(y)$——走向方向充分采动时倾向主断面上坐标为 y 的点的下沉值。

$$W^0(x)=W(x)-W(x-l) \tag{4-108}$$

$$W^0(y)=W(y,t_1)-W(y-L,t_2) \tag{4-109}$$

式中 $W(x)$——半无限开采时走向主断面上坐标为 x 的点的下沉值；

$W(x-l)$——半无限开采时走向主断面上坐标为 $x-l$ 的点的下沉值；

$W(y,t_1)$——半无限开采时倾向主断面上坐标为 y 的点的下沉值；

$W(y-L,t_2)$——半无限开采时倾向主断面上坐标为 $y-L$ 的点的下沉值。

4.5.3 地表任意点的其他移动与变形计算

4.5.3.1 地表任意点沿 φ 方向的倾斜计算公式

对于地表点 $A(x,y)$，除下沉的方向为垂直向下外，其他移动与变形的大小随方向变化。

A 点沿 φ（以 x 轴正向，逆时针转动的角度）方向的倾斜变形 $i(x,y)_\varphi$ 应该为该点的下沉函数 $W(x,y)$ 在 φ 方向上的方向导数：

$$i(x,y,\varphi)=\frac{\partial W(x,y)}{\partial x}\cos\varphi+\frac{\partial W(x,y)}{\partial y}\sin\varphi$$

$$=\frac{\partial}{\partial x}\left[\frac{1}{W_0}W^0(x)W^0(y)\right]\cos\varphi+\frac{\partial}{\partial y}\left[\frac{1}{W_0}W^0(x)W^0(y)\right]\sin\varphi$$

$$=\frac{W^0(y)}{W_0}i^0(x)\cos\varphi+\frac{W^0(x)}{W_0}i^0(y)\sin\varphi$$

$$=\frac{1}{W_0}[i^0(x)W^0(y)\cos\varphi+i^0(y)W^0(x)\sin\varphi] \tag{4-110}$$

式中 $i^0(x)$——倾向方向充分采动时走向主断面上横坐标为 x 的点的倾斜值；

$i^0(y)$——走向方向充分采动时倾向主断面上横坐标为 y 的点的倾斜值。

$$i^0(x)=i(x)-i(x-l) \tag{4-111}$$

$$i^0(y)=i(y,t_1)-i(y-L,t_2) \tag{4-112}$$

4.5.3.2 地表任意点沿 φ 方向的曲率计算公式

A 点沿 φ 方向的曲率变形 $K(x,y)_\varphi$ 应该为 A 点的倾斜函数 $i(x,y)$ 在 φ 方向上的方向导数：

$$K(x,y,\varphi)=\frac{\partial i(x,y)}{\partial x}\cos\varphi+\frac{\partial i(x,y)}{\partial y}\sin\varphi$$

$$=\frac{1}{W_0}[K^0(x)W^0(y)\cos^2\varphi+K^0(y)W^0(x)\sin^2\varphi+i^0(x)i^0(y)\sin 2\varphi] \tag{4-113}$$

式中　$K^0(x)$——倾向方向充分采动时走向主断面上横坐标为 x 的点的曲率值；

$K^0(y)$——走向方向充分采动时倾向主断面上横坐标为 y 的点的曲率值。

$$K^0(x)=K(x)-K(x-l) \tag{4-114}$$

$$K^0(y)=K(y,t_1)-K(y-L,t_2) \tag{4-115}$$

4.5.3.3　地表任意点沿 φ 方向的水平移动计算公式

根据水平移动和倾斜成正比的关系，故有：

$$U(x,y,\varphi)=bri(x,y)_\varphi=\frac{1}{W_0}[bri^0(x)W^0(y)\cos\varphi+bri^0(y)W^0(x)\sin\varphi]$$

$$=\frac{1}{W_0}[U^0(x)W^0(y)\cos\varphi+U^0(y)W^0(x)\sin\varphi] \tag{4-116}$$

式中　$U^0(x)$——倾向方向充分采动时走向主断面上横坐标为 x 的点的水平移动值；

$U^0(y)$——走向方向充分采动时倾向主断面上横坐标为 y 的点的水平移动值。

$$U^0(x)=U(x)-U(x-l) \tag{4-117}$$

$$U^0(y)=U(y,t_1)-U(y-L,t_2)+W^0(y)\cot\theta_0 \tag{4-118}$$

4.5.3.4　地表任意点沿 φ 方向的水平变形计算公式

A 点沿 φ 方向的水平变形 $\varepsilon(x,y)_\varphi$ 应该为该点的水平移动函数 $U(x,y)$ 在 φ 方向上的方向导数：

$$\varepsilon(x,y,\varphi)=\frac{\partial U(x,y)}{\partial x}\cos\varphi+\frac{\partial U(x,y)}{\partial y}\sin\varphi$$

$$=\frac{1}{W_0}\{\varepsilon^0(x)W^0(y)\cos^2\varphi+\varepsilon^0(y)W^0(x)\sin^2\varphi+$$

$$[U^0(x)i^0(y)+U^0(y)i^0(x)]\sin\varphi\cos\varphi\} \tag{4-119}$$

式中　$\varepsilon^0(x)$——倾向方向充分采动时走向主断面上横坐标为 x 的点的水平变形值；

$\varepsilon^0(y)$——走向方向充分采动时倾向主断面上横坐标为 y 的点的水平变形值。

$$\varepsilon^0(x)=\varepsilon(x)-\varepsilon(x-l) \tag{4-120}$$

$$\varepsilon^0(y)=\varepsilon(y,t_1)-\varepsilon(y-L,t_2)+i^0(y)\cot\theta_0 \tag{4-121}$$

4.5.3.5　地表任意点的最大移动与变形方向及其最大值

由上述计算可以看出，非主断面上的任意点在地表不同方向上的移动与变形值是不同的；必定存在至少一个最大移动与变形方向和最大移动与变形值。

1. 最大倾斜和水平移动方向及其最大值

设 $A(x,y)$ 点的最大地表倾斜方向为 $\varphi=\varphi_i$，根据极值原理，应有：

$$\left.\frac{\partial i(x,y,\varphi)}{\partial\varphi}\right|_{\varphi=\varphi_i}=0 \tag{4-122}$$

将式(4-110)代入式(4-122)，可推导得到 A 点的最大地表倾斜方向：

$$\varphi_i=\arctan\frac{W^0(x)i^0(y)}{W^0(y)i^0(x)} \tag{4-123}$$

将 φ_i 值代入式(4-110)，即可计算得到 A 点的最大倾斜值 $i(x,y,\varphi_i)_{\max}$。

由于水平移动和倾斜成正比，所以倾斜最大的方向 φ_i 也就是该点水平移动最大值出现的方向。将 φ_i 代入式(4-110)就可计算得到该点的最大水平移动值 $U(x,y,\varphi_i)_{\max}$。

2. 最大曲率和水平变形方向及其最大值

设 $A(x,y)$点的最大地表曲率方向为 $\varphi=\varphi_K$，根据极值原理，则有：

$$\left.\frac{\partial K(x,y,\varphi)}{\partial \varphi}\right|_{\varphi=\varphi_K}=0 \tag{4-124}$$

将式(4-113)代入式(4-124)，可推导得到 A 点的最大地表曲率方向：

$$\varphi_K=\frac{1}{2}\arctan\frac{2i^0(x)i^0(y)}{K^0(x)W^0(y)-K^0(y)W^0(x)} \tag{4-125}$$

将 φ_K 值代入式(4-113)，即可计算得到 A 点的最大曲率值 $K(x,y,\varphi_K)_{\max}$。同理，最大水平变形也出现在 φ_K 方向，将 φ_K 值代入式(4-119)就可计算得到该点的最大水平变形值 $\varepsilon(x,y,\varphi_K)_{\max}$。

4.5.4 多工作面开采引起的任意点移动与变形计算方法

上述地表任意点移动与变形计算公式都是建立在开采一个矩形工作面的基础上。若是要计算多个工作面开采引起的任意点移动与变形，仍然可采用叠加原理：先分别计算各工作面开采引起的该任意点移动与变形值，然后再叠加获得该任意点受多工作面开采引起的移动变形值。

可以看出，通过手工计算任意点的移动与变形值是非常复杂和困难的。目前这类地表移动与变形计算都可以通过专用软件来完成。

4.6 概率积分法参数特性和获取

4.6.1 概率积分法计算参数的含义与特性

概率积分法模型共有 5 个参数，即下沉系数 q、水平移动系数 b、主要影响角正切 $\tan\beta$、拐点偏移距 s 和开采影响传播角 θ_0。这 5 个参数主要体现了上覆岩层结构与岩性、地层倾角、采煤方法、顶板管理方法、地表竖向弯曲与平面移动变形关系等因素的综合影响。借助这 5 个参数，结合开采区域赋存的几何条件及其与地表计算区域的关系，就可以进行地表移动与变形计算。因此，概率积分法 5 个参数选取的是否恰当，会直接影响地表移动与变形计算的精度与可靠性。

4.6.1.1 下沉系数 q

下沉系数反映了充分采动条件下地表最大下沉值与开采煤层厚度之间的关系；无量纲。

水平煤层时：下沉系数 q 等于充分采动条件下地表最大下沉值 W_0 与开采厚度 M 之比。

$$q=\frac{W_0}{M} \tag{4-126}$$

倾斜煤层时：下沉系数 q 等于充分采动条件下地表最大下沉值 W_0 与煤层法线开采厚度 M 在铅垂方向投影长度的比值。

$$q=\frac{W_0}{M\cdot\cos\alpha} \tag{4-127}$$

下沉系数的大小主要取决于采煤方法、采空区处理方法和上覆岩层结构和性质。

在长壁工作面采用全部垮落法处理采空区时，下沉系数的大小反映了垮落、断裂覆岩的碎胀程度和岩层移动向地表传递过程中垮落岩块或岩层中残留孔隙的多少。

从采煤方法上来看，长壁工作面采煤面积大、覆岩垮落和移动变形充分，下沉系数最大，一般为0.6～0.9；短壁工作面采煤面积小、残留煤柱多、覆岩垮落和移动变形欠充分，下沉系数相对较小，并取决于残留煤柱的大小和分布，一般为0.3～0.7；条带采煤的目的是控制上覆岩层移动，采宽、留宽经过严密设计使采空区覆岩形成了自然平衡拱，因而其地表下沉系数非常小，一般为0.05～0.25。

从采空区处理方法上来看，采用全部垮落法处理采空区时，上覆岩层移动与变形最剧烈和充分，地表下沉系数最大，一般为0.6～0.9；采用煤柱支撑法处理采空区时，若能保证煤柱和顶板的永久稳定，则其下沉系数最小，一般为0.05～0.25；采用充填法处理采空区时，等于是减少了上覆岩层下沉的空间，因此其下沉系数主要取决于采空区充实率，一般为0.05～0.5。

从上覆岩层结构和性质上来看，上覆岩层刚度越大，地面下沉系数越小。上覆岩层越坚硬，下沉系数越小；上覆岩层越软弱，下沉系数越大。上覆岩层的整体性越好（断层、节理、层理不发育），下沉系数越小；上覆岩层越破碎（断层、节理、层理发育），下沉系数越大。

4.6.1.2 水平移动系数 b

水平移动系数反映了地表垂直移动和变形与水平方向移动和变形之间的关系。在水平或接近水平煤层充分采动条件下，水平移动系数 b 就等于地表最大水平移动值 U_0 与地表最大下沉值 W_0 的比值（无量纲），即：

$$b=\frac{U_0}{W_0} \tag{4-128}$$

水平移动系数的大小主要取决于地层倾角和上覆近地表地层的特性。一般地层倾角越大，水平移动系数越大。在水平与近水平煤层开采条件下，水平移动系数主要取决于表土层的厚度与性质，松散层越厚、流变性越强，水平移动系数越大；其大小一般为0.2～0.35。

4.6.1.3 主要影响角正切 $\tan\beta$

从概率积分法模型建立过程中可以看出，主要影响角正切 $\tan\beta$ 是为了表征不同开采深度时的主要影响半径而提出的一个计算参数，等于开采深度与主要影响半径之比。

根据地表移动的一般规律，在充分采动条件下，地表移动与变形（倾斜、曲率、水平移动和水平变形）主要发生在采空区边界的上方；主要影响半径所圈定的范围就是地表移动与变形发生的主要范围。主要影响半径 r 和主要影响角正切 $\tan\beta$ 的关系及其几何意义如图4-11所示。

主要影响角正切 $\tan\beta$ 的大小主要取决于上覆岩层的结构及性质，一般为1.5～3.5；上覆岩层越坚硬，主要影响角正切 $\tan\beta$ 越小。

4.6.1.4 开采影响传播角 θ_0

开采影响传播角 θ_0 是表征在倾斜煤层开采条件下，地表下沉盆地向下山方向偏移程度的参数；其大小主要取决于上覆岩层性质和地层倾角，地层倾角越大，开采影响传播角越小。开采影响传播角可表示为：

$$\theta_0=90^\circ-k\alpha \tag{4-129}$$

式中，k 为与上覆岩层性质有关的系数，上覆岩层越坚硬，k 值越大。

4.6.1.5 拐点偏移距 s

拐点偏移距 s 反映了地表移动盆地主断面上下沉曲线拐点在煤层面上的投影偏离开采边界的距离；其大小主要取决于上覆岩层性质和开采深度 H。拐点偏移距 s 一般可表示为：

$$s = aH \tag{4-130}$$

式中，a 为与上覆岩层岩性有关的系数，上覆岩层越坚硬，a 值越大；一般 $a=0.05\sim1.5$。

4.6.2 概率积分法参数的获取方法

从概率积分法模型建立过程可明显看出，其随机介质理论基础和一些基本假设，与现场采矿工程中的具体地质采矿条件之间存在显著的差异；这就不可避免地造成了地表移动与变形计算中的模型误差。为了尽量减少模型误差的影响、提高地表移动与变形计算结果的精度和可靠性，可通过科学选取概率积分法模型参数来实现这一目的。概率积分法模型参数的获取途径主要有两类方式：基于现场实测资料求取参数和类比法获取参数。最可靠的方法是基于现场实测资料求取本矿区的概率积分法模型参数。

4.6.2.1 基于实测观测线特征点求取参数

该方法就是利用地表移动观测线上的特征点实测值，根据各参数的含义直接计算求取参数，主要适合于地质采矿条件比较简单、地表达到充分采动、地表移动观测线沿主断面布置等条件下求取地表移动参数。

1. 下沉系数 q

在地表达到充分采动条件下，可直接根据地表移动观测站观测到的最大下沉值和开采煤层厚度及倾角按式(4-127)计算下沉系数。

2. 水平移动系数 b

在地表达到充分采动条件下，可直接根据地表移动观测站观测到的最大下沉值和走向主断面上最大水平移动值按式(4-128)计算水平移动系数。

3. 主要影响正切值 $\tan\beta$

在地表达到充分采动条件下，在走向主断面观测线上根据实测下沉值内插出下沉值为 $0.16W_0$ 和 $0.84W_0$ 的两点，理论上两点间距 l 应等于 $0.8r$，即 $l=0.8r$；由此可计算得到主要影响半径 $r=l/0.8$，然后再结合开采深度 H 按式(4-62)计算出主要影响角正切。

4. 拐点偏移距 s

在充分采动条件下，分别在沿走向全主断面观测线的两侧内插出下沉值为 $0.5W_0$ 的点、最大倾斜值点和曲率为零的点，取这 3 点点位的平均位置就是该侧的地表下沉曲线拐点位置；计算出两侧拐点位置与同侧开采边界投影位置的水平距离，取其平均值作为走向方向的拐点偏移距；并进一步根据平均开采深度计算出式(4-130)中的系数 a。

5. 开采影响传播角 θ_0

在地表移动盆地倾向主断面观测线上，分别在观测线两侧上山、下山方向上内插出下沉值为 $0.5W_0$ 的点、最大倾斜值点和曲率为零的点，取这 3 点点位的平均位置作为该侧下沉曲线的拐点位置。

根据走向主断面上得到的拐点偏移距系数 a 和倾向主断面下山、上山开采边界处的开采深度 H_1，H_2 计算出下山、上山开采边界处的拐点偏移距，得到在下山、上山方向开采边界内侧的拐点位置，分别与同侧地表下沉曲线上的拐点位置连线，得到其与水平线在下山方向一侧的夹角；取其平均值作为实测开采影响传播角。

4.6.2.2 基于实测资料拟合求取参数

该方法就是根据地表观测线所有实测的下沉值和水平移动值，通过最小二乘曲线拟合或曲面拟合方法求取参数的估计值。由于计算机编程拟合求取参数的普及，该方法成为目前应用最普遍的求取参数的方法。

4.6.2.3 类比法确定参数

近五年来，我国各大矿区建立了大量的地表移动观测站，积累了丰富的地表移动实测资料。许多矿区通过本矿区大实测资料的统计分析，建立起了适合本矿区的概率积分法参数与地质采矿条件的统计关系式；在进行新的地表移动与变形计算时，可根据自身地质采矿条件按统计公式计算或类比选定计算参数。

对于没有实测资料的矿区，可结合自身地质采矿条件，选择国内类似地质采矿条件矿区的实测参数统计分析成果，按统计公式计算或直接类比分析选定计算参数。

类似地质采矿条件类比的常用方法有 P 系数法、神经网络法、模糊聚类分析法等。表4-5为根据我国部分矿区按上覆岩层性质统计的概率积分法参数取值范围。

表4-5 按覆岩性质统计的概率积分法计算参数取值范围

覆岩类型	下沉系数	水平移动系数	主要影响角正切	拐点偏移距/m	开采影响传播角
坚硬	0.27～0.54	0.2～0.3	1.20～1.91	$(0.31\sim0.43)H$	$90°-(0.7\sim0.8)\alpha$
中硬	0.55～0.84	0.2～0.3	1.92～2.40	$(0.08\sim0.30)H$	$90°-(0.6\sim0.7)\alpha$
软弱	0.85～1.00	0.2～0.3	2.41～3.54	$(0.00\sim0.07)H$	$90°-(0.3\sim0.5)\alpha$

复习思考题

1. 矿山开采沉陷预计的意义是什么？

2. 矿山开采沉陷预计的方法有哪些？

3. 概率积分法的基本假设有哪些？

4. 单元开采引起单元下沉、单元水平移动的公式是什么？

5. 概率积分法模型中的下沉系数、水平移动系数、主要影响角正切、拐点偏移距、开采影响传播角的含义？

6. 什么是半无限开采？半无限开采的下沉值、倾斜值、曲率值、水平变形值、水平移动值如何计算？

7. 什么是有限开采？如何根据半无限开采的地表移动与变形计算有限开采的地表移动与变形？

8. 如何实现任意工作面地表移动与变形预计？

9. 概率积分法参数如何获取？常见的概率积分法参数获取方法各有何优缺点？

10. 概率积分法沉陷预计结果的误差源有哪些？如何提高概率积分法沉陷预计精度？

第5章 矿山开采沉陷数值和物理模拟

矿山开采沉陷过程是一个复杂的岩土工程非线性力学问题。通过现场实测技术我们可以研究矿山开采沉陷规律,但耗时长、成本高,并且难以研究某个特定因素对开采沉陷规律的影响,难以全面观察到岩土体内部的移动与变形特征和开展移动与变形机理研究。而数值模拟和物理模拟研究技术是开采沉陷机理研究的有效手段。

5.1 矿山开采沉陷的数值模拟方法概述

5.1.1 数值模拟的概念

数值模拟也叫计算机模拟,它是依靠电子计算机,结合具体问题本质的数学物理模型,通过数值计算和图像显示的方法,达到对工程问题和物理问题乃至自然界各类问题研究的目的。它的基本特点就是在计算机上实现一个特定的计算,使研究人员能够跳出数学物理方程的圈子来研究物理现象的发生,就像做一次物理试验。

矿山开采沉陷的数值模拟就是把岩体和开采抽象为一定的理论数值模型,根据试验或经验确定的参数和边界条件,采用数值方法解算该模型得到岩体内部及地表的位移和应力分布。数值模拟方法是研究和解决复杂工程问题的重要手段之一。

5.1.2 数值模拟的一般步骤

数学建模:建立反映问题(工程问题、物理问题等)本质的数学模型,即要建立反映问题各变量之间的微分方程及相应的定解条件。

数值计算方法选择:寻求高效率、高准确度的计算方法,包括微分方程的离散化方法及求解方法、坐标系的建立、边界条件的处理等。

编程和计算:由于求解的问题比较复杂或数值求解方法在理论上不够完善,通常需要通过试验来加以验证。从这个意义上讲,数值模拟又叫数值试验。

后处理:计算完成后,大量数据通过图像形象地显示出来。

5.1.3 常用的数值模拟方法

用于矿山开采沉陷模拟分析的数值模拟方法主要有有限元法、有限差分法、离散单元法和边界元法。

5.1.3.1 有限元法

有限元法(Finite Element Method,FEM)是20世纪60年代以来发展起来的数值计算方法,是计算机时代的产物。目前该方法已成为最重要的工程分析技术之一,广泛应用于弹塑性力学、断裂力学、岩土力学、流体力学、热传导等领域。

有限元法的基本原理就是将具有无限多个自由度的连续体理想化为只有有限个自由度的单元集合体，即将一个连续的求解域分割成有限个单元，用单元节点上的未知参数方程来表征单元的力学特性，然后将各个单元的特征方程组合成大型代数方程组，通过求解方程组得到节点上的未知参数，获取结构内力、位移等需要考察的输出结果。它在处理复杂的介质、复杂的结构、复杂的边界条件及荷载条件时能显示出其优越性，因而比较适合于复杂地质采矿条件下岩层移动与变形的计算。

有限元法解题的基本步骤是：建模（物理模型离散化）→单元分析→整体分析。

（1）建模：将连续体物理模型进行分割，离散成有限个单元的集合。

（2）单元分析：进行分片插值，即将分割单元中任意点的未知函数用该分割单元中形状函数及离散网格节点上的函数值展开，即建立一个线性插值函数（通常为多项式，多项式的项数应与单元的自由度相适应，其阶次应包括常数项和线性项），叫作单元平衡方程，其系数矩阵叫作单元刚度矩阵。每个单元平衡方程是只包含有限个待定节点参量（位移）的简单场函数，所有单元平衡方程的集合就能近似代表整个连续体的平衡方程。

（3）整体分析：根据叠加原理和能量原理，通过荷载移置和边界条件约束处理，就可建立有限个待定参量（节点位移分量）的线性方程组，称为刚度方程；求解此刚度方程就可以求出所有节点的位移分量；再根据弹塑性材料的几何方程和物理方程，就可以得到研究区域任意点的应力、应变、位移。

有限元法的常用商业软件有 ANSYS 通用有限元分析软件、自动动态增量非线性分析（ADINA）软件、ABAQUS 有限元仿真软件、COMSOL Multiphysics 仿真软件等。

ANSYS 软件是美国 ANSYS 公司研制的大型通用有限元分析（FEA）软件，可以用来进行结构分析、流体动力学分析、电磁场分析、声场分析、压电分析以及多物理场耦合分析，可模拟多种物理介质的相互作用，具有灵敏度分析及优化分析能力。在核工业、铁道、石油化工、航空航天、机械制造、能源、汽车交通、国防军工、电子、土木工程、造船、生物医学、轻工、地矿、水利、日用家电等领域有着广泛的应用。

ADINA 软件出现于 20 世纪 70 年代，是一个由多个模块组成的单机系统软件，可用于固体、结构、流体以及结构相互作用的复杂有限元分析。经过 40 余年的持续发展，该软件已成为全球重要的非线性求解软件之一，被广泛应用于各个行业的工程仿真分析，包括机械制造、材料加工、航空航天、汽车、土木建筑、电子电器、国防军工、船舶、铁道、石化、能源等领域。

ABAQUS 软件是美国 HKS 公司开发的工程模拟有限元软件。该软件定义了多种材料本构关系及失效准则模型，提供了 8 个大类多达 562 种单元种类和多种复杂载荷模式，可用来解决工程结构（应力/位移）、热传导、质量扩散、热电耦合分析、声学分析、岩土力学分析（流体渗透/应力耦合分析）及压电介质分析等问题。

COMSOL Multiphysics 软件是瑞典 COMSOL 集团研发的大型数值仿真软件。其物理应用模式范围涵盖从流体流动、热传导，到结构力学、岩土力学、电磁分析等多种物理场；拥有强大的前处理功能，使用户可以快速地建立模型。

5.1.3.2 有限差分法

有限差分法（Finite Difference Method，FDM）是最早用于计算机计算的数值方法。它是用差分代替微分，求解微分方程和积分微分方程数值解的一种方法。

有限差分法的基本思想是把连续的定解区域用有限个离散点构成的网格来代替；把连续定解区域上连续变量的函数用在网格上定义的离散变量函数来近似；把原方程和定解条件中的微商(导数)用差商来近似，积分用积分和来近似，则原微分方程和定解条件就近似地代之以代数方程组，即有限差分方程组；解此有限差分代数方程组就可以得到原问题在离散点上的近似解；然后再利用插值方法便可以从离散解得到定解问题在整个区域上的近似解。

有限差分法的数学基础就是用差商代替微商(导数)：

$$\frac{\mathrm{d}T}{\mathrm{d}x}=\lim_{\Delta x\to 0}\frac{T(x+\Delta x)-T(x)}{\Delta x}=\lim_{\Delta x\to 0}\frac{\Delta T}{\Delta x}$$

显然，用有限的差商$\frac{\Delta T}{\Delta x}$代替微商$\frac{\mathrm{d}T}{\mathrm{d}x}$，就是由精确向近似过渡。

有限差分法的解题步骤如下：

(1) 区域离散化：把所给偏微分方程的连续求解区域细分为由有限个格点组成的网格；

(2) 近似替代：采用有限差分公式替代每一个格点的导数；

(3) 逼近求解：用一个插值多项式及其微分来代替偏微分方程的解的过程。

目前在岩土工程领域应用较多的有限差分法软件主要是 $FLAC^{2D}$、$FLAC^{3D}$。

FLAC(Fast Lagrangian Analysis of Continua)即连续介质快速拉格朗日分析程序，是美国 Itasca 公司开发的一种适用于工程力学计算的显式有限差分程序。

FLAC 软件的显著特点是可有效模拟土层、岩石及其他材料的力学行为，且材料达到屈服极限时可经历塑性流变；它运用显式拉格朗日算法和混合离散划分技术，可非常精确地模拟塑性破坏和流变。目前主要应用于采矿和地下工程、地下水流动和固液耦合分析、工程动力学问题等。

5.1.3.3 离散单元法

离散单元法(Discrete Element Method，DEM)于 20 世纪 70 年代由康德尔(Cundall)首先提出，起源于分子动力学，最初用于岩土力学的研究。

离散单元法的基本思想是把研究对象分离为刚性元素的集合，使每个元素满足牛顿第二定律，用中心差分的方法求解各元素的运动方程，得到研究对象的整体运动形态。因此，离散单元法主要是用来处理非连续介质力学的数值方法，特别适用于节理岩体、散体的应力分析，在土木工程方面应用广泛，尤其在地基工程、边坡稳定分析方面。

离散单元法按其单元类型可分为颗粒离散元和块体离散元。

颗粒流程序(Particle Flow Code，PFC)，是美国 Itasca 公司开发的一款计算软件，主要用于研究散粒体或可简化为散粒体的系统的分析。它是通过离散单元方法来模拟圆形颗粒介质的运动及其相互作用，从微观结构角度研究介质的力学特性和行为。假定颗粒为刚性颗粒，但在力学关系上允许重叠，以模拟颗粒之间的接触力；颗粒之间的接触破坏可以为剪切和张开两种形式，当介质中颗粒间的接触关系(如断开)发生变化时，介质的宏观力学特性可以经历从峰前线性到峰后非线性的转化，即介质内颗粒接触状态的变化决定了介质的本构关系。PFC 软件广泛应用于土木工程、矿业工程、材料工程、食品工程、制药工程及农业等领域。

通用离散单元法程序(Universal Distinct Element Code，UDEC)是美国 Itasca 公司开发的基于离散单元法理论的块体离散元计算分析程序。该程序非常适合于研究与非连续特性直接相关的潜在破坏模式，主要应用于岩土工程、地质工程、地震、建筑/结构工程、军事工程和过程工程等领域。

5.1.3.4　边界元法

边界元法(Boundary Element Method,BEM)是一种继有限元法之后发展起来的数值方法,它只在定义域的边界上划分单元,用满足控制方程的函数去逼近边界条件;具有单元个数少、数据准备简单等优点。

边界元法的基本原理是通过在节点之间插值,把边界积分方程转变为线性方程组,由此解出各边界单元的节点处待定边界值,再利用把边界值与域内函数值联系起来的解析公式,求得计算区域内任意一点的函数值。该方法主要适用于求解线弹性问题,常用软件有Play3D、FMBEM_LAPLACE3D 等。

5.2　矿山开采沉陷数值模拟的有限元法

5.2.1　有限元数值模拟分析的一般过程

从工程应用角度来看,有限元数值模拟分析的一般过程(图 5-1)分为 3 个阶段:前处理、求解和后处理。

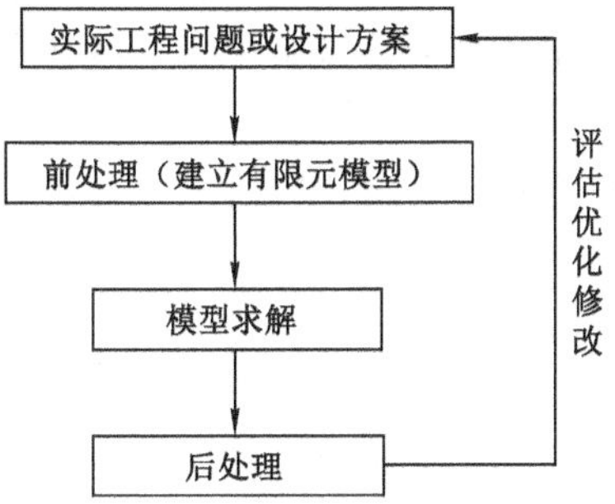

图 5-1　有限元数值模拟分析的一般过程

5.2.1.1　前处理——有限元建模

通常将研究区域结构离散后形成的由节点和单元组成的组合体称为离散模型或网格模型;在离散模型上施加位移约束、载荷等边界条件后,就形成了有限元模型。

有限元模型建模的具体工作包括分析工程问题划定研究区域、建立几何模型、选择单元和定义单元特性、划分网格实现连续体的离散化和定义边界条件等。

1. 分析工程问题划定研究区域

针对拟研究的开采沉陷问题,分析研究对象的地质采矿条件、研究目标和重点研究内容、主要材料类型、岩层移动及应力和变形的大致规律等基本特征;确定针对研究对象建模的结构类型(几何结构特征、平面或空间问题等)、分析类型(静、动、热分析或线性、非线性分析)和主要计算分析方案;模拟精度和模型规模的需求控制分析等。

2. 建立几何模型

几何模型是对研究对象形状和尺寸的描述,又称几何求解域。建立几何模型时,应根据研究区域的具体特征和重点研究内容对实际工程区域进行必要的简化、适当的变化和处理，以适应有限元分析的特点。

3. 选择单元和定义单元特性

单元选择应根据结构的类型、形状特征、应力和变形特点、精度要求和软硬件条件等因素综合考虑。原则上单元的形状可以是任意的。在求解二维问题(平面问题)时一般采用矩形单元或三角形单元；在求解三维问题(空间问题)时可采用四面体或多面体单元等。每个单元的顶点称为节点或结点；相邻单元之间通过节点相互连接和相互制约，节点的位移是有限元模拟的基本未知量。为了模拟计算的稳定和保证单元质量，常用有限元软件中一般都提供了大量的常用单元模式供用户建模时选择使用。为了有效地逼近实际的连续体，并保证具有较高的计算精度，在划分单元时，应考虑在需要重点分析的区域内适当加密单元网格。

应结合工程研究原型实际情况定义各单元材料的物理力学特性。不同数值模拟软件的单元特性定义方式不同，但大都可提供多种材料特性模式供选择。

4. 划分网格实现连续体的离散化

根据研究区域的几何模型，在计算机上建立有限元网格模型。目前主要采用自动分网和半自动分网两种方式。

自动分网是在几何模型基础上，通过一定人为控制由计算机自动划分网格。半自动分网是采用人机交互模式，由人工定义部分节点和单元，由软件进行自动编号和辅助节点与单元生成。

网格模型建立后，应借助可视化网格图(剖面图、立体图)等进行检查，并结合几何模型和重点研究需求对部分节点和单元进行调整处理。

5. 定义边界条件

根据原型实际地质采矿条件进行量化，并定义为模型上的边界条件。对于开采沉陷数值模型来说，通常模型底部施加固定支承边界条件(位移为 0)、两侧边界设置为水平位移为 0 条件、上部边界自由或荷载边界条件。

综上所述，建模是有限元分析最重要的工作，约占整个有限元分析所花费时间的 70%。在建立矿山开采沉陷有限元模型时，应结合研究对象、计算软件、计算机容量与运算速度等条件，并遵循两个基本原则——保证计算精度与适当控制规模。单元尺寸越小，模型逼近越好，离散误差越小；模型规模越大，运算次数越多，误差累计越大。

5.2.1.2 求解——数值计算

这是有限元法数值计算的核心内容，主要包括：通过单元分析形成每个单元的刚度矩阵，建立单元特性方程；将模型所有单元的刚度矩阵集成为整个结构的总刚度矩阵，建立整个结构的平衡方程；通过荷载移置和边界条件处理方法建立特性方程组；采用大规模迭代解法求解线性方程组；计算出任意点的位移、应力和应变等。

通常在计算前需要对计算模式、内容、参数和工况条件进行必要的设置和选择，具体计算过程由计算机自动完成。

5.2.1.3 后处理——结果处理、显示或打印

处理和打印计算结果，根据需要可绘制出各种等值云图、等值线图、变形图、矢量图、曲线图及进行动画演示等。

5.2.2　平面问题有限元法数值计算

下面以简单平面应力问题的静力分析为例，介绍有限元法的解题原理与步骤。

5.2.2.1　结构离散

结构离散是将一个连续的弹性体分割为一定数量的单元，从而将连续体转换为由有限个单元组成的组合体，形成单元和节点。连续体研究区域离散网格化如图 5-2 所示。

图 5-2　连续体研究区域离散网格化

选择各节点位移为基本未知量，又称为节点自由度。对于平面问题，每个节点有 x、y 两个方向的位移分量（两个自由度），则对于三角形单元，共有 6 个自由度。

结构离散后需分别对每个节点、单元进行统一编号，不能重复。

5.2.2.2　单元分析

单元分析是形成每个单元的刚度矩阵，以建立单元特性方程。以离散化后的单元网格模型中任一三角形单元为例来介绍单元平衡方程和单元刚度矩阵的形成。如图 5-3 所示，设三角形单元的 3 个节点为 i, j, m；各节点的位移分别为 $u_i, v_i, u_j, v_j, u_m, v_m$。

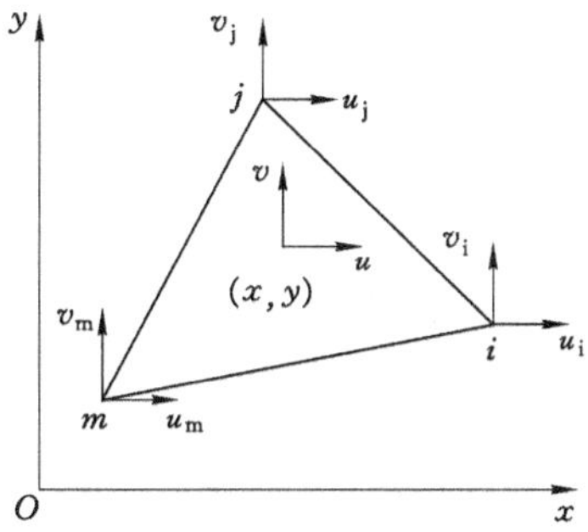

图 5-3　三角形单元

1. 求出单元位移函数表达式

按照有限元法的分片插值思想，先假设一种函数来近似表示该单元内部的真实位移分布，该函数称为单元的位移函数。根据数学理论，定义某一闭域内的函数总可以用一个多项式来逼近，且多项式项数越多，逼近精度越高。三角形单元线性位移函数的几何意义如图 5-4所示。

三角形单元有 6 个自由度，可确定 6 个待定系数，故三角形单元的位移函数可写为式(5-1)，称为线性位移函数。

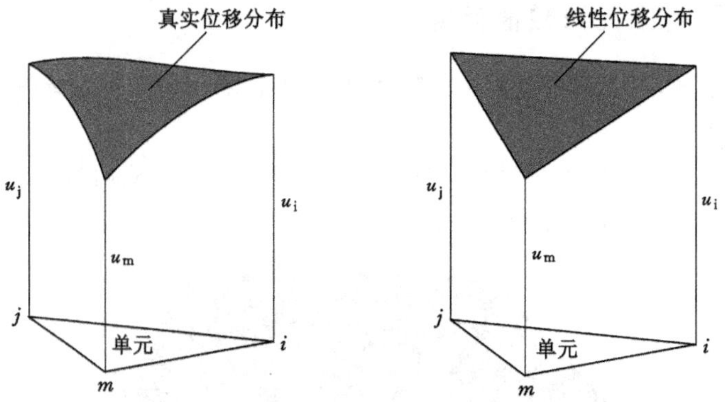

图 5-4 三角形单元线性位移函数的几何意义

$$\begin{cases} u = \alpha_1 + \alpha_2 x + \alpha_3 y \\ v = \alpha_4 + \alpha_5 x + \alpha_6 y \end{cases} \tag{5-1}$$

由于节点位移自然符合上述位移函数表达式，因此可以推导出用节点坐标和节点位移来表示的位移函数表达式。

$$u = \frac{1}{2A}[(a_i + b_i x + c_i y)u_i + (a_j + b_j x + c_j y)u_j + (a_m + b_m x + c_m y)u_m] \tag{5-2}$$

$$v = \frac{1}{2A}[(a_i + b_i x + c_i y)v_i + (a_j + b_j x + c_j y)v_j + (a_m + b_m x + c_m y)v_m] \tag{5-3}$$

式中，$A = \frac{1}{2}\begin{vmatrix} 1 & x_i & y_i \\ 1 & x_j & y_j \\ 1 & x_m & y_m \end{vmatrix}$ 为三角形单元的面积。

$$a_m = x_i y_j - x_j y_i; b_m = y_i - y_j; c_m = x_j - x_i$$

为了书写方便，引入记号：

$$\begin{cases} N_i = \frac{1}{2A}(a_i + b_i x + c_i y) \\ N_j = \frac{1}{2A}(a_j + b_j x + c_j y) \\ N_m = \frac{1}{2A}(a_m + b_m x + c_m y) \end{cases} \tag{5-4}$$

式(5-4)称为形函数，仅与节点坐标有关，而与节点位移无关。

则单元的位移函数可简写为：

$$u = N_i u_i + N_j u_j + N_m u_m \tag{5-5}$$

$$v = N_i v_i + N_j v_j + N_m v_m \tag{5-6}$$

用矩阵表示则为：

$$\boldsymbol{d}=\begin{bmatrix}u\\v\end{bmatrix}=\begin{bmatrix}N_{\mathrm{i}} & 0 & N_{\mathrm{j}} & 0 & N_{\mathrm{m}} & 0\\0 & N_{\mathrm{i}} & 0 & N_{\mathrm{j}} & 0 & N_{\mathrm{m}}\end{bmatrix}\begin{bmatrix}u_{\mathrm{i}}\\v_{\mathrm{i}}\\u_{\mathrm{j}}\\v_{\mathrm{j}}\\u_{\mathrm{m}}\\v_{\mathrm{m}}\end{bmatrix}=\boldsymbol{N}\boldsymbol{q}^{\mathrm{e}} \tag{5-7}$$

式中：$\boldsymbol{N}=\begin{bmatrix}N_{\mathrm{i}} & 0 & N_{\mathrm{j}} & 0 & N_{\mathrm{m}} & 0\\0 & N_{\mathrm{i}} & 0 & N_{\mathrm{j}} & 0 & N_{\mathrm{m}}\end{bmatrix}$称为形函数矩阵，是与节点坐标有关的常量矩阵；$\boldsymbol{q}^{\mathrm{e}}=[u_{\mathrm{i}}\quad v_{\mathrm{i}}\quad u_{\mathrm{j}}\quad v_{\mathrm{j}}\quad u_{\mathrm{m}}\quad v_{\mathrm{m}}]^{\mathrm{T}}$ 称为单元节点位移列阵，即基本未知量列阵。

2. 求出单元应变和应力表达式

根据单元位移函数，可依据节点位移计算出单元内任意一点的位移。在此基础上，可根据单元几何方程和单元材料的物理方程，求出单元内任意一点的应变和应力表达式。

将单元位移函数式代入几何方程，可得到用节点位移表示的单元应变表达式：

$$\boldsymbol{\varepsilon}=\begin{bmatrix}\varepsilon_x\\\varepsilon_y\\\gamma_{xy}\end{bmatrix}=\begin{bmatrix}\dfrac{\partial}{\partial x} & 0\\0 & \dfrac{\partial}{\partial y}\\\dfrac{\partial}{\partial y} & \dfrac{\partial}{\partial x}\end{bmatrix}\begin{bmatrix}u\\v\end{bmatrix}=\frac{1}{2A}\begin{bmatrix}b_{\mathrm{i}} & 0 & b_{\mathrm{j}} & 0 & b_{\mathrm{m}} & 0\\0 & c_{\mathrm{i}} & 0 & c_{\mathrm{j}} & 0 & c_{\mathrm{m}}\\c_{\mathrm{i}} & b_{\mathrm{i}} & c_{\mathrm{j}} & b_{\mathrm{j}} & c_{\mathrm{m}} & b_{\mathrm{m}}\end{bmatrix}\begin{bmatrix}u_{\mathrm{i}}\\v_{\mathrm{i}}\\u_{\mathrm{j}}\\v_{\mathrm{j}}\\u_{\mathrm{m}}\\v_{\mathrm{m}}\end{bmatrix} \tag{5-8}$$

可简写为：

$$\boldsymbol{\varepsilon}=\boldsymbol{B}\boldsymbol{q}^{\mathrm{e}} \tag{5-9}$$

其中：$\boldsymbol{B}=\dfrac{1}{2A}\begin{bmatrix}b_{\mathrm{i}} & 0 & b_{\mathrm{j}} & 0 & b_{\mathrm{m}} & 0\\0 & c_{\mathrm{i}} & 0 & c_{\mathrm{j}} & 0 & c_{\mathrm{m}}\\c_{\mathrm{i}} & b_{\mathrm{i}} & c_{\mathrm{j}} & b_{\mathrm{j}} & c_{\mathrm{m}} & b_{\mathrm{m}}\end{bmatrix}=[B_{\mathrm{i}}\quad B_{\mathrm{j}}\quad B_{\mathrm{m}}]$称为应变矩阵。

显然，应变矩阵中的非零元素均可由节点坐标决定，因此 $\boldsymbol{B}$ 为常量矩阵。

将单元应变表达式(5-9)代入单元物理方程，就可得到用节点位移表示的单元应力表达式：

$$\boldsymbol{\sigma}=\boldsymbol{D}\boldsymbol{\varepsilon}=\boldsymbol{D}\boldsymbol{B}\boldsymbol{q}^{\mathrm{e}}=\boldsymbol{S}\boldsymbol{q}^{\mathrm{e}} \tag{5-10}$$

式中：$\boldsymbol{S}=\boldsymbol{D}\boldsymbol{B}=[S_{\mathrm{i}}\quad S_{\mathrm{j}}\quad S_{\mathrm{m}}]$称为单元应力矩阵，其中每个子矩阵为：

$$\boldsymbol{S}_l=\frac{E}{2(1-\mu^2)A}\begin{bmatrix}b_l & \mu c_l\\\mu b_l & c_l\\\dfrac{1-\mu}{2}c_l & \dfrac{1-\mu}{2}b_l\end{bmatrix}\quad(l=i,j,m) \tag{5-11}$$

由于 $\boldsymbol{D}$,$\boldsymbol{B}$ 均为常量矩阵，因此应力矩阵 $\boldsymbol{S}$ 也为常量矩阵。

3. 建立单元平衡方程和组成单元刚度矩阵

单元刚度矩阵就是单元平衡方程的系数矩阵，是表征单元节点力与节点位移关系的单元特性矩阵，可根据虚功原理来建立。

设作用在三角形单元三个节点上的力为 F_{i},F_{j},F_{m}，它们在 x,y 方向上的分量分别为

$F_{ix}, F_{iy}, F_{jx}, F_{jy}, F_{mx}, F_{my}$，则可组成单元节点力列阵为：

$$\boldsymbol{F}^e = [F_i \quad F_j \quad F_m]^T = [F_{ix} \quad F_{iy} \quad F_{jx} \quad F_{jy} \quad F_{mx} \quad F_{my}]^T \tag{5-12}$$

若单元在节点处发生虚位移为 $\delta\boldsymbol{q}^e = [\delta u_i \quad \delta v_i \quad \delta u_j \quad \delta v_j \quad \delta u_m \quad \delta v_m]^T$；相应的虚应变应为 $\delta\boldsymbol{\varepsilon}^e = [\delta\varepsilon_x \quad \delta\varepsilon_y \quad \delta\gamma_{xy}]^T$，则节点力在虚位移上做的虚功为：

$$\delta\boldsymbol{W} = \delta\boldsymbol{q}^{eT}\boldsymbol{F}^e \tag{5-13}$$

同时，单元内存储的应变能为：

$$\delta U = \iint \delta\boldsymbol{\varepsilon}^T\boldsymbol{\sigma}t\,dx\,dy = \iint \delta\boldsymbol{q}^{eT}\boldsymbol{B}^T\boldsymbol{\sigma}t\,dx\,dy \tag{5-14}$$

式中，t 为单元厚度。

根据虚功原理：

$$\delta W = \delta U \Rightarrow \delta\boldsymbol{q}^{eT}\boldsymbol{F}^e = \iint \delta\boldsymbol{q}^{eT}\boldsymbol{B}^T\boldsymbol{\sigma}t\,dx\,dy \Rightarrow \boldsymbol{F}^e = \iint \boldsymbol{B}^T\boldsymbol{\sigma}t\,dx\,dy \tag{5-15}$$

设单元面积为 A，且三角形单元为常应力单元，则得到单元平衡方程为：

$$\boldsymbol{F}^e = \boldsymbol{B}^T\boldsymbol{D}\boldsymbol{B}\boldsymbol{q}^e tA \tag{5-16}$$

令 $\boldsymbol{k}^e = \boldsymbol{B}^T\boldsymbol{D}\boldsymbol{B}tA$，称 $\boldsymbol{k}^e$ 为单元刚度矩阵，则单元平衡方程可简写为：

$$\boldsymbol{F}^e = \boldsymbol{k}^e\boldsymbol{q}^e \tag{5-17}$$

4. 建立整体结构平衡方程和集成总刚度矩阵

各单元节点力包括单元之间的作用力和外力。单元之间的作用力属于内力；内力成对出现，大小相等、方向相反；将所有单元组装在一起便能消除成对的内力，这时只剩下已知的外力。

所谓总刚集成就是将所有单元的刚度矩阵集成为整个结构的刚度矩阵(称为总刚度矩阵)，然后形成整个结构的平衡方程。

通过单元分析建立了单元各节点的平衡方程，如节点 i，其平衡方程可表示为：

$$\boldsymbol{F}_i = \boldsymbol{k}_{ii}\boldsymbol{q}_i + \boldsymbol{k}_{ij}\boldsymbol{q}_j + \boldsymbol{k}_{im}\boldsymbol{q}_m = \sum_{s=i,j,m} \boldsymbol{k}_{is}\boldsymbol{q}_s^e \tag{5-18}$$

在整体结构中，一个节点常常是几个单元共有。根据线性叠加原理，该节点上的节点力应为所有单元所引起的节点力之和。

当结构平衡时，每个节点也是平衡的。设作用在 i 节点的载荷为 $\boldsymbol{R}_i$，i 节点由 d 个单元所共有，则节点 i 处的平衡方程为：

$$\sum_d \boldsymbol{F}_i^{\,d} = \boldsymbol{R}_i \Rightarrow \sum_d \sum_{s=i,j,m} \boldsymbol{k}_{is}\boldsymbol{q}_s^e = \boldsymbol{R}_i \tag{5-19}$$

对于结构中的所有节点 $1,2,\cdots,n_0$(n_0 为结构离散后的节点总数)，则有结构平衡方程(刚度方程)为：

$$\sum_{n=1}^{n_0} \sum_d \sum_{s=i,j,m} \boldsymbol{k}_{ns}\boldsymbol{q}_s^e = \sum_{n=1}^{n_0} \boldsymbol{R}_i \Rightarrow \boldsymbol{K}\boldsymbol{q} = \boldsymbol{R} \tag{5-20}$$

式中：$\boldsymbol{K}$ 称为结构的总刚度矩阵；$\boldsymbol{q}$ 为节点位移列阵；$\boldsymbol{R}$ 为节点载荷列阵。

5. 载荷移置

通过总刚集成形成了刚度方程，其中列阵 $\boldsymbol{R}$ 的元素为各节点载荷，是集中力。所谓载荷移置就是将单元上的各种载荷转换为节点载荷，包括集中力、面力和体力的移置。

载荷移置遵循能量等效原则，即原单元载荷与移置产生的节点载荷在虚位移上所做的功相等。对于给定的位移函数,这种移置的结果是唯一的。

载荷移置是在结构的局部区域内进行的。根据圣维南原理,这种移置可能会产生误差,但不会影响整个结构的力学特性。

根据叠加原理,一个单元上总的节点载荷应为集中力、面力和体力 3 种载荷移置结果之和。如果一个节点与多个单元相关,则节点载荷应为所有相关单元向该节点移置的载荷的叠加。对于整个结构来说,有:

$$\boldsymbol{R}=\sum_{i'=1}^{n}\boldsymbol{R}^{i'} \tag{5-21}$$

式中 n——结构的单元数量

$\boldsymbol{R}$——节点载荷列阵。

6. 约束处理(边界条件)

当结构约束或约束不足时,在外力作用下会产生刚体运动;数学上表现为 $\boldsymbol{K}$ 是奇异阵,因此方程有无穷多个解。

约束处理就是为了求出唯一的节点位移解,必须施加足够的几何约束,以限制结构刚体运动,消除总刚度矩阵和荷载矩阵的奇异性。

对于同一个有限元模型,在同样载荷下,引入边界条件不同得出的结果差别很大。因此,必须根据结构真实的位移状态引入正确的边界条件。

7. 求解线性方程组

当矩阵 $\boldsymbol{K}$,$\boldsymbol{R}$ 进行约束处理后,原总刚度方程变为:

$$\bar{\boldsymbol{K}}\boldsymbol{q}=\bar{\boldsymbol{R}} \tag{5-22}$$

这个总刚度方程就是一个关于节点位移分量的线性方程组,利用适当的数值方法就能求出模型中所有节点的位移分量 。线性方程组的数值解法主要有高斯法、带宽法等。

8. 计算其他物理量

将节点位移分量代入式(5-7)、式(5-9)和式(5-10),可求出单元各节点的位移、应变和应力。

5.2.3 空间问题有限元法数值计算

对于空间问题,结构内的任一点 i_1 都具有 3 个位移分量、6 个应变分量和 6 个应力分量,并均为空间坐标(x,y,z)的函数:

$$\boldsymbol{q}_{\mathrm{i}}=[u_{\mathrm{i}_1} \quad v_{\mathrm{i}_1} \quad w_{\mathrm{i}_1}]^{\mathrm{T}}$$

$$\begin{aligned}\boldsymbol{\varepsilon}&=[\varepsilon_x \quad \varepsilon_y \quad \varepsilon_z \quad \gamma_{xy} \quad \gamma_{yz} \quad \gamma_{zx}]\\&=\left[\frac{\partial u}{\partial x} \quad \frac{\partial v}{\partial y} \quad \frac{\partial w}{\partial z} \quad \frac{\partial u}{\partial y}+\frac{\partial v}{\partial x} \quad \frac{\partial v}{\partial z}+\frac{\partial w}{\partial y} \quad \frac{\partial w}{\partial x}+\frac{\partial u}{\partial z}\right]\end{aligned}$$

$$\boldsymbol{\sigma}=[\sigma_x \quad \sigma_y \quad \sigma_z \quad \tau_{xy} \quad \tau_{yz} \quad \tau_{zx}]^{\mathrm{T}}=\boldsymbol{D\varepsilon}$$

空间问题的规模要比平面问题大得多,且网格划分比较困难。工程中的绝大部分结构都属于空间问题,其几何模型为三维实体模型,网格划分时可采用四面体、五面体或六面体形式的实体单元,其中最常用的单元是 4 节点的四面体单元。

空间问题有限元法解题步骤与平面问题基本相同。

5.2.3.1 单元分析

1. 单元位移函数

任意一个四面体单元都有 4 个节点(顶点),每个节点有 3 个自由度,一个单元共有 12 个自由度。设 4 个节点坐标分别为 $i(x_i,y_i,z_i)$,$j(x_j,y_j,z_j)$,$m(x_m,y_m,z_m)$,$p(x_p,y_p,z_p)$,则该单元的位移列阵为:

$$\boldsymbol{q}^e=[u_i \quad v_i \quad w_i \quad u_j \quad v_j \quad w_j \quad u_m \quad v_m \quad w_m \quad u_p \quad v_p \quad w_p]^T$$

假设单元的位移函数为线性函数,类似平面问题,可得到单元位移函数为:

$$\boldsymbol{d}^e=[u \quad v \quad w]^T=\boldsymbol{Nq}^e \tag{5-23}$$

式中,$\boldsymbol{N}$ 称为形函数矩阵,$\boldsymbol{N}=[N_i\boldsymbol{I} \quad N_j\boldsymbol{I} \quad N_m\boldsymbol{I} \quad N_p\boldsymbol{I}]$。其中:$\boldsymbol{I}$ 为三阶单位矩阵;N_i,N_j,N_m,N_p称为形函数。

4 个形函数 N_i,N_j,N_m,N_p 的表达式分别为:

$$N_i=\frac{a_i+b_ix+c_iy+d_iz}{6V},N_j=\frac{a_j+b_jx+c_jy+d_jz}{6V},$$

$$N_m=\frac{a_m+b_mx+c_my+d_mz}{6V},N_p=\frac{a_p+b_px+c_py+d_pz}{6V}$$

式中,各系数和 V(四面体单元的体积)为:

$$a_i=\begin{vmatrix} x_j & y_j & z_j \\ x_m & y_m & z_m \\ x_p & y_p & z_p \end{vmatrix},b_i=\begin{vmatrix} 1 & y_j & z_j \\ 1 & y_m & z_m \\ 1 & y_p & z_p \end{vmatrix},$$

$$c_i=\begin{vmatrix} 1 & x_j & z_j \\ 1 & x_m & z_m \\ 1 & x_p & z_p \end{vmatrix},d_i=\begin{vmatrix} 1 & x_j & y_j \\ 1 & x_m & y_m \\ 1 & x_p & y_p \end{vmatrix},V=\frac{1}{6}\begin{vmatrix} 1 & x_i & y_i & z_i \\ 1 & x_j & y_j & z_j \\ 1 & x_m & y_m & z_m \\ 1 & x_p & y_p & z_p \end{vmatrix}$$

为保证单元体积 V 的非负性,4 个节点编号应遵循右手螺旋法则,即在右手坐标系中,要使得右手螺旋在按 $i \to j \to m$ 的转向转动时向 p 的方向前进。

2. 单元应变矩阵

将单元位移函数代入几何方程,就可确定单元内任意一点的应变:

$$\begin{aligned}\boldsymbol{\varepsilon}=&[\varepsilon_x \quad \varepsilon_y \quad \varepsilon_z \quad \gamma_{xy} \quad \gamma_{yz} \quad \gamma_{zx}]^T=\left[\frac{\partial u}{\partial x} \quad \frac{\partial v}{\partial y} \quad \frac{\partial w}{\partial z} \quad \frac{\partial u}{\partial y}+\frac{\partial v}{\partial x} \quad \frac{\partial v}{\partial z}+\frac{\partial w}{\partial y} \quad \frac{\partial w}{\partial x}+\frac{\partial u}{\partial z}\right]^T \\ &=\boldsymbol{Bq}^e=[B_i \quad -B_j \quad B_m \quad -B_p]\boldsymbol{q}^e\end{aligned} \tag{5-24}$$

式中:

$$\boldsymbol{B}=\frac{1}{6V}\begin{bmatrix} b_l & 0 & 0 \\ 0 & c_l & 0 \\ 0 & 0 & d_l \\ c_l & b_l & 0 \\ 0 & d_l & c_l \\ d_l & 0 & b_l \end{bmatrix} \quad (l=i,j,m,p)$$

显然,应变矩阵 $\boldsymbol{B}$ 是常量矩阵,因此这类单元是常应变单元。

3. 单元应力矩阵

根据物理方程，可得到单元应力表达式为：

$$\boldsymbol{\sigma}=\boldsymbol{D\varepsilon}=\boldsymbol{DBq}^{\mathrm{e}}=\boldsymbol{Sq}^{\mathrm{e}}$$
$$=[S_{\mathrm{i}}\quad S_{\mathrm{j}}\quad S_{\mathrm{m}}\quad S_{\mathrm{p}}]\boldsymbol{q}^{\mathrm{e}} \tag{5-25}$$

式中，$\boldsymbol{S}$ 称为应力矩阵，也是常量矩阵。各分量矩阵为：

$$\boldsymbol{S}_l=\boldsymbol{DB}_l=\frac{6A_3}{V}\begin{bmatrix} b_l & A_1c_l & A_1d_l \\ A_1b_l & c_l & A_1d_l \\ A_1b_l & A_1c_l & d_l \\ A_2c_l & A_2b_l & 0 \\ 0 & A_2d_l & A_2c_l \\ A_2d_l & 0 & A_2b_l \end{bmatrix}\quad (l=i,j,m,p)$$

$$A_1=\frac{\mu}{1-\mu},A_2=\frac{1-2\mu}{2(1-\mu)},A_3=\frac{E(1-\mu)}{36(1+\mu)(1-2\mu)}$$

4. 单元刚度矩阵

由虚功原理可得到单元刚度矩阵的表达式为：

$$\boldsymbol{k}^{\mathrm{e}}=\iiint_V \boldsymbol{B}^{\mathrm{T}}\boldsymbol{DB}\,\mathrm{d}x\,\mathrm{d}y\,\mathrm{d}z=\boldsymbol{B}^{\mathrm{T}}\boldsymbol{DB}V \tag{5-26}$$

显然，单元刚度矩阵也是一个常量矩阵，它是由节点坐标和材料弹性常数决定的。

5.2.3.2　总刚度矩阵集成和荷载移置

求出每个单元的刚度矩阵后，就可集成得到总刚度矩阵 $\boldsymbol{K}$：

$$\boldsymbol{K}=\sum_{i'=1}^{n}\boldsymbol{k}^{i'} \tag{5-27}$$

通过载荷移置，得到整个结构的节点载荷列阵 $\boldsymbol{R}$：

$$\boldsymbol{R}=\sum_{i'=1}^{n}\boldsymbol{R}^{i'} \tag{5-28}$$

5.2.3.3　约束处理和求解线性方程组

通过约束处理消除刚度矩阵的奇异性，即可用线性方程组数值解法求解结构刚度方程，求出每个节点的位移，进而求出单元内任一点的位移及各单元的应变和应力。

5.3　矿山开采沉陷的相似材料模拟方法

5.3.1　相似材料模拟的概念

所谓相似材料模拟，就是一种建立在相似理论基础上，用扩大或缩小的模型去研究对应原型的力学运动以及其他相关特性的一种试验方法。

如果原型和模型相对应的各点及在时间上对应的各瞬间的一切物理量成比例，则两个系统相似，这种现象称为相似现象。

在模型与原型相似现象中，模型物理量与原型物理量之比叫作相似常数，也称为相似比，主要有几何相似常数、应力相似常数、应变相似常数、位移相似常数、弹性模量相似常数、边界应力相似常数、体积力相似常数、材料密度相似常数、容重相似常数等。在这些相似常数中，长度、时间、力所对应的相似常数称为基本相似常数。

在模型与原型相似现象中，相似指标是反映模型和原型中各相似常数之间的关系式。若模型与原型两者相似，则相似指标为1。

相似判据又称相似准数或相似准则，是由相似指标导出的无量纲组合群；若两者相似，则相似判据相等。相似判据将两个相似现象中的物理量关系确定下来，并可将在模型研究中得到的结果推广到原型结构上去。

所谓单值条件，就是将一个个别现象从同类现象中区分开来，亦即将现象的通解变成特解的具体条件。单值条件主要包括几何条件、介质条件、边界条件和初始条件等。

5.3.2 相似理论

相似材料模拟的理论基础是相似理论，它是一种研究自然现象中个性与共性，或特殊与一般的关系以及内部矛盾与外部条件之间关系的理论。在相似材料模型试验研究中，遵循的相似理论是相似三定理；只有模型和原型保持相似，才能由模型试验结果推算出原型结构的相应结果。

5.3.2.1 相似第一定理(相似正定理)

相似第一定理：两个相似的系统，单值条件相同，其相似判据的数值也相同。即两个相似的系统，其对应的各物理量之比应为常数，并均可用同一个基本方程式来描述。相似第一定理描述了相似现象的基本性质。

对于两个相似的开采沉陷系统来说，要求几何尺寸、运动时间、运动速度、材料容重、力学强度和重力加速度等物理量相似，满足几何相似、运动相似和动力相似条件等。其中长度、时间和质量(力)是最基本的物理量。

几何尺寸相似常数：$\alpha_l = l_M / l_H$。

运动时间相似常数：$\alpha_t = t_M / t_H$。

运动速度相似常数：$\alpha_v = v_M / v_H$。

材料容重相似常数：$\alpha_\gamma = \gamma_M / \gamma_H$。

力学强度相似常数：$\alpha_R = R_M / R_H$，同时 $\alpha_\sigma = \alpha_\tau = \alpha_R$。

重力加速度相似常数：$\alpha_g = g_M / g_H$，一般近似取为1。

几何相似是指模型与原型的几何形状相似。

运动相似是指模型与原型对应点的运动相似，时间保持一定比例，可导出相似指标为：

$$\alpha_t = \sqrt{\alpha_l} / \sqrt{\alpha_g}, \alpha_v = \sqrt{\alpha_l} \cdot \sqrt{\alpha_g} \tag{5-29}$$

动力相似是指模型与原型间所有作用力都保持相似，可导出相似指标为：

$$\alpha_R = \alpha_\sigma = \alpha_\tau = \alpha_l \alpha_\gamma \alpha_g \tag{5-30}$$

5.3.2.2 相似第二定理(π 定理)

相似第二定理：当一现象由 n 个物理量的函数关系来表示，且这些物理量中含有 m 种基本量纲时，则能得到 $n-m$ 个相似判据。

如果一个物理现象可由 n 个物理量构成的物理方程描述，n 个物理量中有 m 个独立的物理量，即有 m 个基本物理量，则该物理现象也可以用这些量纲组成的 $n-m$ 个无量纲群的关系式来描述，这些无量纲群可以作为该物理现象的相似判据。

开采沉陷相似材料模拟的相似判据为：

$$\pi_1 = \frac{R_M}{l_M \gamma_M g_M} = \frac{R_H}{l_H \gamma_H g_H} \tag{5-31}$$

$$\pi_2 = \frac{t_M \sqrt{g_M}}{\sqrt{l_M}} = \frac{t_H \sqrt{g_H}}{\sqrt{l_H}} \tag{5-32}$$

$$\pi_3 = \frac{v_M}{\sqrt{l_M}\sqrt{g_M}} = \frac{v_H}{\sqrt{l_H}\sqrt{g_H}} \tag{5-33}$$

5.3.2.3　相似第三定理(相似逆定理)

相似第三定理：凡具有同一特性的现象，当单值条件(系统的几何性质、介质的物理性质、初始条件和边界条件等)彼此相似，且由单值条件的物理量所组成的相似判据在数值上相等时，则这些现象必定相似。

相似第三定理阐明了相似现象的充分和必要条件。要使两个现象相似，除了要求它们满足几何相似、有相同的物理关系表达式及由物理关系表达式求得的相同判据相等外，还要求能唯一地确定这一现象的单值条件(如边界条件、初始条件等)也必须相似。

5.3.3　常用相似材料与配比试验

相似材料是指用于铺设相似材料模型的原材料，主要包括骨料和胶结材料。

常用于开采沉陷相似材料模拟的原材料有：

(1) 骨料：河砂、云母粉、锯末、黏土等；

(2) 胶结材料：石膏、碳酸钙、水泥、石蜡等。

为了使制作完成的相似材料模型试样与原型试样在物理力学性质方面相似，必须进行相似材料配比试验。通过配比试验，才能科学地确定不同物理力学性质岩层的相似材料配比方案。表 5-1 为辽宁工程技术大学(原阜新矿业学院)制作的相似材料配比表。

表 5-1　相似材料配比表

配比号	$R_{压}$ /(N/cm²)	$R_{拉}$ /(N/cm²)	$R_{拉}/R_{压}$	容重 γ /(N/cm³)	备注
337	36.8	4.4	1/8.4	1.5×10^{-2}	① 试件干燥 3 d 后进行强度试验。 ② 缓凝剂采用 2% 动物胶的水溶液，水的质量为材料质量的 1/10。 ③ 石膏为乙级建筑石膏，砂子为河砂，级配为： >1.2 mm，2%； 0.6～1.2 mm，27.2%； 0.3～0.6 mm，36.8%； 0.15～0.3 mm，21.9%； <0.15 mm，12.1%。
355	25.1	2.3	1/10.9		
373	14.0	1.9	1/7.4		
437	29.8	2.7	1/11.0		
455	20.8	2.5	1/8.3		
473	13.4	1.8	1/7.4		
537	14.4	2.4	1/6.0		
555	10.7	1.4	1/7.6		
573	9.4	1.2	1/7.8		
637	12.4	1.5	1/8.3		
655	10.4	1.3	1/8.0		
673	6.6	0.9	1/7.3		

注：表中配比号中的第一位数字代表砂胶比，第二、三位数字代表两种胶结材料在总量中所占比例。如配比号 337 表示砂胶比为 3∶1，且一份胶结材料中石灰和石膏之比为 3∶7。

5.3.4 矿山开采沉陷相似材料模型观测方法

矿山开采沉陷相似材料模型观测分为位移观测和应力与应变观测。

相似材料模型位移观测的主要方法有灯光透镜法、近景摄影测量法、位移计法、小钢尺水准仪法、全站仪三维测量法、坐标格网插针法等。由于矿山开采沉陷相似材料模型的比例尺相对较小,小钢尺水准仪法、全站仪三维测量法、坐标格网插针法等直接测量法的误差相对较大,且劳动强度较大,目前较少使用。位移计法包括千分表法、位移传感器自动数据记录仪法等。在模型材料较软时,模型容易局部变形,进而影响位移计的监测精度。位移计法在大比例尺相似模型监测中应用较多,而在小比例尺开采沉陷模型监测中应用较少。近景摄影测量法、灯光透镜法及两者结合方法的监测精度较高,是目前开采沉陷相似模拟位移监测中主要使用的方法。

应力与应变观测的方法主要有应变片法、应力计法、光纤法、压力盒法等。目前大多采用应变片、应力计、压力盒监测开采引起的附加应力。光纤法作为一种新的方法正逐渐被应用。

5.3.5 矿山开采沉陷相似材料模拟的基本步骤

5.3.5.1 模型设计

1. 建立采矿地质模型

(1) 确定地质采矿原型:分析研究区域的采掘工程平面图、地质柱状图、井上下对照图、主要岩层岩石物理力学性质和开采计划等有关地质采矿资料,确定模拟研究的原型范围;绘制沿走向和倾向的地质剖面图。

(2) 建立地质采矿模型:结合地质采矿条件和研究目的,在地质剖面图基础上进行地层整合、简化,制定模拟开采方案,并确定各岩层的物理力学参数,形成二维地质采矿模型,即相似材料模型的原型。

2. 相似材料模型设计

(1) 确定几何相似常数:根据地质采矿模型和模拟开采方案与研究目的,结合相似材料模拟试验台具体条件,设计确定模型比例尺,通常取为 1∶100～1∶300。

(2) 相似材料模型几何设计:根据地质采矿模型和选定的几何相似常数、模型试验台,设计相似材料模型的总体尺寸、加载方式、各岩层倾角、厚度及铺设分层数(一般每分层厚度为 1 cm),并绘制相似材料模型几何设计立面图。

(3) 模拟开采方案设计:根据研究目的和模型几何设计,确定模拟开采方案,并在模型立面图上绘出模拟开采范围、开挖时间与步距和相关技术要求。

(4) 模型观测方案设计:根据研究目的和模型实验室工作条件,设计模型观测手段和观测方案;并结合模型立面图绘制必要观测点、控制点或传感器布置方案,需要在模型铺设过程中埋入的观测传感器要特别注明埋入位置、埋设方法和技术要求;编制模型观测数据采集与处理技术方案。

3. 相似材料模型材料配比方案设计

(1) 模型材料相似常数计算:根据选定的模型几何、容重相似常数,计算模型材料的强度或弹性模量、泊松比等物理量的相似常数。

(2) 模型岩层参数计算:根据各岩层物理力学参数和设计的相似常数,计算相似材料模型的各岩层物理力学参数。

(3) 相似材料配比试验：选定拟使用的相似材料(如石膏粉、碳酸钙、锯末等)，结合相似材料模型各岩层物理力学参数，开展各岩层相似材料配比试验。

(4) 模型岩层材料配比方案设计：根据配比试验成果，设计相似材料模型各岩层配比方案，并结合相似材料模型几何设计，计算出各岩层及其分层铺设所需的各种材料的质量(或体积)。

4. 相似材料模型铺设方案设计

结合模型几何设计、配比方案和相似材料模型试验台具体条件，制定相似材料模型铺设时的相关设备使用、铺设步骤、人工安排和安全防护技术措施与注意事项。

5.3.5.2 相似材料模型制作与模拟数据采集处理

1. 模型试验设备和配件准备

根据相似材料模型设计方案，检查试验台、挡板、吊车、搅拌机、台秤工作状态完好情况，并进行必要的维护；准备铺设模型时所需的连接螺栓、压力辊、装料铲、量杯等工具和机油、水、缓凝剂等消耗材料。

2. 相似材料准备

根据模型设计需求准备足够的各种相似材料。

3. 模型铺设与安装观测装置

(1) 相似材料配料与搅拌：根据配比方案和铺设方案设计，自下而上逐层进行配料和拌料。

(2) 铺料、碾压：安装模型台挡板，将搅拌均匀的混合材料按设计顺序逐层均匀地摊铺在试验台上，并用专用压力辊碾压(注意碾压后混合材料厚度应等于设计厚度)。

(3) 节理和层面处理：铺好一层后，用专用切刀每隔 10 cm 左右斜切铺好的混合材料以模拟节理面，然后撒一薄层云母粉，以模拟层理面。

(4) 重复(2)和(3)，逐层铺设直至完成。(挡板随模型铺设逐层加高)

(5) 自然干燥 3 d 后，拆卸挡板。

(6) 继续干燥 1 d 后，安装观测装置。

4. 模型开采和监测数据采集与处理

模型继续干燥 2 d 后，就可以开始按设计进度进行模拟开采和观测数据采集，并及时采用照相、录像、素描等方式记录开采过程中的弯曲、垮落、裂缝发育现象和变化过程。

根据模型观测值，可根据相似常数计算实地移动与变形值、应力分布状态、覆岩破坏状态和发育规律等。

为保持相似材料模型模拟研究过程中的相似性，应尽量保证模型(与相似材料配比相同)处于恒温、恒湿状态。必要时，可在专门的恒温、恒湿实验室内进行相似材料模拟试验。

5.4 岩层与地表移动相似材料模拟案例

5.4.1 背景

东坪煤矿位于太行山西侧，为典型的低山丘陵地貌，地表高低起伏很大，多为“V”

形沟谷。案例以东坪煤矿 15412 工作面为原型，采用相似材料模拟的方法对典型“V”形山谷下开采岩层与地表移动特征进行研究，主要介绍了相似材料模拟应用于山区开采沉陷规律研究的关键技术和主要流程，包括模型的设计、模型的铺设和模型的监测等。

5.4.2 研究区地质采矿条件

5.4.2.1 研究区地理位置与地形地貌

东坪煤矿位于阳泉市盂县境内南部，距县城 3 000 m，矿区地理坐标为北纬 38°02′13″～38°04′51″，东经 113°26′21″～113°26′37″。省道 S314 横穿井田北部，北经 S214 省道至原石太铁路线约 40 km，东距 G207 国道 17 km，南距阳泉市 40 km，至阳泉可入太旧高速公路和石太铁路线，交通十分便利。

东坪煤矿井田地势南高北低，南部南庄沟山为地势最高点，海拔约 1 153.7 m，北端东坪村地势最低，海拔约 928.5 m。地表村庄多分布于井田四周，中部村庄稀疏；井田内多为有植被覆盖的荒坡，仅井田北部有大面积耕地。

5.4.2.2 研究区地质概况

1. 地层概况

根据该矿钻探资料，本区所揭露地层有马家沟组、本溪组、太原组、山西组、下石盒子组及第四系。其中：马家沟组为该区煤系地层基盘，主要为海相石灰岩；本溪组厚 50～60 m，底部为山西式铁矿，上部为铝土泥岩及砂质泥岩、中砂岩、细砂岩；太原组厚 100～120 m，为该区主要含煤地层，含有 5～6 层煤层，主要由灰黑色泥岩、灰色中细砂岩和石灰岩组成；山西组厚 35 m 左右，为次要含煤地层，含 3 层薄煤层，主要由灰黑色泥岩、砂质泥岩和砂岩组成；下石盒子组厚 150 m，主要由灰绿色泥岩、灰黄色砂岩、黄绿色泥岩、灰白色砂岩及砂质泥岩组成；第四系主要为中上更新统黄土层，厚 0～20 m，一般赋存于深坡和较大沟谷处。

2. 煤层赋存情况

东坪煤矿井田位于阳泉矿区西北部，属于沁水煤田，主要可采煤层为太原组 8 号、9 号及 15 号煤层和山西组 4 号煤层，两组煤层平均总厚度分别为 10.69 m、0.95 m。

太原组 15 号煤层位于太原组下段，距 9 号煤层平均约 78.51 m，为可采的稳定煤层，最厚 9.37 m，最薄 5.49 m，平均厚度为 6.82 m。该煤层结构复杂，一般含 1～3 层夹矸，顶板为石灰岩，底板为砂质泥岩。

3. 15412 工作面概况

15412 工作面位于东坪煤矿井田南部，工作面上方为低山丘陵地貌，高低起伏很大，有一沟谷南北贯穿于该工作面，地表最大标高为 1 068 m，最小标高为 1 023 m(工作面中部谷底)，平均标高为 1 042 m。地表基本为有植被的风化砂土荒坡，植被多为高约 1.5 m 的荆棘灌木丛。

15412 工作面开采时间为 2010 年 10 月～2011 年 4 月，面长 150 m、推进长度 258 m，面积约为 3.9×10^4 m^2；所采煤层为 15 号煤层，近水平，煤层厚度为 5.49～9.37 m，赋存稳定，平均厚度为 6.8 m，平均开采深度约为 200 m。采煤方法为长壁综合机械化放顶煤工艺，顶板管理方法为全部垮落法。

5.4.3　15412 工作面开采相似材料模型设计

5.4.3.1　模型相似常数

在实验室所选用相似材料和试验条件下，依据相似模拟基本原理，采用近似相似条件，确定本次模拟试验的几何相似常数、容重相似常数、时间相似常数和应力相似常数分别为：

几何相似常数：$\alpha_l = 1:200$；

容重相似常数：$\alpha_\gamma \approx 1:1.7$；

时间相似常数：$\alpha_t = 1:14.1$；

应力相似常数：$\alpha_\sigma = 1:340$。

5.4.3.2　模拟区地质原型简化

以东坪煤矿 15412 工作面地质采矿条件为原型，综合矿区内离工作面较近的 3 个钻孔资料，结合试验目的和试验条件，对实地岩层进行整合和简化。15412 工作面地表上方基本为风化基岩，局部（谷底）有松散覆盖层，而就整个矿区而言，地表有较厚的马兰黄土覆盖层，为使模拟具有较好的适用性，且为进一步研究山区地表覆盖层与下覆岩层之间的耦合规律，模拟时加入 15 m 厚的表土层。简化后地质原型由下至上为砂页岩（底板）、煤层、页岩（顶板）、砂页岩互层、砂页岩、细砂岩、砂页岩、中砂岩、砂页岩（局部风化）和表土层等 10 个地层。最终确定模拟区煤岩层分布情况见表 5-2。

表 5-2　模拟区煤岩层分布

编号	岩层名称	厚度/m	岩性描述
1	表土层	15.0	以粉砂为主，颗粒均匀
2	砂页岩	36.0	含砂不均，黏土胶结，岩石局部风化
3	中砂岩	20.0	灰色，成分以石英为主，颗粒分选不均，岩性坚硬
4	砂页岩	34.0	灰色，性脆，含植物化石，有节理，含砂量大
5	细砂岩	12.0	含植物化石，性硬
6	砂页岩	28.0	灰黑色，性致密而脆，含植物化石
7	砂页岩互层	32.0	含植物化石、云母片，夹有黑色层面
8	页岩	32.0	黑色，含植物化石、方解石及黄铁矿
9	煤层	6.8	部分有泥岩夹矸
10	砂页岩	20.0	含植物化石、黄铁矿

根据实际工作面采矿地质条件和相似性原理，本次相似材料模拟试验模型的几何相似常数为 1：200。试验在长度可自由调节（最长 8 m）的宽度为 0.3 m 的二维相似材料模型架上进行。根据简化后的地层分布建立沿工作面走向剖面的相似材料模型。模型上部形态依实际地表起伏，工作面正上方地表 700 m（走向）×600 m（倾向）范围高程起伏原型见图 5-5，根据地表实测变形影响范围确定模拟沿工作面走向主断面 600 m 范围内

的地质剖面，因此所设计的模型尺寸为 3.5 m×0.3 m×1.179 m(最高点)，模型设计示意见图 5-6。由实际采矿推进速度为2 m/d、时间相似常数为 1:14.1 计算可知，模型每 8.5 h(实际5 d)开挖5 cm(原型 10 m)。

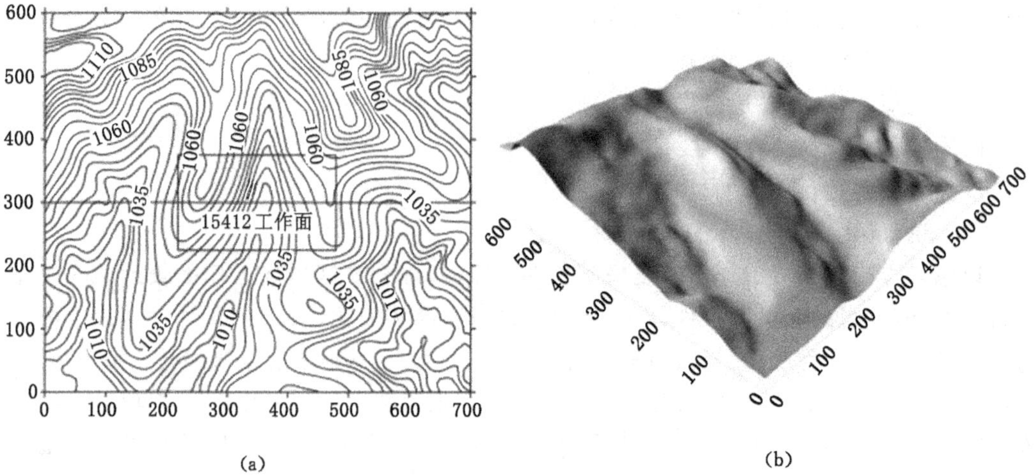

图 5-5 15412 工作面地表高程起伏原型

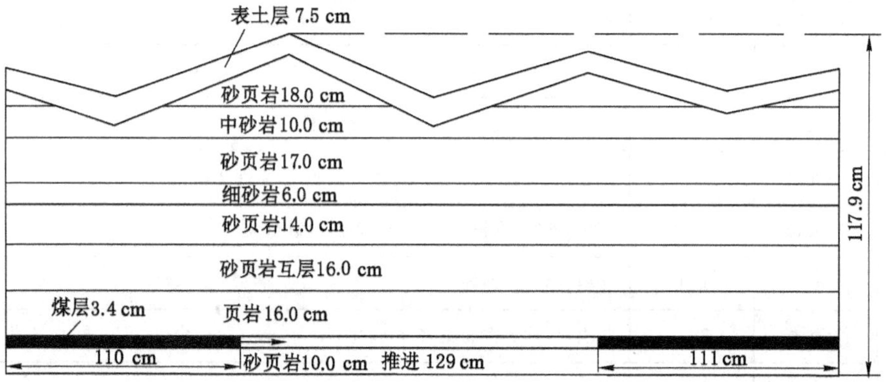

图 5-6 相似材料模型设计示意图

5.4.3.3 *岩层相似材料配比*

相似材料一般选用由几种材料制作而成的混合物。该混合物首先要能够满足力学性质与煤系岩石力学性质的相似性，且在模拟的过程中具有较好的稳定性，还应具有来源广、价格低廉等优点。组成混合物的材料可分为骨料和胶结材料两种。骨料中最常用的是石英砂和云母粉，为改变材料特性还可以加入适当的铁粉、重晶石粉或锯末、炉碴等掺料。胶结材料(石膏、碳酸钙)对相似材料的力学强度起主导作用。相似材料模型原型参数和模型参数及对应相似材料配比见表 5-3 和表 5-4。

表 5-3　相似材料模型原型参数和模型参数

编号	岩性	实际参数				模型参数				
		密度 /(kg/m³)	抗压强度 /MPa	抗拉强度 /MPa	厚度 /m	密度 /(kg/m³)	容重相似常数	抗压强度 /(N/cm²)	抗拉强度 /(N/cm²)	厚度 /cm
1	表土层	1 800	3.8	0.37	15.0	1 500	0.83	1.6	0.15	7.5
2	砂页岩	2 500	28.6	0.91	36.0	1 500	0.60	8.6	0.27	18.0
3	中砂岩	2 550	44.5	1.50	20.0	1 500	0.59	13.1	0.44	10.0
4	砂页岩	2 500	42.5	1.43	34.0	1 500	0.60	12.8	0.43	17.0
5	细砂岩	2 650	48.6	2.56	12.0	1 500	0.57	13.8	0.72	6.0
6	砂页岩	2 500	42.5	1.43	28.0	1 500	0.60	12.8	0.43	14.0
7	砂页岩互层	2 500	24.8	1.18	32.0	1 500	0.60	7.4	0.35	16.0
8	页岩	2 450	18.6	0.98	32.0	1 500	0.61	5.7	0.30	16.0
9	煤层	1 400	11.5	0.65	6.8	1 500	1.07	6.2	0.35	3.4
10	砂页岩	2 500	42.5	1.51	20.0	1 500	0.60	12.8	0.45	10.0

表 5-4　模型相似材料配比表

编号	岩性	配比号	河砂	云母粉	石膏	碳酸钙	水
1	表土层	80∶18∶2(3∶7)	80	18	0.6	1.4	1/10
2	砂页岩	79∶16∶5(3∶7)	79	16	1.5	3.5	1/10
3	中砂岩	79∶16∶5(5∶5)	79	16	2.5	2.5	1/10
4	砂页岩	79∶16∶5(5∶5)	79	16	2.5	2.5	1/10
5	细砂岩	71∶23∶6(5∶5)	71	23	3.0	3.0	1/10
6	砂页岩	79∶16∶5(5∶5)	79	16	2.5	2.5	1/10
7	砂页岩互层	73∶23∶4(7∶3)	73	23	2.8	1.2	1/10
8	页岩	73∶23∶4(5∶5)	73	23	2.0	2.0	1/10
9	煤层	80∶17∶3(5∶5)	80	17	1.5	1.5	1/10
10	砂页岩	79∶16∶5(7∶3)	79	16	3.5	1.5	1/10

5.4.4　模型的铺设

制作模型的设备主要有模型架、两侧护板，起压实整平作用的钢板、滚筒，混料搅拌用的搅拌机、铁锹以及配料使用的电子秤、量筒等。模型几何比例尺为 1∶200，设计尺寸为 3.5 m×0.3 m×1.179 m。模型铺设主要步骤如下：

(1) 安装护板：将模型架和护板清理干净，并在护板内侧涂刷润滑油防止护板与相似材料模型黏结，然后将护板安装至模型架上。

(2) 配料：将一分层所需的河砂、云母粉、石膏、碳酸钙称好，可配好适量加入缓凝剂的水，再使用量筒直接量取分层所需的水。

(3) 搅拌：先将称好的分层干料搅拌均匀，再加入所需的水进行搅拌。

(4) 制模：将搅拌好的相似材料倒入模型中并摊平，然后用滚筒压实，为模拟成层效应在层间撒适量云母粉。

(5) 地形制作：为模拟山区地形，先将模型铺设至松散层的下面的基岩面，采用挖除多余部分的方式模拟出实际地形特征，然后再铺上松散层，松散层逆坡(即由坡下至坡上)铺设。

(6) 养护：模型铺设完毕后在模型上部盖上胶皮，避免模型内部凝结、风干与表面不一致；养护期间应记录每天的温度、湿度，一般养护 7～10 d 便可拆板(应视天气情况而定)，拆板后风干 1 d，便可进行开采观测。一般试验条件下，养护期内由于模型上部(相对下部)不密闭、模型内水在重力作用下的下渗，使模型上部较干，可在拆板后于模型上部盖上塑料薄膜，从而使模型上部和下部干湿程度基本一致。

最终实际铺设好的模型与设计基本一致，由于右侧挡板安装时向外侧倾斜使模型长度略大，总长度约为 3.02 m，前后两侧的挡板由于长期使用略有变形，使模型前后表面略不平整，实际模型最高点高度为 116 cm，表土层由于压实等原因厚度平均为 7 cm。所铺设的相似材料模型见图 5-7。由于模型下部第二块挡板位置略向外突出，为防止开挖时顶板垮落于模型之外，在开采前又安装了最底部的挡板，因此图中煤层底板被部分遮挡。

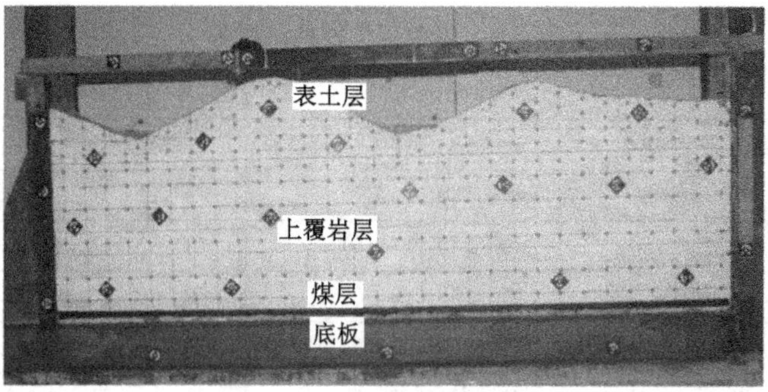

图 5-7 相似材料模型图

5.4.5 模型的观测

5.4.5.1 模型的观测方法

相似材料模型观测方法有直接测量法、显微镜法、光学位移计法、摄影法、电测位移计法等，但这些方法在安装复杂程度、自动化程度、抗观测条件干扰性方面均存在不足。本次模型的观测采用 XJTUDP 数字摄影测量系统，该系统为西安交通大学开发的工业近景摄影测量系统，量测物体尺寸可从几十毫米至 20 米，能精确测定物体表面离散点的三维坐标，单点定位精度为 0.03～0.1 mm。

XJTUDP 数字摄影测量系统根据透视几何理论，利用目标物在不同采集点的图像，通过前方交会原理计算出目标物(点)在给定坐标系下的三维坐标，其工作原理如图 5-8(a)所示。该系统由专业数码相机、系统测量软件、测量标尺、测量参考编码点和非编码点(目标点)组成，实物如图 5-8(b)所示。其中编码点用于图像匹配，要求其均匀地布设在测量目标物上，非编码点(目标点)即为在目标物上所布设的观测点。

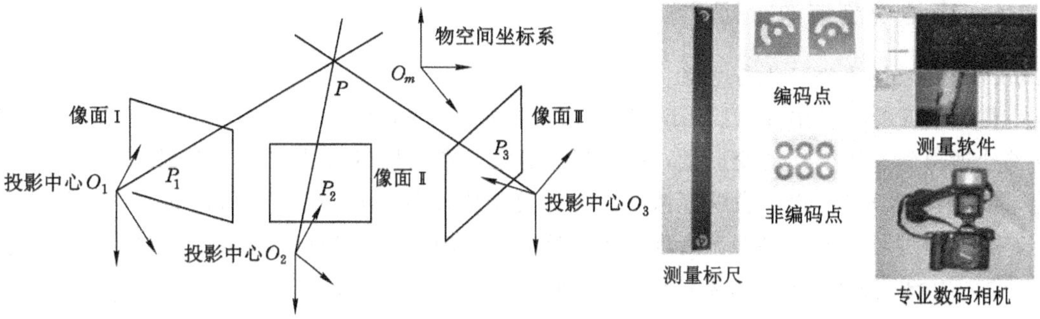

(a)　　　　　　　　　　　　　　　(b)

图 5-8　XJTUDP 数字摄影测量系统工作原理和系统组成

5.4.5.2　观测点的布设及观测

根据该测量系统的要求，首先在模型表面刷一层白色碳酸钙，以产生白色背景，然后将编码点均匀布设于相似材料模型上，再根据试验目的布设相似材料模型的变形观测点即非编码点。非编码点间距横向上为 10 cm，最外侧点距模型架 5 cm；纵向上根据试验目的，结合岩层层位结构，由上至下主要布设了 8 条变形观测线 $A \sim G$，见图 5-9。其中 A 线布设于上部表土覆盖层，B 线布设于表土层下部的基岩中，与 A 线间距平均为 7 cm；C 线呈水平布设，与地表最低点距离为 12 cm；D 线与 C 线的间距为 6 cm；E 线与 D 线的间距为10 cm；F 线与 E 线的间距为 15 cm；G 线与 F 线的间距为 15 cm；H 线与 G 线的间距为 10 cm，布设于基本顶内。最终布设编码点共计 29 个，非编码点共计 285 个。

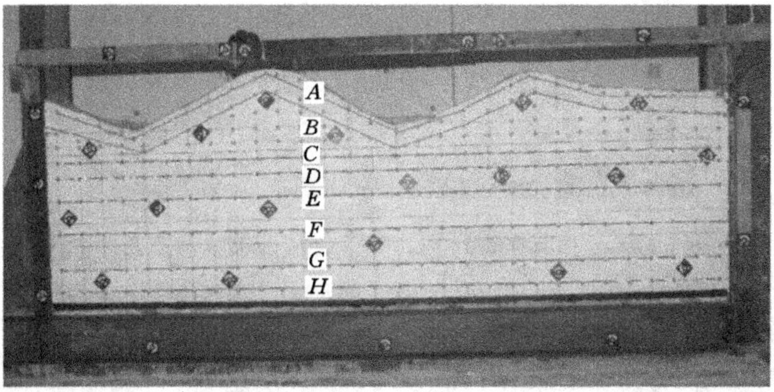

图 5-9　模型观测点布设图

模型一开始按设计开采进度，每 8.5 h 开采 5 cm，每次开采前进行拍照观测。前期开采时加密观测次数，平均 1 h 观测 1 次，发现模型开挖后 2 h 内各点下沉基本结束，得到模型的时间相似比约为 1∶35，按设计开采时间间隔(8.5 h)太长，遂将开采时间间隔改为 4 h，每次开挖 5 cm。采用拍照、绘制草图等方式及时记录观测过程中顶板垮落、覆岩破坏及离层、地表裂缝等情况。

5.4.6 模型观测成果处理

5.4.6.1 *覆岩移动破坏动态过程*

模型在开挖过程中由 XJTUDP 数字摄影测量系统拍照并记录了岩层移动破坏特征，经软件处理得到了岩层移动变形量，同时采用拍照、绘制草图等方式记录了观测过程中顶板垮落、覆岩破坏及离层、地表裂缝等情况。为了便于描述，模型开挖尺寸和移动变形值均换算至原型。通过对观测数据进行处理分析，得到了工作面推进过程中覆岩移动破坏的动态过程，图 5-10～图 5-15 为部分模型观测处理成果。

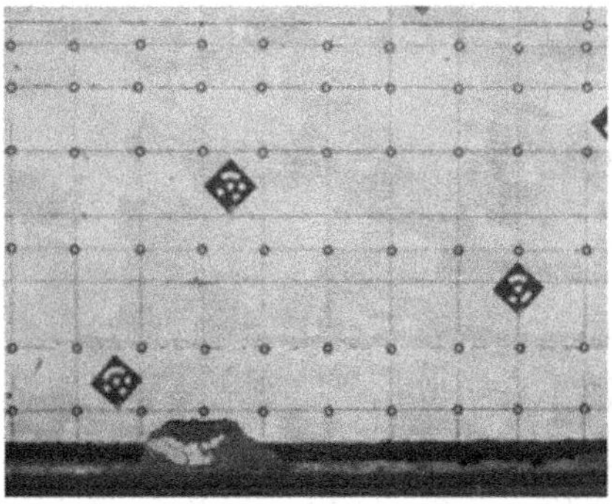

图 5-10 工作面推进 40 m(模型 20 cm)覆岩移动及破坏

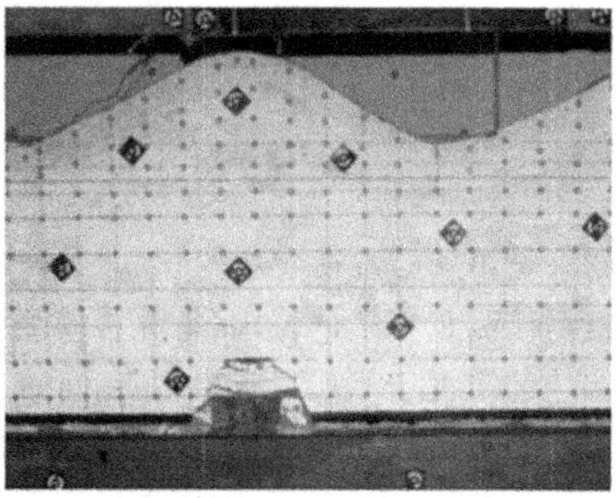

图 5-11 工作面推进 70 m(模型 35 cm)覆岩移动及破坏

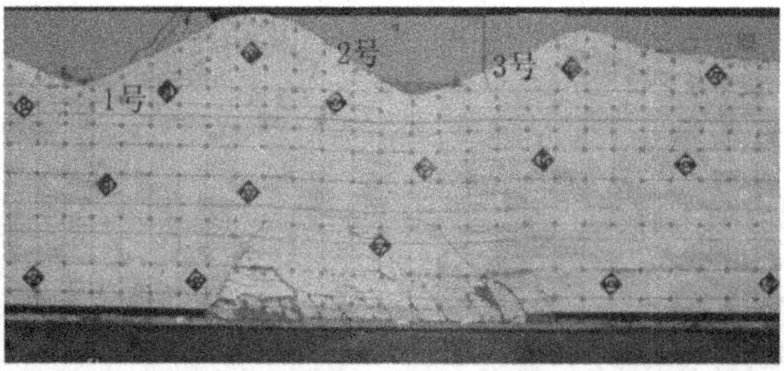

图 5-12 工作面推进 240 m(模型 120 cm)覆岩移动及破坏

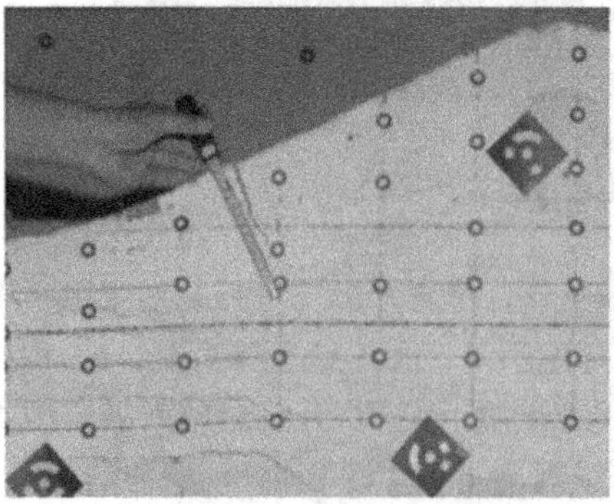

(a) 裂缝深度

(b) 裂缝宽度

图 5-13 工作面推进过程中出现的裂缝

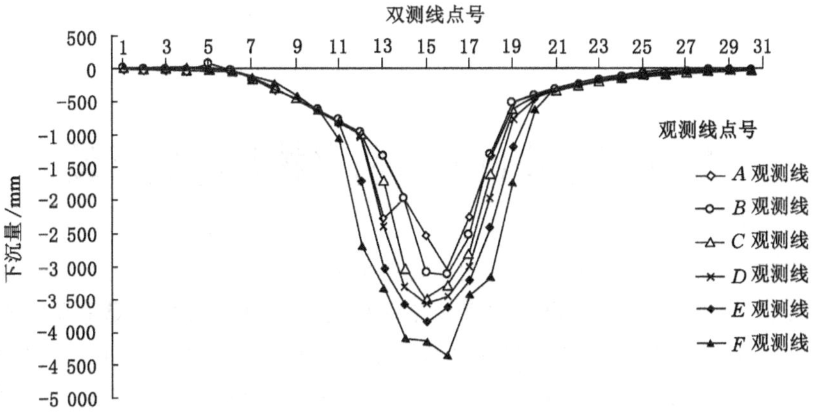

图 5-14　开采至 240 m(模型 120 cm)覆岩各层位下沉曲线

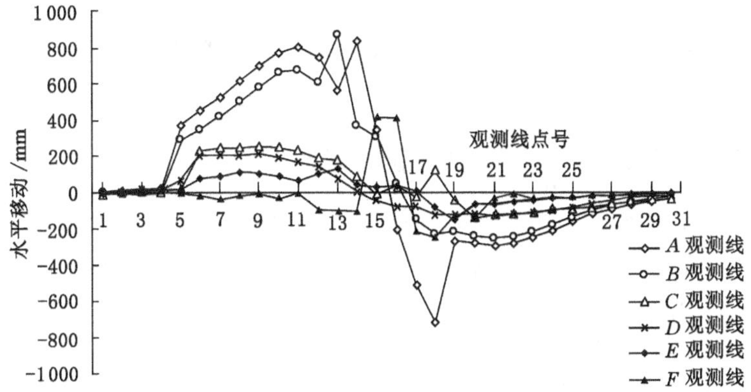

图 5-15　开采至 240 m(模型 120 cm)覆岩各层位水平移动曲线

5.4.6.2　地表动态移动变形

模型开挖过程中由 XJTUDP 数字摄影测量系统拍照并通过软件处理得到了各观测线的移动与变形量,由此可得山区开采地表动态移动与变形。

复习思考题

1. 采用模拟研究方法研究矿山开采沉陷问题有哪些优缺点?
2. 常见的矿山开采沉陷数值模拟方法有哪些? 物理模拟方法有哪些?
3. 采用数值模拟方法解决矿山开采沉陷问题的一般过程是什么?
4. 相似三定理的含义是什么?
5. 矿山开采沉陷相似模拟的相似准则有哪些?
6. 常见的矿山开采沉陷相似模拟材料有哪些? 各有什么作用?
7. 相似材料模型的配比如何确定?
8. 相似材料模型的监测手段有哪些? 各有什么优缺点?
9. 温度、湿度对相似材料模拟结果有什么影响,如何减弱这种影响?

第6章 建(构)筑物保护煤柱的留设

矿山开采沉陷引起的地表移动与变形是造成开采区上方地面建(构)筑物损害的根本原因。在地面建(构)筑物下方留设保护煤柱是保护地面建(构)筑物免受采动损害的最直接方法,但留设煤柱会造成煤炭资源的呆滞和降低矿山的可采出煤量。因此,为保护地面建(构)筑物安全和最大限度采出煤炭资源,国家安全监管总局、国家煤矿安监局、国家能源局、国家铁路局于2017年5月联合颁布了《三下采煤规范》,对我国境内所有生产和在建煤矿的各类保护煤柱的留设与开采进行了规范。

6.1 建(构)筑物保护煤柱留设原理与有关规定

6.1.1 保护煤柱和建(构)筑物保护等级的概念

地下开采导致覆岩及地表移动,使位于沉陷影响范围内的建(构)筑物损害。矿区建(构)筑物保护主要采用两种方法:一是留设保护煤柱,即在保护煤柱外开采,使建(构)筑物不受开采影响或受到的开采影响不会使建(构)筑物损害;二是采取各种特殊开采和地面保护措施,使得建(构)筑物实际承受的变形在其安全允许变形范围内。

所谓保护煤柱,是指专门留在井下不予采出的、旨在保护其上方岩层内部和地表的各种受护对象不受开采影响的那部分矿产资源。

这些受护对象是指受到保护煤柱保护的各类建(构)筑物和资源,主要包括地面各类建(构)筑物、铁路、井筒、井下主要巷道和硐室、水体、其他各种资源等。

为了合理开采煤炭资源,保护建筑物、构筑物、水体、铁路、主要井巷和地面生态环境,国家安全监管总局、国家煤矿安监局、国家能源局、国家铁路局根据国家有关法律、法规于2017年5月联合颁布了《三下采煤规范》。这是我国所有生产与在建煤矿中关于煤柱留设与压煤开采应依据的基本规范;在煤矿区总体设计、矿井设计和矿井建设与生产等工作中涉及煤柱留设与开采、开采沉陷影响问题时,均应当按照该规范执行。

在《三下采煤规范》中,按建(构)筑物的重要性、用途以及受开采影响引起的不同后果,将矿区范围内的建(构)筑物保护等级分为五级,具体见表6-1和表6-2。铁路保护等级划分见表6-3。

表6-1 矿区建筑物保护等级划分

保护等级	主要建筑物
特	国家珍贵文物建筑物、高度超过100 m的超高层建筑、核电站等特别重要工业建筑物等
Ⅰ	国务院一般文物建筑物、在同一跨度内有两台重型桥式吊车的大型厂房及高层建筑等

表 6-1(续)

保护等级	主要建筑物
Ⅱ	办公楼、医院、剧院、学校、长度大于 20 m 的二层楼房和二层以上多层住宅楼，钢筋混凝土框架结构的工业厂房、设有桥式吊车的工业厂房、总机修厂等较重要的大型工业建筑物，城镇建筑群或者居民区等
Ⅲ	砖木、砖混结构平房或者变形缝区段小于 20 m 的两层楼房，村庄民房等
Ⅳ	村庄木结构承重房屋等

注：凡未列入表 6-1 的建筑物，可以依据其重要性、用途等类比归属。对于不易确定者，可以组织专门论证审定。

表 6-2　矿区构筑物保护等级划分

保护等级	主要构筑物
特	高速公路特大型桥梁、落差超过 100 m 的水电站坝体、大型电厂主厂房、机场跑道、重要港口、国防工程重要设施、大型水库大坝等
Ⅰ	高速公路、特高压输电线塔、大型隧道、输油(气)管道干线、矿井主要通风机房等
Ⅱ	一级公路、220 kV 及以上高压线塔、架空索道塔架、输水管道干线、重要河(湖、海)堤、库(河)坝、船闸等
Ⅲ	二级公路、110 kV 高压输电杆(塔)、移动通信基站等
Ⅳ	三级及以下公路等

注：凡未列入表 6-2 的构筑物，可以依据其重要性、用途类比确定。对于不易确定者，可以进行专门论证审定。

表 6-3　铁路保护等级划分

保护等级	铁路等级
特	国家高速铁路、设计速度 200 km/h 的城际铁路和客货共线铁路等
Ⅰ	国家Ⅰ级铁路、设计速度 160 km/h 及以下的城际铁路等
Ⅱ	国家Ⅱ级铁路等
Ⅲ	Ⅲ级铁路等
Ⅳ	Ⅳ级铁路等

注：为某一地区或者企业服务具有地方运输性质、近期年客货运量小于 10 Mt 且大于或等于 5 Mt 的铁路属于Ⅲ级铁路；为某一地区或者企业服务具有地方运输性质、近期年客货运量小于 5 Mt 的铁路属于Ⅳ级铁路。铁路车站按其相应铁路保护等级保护。其他铁路配套建筑物(构筑物)，可依据其重要性、用途等划分其保护等级；对于不易确定者，可以组织专门论证审定。

留设煤柱时，为确保受护对象的安全，还需要对受护对象周围一定范围内的岩体或地表进行附加保护，这部分需附加保护的岩体或地表及其范围称为“围护带”。留设围护带的主要目的是：

(1) 避免在留设煤柱时所用的移动角等参数的误差引起的煤柱尺寸的不足，移动角误差一般为 2°～5°；

(2) 防止由于地质采矿条件和井上下位置对照关系不准确而造成的保护煤柱尺寸和位置的误差。

受护对象及其围护带的总和称为受护范围。围护带的宽度根据受护对象的保护等级确定，按表 6-4 的规定留设。

表 6-4 矿区建(构)筑物的围护带宽度

保护等级	特	Ⅰ	Ⅱ	Ⅲ	Ⅳ
围护带宽度/m	50	20	15	10	5

留设保护煤柱的最大优点是能有效保护受护对象免受开采的影响。留设保护煤柱的显著缺点是浪费煤炭资源、缩短矿井服务年限,并且由于保护煤柱将煤层分隔为多个块段,影响正规工作面的布置,使采掘工作复杂化,增大掘进工作量,易造成采掘接续紧张。

6.1.2 保护煤柱留设的基本原理

保护煤柱留设的基本原理,就是根据地表移动几何理论,应用地表移动盆地边界角或移动角在受护对象的下方煤层中划出不开采的块段(即保护煤柱),该块段周围的煤炭开采引起的地表变形不波及受护对象或其受到的变形值小于其临界变形值时,不影响其正常使用。

根据《三下采煤规范》第十六条的规定"地表移动边界角按实测下沉值 10 mm 的点确定。移动角按下列变形值的点确定:水平变形 $\varepsilon=+2$ mm/m,倾斜 $i=\pm3$ mm/m,曲率 $K=+0.2\times10^{-3}$/m。"因此,如果按受护对象不受采动影响的保护目标进行设计时,应使用边界角圈定保护煤柱;若按受护对象受到的最大变形值不超过一般建筑物的临界变形值为目标进行设计时,应使用移动角圈定保护煤柱。

使用移动角圈定建筑物保护煤柱的基本原理如图 6-1 所示。

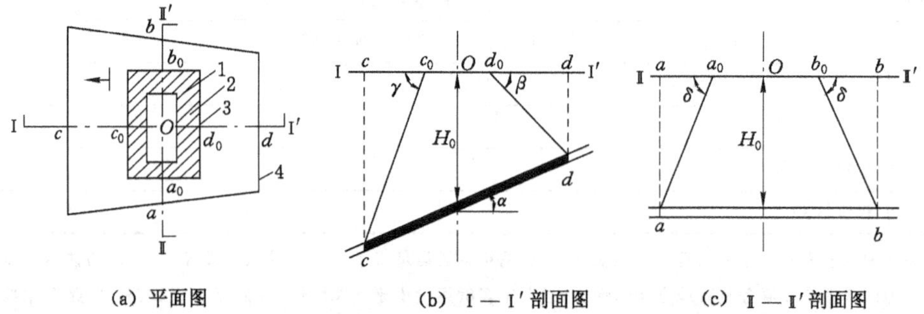

1—受护对象边界;2—围护带;3—受护范围边界;4—留设的保护煤柱边界。

图 6-1 用移动角设计保护煤柱的原理

如图 6-1 所示,设地面有一受护对象(如建筑物),其受护范围为 $a_0d_0b_0c_0$,为保护其不受开采的有害影响,需要留设保护煤柱。

(1) 通过受护对象中心作沿煤层走向和倾向的剖面图。

(2) 根据开采沉陷几何理论,分别在走向、倾向剖面图上应用移动角(或边界角)确定开采区边界。在倾向剖面上,从受护边界点分别向煤层下山方向作上山移动角(或边界角)、向煤层上山方向作下山移动角(或边界角),分别交煤层于 c,d 两点。在走向剖面上,从受护边界点分别向两侧煤层作走向移动角(或边界角),交煤层于 a,b 两点。

(3) 将 a,b,c,d 投影到平面图上,就可确定出建筑物保护煤柱的范围。

6.1.3　保护煤柱留设与变更的规定

在《三下采煤规范》第十二条、第三十四条、第五十五条、第七十九条和第一百零八条中，分别对各种建(构)筑物保护煤柱留设和变更管理进行了规定。

第十二条：在矿井、水平、采区设计时，对建筑物应当划定保护煤柱。保护等级为特级、Ⅰ级、Ⅱ级建筑物必须划定保护煤柱。

第三十四条：在矿井、水平、采区设计时，对构筑物应当划定保护煤柱。保护等级为特级、Ⅰ级、Ⅱ级构筑物必须划定保护煤柱。

第五十五条：在矿井、水平、采区设计时，对铁路及其主要配套建筑物(构筑物)应当划定保护煤柱。对矿井排水易引发地表沉降区域的铁路线路，应当评估排水等因素对保护煤柱的影响。

第七十九条：必须在矿井、水平、采区设计时划定立井(含暗立井)和工业场地保护煤柱。

第一百零八条：煤柱留设与变更、压煤开采设计应当由煤矿企业组织专业技术人员或者委托专业机构完成，并由煤矿企业组织论证、审批。

6.2　保护煤柱留设的垂直剖面法和垂线法

在现场工程实践中，最常用的留设建(构)筑物保护煤柱的方法是垂直剖面法和垂线法。

6.2.1　保护煤柱留设的垂直剖面法

所谓垂直剖面法，就是用图解法留设保护煤柱。首先沿煤层走向和倾向作垂直剖面，在剖面图上确定保护煤柱宽度，最后投影到平面图上获得保护煤柱边界。

6.2.1.1　垂直剖面法设计保护煤柱的步骤

1. 确定地表受护范围边界

采用垂直剖面法留设煤柱时，受护范围边界一般应和煤层走向、倾向平行。

建筑物边界和煤层走向、倾向平行时：在平面图上直接沿煤层走向、倾向留一定宽度的围护带，得受护范围边界[图 6-2(a)]；

建筑物边界和煤层走向斜交时：通过建筑物 4 个角点，分别作与煤层走向或倾向平行的直线，形成矩形受护对象范围，再在外侧留围护带，得受护范围边界[图 6-2(b)]；

地面为建筑群时：通过建筑群的最外角点，分别作和煤层走向或倾向平行的直线，形成矩形受护对象范围，再在外侧留围护带，得受护范围边界[图 6-2(c)]。

在建(构)筑物受护范围边界不应出现过多的边、角。当建(构)筑物受护范围较小时，应酌情加大其保护煤柱尺寸，以避免在建(构)筑物受护范围内因地表变形叠加而超过其允许变形值。

2. 确定保护煤柱边界

(1) 作走向、倾向垂直剖面图。过受护范围中心作沿走向、倾向垂直剖面图，图中应包括地表及受护范围边界点(m,n,q,k)、松散层与基岩界面线、煤层等，如图 6-3 中的Ⅰ－Ⅰ、Ⅱ－Ⅱ剖面。

(2) 确定基岩面上的受护范围边界。分别在倾向、走向断面图上，从受护范围两侧边界

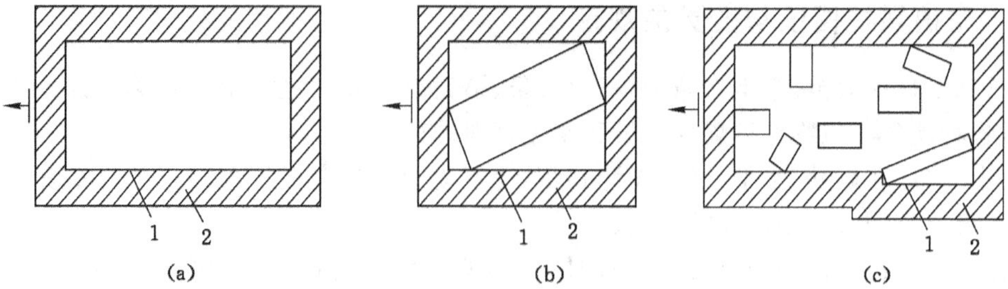

1—受护对象边界；2—围护带。

图 6-2 垂直剖面法受护边界的确定

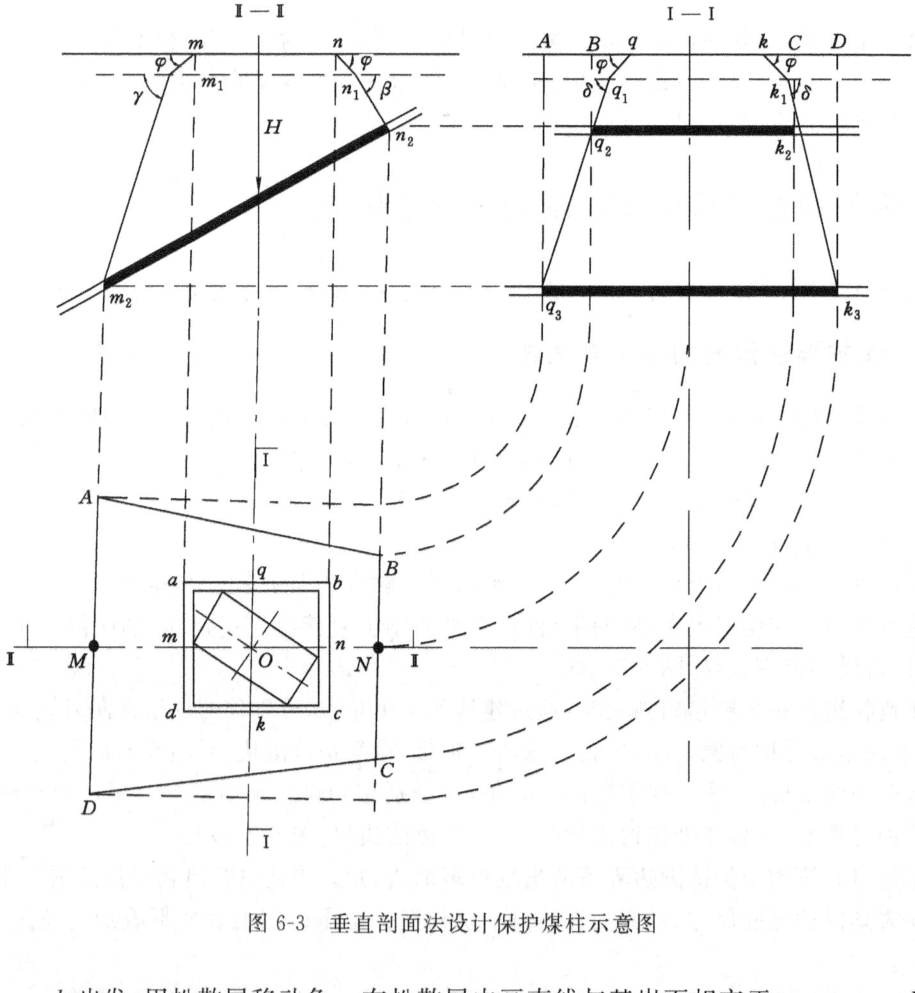

图 6-3 垂直剖面法设计保护煤柱示意图

点 m，n，q，k 出发，用松散层移动角 φ 在松散层内画直线与基岩面相交于 m_1，n_1，q_1，k_1 点，即为投影到基岩面上的受护范围边界点。

(3) 在倾向剖面图上确定保护煤柱边界位置。在倾向剖面图上，从上山方向的基岩面交点 n_1 出发用下山移动角 β 画直线与煤层相交于 n_2 点，同样，从上山方向的基岩面交点 m_1 出发用上山移动角 γ 画直线与煤层相交于 m_2 点，即为倾向剖面图上的保护煤柱边界点。

(4) 在走向剖面图上确定保护煤柱边界位置。首先根据倾向剖面图上确定的保护煤柱上山方向和下山方向边界点标高，将其投影到走向剖面图上形成上山与下山煤柱边界投影水平线；分别从基岩面交点 q_1，k_1 出发，用走向移动角 δ 画直线与上山、下山煤柱边界投影水平线相交于 q_2，k_2，q_3，k_3 点，即分别为保护煤柱在上山一侧和下山一侧沿走向方向的边界点。

(5) 将煤柱边界投影到平面图上。分别将走向、倾向垂直剖面图确定的保护煤柱边界点投影到平面图上，就得到了保护煤柱边界 $ABCD$。

3. 计算保护煤柱压煤量

保护煤柱范围确定后，可根据煤柱面积、煤层厚度、煤层倾角、煤的密度计算出其压煤量：

$$Q=\frac{A}{\cos\alpha}M'\rho \tag{6-1}$$

式中　Q——压煤量，t；

A——煤柱平面面积，m^2；

M'——煤层厚度，m；

ρ——煤的密度，t/m^3；

α——煤层倾角，(°)。

6.2.1.2　垂直剖面法的优缺点

垂直剖面法的主要优点就是简单、直观，留设的保护煤柱边界为直线，其周围便于布置工作面。其主要缺点是需要将受护对象边界归化到煤层走向和倾向方向，可能会增大煤柱尺寸，造成资源浪费；对于铁路、公路等线性构筑物，将受护对象归化平行于走向、倾向方向矩形的难度较大。

6.2.2　保护煤柱留设的垂线法

所谓垂线法，就是利用解析方法计算出受护范围边界在角点处的垂线长度，在平面图上直接画出保护煤柱范围。

6.2.2.1　垂线法设计保护煤柱的步骤

1. 确定地表受护范围边界

在平面图上直接做出平行于受护对象边界的直线、四边形或多边形等，再在其外侧画出围护带，得到地表受护边界如图 6-4 所示。这种边界一般与煤层走向斜交。

2. 确定基岩面上受护边界

(1) 计算松散层影响带宽度：根据松散层厚度和松散层移动角计算地表建(构)筑物受护边界(图 6-5 中的 1234)到基岩面上受护边界的平面投影距离(即松散层影响带宽度)为：

$$p=h\cot\varphi \tag{6-2}$$

式中　p——松散层影响带宽度，m；

h——松散层厚度，m；

φ——松散层移动角，(°)。

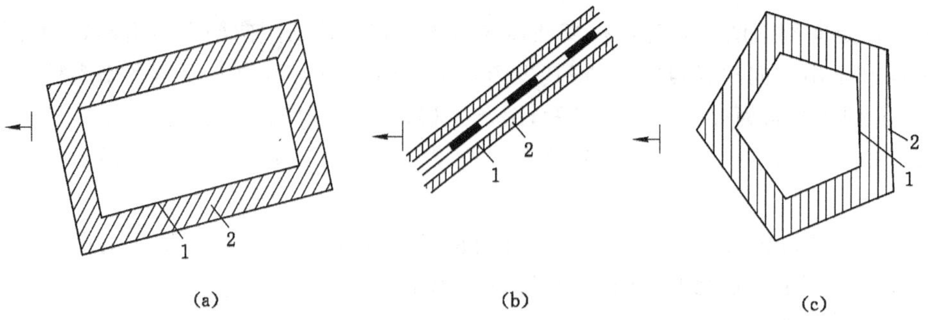

1—建(构)筑物守护对象边界;2—围护带。

图 6-4 垂线法的受护范围边界确定方法

(2) 量出基岩面受护边界与煤层走向夹角。根据松散层影响带宽度 p 在平面图上画出基岩面上的受护边界投影即基岩面受护边界,如图 6-5 中的 1′2′3′4′。

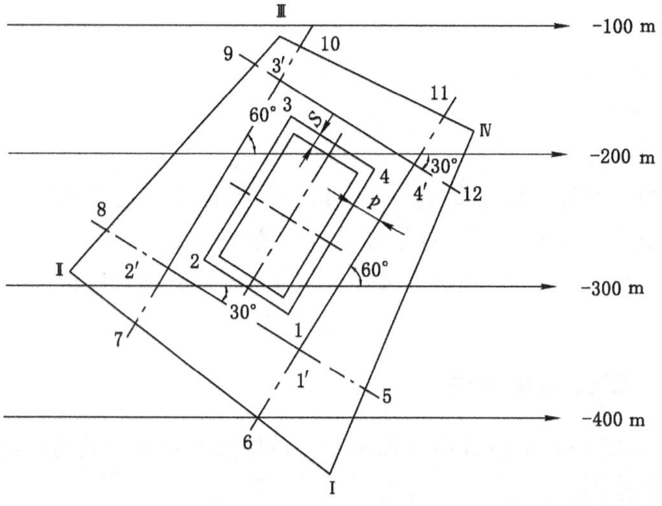

图 6-5 垂线法留设保护煤柱示意图

3. 确定保护煤柱边界

(1) 作垂线。分别在基岩面受护边界的各角点上作相邻两边的垂线。

(2) 判别各垂线的性质。若垂线方向指向(或偏向)煤层上山方向,称为上山方向垂线 q;若垂线方向指向(或偏向)煤层下山方向,称为下山方向垂线 l。

(3) 准备各垂线计算参数。确定基岩面受护边界各角点处开采深度与松散层厚度,以及各受护边界与煤层走向所夹的锐角 θ 等。

(4) 计算各垂线长度 q,l。根据基岩面受护边界各角点处各垂线的性质,分别按下式计算垂线长度:

$$q=\frac{(H'_0-h_0)\cot\beta'}{1+\cot\beta'\tan\alpha\cos\theta} \tag{6-3}$$

$$l=\frac{(H'_0-h_0)\cot\gamma'}{1-\cot\gamma'\tan\alpha\cos\theta} \tag{6-4}$$

$$\cot\beta'=\sqrt{\cot^2\beta\cos^2\theta+\cot^2\delta\sin^2\theta} \tag{6-5}$$

$$\cot\gamma'=\sqrt{\cot^2\gamma\cos^2\theta+\cot^2\delta\sin^2\theta} \tag{6-6}$$

式中　H'_0——计算角点处煤层的埋藏深度，可从煤层底板等高线图上量得，m；

h_0——表土层的厚度，m；

θ——各受护边界与煤层走向所夹的锐角，(°)；

α——煤层倾角，(°)；

β',γ'——斜交剖面上的斜交移动角，(°)。

(5) 在平面图上圈定保护煤柱范围。在平面图各角点垂线上，直接截取计算的垂线长度，并过相同受护边界上两垂线端点作直线，圈定出多边形的保护煤柱范围。

4. 计算保护煤柱压煤量

保护煤柱范围确定后，可根据煤柱面积、煤层厚度、煤层倾角、煤的容重计算出其压煤量。

6.2.2.2　垂线法的优缺点

垂线法留设保护煤柱的主要优点是不用画断面图，受护范围直接平行于受护对象边界，减少煤柱压煤量损失，尤其适用于铁路、公路延伸型构筑物和大型建筑群保护煤柱留设。其主要缺点是保护煤柱边界大多与煤层走向、倾向斜交，不利于外围布置矩形长壁开采工作面。

6.3　各类建(构)筑物保护煤柱设计依据和方法

6.3.1　建筑物保护煤柱设计方法

6.3.1.1　建筑物保护等级和受护范围

根据《三下采煤规范》规定，按建筑物的重要性、用途以及受开采影响引起的不同后果，将矿区范围内的建筑物保护等级分为特、Ⅰ、Ⅱ、Ⅲ和Ⅳ五个等级(见表6-1)，对应的围护带宽度可以分别取为50 m、20 m、15 m、10 m、5 m(见表6-4)。建筑物受护范围边界的圈定方法可采用如下两种方法：

方法一：在平面图上通过受护对象角点作矩形，使矩形各边分别平行于煤层倾向方向和走向方向；在矩形四周作围护带，该围护带外边界即为受护范围边界。

方法二：在平面图上作各边平行于受护对象总轮廓的多边形；在多边形各边外侧作围护带，该围护带外边界即为受护范围边界。

6.3.1.2　建筑物保护煤柱设计方法及措施

1. 建筑物保护煤柱设计方法

根据《三下采煤规范》规定，建筑物保护煤柱设计可以采用垂直剖面法、垂线法或者数字标高投影法。特级建筑物保护煤柱按边界角留设，其他建筑物保护煤柱按移动角留设。当煤层为向斜、背斜构造时，应当根据建筑物与向斜、背斜构造的空间位置关系，用垂直剖面法设计保护煤柱。

2. 山区建筑物保护煤柱设计中的附加措施

在进行山区建筑物保护煤柱设计时，为防止采动引起的山体滑坡和滑移的附加影响，应当采取下列措施：

对位于可能发生采动滑坡和古滑坡地基上的或者可能受采动引起陡崖峭壁崩塌危害的建筑物，应当首先考虑采取搬迁措施，否则应当将可能发生采动滑坡的坡体划入受护范围，或者采取防治采动滑坡的技术措施。坡体受采动影响后是否会产生滑坡，可以用采动坡体稳定性分析方法结合本矿区积累的实践经验判定。

为防止山体采动滑移附加变形对受护建筑物的影响，当保护煤柱受护边界至煤柱边界范围内地表平均倾角大于15°时，应当采用本矿区求得的山区移动角留设保护煤柱。如无本矿区实测资料而采用移动角留设保护煤柱时，建筑物上坡方向移动角应当减小5°～10°；下坡方向移动角一般应当减小2°～3°。

6.3.2 构筑物保护煤柱设计方法

6.3.2.1 构筑物保护等级和受护范围

1. 保护等级及其围护带

根据《三下采煤规范》规定，按构筑物的重要性、用途以及受开采影响引起的不同后果，将矿区范围内的构筑物保护等级分为特、Ⅰ、Ⅱ、Ⅲ和Ⅳ五个等级(见表6-2)，对应的围护带宽度可以分别取为50 m、20 m、15 m、10 m、5 m(见表6-4)。

2. 留设高速公路保护煤柱时的受护对象边界

留设高速公路保护煤柱时，其受护对象边界是：对于路基路面，在路堤段以两侧排水沟外边缘(无排水沟时以路堤或者护坡道坡脚)为界，在路堑段以坡顶截水沟外边缘(无截水沟以坡顶)为界。对于桥梁及涵洞，取其各自基础的最外边缘为界。对于隧道，取其建筑界线为界。

3. 留设高压输电线路保护煤柱时的受护对象边界

留设高压输电线路保护煤柱时，可针对各高压线塔单独留设保护煤柱；其受护对象边界以线塔基础外边缘为界。

4. 留设水工构筑物保护煤柱时的受护对象边界

河堤堤防等延伸型水工构筑物留设保护煤柱时，受护对象边界以堤基两侧的外边缘为界。各级水坝、泵站和水闸等水工构筑物留设保护煤柱时，受护对象边界以其基础的外边缘为界。

5. 留设长输管线保护煤柱时的受护对象边界

地埋管线留设保护煤柱时，受护对象边界以埋线开挖沟外边缘为界。架空管线留设保护煤柱时，受护对象边界以架空管线基础的外边缘为界。

6.3.2.2 构筑物保护煤柱设计方法

构筑物保护煤柱设计宜采用垂线法或者垂直剖面法。对于特级构筑物保护煤柱应当采用边界角留设，其他保护煤柱可按移动角留设。

6.3.3 铁路保护煤柱设计方法

6.3.3.1 铁路保护等级和受护范围

1. 铁路保护等级及其围护带

根据《三下采煤规范》规定，铁路保护等级分为特、Ⅰ、Ⅱ、Ⅲ和Ⅳ五个等级(见表6-3)，对应的围护带宽度分别取为 50 m、20 m、15 m、10 m、5 m(见表 6-4)。对于特级保护等级的有砟轨道铁路,特殊情况下围护带宽度可适当减小,但不得小于 30 m。

2. 留设铁路保护煤柱时的受护范围

在留设铁路保护煤柱时,路堤段应当以两侧路堤坡脚外 1 m 为界加围护带;路堑段应当以两侧堑顶边缘 1 m 为界加围护带;桥梁应当以其基础外边缘外 1 m 为界加围护带;隧道应当以其建筑界线外 1 m 为界加围护带。

6.3.3.2　铁路保护煤柱设计方法

铁路保护煤柱设计宜采用垂线法或者垂直剖面法。对于特级铁路保护煤柱应当采用边界角留设,其他铁路保护煤柱可按移动角留设。铁路煤柱留设后预计地表移动与变形值应当符合铁路技术标准的相关规定,尤其是在铁路附近开采特厚煤层时应给予特别注意。

6.4　煤矿井巷与工业场地保护煤柱设计依据和方法

6.4.1　立井与工业场地保护煤柱的留设

6.4.1.1　立井分类

根据《三下采煤规范》规定,立井按深度、用途、煤层赋存条件及地形特点可划分为 6 类。

第一类:深度大于和等于 400 m 或者穿过煤层群的主、副井;

第二类:深度小于 400 m 的主、副井,各类风井、充填井;

第三类:穿过急倾斜煤层及其顶、底板的立井;

第四类:穿过有滑移危险的软弱岩层、软煤层及高角度断层(断层面延展至基岩面)的立井;

第五类:位于有滑移危险的山区斜坡处的立井;

第六类:各类暗立井。

6.4.1.2　立井和工业场地受护范围

根据《三下采煤规范》规定,留设立井保护煤柱时,立井地面受护范围应当包括井架(井塔)、提升机房和围护带;立井围护带宽度取为 20 m。留设暗立井保护煤柱时,暗立井井口水平的受护范围应当包括井口、提升机房、车场及硐室护巷煤柱和围护带;暗立井围护带宽度取为 20 m。留设工业场地保护煤柱时,工业场地受护范围包括工业场地内为煤炭生产直接服务的工业厂房、服务设施等受护对象和外围的围护带;工业场地围护带宽度取为 15 m。

6.4.1.3　立井和工业场地保护煤柱设计方法

1. 立井保护煤柱设计方法

根据《三下采煤规范》规定,立井保护煤柱设计应采用垂直剖面法设计,其中:

(1) 第一类立井:保护煤柱按边界角设计。当立井包括在工业场地以内时,按《三下采煤规范》第八十条要求以工业场地受护范围设计其保护煤柱。如果前者大于后者,应当以前者为保护煤柱的最终边界。

(2) 第二类立井:保护煤柱按移动角设计。

(3) 第三类立井:保护煤柱按移动角设计,保护煤柱的下山方向边界以底板移动角设计。

(4) 第四类立井:除应当按前三类规定设计保护煤柱外,还应当留设立井防滑煤柱。

(5) 第五类立井:除应当按前三类规定设计保护煤柱外,为了防止滑坡引起井筒破坏,一般应当在井筒所在斜坡的上、下坡两侧加大煤柱尺寸。

(6) 第六类立井:保护煤柱应当将暗立井井口水平的受护范围边界投影到天轮硐室顶板标高水平,然后按移动角设计(见图 6-6)。

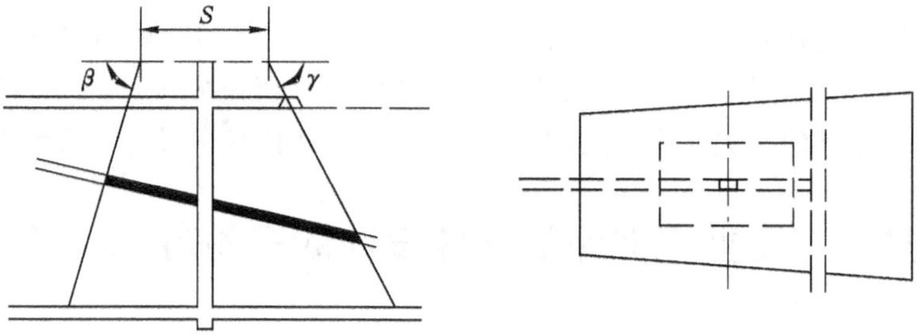

(a) 剖面图　　　　(b) 水平投影图

S′—暗立井受护范围。

图 6-6　暗立井保护煤柱设计方法

2. 立井防滑煤柱设计

根据《三下采煤规范》规定,设计立井防滑煤柱时,防滑煤柱的下边界应当根据煤层埋藏条件按下式计算确定(见图 6-7):

$$H_{\text{B}}=H_{\text{s}}\sqrt[3]{n}+H_{\text{上}} \tag{6-7}$$

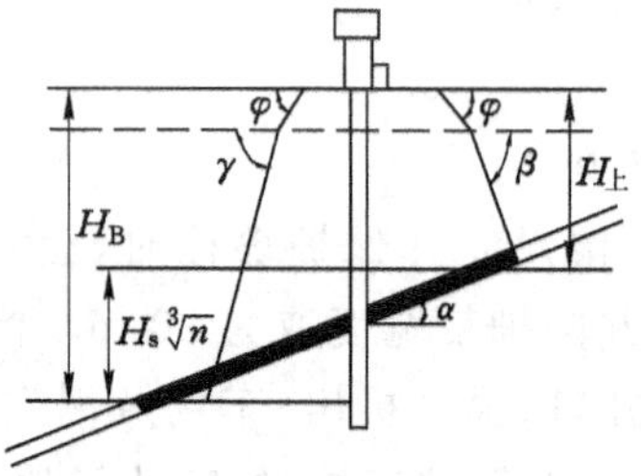

图 6-7　立井防滑煤柱设计方法

式中　H_{B}——开采多个煤层时应留设防滑煤柱的深度,m;

$H_{\text{s}}\sqrt[3]{n}$——开采多个煤层时发生滑移的临界深度(从保护煤柱的上边界算起),m;

H_{s}——发生滑移的临界深度,其值参照本矿区经验选取;

n——开采煤层层数;

$H_{\text{上}}$——按一般方法设计保护煤柱的上边界垂深,m。

当立井穿过煤层群时,第一煤层防滑煤柱按上述原则确定留设深度。其余各煤层的防滑煤柱下边界设计方法是:过上层煤防滑煤柱下边界点(在煤层倾向剖面上),以上山移动角作直线,该直线与各煤层底板的交线即为其防滑煤柱的下边界。

3. 受断层影响时的立井保护煤柱设计

根据《三下采煤规范》规定，若立井保护煤柱附近有落差大于 20 m 的高角度断层穿过时，或者立井井筒受断层切割时，应当考虑采煤引起断层滑移的可能性。此时应当根据具体条件加大煤柱尺寸，使断层与煤层的交面均包括在保护煤柱范围内(见图 6-8)。

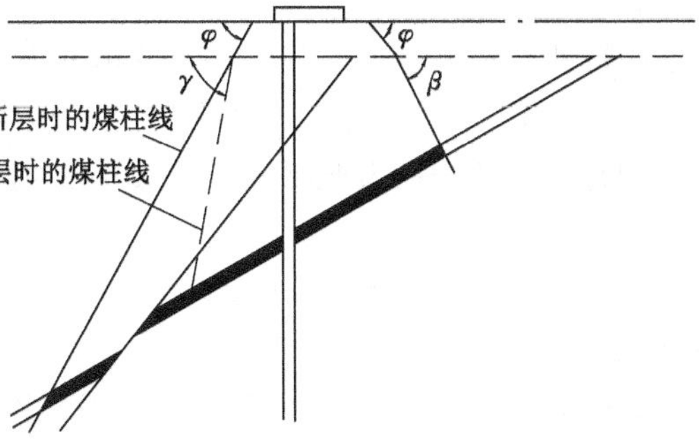

图 6-8　受断层影响的立井保护煤柱设计方法

4. 急倾斜煤层立井保护煤柱设计

根据《三下采煤规范》规定，如果煤层倾角为 45°～65°，为保护井筒免受煤层底板的采动影响，井筒至煤柱下边界的距离 L(沿煤层倾向)不应当小于按式(6-8)计算的长度，如图6-9所示。

$$L = A_3 H_T \tag{6-8}$$

式中　A_3——与煤层倾角有关的系数，按表 6-5 选取；

H_T——井筒与煤层交点处的垂深，m。

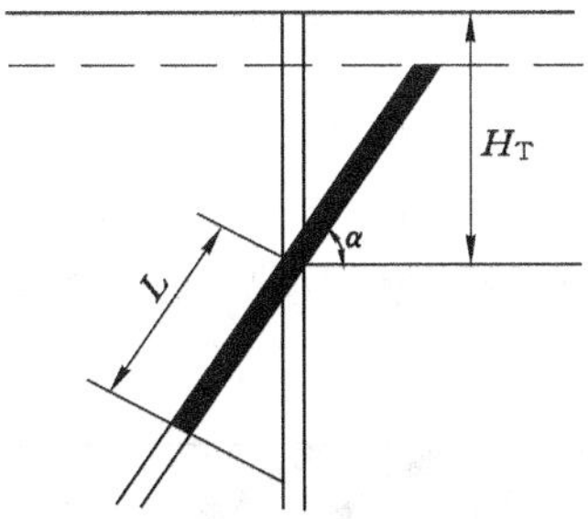

图 6-9　井筒免受煤层底板采动影响示意图

表 6-5　系数 A_3 值

煤层倾角/(°)	45	55	60	65
A_3	0.25	0.40	0.55	0.70

6.4.2　斜井保护煤柱的留设

所谓斜井，就是指与地面直接相通的倾斜巷道。斜井开拓是当煤层赋存相对较浅时的一种矿井开拓方式。

6.4.2.1 位于煤层顶板岩层中的斜井保护煤柱留设

根据《三下采煤规范》规定，当斜井位于煤层顶板岩层中时，斜井保护煤柱应根据受护范围按移动角留设。此时，斜井受护范围应当包括井口（含井口绞车房或者暗斜井绞车硐室）及其围护带、斜井井筒和井底车场护巷煤柱；斜井井口围护带在井筒的底板一侧留设 10 m。

所谓井底车场，是指连接井筒和大巷或石门的一组巷道和硐室的总称。

所谓车场护巷煤柱，是指为斜井井底巷道所留设的巷道两侧煤柱，如图 6-10 所示。护巷煤柱总宽度按实测资料取煤层中的铅垂应力增压区与减压区之和设计或者按式(6-9)计算。

$$S'' = 2S_1 + 2a \tag{6-9}$$

式中 a——受护巷道宽度的一半，m；

S_1——巷道保护煤柱的水平宽度，m，可以按式(6-10)计算。

$$S_1 = \sqrt{\frac{H'(2.5 + 0.6M')}{f}} \tag{6-10}$$

式中 H'——巷道的最大垂深，m；

M'——煤层厚度，m；

f——煤的强度系数，$f = 0.1\sqrt{10R_c}$，其中 R_c 表示煤的单向抗压强度。

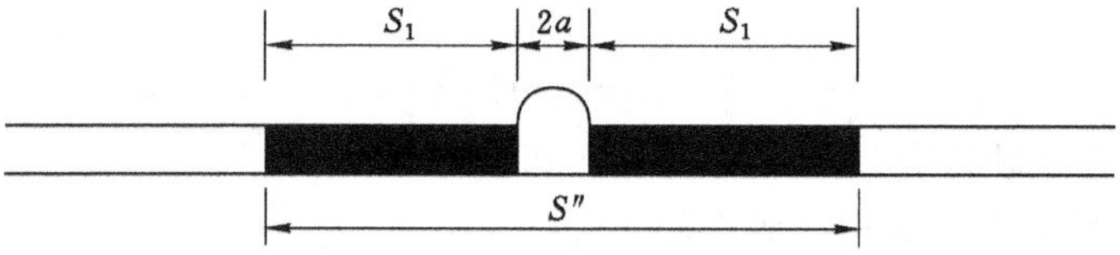

图 6-10 护巷煤柱留设示意图

6.4.2.2 位于煤层底板岩层中的斜井保护煤柱留设

根据《三下采煤规范》规定，对位于单一煤层底板或者煤层群底板岩层中，且与煤层倾角相同的斜井（见图 6-11），应当根据斜井至煤层的法线距离、煤层厚度及其间的岩性确定是否留设煤柱。

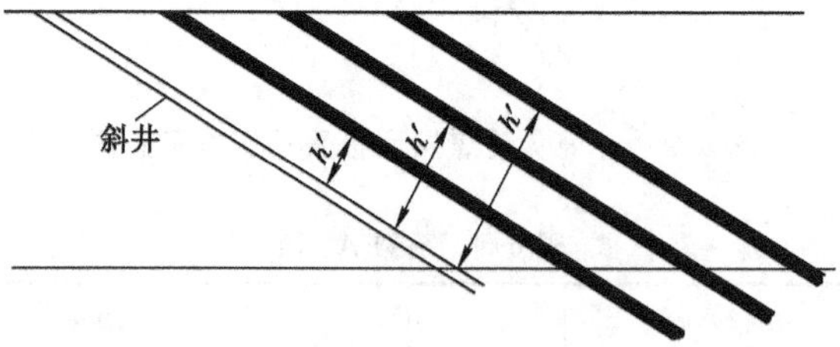

h'——斜井至各煤层的法线距离。

图 6-11 位于煤层底板中的斜井示意图

（1）当斜井至煤层的法线距离大于或者等于表 6-6 中的数值时，斜井上方的煤层中可以不留设保护煤柱。

（2）当该法线距离小于表 6-6 中的数值时，斜井上方的煤层中应当留设保护煤柱。该保护煤柱的宽度设计方法同上述巷道煤柱设计方法，其宽度值可按式(6-9)计算。

表6-6　斜井上方煤层中留设保护煤柱的临界法线距离

岩性	岩石名称	临界法线距离 h'/m	
		薄、中厚煤层	厚煤层
坚硬	石英砂岩、砾岩、石灰岩、砂质页岩	$(6\sim10)M'$	$(6\sim8)M'$
中硬	砂岩、砂质页岩、泥质灰岩、页岩	$(10\sim15)M'$	$(8\sim10)M'$
软弱	泥岩、铝土页岩、铝土岩、泥质砂岩	$(15\sim25)M'$	$(10\sim15)M'$

注：M'为斜井上方各煤层的厚度。

6.4.2.3　位于煤层中的斜井保护煤柱留设

1. 斜井位于单一煤层或煤层群最上煤层中时

当斜井位于单一煤层或者煤层群的最上一层煤中时，且斜井与煤层倾角相同，在斜井两侧的各个煤层中都应当留设保护煤柱。

煤层中的斜井保护煤柱宽度可按实测资料取煤层中的铅垂应力增压区与减压区宽度之和设计或者按图6-10所示方法计算。

(1) 当煤层倾角小于35°时，煤层中的斜井保护煤柱宽度可按式(6-9)计算。

(2) 如果煤层底板岩层的强度小于上覆岩层抗压强度或者其内摩擦角小于25°时，应当加大按上述方法设计的斜井煤柱宽度的50%。

(3) 当煤层倾角大于35°时，斜井或者巷道保护煤柱宽度可以参照本矿井(区)经验数据或者用类比法设计。

斜井或者巷道下方煤层中的保护煤柱应从斜井所在煤层的护巷煤柱边界起，按移动角设计，如图6-12所示。

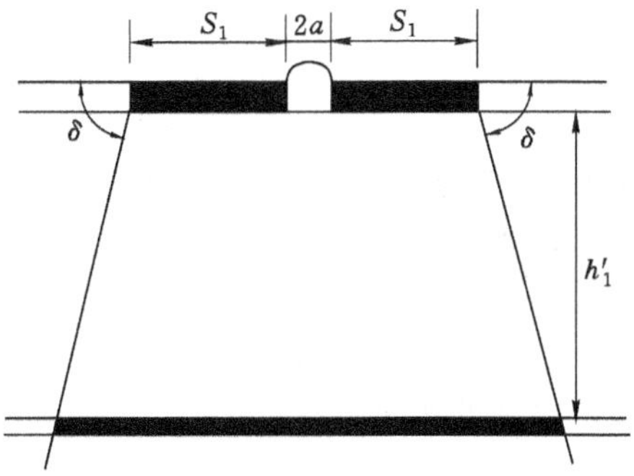

h'_1—层间距。

图6-12　斜井或巷道下方煤层中的保护煤柱设计示意图

2. 斜井位于煤层群最下一层煤中时

对位于煤层群最下一层煤中，且与煤层倾角相同的斜井，应当在斜井两侧留设护巷煤柱，其宽度计算方法见式(6-9)。其上部煤层中是否留设保护煤柱，按表6-6进行判断。

3. 斜井穿过煤层时

对与煤层倾向一致的穿煤层斜井和与煤层倾向相反的反斜井，其保护煤柱可以根据斜井与煤层的上、下位置关系设计。

当斜井位于煤层下方时，按表 6-6 进行判断是否需要留设保护煤柱；当斜井位于煤层上方时，从护巷煤柱边界起按移动角留设下部煤层中的保护煤柱。斜井穿煤层部分的护巷煤柱设计方法，则按煤层中斜井（巷道）保护煤柱要求留设。

6.4.3 平硐、石门、大巷及上、下山保护煤柱的留设

6.4.3.1 穿过煤层的平硐、石门保护煤柱留设

所谓平硐，是指矿山开掘时直接与地面相通的水平巷道。平硐开拓是当煤层赋存于地形高差较大的山岭地区时的一种开拓方式。所谓石门，是指与煤层走向垂直（正交）或斜交的岩石水平巷道。平硐和石门与立井、斜井一样，都是矿山生产中的重要设施，均应留设保护煤柱。如图 6-13 所示，当平硐、石门穿过煤层时，应在其穿过煤层点附近一定范围内留设保护煤柱以确保其安全。具体的保护煤柱留设方法如下：

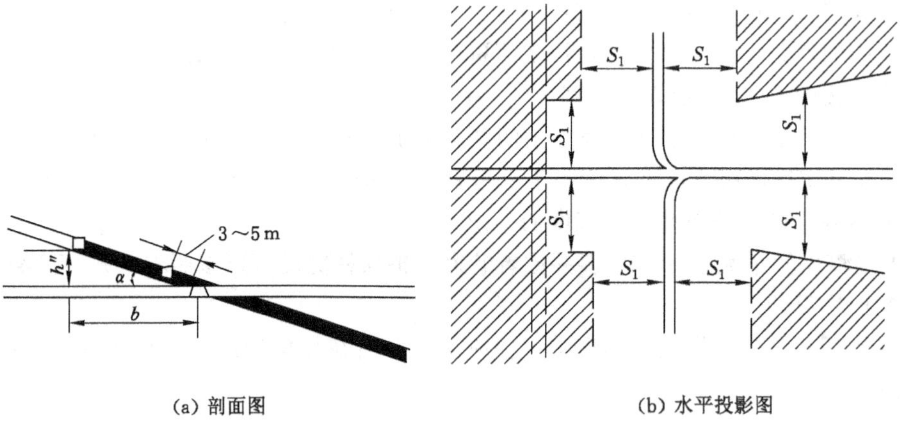

图 6-13 穿过平硐或石门保护煤柱示意图

(1) 对倾角小于或者等于 35°的煤层，穿煤点上方的平硐、石门保护煤柱的水平投影长度 b[见图 6-13(a)]，按下式计算确定：

$$b=\frac{h''}{\tan\alpha} \tag{6-11}$$

式中 h''——穿煤点上方保护煤柱的相对垂高，m。

$$h''=30-25\frac{\alpha}{\rho'} \tag{6-12}$$

式中 ρ'——经验常数，取为 57.3°。

(2) 对倾角大于 35°的煤层，平硐、石门上方煤柱相对垂高一般取 10 m。

(3) 对于煤层底板为厚度大于 20 m 的坚硬岩层（如石英砂岩等）时，平硐、石门上方可以只留设 3～5 m 煤柱作为护巷煤柱，而不留设平硐、石门保护煤柱[见图 6-13(a)]。

(4) 穿煤点下方的平硐及石门保护煤柱设计方法可以从护巷煤柱边界起，按移动角设计[见图 6-13(b)]。

6.4.3.2　大巷及上、下山保护煤柱留设

所谓大巷，是指整个开采水平或水平巷道，如运输大巷、集中大巷、回风大巷等。上山是指位于开采水平以上，为本水平或采区服务的倾斜巷道，如集中上山、采区上山等；下山是指位于开采水平以下，为本水平或采区服务的倾斜巷道，如集中下山、采区下山等。

(1) 当大巷及上、下山位于煤层中时，其护巷煤柱宽度可以按图 6-10 所示的煤层中巷道护巷煤柱设计。

(2) 当大巷及上、下山位于煤层顶板岩层中时，其保护煤柱设计方法及宽度可以从护巷煤柱边界起按移动角设计，如图 6-3 所示。

(3) 大巷及上、下山位于煤层底板岩层中时，其保护煤柱设计方法可以按表 6-6 进行判断；若需要留设时，可按图 6-10 所示的煤层中巷道护巷煤柱设计方法设计。

(4) 上、下山穿过煤层时，其保护煤柱宽度及留设方法同上述石门煤柱留设方法。

6.5　某村庄保护煤柱留设案例

6.5.1　背景

冀中能源集团某矿井田范围内有一村庄，压覆该矿西南部北一采区煤炭资源。村庄内房屋多为普通平房(砖木结构、灰碴屋顶或瓦顶)，少部分是近几年新建房(预制板顶，有顶圈梁和底圈梁)，整体建筑质量较差。为了保护村庄的建(构)筑物采煤安全，需要留设保护煤柱。根据《三下采煤规范》规定，该村庄属于Ⅲ级保护对象(围护带宽度为 10 m)，其受护的平面尺寸及轮廓如图 6-14 中的 $a''b''c''d''e''f''$ 所示。村庄地面标高为 119.5～117.7 m，建筑群下方设计保护煤柱的煤层厚度为 2.5 m，属于缓倾斜煤层(煤层倾角平均为 6°)，煤层埋深为 540～640 m，松散层厚度 h 平均为 30 m。保护煤柱设计时采用地表移动参数为：$\delta=74°$，$\beta=66°$，$\gamma=69°$，$\varphi=56°$。对于村庄或建筑群，《三下采煤规范》推荐采用垂线法留设保护煤柱。

6.5.2　村庄保护煤柱留设

根据垂线法留设保护煤柱原理，村庄保护煤柱留设具体步骤如下：

1. 确定受护面积边界

村庄建筑群属于Ⅲ级保护对象，其围护带宽度 P 取 10 m，在建筑群外轮廓 $a''b''c''d''e''f''$ 外与其边界平行圈出建筑群受护面积边界 $a'b'c'd'e'f'$。

2. 确定松散层保护边界

从受护面积边界向外量一距离 s，使 $s=h\cot\alpha=30\times\cot 56°\approx 20$ m，得松散层与基岩接触面上的保护边界 $abcdef$。

3. 根据斜交剖面计算垂线长度

从角点 a，b，c，d，e，f 分别作线段 ab，bc，cd，de，ef，fa 的垂线，各垂线 q、l 长度计算具体步骤如下：

(1) a，b，c，d，e，f 各点$(-h)$的计算

由各点的埋藏深度 H_i 减去松散层厚度 h(30 m)，求得各点的 H_i-h，即：

a 点：$H_a-h=648-30=618$(m)

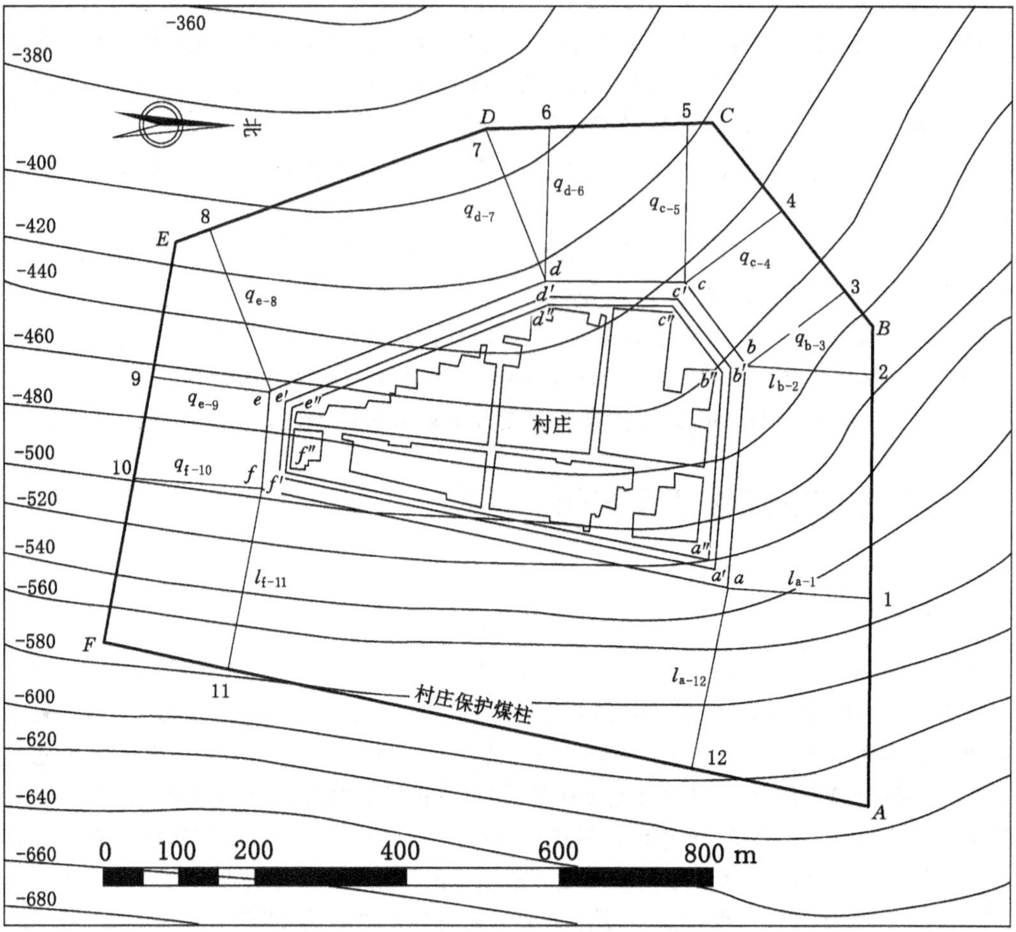

图 6-14　垂线法留设保护煤柱

b 点：$H_b-h=582-30=552$(m)

c 点：$H_c-h=564-30=534$(m)

d 点：$H_d-h=544-30=514$(m)

e 点：$H_e-h=582-30=552$(m)

f 点：$H_f-h=623-30=593$(m)

(2) 根据公式计算 $\cot\beta'$和 $\cot\gamma'$

在图 6-14 上可量出各受护面积边界与煤层走向所交的锐角：$\theta_{a-b}=74°$，$\theta_{b-c}=85°$，$\theta_{c-d}=39°$，$\theta_{d-e}=27°$，$\theta_{e-f}=87°$，$\theta_{f-a}=9°$。

根据已知条件 $\delta=74°$，$\gamma=69°$，$\alpha=6°$，$\beta=66°$，求得斜交剖面移动角的余切 $\cot\beta'$，$\cot\gamma'$，其数值见表 6-7。

(3) 计算各点的 q，l 值

先计算 ab 边界的垂线，由 a 点作 $a1\perp ab$，由 b 点作 $b2\perp ab$，用下山垂线 l 的公式计算垂线长度 l_{a-1}和 l_{b-2}，计算中取 $\theta_{a-b}=74°$，$H_a-h=618$ m，$H_b-h=552$ m，便可求得 $l_{a-1}=184$ m，$l_{b-2}=164$ m。再计算 bc 边界的垂线，由 b 点作 $b3\perp bc$，由 c 点作 $c4\perp bc$，用上山垂线 q

的计算公式计算垂线长度 q_{b-3} 和 q_{c-4}，计算中取 $\theta_{b-c}=85^\circ$，$H_b-h=552$ m，$H_c-h=534$ m，可求得 $q_{b-3}=158$ m，$q_{c-4}=153$ m。依次序分别计算 cd，de，ef，fa 边界的垂线长度，并计入表 6-7中。

表 6-7　各点垂线 q、l 长度计算

角点号	a		b		c		d		e		f	
H_i-h/m	500		434		416		396		434		465	
垂线	$a12$	$a1$	$b2$	$b3$	$c4$	$c5$	$d6$	$d7$	$e8$	$e9$	$f10$	$f11$
θ/(°)	θ_{a-f}	θ_{a-b}	θ_{b-a}	θ_{b-c}	θ_{c-b}	θ_{c-d}	θ_{d-c}	θ_{d-e}	θ_{e-d}	θ_{e-f}	θ_{f-e}	θ_{f-a}
	9	74	74	85	85	39	39	27	27	87	87	9
$\cot\beta'$	0.44	0.30	0.30	0.18	0.18	0.39	0.39	0.42	0.42	0.29	0.29	0.44
$\cot\gamma'$	0.38	0.30	0.30	0.29	0.29	0.35	0.35	0.37	0.37	0.29	0.29	0.38
q/m				q_{b-3}	q_{c-4}	q_{c-5}	q_{d-6}	q_{d-7}	q_{e-8}	q_{e-9}	q_{f-10}	
				158	153	201	194	206	221	158	167	
l/m	l_{a-12}	l_{a-1}	l_{b-2}									l_{f-11}
	245	184	164									231

(4) 确定保护煤柱边界

在各垂线上，按比例尺分别截取各线段的计算长度 l_{a-1}，l_{b-2}，q_{b-3}，q_{c-4}，q_{c-5}，q_{d-6}，q_{d-7}，q_{e-8}，q_{e-9}，q_{f-10}，l_{f-11}，l_{a-12}。用直线分别连接垂线各端点，即为保护煤柱边界 $ABCDEF$。

(5) 计算煤柱压煤量

$$Q=\text{体积}\times\text{密度}=\frac{A_{\text{平}}}{\cos\alpha}\cdot M'\cdot\rho=\frac{665\ 423}{\cos 6^\circ}\times 2.50\times 1\ 300\approx 217.453\ 7(\text{万 t})。$$

复习思考题

1. 简述保护煤柱留设的基本原理。
2. 保护煤柱留设与变更的规定有哪些？
3. 保护煤柱留设的方法有哪些？
4. 简述垂线法、垂直剖面法留设保护煤柱的适用范围，以及两种方法的优缺点。
5. 什么是围护带？为什么要设置围护带？
6. 简述垂线法留设保护煤柱的一般步骤。
7. 哪些条件下需要留设永久保护煤柱？
8. 什么叫斜向移动角？斜向移动角与移动角的关系如何？
9. 依据《三下采煤规范》，立井可以分为哪几种？留设保护煤柱时，立井围护带宽度如何考虑？
10. 依据《三下采煤规范》，留设保护煤柱时，斜井的受护范围有哪些？围护带宽度如何考虑？

第7章 建筑物下采煤理论与技术措施

7.1 建筑物下采煤概述

国家有关部门于2017年5月颁布《三下采煤规范》，该规范对建筑物下压煤开采的原则与实施方法进行了规定，要求煤炭企业在生产中涉及建筑物下采煤问题时应当按照规范执行。

据不完全统计，我国建筑物下压煤量达87亿t左右，其中以村庄下压煤量最大（约占压煤总量的60%），其次为工业场地，再次为其他工民用建筑物。据2017年底统计，兖矿集团生产矿井"三下"压煤11.7亿t（占煤炭资源储量的33.4%），其中村庄建筑物下压煤量占"三下"压煤总量的76%。截至2009年末，徐州矿区煤炭资源储量仅为3.74亿t，"三下"压煤量达到1.73亿t，占煤炭资源储量的46.3%；其中各类建筑物下压煤量为1.67亿t。随着社会经济的发展，矿区地面建筑物还在逐渐增多，建筑物下压煤开采已成为许多矿区面临的主要问题，严重制约着矿区的可持续发展，因此，进行建筑物下采煤研究具有十分重要的理论和实际意义。

世界各产煤国家曾进行了大量的建筑物下采煤研究和实践工作，取得了丰硕的研究成果，为推动建筑物下采煤事业的发展作出了巨大的贡献。从19世纪末德国最早开始进行建筑物下采煤研究以来，世界许多国家如波兰、苏联、英国、美国等都曾进行了建筑物下采煤的研究工作。

7.1.1 我国建筑物下采煤研究工作

我国建筑物下采煤的试验研究工作是从20世纪60年代初期开始的。1962年，本溪彩屯煤矿在医院3层楼住院处下成功地进行了采煤；抚顺矿务局采用密实充填采空区和用基础联系加固地面建筑物的方法，成功地在抚顺车辆修理厂工业厂房下采出总厚度达20 m的特厚煤层；峰峰五矿和鹤壁六矿在对建筑物加固后在其下进行了采煤；枣庄矿务局采用重点加固、一般维修法开采市镇建筑群下压煤取得了成功。到了20世纪70年代，蛟河煤矿应用条带法开采了奶子山镇建筑群下压煤取得成功。1982—1984年，峰峰矿务局二矿在辛寺庄村下采用7个工作面协调开采获得成功，开采后98%的农村建筑物损害程度在Ⅰ级以下。1994年，兖州吴官庄村下采用双对拉450 m长工作面协调开采获得成功，开采了两层薄煤层，495户农村建筑物损害程度大部分在Ⅰ级以下。1991—1994年，焦作王封矿采用垮落条带法成功地开采了井筒及工业场地保护煤柱，使得在开采影响范围内的厂房、电影院、教学楼、铁路、水塔等建筑没有发生明显损坏。1995—2000年，新汶鄂庄、淄博岱庄煤矿先后在城镇下和村庄下进行了条带开采（采宽为60～85 m），采后建筑物和民房结构完好，取得了巨大社会效益和经济效益。

1978年，我国首次开展了新建抗变形建筑的研究。建于采动区上的资江煤矿俱乐部（总面积 1 356 m^2)，采用水平滑动层、钢筋混凝土柱等新的建筑技术措施，使得俱乐部经受了地表 8.0 mm/m 的水平变形、1.68×10^{-3}/m 的曲率变形和 6.1 mm/m 的倾斜变形，建筑物基本未损害，始终正常使用。1983 年，阳泉矿务局开展了新建抗变形农村住宅的采煤试验工作，共建了 7 栋试验房，其中有 6 栋房的地表变形虽已达到了可使一般建筑物遭受Ⅳ级破坏的数值，但因进行了加固，这 6 栋房屋均能安全使用，达到了预期的目的。后来又相继在邢台、峰峰和新汶等矿务局开展了抗变形建筑物的研究，研究成果为在采动区新建抗变形建筑物打下了基础。在此基础上，又将这一技术应用于徐州等高潜水位矿区，进行预回填建抗变形建筑物的研究并取得了成功，解决了高潜水位矿区村庄搬迁选址难和占用耕地的问题。

近 10 多年来，我国在建筑物下采煤方面发展了许多新技术、新方法，还根据生产需要，开发了一些新领域的研究，特别是开展了综合机械化固体密实充填开采技术、膏体充填采煤技术、采空区上方地表建设高大建筑物的研究，发展了建筑物抗变形的新技术，对新建或已受开采影响的建筑物进行基础调平等，取得了较好的效果。

7.1.2 国外建筑物下压煤开采概况

国外进行建筑物下采煤研究的国家很多，波兰是进行建筑物下采煤研究最好的国家之一。1945 年，波兰开始大规模地进行建筑物下采煤，然后大规模地进行城市下采煤，并且还开采了许多大型工厂的煤柱。波兰城镇及建筑物下采煤的特点是：规模大，在许多中等城市下和大型工厂下成功地进行了采煤；安全可靠性高，大多采用水砂充填法开采建筑物下压煤，浅部采用条带开采或条带充填开采技术；经济效益十分显著，建筑物加固、维修、迁建等费用仅占吨煤生产成本的 2%～4%；国家把城市下采煤视为重大的战略问题，并用法律形式固定下来，得到了国家法律的保护。英国曾采用风力充填开采、房柱式开采、条带开采和协调开采建筑物下压煤，获得了较为满意的效果。德国进行建筑物下采煤主要采取建抗变形房屋和协调开采措施；近年曾采用充填垮落空洞的措施来减小地表沉陷，充填物为废弃物，达到了双重保护环境的目的。俄罗斯除了采用和波兰类似的开采措施和地面措施外，还重视合理布置工作面，使建筑物位于盆地平底区域。他们认为，在开采深度大时，应用长短工作面混合开采的方法是最有效的，即先开采一个短工作面，再开采一个长工作面，使建筑物位于地表移动盆地平底部位，减少建筑物变形。保加利亚曾采用风力充填开采方法解决建筑物下采煤问题。捷克曾在钢厂下进行过垮落开采，地面最大下沉量为 1.7 m，开采过程中钢厂生产正常。美国主要采用房柱式开采控制地面沉陷，但长期残余沉降的问题仍有待解决。

7.1.3 我国建筑物压煤开采的原则和条件

根据《三下采煤规范》规定，建筑物所压覆煤炭资源应当遵循煤炭资源优化利用、受护对象安全、生态环境保护和企业经济与社会效益良好等原则，除特级保护煤柱严禁开采(不包括巷道开拓)外，凡技术上可行、经济上合理的，均应当进行开采；技术条件可能，但本矿区尚无成熟经验的，必须进行试采；在目前开采技术条件下难以实现保护要求，但采用搬迁、就地重建、就地维修、改道(河流)和疏干或者改造(地下含水层)等措施，在经济上合理时，也应当进行开采。

7.1.3.1 建筑物压煤开采的建筑物保护原则

我国建筑物下采煤时的建筑物安全保护原则是：对于零散建筑物、构筑物，受开采影响后经过维修能满足安全使用要求；对于建筑群，受开采影响后大部分建筑物不维修或者小修，少部分建筑物经中修和个别经大修能满足安全使用要求。

7.1.3.2 建筑物压煤允许开采的基本条件

根据《三下采煤规范》规定，符合下列条件之一者，建筑物压煤允许开采：

(1) 预计的地表变形值小于建筑物允许地表变形值。

(2) 预计的地表变形值超过建筑物允许地表变形值，但本矿区已取得试采经验，经维修能够满足安全使用要求。

(3) 预计的地表变形值超过建筑物允许地表变形值，但经采取本矿区已有成功经验的开采措施和建筑物加固保护措施后，能满足安全使用要求。

7.1.3.3 建筑物压煤允许试采的基本条件

根据《三下采煤规范》规定，符合下列条件之一者，建筑物压煤允许进行试采：

(1) 预计地表变形值虽然超过建筑物允许地表变形值，但在技术上可行、经济上合理的条件下，经过对建筑物采取加固保护措施或者有效的开采措施后，能满足安全使用要求。

(2) 预计的地表变形值虽然超过允许地表变形值，但国内外已有类似的建筑物和地质、开采技术条件下的成功开采经验。

(3) 开采的技术难度虽然较大，但试验研究成功后对于煤矿企业或者当地的工农业生产建设有较大的现实意义和指导意义。

7.2 采动影响下建筑物破坏特征

矿山开采沉陷引起的地表移动与变形是造成开采区上方地面建筑物损害的根本原因。研究与掌握采动影响下建筑物的破坏特征与规律，是探寻建筑物抗采动保护措施的基础。

7.2.1 开采沉陷对建筑物的影响

7.2.1.1 开采沉陷对地面建筑物影响机理

地下采矿后，地表发生移动与变形，改变了建筑物基础与地基之间的初始平衡状态。伴随着力系平衡的重新建立，使建筑物和构筑物中产生附加应力，从而导致建筑物和构筑物发生变形，严重时将遭到破坏。

7.2.1.2 地表移动与变形对建筑物的影响

1. 地表下沉对建筑物的影响

当建筑物所处的地表出现均匀下沉时，建筑物内不会产生附加应力，因而不会造成建筑物裂缝损害。地表下沉可能会对建筑物供排水系统造成损害。当地表下沉量较大，而地下潜水位又接近地表时，地表下沉使潜水位相对上升，可能会造成建筑物周围长期积水或使建筑物过度潮湿，改变建筑物所处的地质环境，降低地基承载力，造成建筑物的破坏或废弃(见图 7-1)。

2. 地表倾斜对建筑物的影响

地表出现的不均匀下沉会使地表倾斜，从而引起建筑物歪斜。均匀的地表倾斜不会使建筑物产生裂缝，但会影响建筑物的使用质量；对于小型的普通建筑物，较小的均匀倾斜对

图 7-1　位于塌陷积水区的建筑物失去使用价值

其影响不大。

地表倾斜对于底面积较小而高度较大的建(构)筑物(如水塔、烟囱、高压线塔等)影响较大。由于建筑物倾斜,这些高耸建(构)筑物在自重形成的偏心荷载作用下,产生附加倾覆力矩,其承重结构内部将产生附加应力,其基底的承压力也将重新分布,从而可能使其倒塌和出现裂缝等(见图 7-2)。

图 7-2　地表倾斜对高耸建筑物的影响

地表倾斜会使公路、铁路、管道、排水系统等的坡度发生变化,从而影响其正常的工作状态。

3. 地表曲率变形对建筑物的影响

不均匀的地表倾斜使地表产生曲率变形。地表曲率变形会引起建筑物的基础载荷与地基反力间的初始平衡状态受到破坏;在正、负曲率作用下,房屋基础可能会全部或部分切入地基;

建筑物地基反力的重新分布将使建筑物墙体在竖直面内受到附加弯矩和剪力作用，其值如果超过建筑物基础上和上部建筑的强度极限时，建筑物就会破坏、出现裂缝。地表曲率变形引起建筑物基础受力变化如图 7-3 所示。

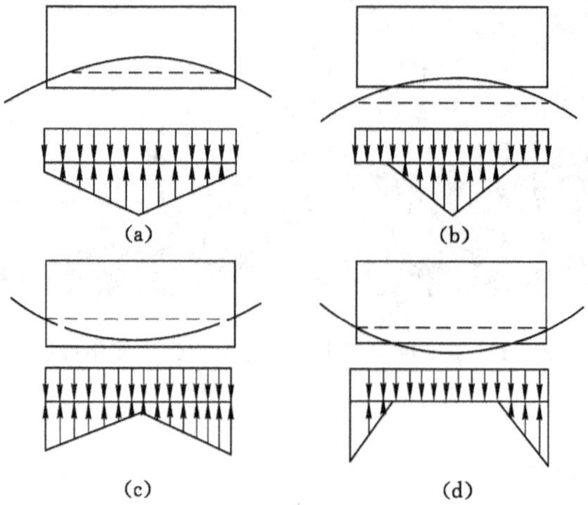

图 7-3 地表曲率变形引起建筑物基础受力变化

地表正曲率变形时，房屋基础中部嵌入地基土壤内、两端卸载；房屋墙体中央所产生的应力大于原有的应力，易在建筑物的顶部出现裂缝并向下发展，墙体易出现倒“八”字形的裂缝。

地表负曲率变形时，房屋基础两端嵌入地基土壤内，中部卸载；房屋两端支承应力增大，易形成底部出现裂缝并向上发展，墙体易出现正“八”字形裂缝。

4. 地表水平移动对建筑物的影响

地表均匀的水平移动对普通建筑物没有明显的影响，但对于铁路、管路等一些延伸性构筑物，纵向水平移动会造成线路爬行，横向水平移动会造成线路方向变化和侧向弯曲。

5. 地表水平变形对建筑物的影响

地表不均匀的水平移动使地表产生拉伸或压缩变形，地表水平变形尤其是拉伸变形对建筑物的破坏作用很大。地表水平变形对建筑物的影响如图 7-4 所示。

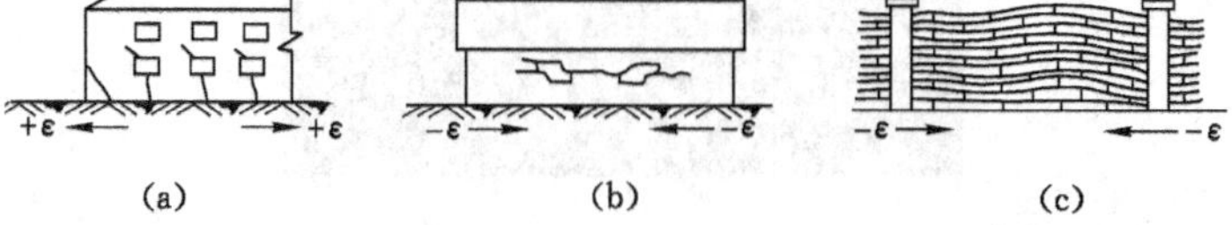

图 7-4 地表水平变形对建筑物的影响

地表拉伸变形能使建筑物产生开裂性裂缝，可能导致管道、电缆等拉断，使铁路轨缝增大。从我国建筑物下采煤的经验来看，当地表水平拉伸变形大于 0.5～1 mm/m 时，在一般砖石承重的建筑物墙身上就会出现细小的竖向裂缝。

地表压缩变形导致建筑物产生剪切和挤压裂缝损坏，如地板鼓起、门窗洞口挤成菱形、砖砌体墙产生水平裂缝、纵墙或围墙产生褶曲或屋顶鼓起等。采动区公路受压隆起如图 7-5 所示。

图 7-5　采动区公路受压隆起

7.2.2　开采沉陷引起的建筑物裂缝形式

裂缝是采动区建筑物损坏的最主要表现形式。受开采影响，建筑物地板、墙体、屋顶会产生裂缝。建筑物上出现裂缝后，不仅有损美观，降低建筑物的整体性和耐久性，而且影响建筑物的正常使用，严重时可致其倒塌。

7.2.2.1　*砖混结构房屋采动裂缝主要形式*

1. 地坪裂缝

在地表拉伸变形作用下，地坪会产生拉伸裂缝，变形较大时，裂缝会出现台阶，台阶下陷一侧指向采空区；地板裂缝通常和室外的地表裂缝连通。

在地表压缩变形作用下，地坪会挤压鼓起；较大的压缩变形会使水泥地板、地砖地板等硬质地板压碎。

2. 墙体裂缝

不同的地表变形导致建筑物出现不同形式的裂缝，以下是几种常见的裂缝类型。

(1) 墙体上斜裂缝：墙体斜裂缝主要是由曲率变形引起的拉伸和剪切破坏现象，通常以“八”字形出现在建筑物的墙上。“八”字形裂缝为开采沉陷区特有的房屋裂缝形式。地表正曲率变形导致的是倒“八”字形裂缝，裂缝最大宽度在其上端；地表负曲率变形产生的是正“八”字形裂缝，裂缝最大宽度在其下端。墙体上的斜裂缝如图 7-6 所示。

(a) 倒“八”字形裂缝　　(b) 正“八”字形裂缝

图 7-6　墙体上的斜裂缝

(2) 墙体竖向裂缝:墙体竖向裂缝主要是由于拉伸变形引起的,通常由下向上发展,较大的拉伸变形可使墙体产生多条近似平行的竖向裂缝。在窗台、勒脚、门窗过梁中部出现的竖向裂缝通常是由正、负曲率变形引起的。

(3) 墙角缝:墙角是建筑物纵、横墙体的结合部位,比较容易产生竖向裂缝。变形较大时,可使相邻墙体分离。

(4) 墙体上水平裂缝:受压缩变形影响,墙体出现水平挤压或剪切裂缝。

(5) 顶角缝:墙体与屋顶的结合部位往往属于薄弱部位,在墙体下沉时,楼板不能完全同步下沉,容易使建筑物室内产生顶角水平缝。

(6) 地角缝:墙体底部与地坪板的接合部属于薄弱部位,室内地坪与周围墙体不能完全同步下沉,容易产生地角缝。

3. 屋顶裂缝

屋顶裂缝对于平顶房屋比较明显,在室内可见楼板出现楼板缝,多表现为楼板之间相互拉开,伴随漏雨现象,对正常居住影响较大,其破坏力通常大于墙体裂缝。

7.2.2.2 砖混结构房屋采动裂缝特点

(1) 通缝性:裂缝不只是出现在建筑物的局部,而是多为上下贯通或前后贯通,俗称"通缝"。

(2) 整体性:墙体出现裂缝时,往往地板或屋顶也出现对应裂缝,即建筑物整体出现裂缝。

(3) 区域性:裂缝不只出现在一栋房屋,周围整个区域的房屋均会出现裂缝,并表现出一定的规律性。

7.2.3 位于开采沉陷区不同位置对建筑物损害的影响特征

7.2.3.1 建筑物抵抗变形能力的基本特征

建筑物受采动损害的程度取决于承受地表变形大小、自身抵抗变形能力及其在塌陷区所处的位置。一般来说,建筑物刚度越大,其抵抗变形能力越强;建筑物长度越大,其承受地表变形的能力越弱;建筑物短轴方向抵抗变形的能力往往大于长轴方向;建筑物承受压缩变形的能力大于其承受拉伸变形的能力;建筑物承受扭曲变形的能力最低。

7.2.3.2 位于沉陷区不同位置对建筑物损害的影响特征

由于地表移动盆地内不同位置的地表移动与变形分布特征不同,显然建筑物与采空区的相对位置不同,其可能产生的损害程度也不相同。如图 7-7 所示,建筑物 a,b,c,d,e 位于采空区的不同位置,虽然其结构质量基本相同,但实际产生的采动损害却不相同。

1. 建筑物 a

建筑物 a 位于采空区中央,长轴垂直于工作面推进方向。此时,建筑物长轴方向主要受压缩变形的作用,破坏较小;短轴方向先受动态拉伸变形的作用,后受压缩变形的作用,拉开的裂缝之后会完全或部分闭合。由于建筑物短轴方向抗变形能力相对较强,破坏较小,故建筑物 a 处于有利位置。

2. 建筑物 b

建筑物 b 位于采空区边缘,长轴垂直于工作面推进方向。此时,建筑物长轴方向受到拉伸变形的影响较大,易使建筑物损坏,故建筑物 b 处于不利位置。

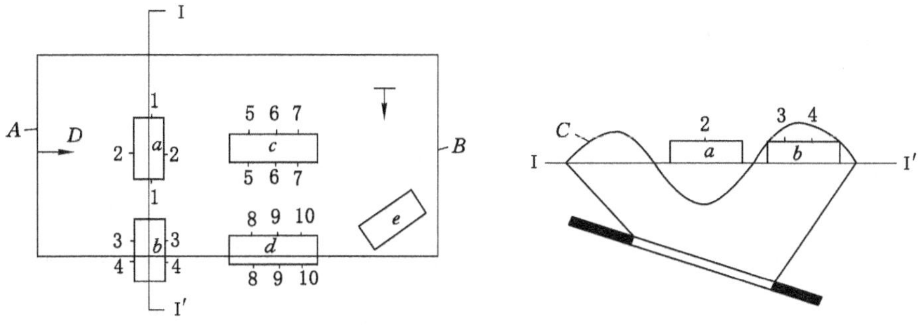

A—开切眼；*B*—终采线；*C*—水平变形曲线；*D*—工作面推进方向。

图 7-7　建筑物位置与工作面的关系

3. 建筑物 *c*

建筑物 *c* 位于采空区中央，长轴平行于工作面推进方向。此时，建筑物长轴方向先受动态拉伸变形影响，后受压缩变形影响。在拉伸变形作用下，建筑物会出现多条拉伸裂缝，工作面推过后裂缝虽然能闭合一部分，但建筑物已受到严重损伤，故建筑物 *c* 处于不利位置。

4. 建筑物 *d*

建筑物 *d* 位于采空区边缘，长轴平行于工作面推进方向。此时，建筑物 *d* 在长轴方向受到的拉伸变形小于建筑物 *c* 在长轴方向受到的拉伸变形，故破坏较小。短轴方向虽受拉伸变形作用，但由于长度较短、抗变形能力较强，破坏较小，故建筑物 *d* 处于有利位置。

5. 建筑物 *e*

建筑物 *e* 位于采空区内，长轴斜交于工作面推进方向。此时，建筑物受到扭曲变形的影响，建筑物破坏最为严重，易出现许多斜交裂缝或马尾状裂缝；故建筑物 *e* 处于最不利位置。

通过以上分析可以看出，*a*，*d* 建筑物位置最有利，*b*，*c* 次之，*e* 最不利。

因此，在建筑物下采煤时，如果条件许可应尽量使工作面推进方向不与建筑物斜交，且尽量使建筑物位于 *a*，*d* 位置上。在建筑物群下采煤时，应尽量设计工作面推进方向使大多数建构筑物处于有利位置，即处在移动盆地中央的建筑物长轴平行工作面推进方向，使位于盆地边缘的建筑物长轴垂直于工作面推进方向。

7.3　采动影响建筑物损害程度评估方法

7.3.1　建筑物变形和破坏与地表变形关系

由于任何建筑物都具有一定的抵抗和调节变形的能力，并且由于建筑结构与基础和地基材料之间的物理力学性质的差异性，地表(地基)变形传递到建筑物基础和结构时存在着变形差异现象。掌握这种建筑物变形与地表变形的差异性关系，对于采动区建筑物保护和设计具有重要的理论意义和实用价值。研究这种差异性关系最可靠的方法就是通过建立建筑物变形观测站进行实地观测研究。

7.3.1.1 建筑物下沉与地表下沉的关系

根据国内部分矿区的现场观测数据可知，采动区建筑物下沉与地表下沉之间的基本关系式为：

$$W_{建}=a_1W_{地}+b_1 \tag{7-1}$$

式中 $W_{建}$，$W_{地}$——建筑物的下沉值和地表的下沉值，mm。

a_1，b_1——系数，与建筑物类型、地基性质等有关（表 7-1）。系数 a_1 变化在 0.868 5～1.020 0 之间，平均为 0.98；系数 b_1 值很小，平均为 1.7，可以忽略不计。

表 7-1 部分矿区 a_1、b_1 系数实测数据

矿名	位置	a_1	b_1	备注
资江俱乐部		0.970 0	0.490 0	抗变形建筑物
资江招待所		1.000 0	9.940 0	抗变形建筑物
资江二层楼		1.020 0	0.500 0	抗变形建筑物
阳泉三矿		1.010 0	0.500 0	抗变形建筑物
澄河董家河矿		0.993 0	3.570 0	
邢台东庞矿	拉伸区	0.868 5	0.049 7	抗变形建筑物
	压缩区	0.935 0	0.155 5	抗变形建筑物
徐州庞庄矿		1.010 0	1.800 0	抗变形建筑物
鹤壁二矿		0.960 0	0.000 0	
峰峰和村车站		0.994 0	0.000 0	

7.3.1.2 建筑物倾斜与地表倾斜的关系

根据国内部分矿区现场实测数据统计分析，建筑物倾斜与地表倾斜具有如下关系式：

$$i_{建}=a_2i_{地}+b_2 \tag{7-2}$$

式中 $i_{建}$，$i_{地}$——建筑物倾斜和地表倾斜，mm/m。

a_2，b_2——系数，与建筑物类型、地基性质等有关，部分矿区 a_2，b_2 实测数据见表 7-2。系数 a_2 变化在 0.665～1.070 之间，平均为 0.86；系数 b_2 值很小，平均为 0.24，可以忽略不计。

表 7-2 部分矿区 a_2、b_2 系数实测数据

矿 名	a_2	b_2	备注
资江俱乐部	0.699	0.000	抗变形建筑物
资江招待所	0.854	0.566	抗变形建筑物
资江二层楼	0.991	0.082	抗变形建筑物
阳泉三矿	0.720	0.280	抗变形建筑物
邢台东庞矿	0.665	0.318	抗变形建筑物
徐州庞庄矿	1.070	0.410	抗变形建筑物
鹤壁二矿	1.010	0.000	

从表 7-2 中可以看出：对于未加固的普通建筑物，其倾斜与地表倾斜差异较小；对于抗变形建筑物，其倾斜与地表倾斜差异较大。分析其原因，应该是在地表下沉过程中，由于抗变形建筑物整体性能较好，在自重作用下使位于地表下沉小的一侧建筑物基础切入地基，建筑物变形趋于均匀，从而使建筑物的倾斜小于地表倾斜。

7.3.1.3　建筑物曲率与地表曲率的关系

建筑物曲率与地表曲率的关系非常复杂，主要受建筑物的刚度、地基土性质、地表曲率性质等多种因素的影响。

根据苏联顿巴斯矿区的实测数据可知，采动影响建筑物挠度与地基挠度之间的经验关系式为：

$$f_{建} = f_{地}(a_i L/H + c_i) + b_i \tag{7-3}$$

式中　$f_{地}$，$f_{建}$——地基与建筑物的挠度；

L，H——建筑物的长度和高度；

a_i，b_i，c_i——与建筑物类型、结构特点和表土有关的系数，由表 7-3 确定。

表 7-3　不同建筑物类型的系数

建筑物类型	a_i	c_i	b_i
没有建筑加固措施的砖房，带形片石基础	0.035	0.45	0.06
有建筑加固措施的大型砌块建筑，带形片石和片石混凝土基础	0.028	0.35	0.10
带有建筑加固措施的大板建筑，带形大块组合基础	0.017	0.22	0.10
带有建筑加固措施的大板建筑，带大块组合基础	0.010	0.14	0.12

注：对各种类型建筑物系数 b_i 值均取 0.1×10^{-3}。

根据我国部分矿区的实测数据，统计得到建筑物曲率（或挠度）与地表曲率（或挠度）的关系式如表 7-4 所列。

表 7-4　中国部分矿区建筑物曲率（或挠度）与地表曲率（或挠度）关系式

矿　名		关系式	备　注
资江俱乐部		$f_{建}=0.230f_{地}+0.100$	
资江招待所		$f_{建}=0.266f_{地}+0.044$	
资江办公楼		$f_{建}=0.400f_{地}+0.170$	
资江二层楼		$f_{建}=0.460f_{地}+0.144$	
资江平房		$f_{建}=0.784f_{地}+0.131$	
阳泉三矿	正曲率	$K_{建}=0.470K_{地}-0.015$	
	负曲率	$K_{建}=0.213K_{地}+0.225$	
邢台东庞矿	正曲率	$K_{建}=1.15\sim1.34$	$2.28\leqslant K_{地}\leqslant4.06$
	负曲率	$K_{建}=-0.63\sim-0.49$	$-3.01\leqslant K_{地}\leqslant-2.79$

表 7-4 中，f 为挠度，K 为曲率，其关系为：

$$f = \frac{L^2}{8R} \tag{7-4}$$

其中：

$$R=\frac{1}{K}$$

式中 R——曲率半径；

L——建筑物变形缝区间长度。

则建筑物曲率和地表曲率之间的关系可表示为：

$$K_{建}=a_3K_{地}+b_3 \quad (7\text{-}5)$$

式中 $K_{建}$，$K_{地}$——建筑物曲率和地表曲率，10^{-3}/m；

a_3，b_3——系数。

由上述基于实测数据的统计分析可以看出，建筑物曲率（或挠度）为地表曲率（或挠度）的21.3%～78.4%。建筑物曲率（或挠度）和地表曲率（或挠度）的关系与建筑物的刚度密切相关；建筑物刚度越大，建筑物曲率（或挠度）和地表曲率（或挠度）的差异越大。建筑物的刚度与其高度、长度和建筑材料有关，建筑物高长比越大，刚度越大；建筑砌筑质量与结构强度越好，刚度越大。

7.3.1.4 建筑物水平变形与地表水平变形之间的关系

根据全俄矿山地质力学和矿山测量科学研究院（原全苏矿山测量科学研究院）的实测资料可知，建筑物基础拉伸变形与地表拉伸变形之间的关系为：

（1）对于未加固的建筑物

$$\varepsilon_{建}=0.94\varepsilon_{地}-0.12 \quad (7\text{-}6)$$

式中 $\varepsilon_{建}$，$\varepsilon_{地}$——建筑物和地表水平变形，mm/m。

（2）对于加固的建筑物

$$\varepsilon_{建}=(0.25\sim0.3)\varepsilon_{地} \quad (7\text{-}7)$$

根据国内部分矿区的现场实测数据，统计分析得到建筑物水平变形与地表水平变形的关系为：

$$\varepsilon_{建}=a_4\varepsilon_{地}+b_4 \quad (7\text{-}8)$$

式中 a_4，b_4——系数（见表7-5）。

表7-5 部分矿区建筑物水平变形与地表水平变形关系式

矿 名	位 置	关 系 式	备 注
资江招待所		$\varepsilon_{建}=\pm0.3,-25.9\leqslant\varepsilon_{地}\leqslant16.5$	设基础滑动层
阳泉三矿		$\varepsilon_{建}=\pm0.4,-12.0\leqslant\varepsilon_{地}\leqslant15.0$	设基础滑动层
澄河董家河矿		$\varepsilon_{建}=\pm0.3,-10.0\leqslant\varepsilon_{地}\leqslant10.0$	设基础滑动层
邢台东庞矿	拉伸区	$\varepsilon_{建}=1.3\sim2.6,7.29\leqslant\varepsilon_{地}\leqslant24.66$	设基础滑动层
	压缩区	$\varepsilon_{建}=-0.82\sim-0.63,-37.96\leqslant\varepsilon_{地}\leqslant-21.27$	设基础滑动层
资江俱乐部	拉伸区	$\varepsilon_{建}=0.12\varepsilon_{地}-0.22$	设基础滑动层
徐州庞庄矿	压缩区	$\varepsilon_{建}=0.07\varepsilon_{地}-0.06$	设基础滑动层
鹤壁二矿	拉伸区	$\varepsilon_{建}=0.17\varepsilon_{地}-0.05$	加固
	拉伸区	$\varepsilon_{建}=0.84\varepsilon_{地}-0.09$	未加固
	压缩区	$\varepsilon_{建}=0.01\varepsilon_{地}+0.19$	加固
	压缩区	$\varepsilon_{建}=0.24\varepsilon_{地}-0.01$	未加固

表7-5(续)

矿　名	位　置	关系式	备　注
焦作冯营矿	0～最大拉伸	$\varepsilon_{建}=0.71\varepsilon_{地}+0.28$	未加固
	最大拉伸～0	$\varepsilon_{建}=0.84\varepsilon_{地}-0.28$	未加固
	0～最大压缩	$\varepsilon_{建}=0.57\varepsilon_{地}+1.11$	未加固
	最大压缩～0	$\varepsilon_{建}=0.38\varepsilon_{地}+0.09$	未加固

从上述基于实测资料统计分析建立的建筑物水平变形与地表水平变形关系式(见表7-5)可以看出,影响两者关系的主要因素是建筑物的刚度、地表水平变形的大小和基底摩擦力等。

很明显,对于加固的建筑物(刚度大),其水平变形仅为对应地表水平变形的1%～17%;而对于未加固的建筑物(刚度小),其水平变形为对应地表水平变形的24%～84%,平均在60%以上。可见,加固后的建筑物增大了其抵抗变形的能力,使建筑物变形减小,从而减轻采动对建筑物的损害。

地基与基础界面摩擦力越小,则水平变形的向上传递越少。建筑物在设置基础滑动层后,不论地表水平变形有多大,建筑物的水平变形均很小。

因为建筑物抗拉伸的能力小于其抗压缩的能力,所以地基土压缩变形向基础传递中的损耗大于地基土拉伸变形向基础传递中的损耗。

7.3.2　采动区建筑物损坏等级评定指标

7.3.2.1　建筑物的临界变形值标准

建筑物不需要维修仍能保持正常使用所允许的地表最大变形值,称为建筑物的临界变形值。不同建筑物结构、质量、地基等客观条件和对建筑物轻微损害接受程度不同,其临界变形值不同。为统一采动损害评价标准,各国通常依据矿区较普遍建筑物允许变形值和基本可接受的建筑物损害程度(不需维修),确定矿区建筑物的临界变形值指标。表7-6给出了世界主要国家的矿区建筑物允许变形值标准。

表7-6　世界主要采煤国家矿区建筑物允许变形值

国家	压缩变形/(mm/m)	拉伸变形/(mm/m)	倾斜/(mm/m)	曲率/(10^{-3}/m)	备注
英国	1.0	1.0			30 m长建筑物
法国	1.0～2.0	0.5			管线
德国	0.6	0.6	1.0～2.0		
波兰	1.5	1.5	2.5	0.05	
日本	0.5	0.5			混凝土基础
苏联	2.0	2.0	4.0	0.05	
美国	0.8	0.4	3.3		
中国	2.0	2.0	3.0	0.2	

当地表变形值大于建筑物的临界变形值后,建筑物会出现明显的破坏。在进行建筑物

下采煤时，通常将建筑物的临界变形值作为地表变形控制的设防指标。

7.3.2.2 采动区建筑物损坏评价标准

采动区建筑物损坏程度主要取决于地表变形大小和建筑物本身抵抗采动变形的能力(与建筑物结构、质量、尺寸和地基条件等因素有关)，目前尚没有一个全面考虑这些因素的采动区建筑物损坏程度评价标准。

1. 中国标准

我国现行的采动区建筑物损坏等级评价标准，是基于预测地表变形值和对应的砖混结构平房损害特征来综合评价建筑物的损坏等级的。根据《三下采煤规范》中给出的长度或变形缝区段内长度小于 20 m 的砖混结构建筑物损坏等级划分表(表 7-7)，将采动区建筑物损坏程度划分为四级、六类，即Ⅰ级(极轻微损坏、轻微损坏)、Ⅱ级(轻度损坏)、Ⅲ级(中度损坏)和Ⅳ级(严重损坏、极度严重损坏)。其他结构建筑物可参照表 7-7 的规定执行。

表 7-7 砖混结构建筑物损坏等级

损坏等级	建筑物损坏程度	地表变形值			损坏分类	结构处理
		倾斜 i /(mm/m)	曲率 K /($\times10^{-3}$/m)	水平变形 ε /(mm/m)		
Ⅰ	自然间砖墙上出现宽度 1～2 mm 的裂缝	≤3.0	≤0.2	≤2.0	极轻微损坏	不修或者简单维修
	自然间砖墙上出现宽度小于 4 mm 的裂缝，多条裂缝总宽度小于 10 mm				轻微损坏	简单维修
Ⅱ	自然间砖墙上出现宽度小于 15 mm 的裂缝，多条裂缝总宽度小于 30 mm；钢筋混凝土梁、柱上裂缝长度小于 1/3 截面高度；梁端抽出小于 20 mm；砖柱上出现水平裂缝，缝长大于 1/2 截面边长；门窗略有歪斜	≤6.0	≤0.4	≤4.0	轻度损坏	小修
Ⅲ	自然间砖墙上出现宽度小于 30 mm 的裂缝，多条裂缝总宽度小于 50 mm；钢筋混凝土梁、柱上裂缝长度小于 1/2 截面高度；梁端抽出小于 50 mm；砖柱上出现小于 5 mm 的水平错动，门窗严重变形	≤10.0	≤0.6	≤6.0	中度损坏	中修
Ⅳ	自然间砖墙上出现宽度大于 30 mm 的裂缝，多条裂缝总宽度大于 50 mm；梁端抽出小于 60 mm；砖柱上出现小于 25 mm 的水平错动	>10.0	>0.6	>6.0	严重损坏	大修
	自然间砖墙上出现严重交叉裂缝、上下贯通裂缝，以及墙体严重外鼓、歪斜；钢筋混凝土梁、柱裂缝沿截面贯通；梁端抽出大于 60 mm；砖柱出现大于 25 mm 的水平错动；有倒塌的危险				极度严重损坏	拆建

注：建筑物的损坏等级按自然间为评判对象，根据各自然间的损坏情况分别进行。

由于煤炭矿区分布很广，各地建筑物地基和建筑风格、质量各不相同，同样的地表变形造成相同类型建筑物的破坏是有差异的。并且，即使对于同一矿区，由于建筑物类型多样，而不同类型建筑物的刚度、结构、长度、高度不相同，因此，相同的地表变形对不同类型建筑物造成的破坏也不相同。由此可见，采用统一的采动区建筑物损坏程度评价标准来判断建筑物损害程度是不尽合理的，往往使评价结果与实际不完全相符。

鉴于此，我国部分矿区根据本矿区的建筑物下采煤实践，制订了本矿区的建筑物破坏等级评定标准。表7-8为河北峰峰矿区地面建筑物破坏程度与地表变形关系。

表7-8　河北峰峰矿区地面建筑物破坏程度与地表变形关系

破坏程度	破坏特征	地表变形值		
		倾斜 i /(mm/m)	曲率 K /(10^{-3}/m)	水平变形 ε /(mm/m)
轻度破坏	房屋墙壁出现微小裂缝，不修理不影响使用	3～5	0.15～0.25	1.5～3
中度破坏	房屋墙壁出现明显裂缝，门窗变形，房屋结构未遭破坏，需修理方可使用	5～10	0.25～0.6	3～6
严重破坏	房屋墙壁出现大裂缝，房屋结构(如承重墙)受到破坏，房梁抽出，有倒塌危险，需大修方可使用	>10	>0.6	>6

峰峰矿区还曾采用总变形指标等方法来判别采动区建筑物的破坏程度。峰峰矿区总变形指标采用式(7-9)计算，然后根据总变形指标按表7-9所列评定建筑物破坏程度：

$$\Delta L = L\sqrt{\varepsilon^2 + \left(\frac{H}{R}\right)^2} \tag{7-9}$$

式中　ΔL——总变形指标，mm；

L——建筑物长度，m；

H——建筑物高度，m；

R——地表曲率半径，m；

ε——地表水平变形，mm/m。

表7-9　峰峰矿区建筑物破坏程度与总变形指标的关系

建筑破坏程度	轻度	中度	严重
总变形指标 ΔL/mm	<150	150～250	>250

2. 苏联采动区建筑物损坏程度预测评价标准

苏联采用总变形指标 $\Delta L'$ 和反映重要程度的建筑物类型来综合预测评定刚性结构建筑物的采动损坏程度。其总变形指标 $\Delta L'$ 的计算公式为：

$$\Delta L' = L\sqrt{(m_\varepsilon \varepsilon)^2 + \left(\frac{m_R H}{R}\right)^2} \tag{7-10}$$

式中　ε——地表水平变形预计值，mm/m；

m_ε，m_R——工作条件系数(由表7-10确定)。

表 7-10 m_ε 和 m_R 系数值

系数	建筑物长度(或宽度)/m				
	<15	15～30	31～45	46～60	>60
m_ε	1	0.85	0.70	0.60	0.50
m_R	1	0.70	0.55	0.55	0.50

根据计算得出的建筑物总变形指标 $\Delta L'$ 和建筑物类型按表 7-11 来评价建筑物损坏等级。

表 7-11 根据总变形指标 $\Delta L'$ 和建筑物类型评价建筑物损坏等级

建筑物名称	损坏等级	裂缝平均宽度/mm	总变形指标 $\Delta L'$/mm		
			1～2 层	3 层	4～5 层
A. 特殊用途的公用建筑:剧院、文化宫、体育馆、办公楼、手术室	Ⅰ	1	70	90	130
	Ⅱ	2	90	130	180
	Ⅲ	7	150	220	290
	Ⅳ	8	210	300	400
B. 学校、旅馆、住院部、幼儿园、商店、饭店、厨房、冷藏库、咖啡馆、面包房、牛奶房	Ⅰ	2	90	130	180
	Ⅱ	5	130	200	280
	Ⅲ	10	170	260	340
	Ⅳ	40	250	360	480
	Ⅴ	100	310	400	580
C. 除 A 和 B 规定之外的民房、公用和行政用房	Ⅰ	2	90	130	180
	Ⅱ	7	150	220	290
	Ⅲ	18	210	300	400
	Ⅳ	45	260	370	500
	Ⅴ	100	310	420	580
D. 附属性质的建筑物:生产的组装车间、生活服务部、服务行业的车间、仓库	Ⅰ	3	120	160	230
	Ⅱ	5	200	290	380
	Ⅲ	30	230	340	460
	Ⅳ	50	270	400	520
	Ⅴ	100	310	450	580

3. 英国采动区建筑物损害程度预测评价标准

英国煤炭局认为,造成建筑物损坏的主要因素是地表水平变形,根据实地观测资料及多年经验将地表水平变形、建筑物长度和破坏程度联系起来,总结出了建筑物破坏等级分类表(表 7-12),并绘制出了建筑物长度与地表水平变形的关系图(图 7-8),两者可配合使用。

表 7-12 破坏等级分类表

建筑物长度/m	破坏等级	典型破坏的描述
<0.03	很轻微或可忽视	建筑物抹灰有细裂纹或者有孤立的小裂缝，在外部看不见
0.03~<0.06	轻微	建筑物里边有一些细裂缝，门窗稍有卡住，可能室内装饰要进行修缮
0.06~<0.12	明显	可在建筑物外部见到小裂缝（或一条大裂缝），门窗卡紧，管道可能破裂
0.12~<0.18	严重	管道破坏；结构物开裂后透风，需要修补；门窗框架变形，地板明显倾斜，梁失去若干支承；受压缩破坏时，屋顶接合处交错，砖砌体凸起并出现水平裂缝
≥0.18	很严重	破坏更严重，需要部分或全部翻修；屋顶和地板梁失去支承，需要加撑；窗户变形后折断，地板严重倾斜；受压缩破坏时，屋顶和墙壁严重翘起和鼓起

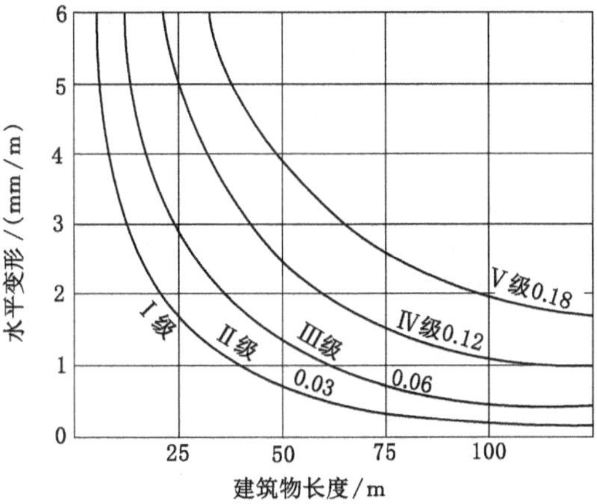

图 7-8 建筑物长度与地表变形的关系图

该方法的优点是考虑了建筑物长度不同其可抵抗地表水平变形不同，但没有考虑建筑物刚度、地基性质、结构类型等影响。

7.3.3 我国煤矿开采损坏建筑物补偿办法

我国在2017年颁布的《三下采煤规范》附录5中给出了我国煤矿开采损坏建筑物补偿办法。煤矿开采引起的损坏建筑物可按公式(7-11)计算经济补偿：

$$A=\sum_{i=1}^{n}B(1-C)D_iE_i \tag{7-11}$$

式中 A——建筑物的补偿费，元；

B——计算基数，指与当地有关部门协商确定的建筑物补偿单价，元/m^2；

C——建筑物折旧率，按表7-13确定；

D_i——建筑物受损自然间的补偿比例，按表7-14确定；

E_i——受损自然间的建筑面积，m^2；

n——建筑物受损自然间数。

表 7-13 建筑物折旧率

建筑物年限/a	<5	5～10	11～15	16～20	21～40	>40
折旧率/%	0	5～15	16～25	26～35	36～65	>65

注：当地有具体规定，按当地标准选用。

表 7-14 砖混结构建筑物补偿比例

损坏等级	建筑物可能达到的破坏程度	损坏分类	结构处理	补偿比例/%
Ⅰ	自然间砖墙壁上出现宽度 1～2 mm 的裂缝	极轻微损坏	粉刷	1～5
	自然间砖墙壁上出现宽度小于 4 mm 的裂缝，多条裂缝总宽度小于 10 mm	轻微损坏	简单维修	6～15
Ⅱ	自然间砖墙壁上出现宽度小于 15 mm 的裂缝，多条裂缝总宽度小于 30 mm；钢筋混凝土梁、柱上裂缝长度小于 1/3 截面高度；梁端抽出小于 20 mm；砖柱上出现水平裂缝，缝长大于 1/2 截面边长；门窗略有歪斜	轻度损坏	小修	16～30
Ⅲ	自然间砖墙壁上出现宽度小于 30 mm 的裂缝，多条裂缝总宽度小于 50 mm；钢筋混凝土梁、柱上裂缝长度小于 1/2 截面高度；梁端抽出小于 50 mm；砖柱上出现小于 5 mm 的水平错动；门窗严重变形	中度损坏	中修	31～65
Ⅳ	自然间砖墙壁上出现宽度大于 30 mm 的裂缝，多条裂缝总宽度大于 50 mm；梁端抽出小于 60 mm；砖柱上出现小于 25 mm 的水平错动	严重损坏	大修	66～85
	自然间砖墙壁上出现严重交叉裂缝、上下贯通裂缝，以及墙体严重外鼓、歪斜；钢筋混凝土梁、柱裂缝沿截面贯通；梁端抽出大于 60 mm；砖柱出现大于 25 mm 的水平错动；有倒塌的危险	极严重损坏	拆除	86～100

注：当地有具体补偿比例规定，按当地标准选用。

7.4 建筑物下采煤沉陷控制的地下措施

建筑物下安全采煤的设防目标就是要保证建筑物下采煤所引起的建筑物地基移动与变形值不超过建筑物损坏的临界变形值。要实现这个目标，一方面可以在地下采取技术措施，尽量减少开采引起的建筑物所在区域的地表移动和变形值；另一方面可以在地面采取措施尽量提高建筑物的抗变形能力和减少建筑物实际承受的变形量。这两方面措施常常联合使用，只有在进行综合经济技术比较后，才能确定着重采取哪方面的措施。进行建筑物下采煤常采取的技术措施可概括为以下五个方面：

(1) 控制地表变形分布或程度的特殊开采技术措施；

(2) 减小地表变形程度的覆岩离层注浆减沉措施；

(3) 提高建筑物抗变形能力的结构抗变形措施；

(4) 减少地表变形向建筑物传递的阻隔或吸收变形措施；

(5) 及时消除建筑物变形的维修治理措施。

在上述五项措施中，前两项常称为地表沉陷控制的地下措施；后三项常称为建筑物保护的地面措施。采取有效的地下技术措施控制地表移动与变形不超过建筑物允许的临界变形值，是实现建筑物下安全采煤的重要技术途径。

7.4.1 控制地表变形的特殊开采技术措施

通过采取地下特殊开采技术措施控制地表变形的分布或大小，可以使建筑物所处位置的地表变形值不超过其临界变形值，从而实现建筑物下安全采煤。这些特殊开采技术措施主要包括三类：第一类是通过合理布置工作面，控制地表移动变形分布和采动次数与程度；第二类是通过充填开采沉陷控制，减少地表移动与变形使地表变形值不超过建筑物的临界变形值；第三类是通过部分开采沉陷控制，减少地表移动与变形使地表变形值不超过建筑物的临界变形值。

7.4.1.1 全柱开采地表沉陷控制技术

全柱开采就是在建筑物下煤柱的整个范围内，用一个或多个工作面组成的回采线同时推进或协调开采的方式。全柱开采控制地表沉陷的基本原理，就是利用地表移动分布规律中地表变形主要集中在开采边界上方附近的基本特征，尽量使建筑物保护煤柱区域内不出现永久性开采边界和不造成各煤层开采变形值的累加，使建筑物只承受相对较小的动态变形影响，承受的最终变形很小，以达到保护建筑物安全的目的。

采用全柱开采控制地表沉陷解决建筑物压煤开采问题，主要适用于建筑物下薄及中厚煤层或厚煤层分层开采，单层开采深厚比为300以上，并且开采后潜水位的变化不会影响建筑物的正常使用。常用的全柱开采技术措施有长工作面连续干净开采、逐层(或逐分层)间歇开采、多工作面协调开采、适当安排工作面与建筑物长轴的关系和对称开采等。

1. 长工作面连续干净开采

所谓长工作面开采就是利用长工作面形成的地表下沉盆地中央区稳定后变形值很小的特点，使建筑物位于稳定后地表下沉盆地的平底区域。所谓连续开采是指在开采过程中不允许工作面过久地停顿，避免形成永久性开采边界，使本来只承受动态变形值的建筑物发展为承受静态变形值。所谓干净回采就是指开采中不在建筑物下方残留煤柱，避免上方地表出现变形叠加现象。

如图7-9所示，长工作面的具体布置方式主要有单一长工作面、台阶状组合长工作面和对拉工作面。

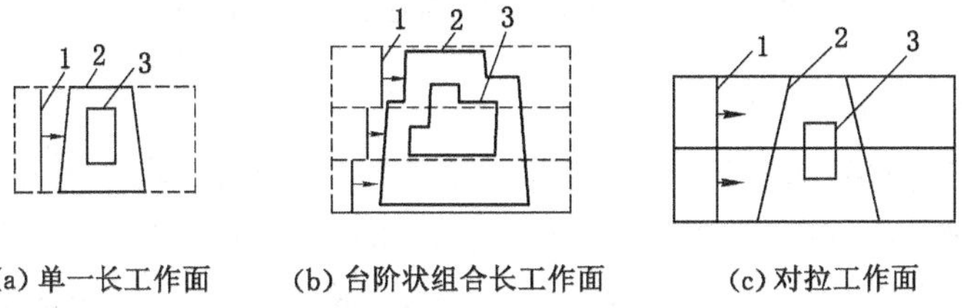

1—采煤工作面；2—建筑群煤柱边界；3—建筑群边界线。

图7-9 长工作面的布置方式

当地下留有一定宽度的残留煤柱时，地表可能会出现变形值叠加现象，从而加重地面建筑物的损坏程度。如图 7-10 所示，当煤柱宽度大于或等于 $4r-2s_0$ 时，地表变形值不叠加（r 为主要影响半径，s_0 为拐点偏移距）；当煤柱宽度等于 $2r-2s_0$ 时，地表会出现变形值叠加现象，但最大变形值没有变化；当煤柱宽度等于 $0.8r-2s_0$ 时，地表变形值叠加后达到煤柱两边开采引起的变形最大值的两倍，属于最不利状况；当煤柱宽度小于 $0.8r-2s_0$ 时，两侧开采引起的地表变形值仍发生叠加，但两个峰值不再叠加在一起；当煤柱宽度减小到完全丧失承载能力时，地表变形值与无煤柱开采时的相同。

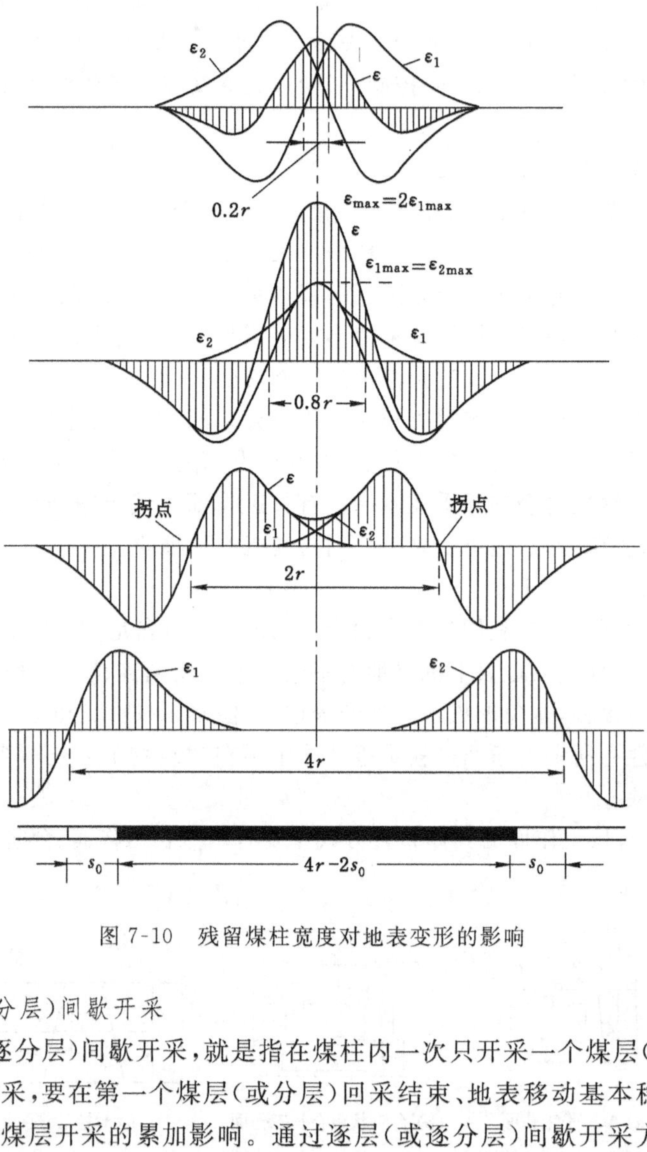

图 7-10　残留煤柱宽度对地表变形的影响

2. 逐层（或逐分层）间歇开采

所谓逐层（或逐分层）间歇开采，就是指在煤柱内一次只开采一个煤层（或分层）；第二个煤层（或分层）的回采，要在第一个煤层（或分层）回采结束、地表移动基本稳定后才能进行，以消除或减少多个煤层开采的累加影响。通过逐层（或逐分层）间歇开采方式，可使建筑物每次承受采动附加应力得到一定程度的松弛或释放，已经出现的损坏得到及时的维修。

3. 多工作面协调开采

所谓多工作面协调开采，就是利用两个或多个相邻的采煤工作面，在时间和空间上保持一定关系向前推进，以部分抵消地表拉伸和压缩变形的开采方式。常用的协调开采方式包括两个煤层(或分层)的协调开采和同一煤层(分层)的协调开采两种方式。

(1) 两个煤层(或分层)的协调开采方式

两个煤层(或分层)的协调开采方式,就是指上下两个煤层(或分层)工作面保持一定错距同时开采,使前一个工作面开采引起的地表压缩变形与后一个工作面开采引起的地表拉伸变形部分抵消,达到减小建筑物最大动态变形值及减少其开采影响次数的目的。两个煤层(或分层)的协调开采方式如图 7-11 所示。

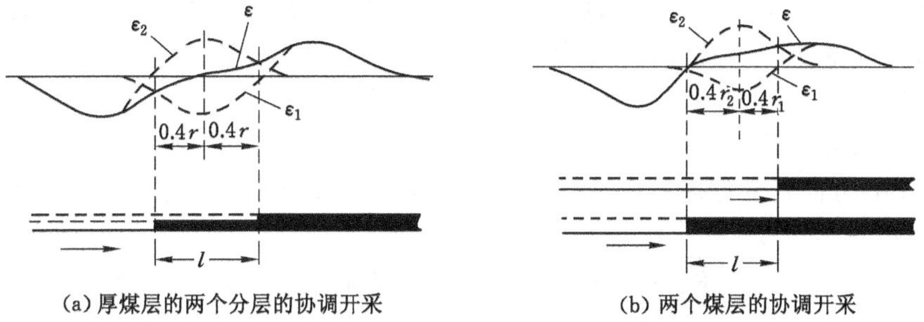

图 7-11　两个煤层(或分层)的协调开采方式

此时,上、下煤层两个工作面互相错开的距离 l 可用下式计算:

$$l = 0.4(r_1 + r_2) = 0.4(H_1 + H_2)/\tan\beta \tag{7-12}$$

式中　r_1, H_1——第一个煤层的主要影响半径及开采深度,m;

r_2, H_2——第二个煤层的主要影响半径及开采深度,m;

$\tan\beta$——主要影响角正切。

对于厚煤层分层开采,则两个分层工作面互相错开的距离 l 可由下式计算:

$$l = 0.8r = 0.8H_0/\tan\beta \tag{7-13}$$

式中　r——主要影响半径,m;

H_0——平均开采深度,m。

(2) 同一煤层(或分层)的协调开采方式

在开采面积较大的建筑物保护煤柱或因地质采矿条件难以布置上下层协调开采或长工作面时,可采用多工作面搭配布置和调整工作面回采顺序等方式,也可在一定程度上达到减小地表变形值的目的。这就是同一煤层(分层)的协调开采方式,如图 7-12 所示。

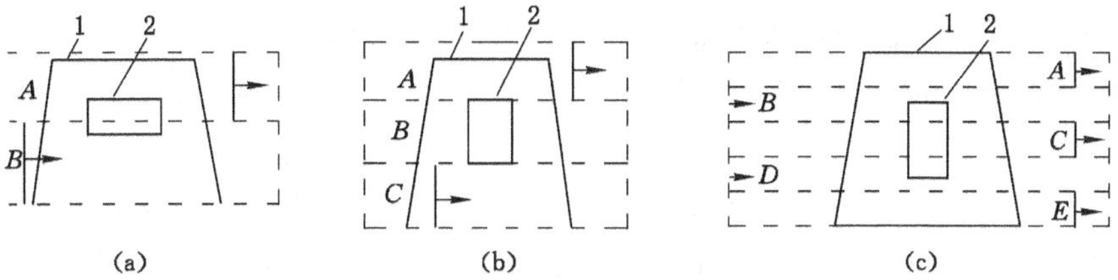

1—煤柱边界线;2—建筑物边界线。

图 7-12　同一煤层(分层)中工作面搭配协调开采

如图 7-12(a)所示,把对建筑物有影响的煤层划分为两个以上达不到充分采动的小回采区段 A,B,首先开采回采区段 A,其建筑物所处位置的移动变形值将会是较小的;当回采

区段 B 采完后，因建筑物处于两个回采区段形成的地表下沉盆地平底区域，最终变形值也是比较小的。

如图 7-12(b)所示，可以先开采建筑物两侧的回采区段 A，C，此时建筑物所受移动变形值较小，随着时间推移，建筑物所受变形会逐渐释放一部分，然后再开采建筑物正下方的回采区段 B，最终建筑物所受变形值较小。

如图 7-12(c)所示，当煤柱尺寸较大时，可以将煤柱划分为若干个小工作面，可先采用跳采方法间隔开采 A，C，E 等工作面，然后再同时开采 B，D 工作面，能够达到有效保护建筑物的目的。这种方法也称为宽条带协调开采。

4. 适当安排工作面与建筑物长轴的关系

建筑物抗变形能力与其平面形状和长度有一定关系。矩形建筑物长轴方向抗变形能力相对较弱，短轴方向抗变形能力相对较强，可以利用这一特点来布置工作面，以降低建筑物受采动影响的损害程度。

如图 7-13 所示，当建筑物位于回采区段周边以内时，应尽量布置长壁工作面的推进方向垂直于建筑物长轴方向[图 7-13(a)]；当建筑物位于回采区段周边以外时，应尽量使长壁工作面推进方向平行于建筑物长轴方向[图 7-13(b)]；尽量避免工作面推进方向与建筑物长轴相交[图 7-13(c)]。对于城市、工业或住宅建筑群，应以其中主要的或大多数的建筑物、街道、设备的长轴方向为依据来合理布置长壁工作面，如图 7-14 所示。

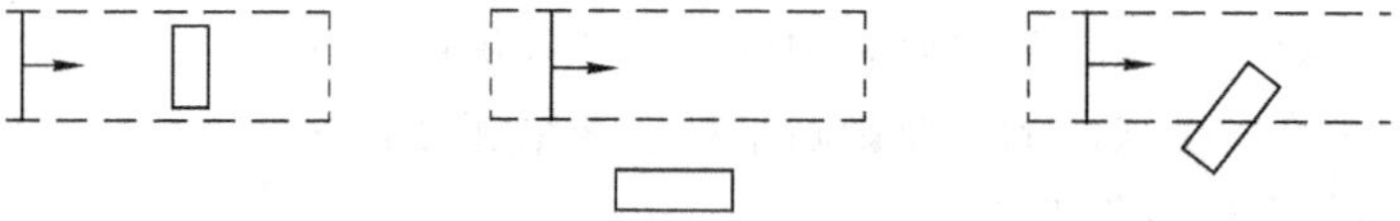

(a)　　(b)　　(c)

图 7-13　工作面推进方向与建筑物的位置关系

5. 对称开采

对称开采是指在保护对象下方两侧同时开采工作面，使得保护对象下方两侧的采空区始终呈现对称状态，避免保护对象受到不均匀沉降(地表倾斜)的影响。该开采方式主要适用于高耸建筑物或立井压煤的开采。对称开采主要有对称背向开采和对称对向开采两种方式。

对称背向开采是指在受护建筑物正下方布置两个背向开采的工作面(图 7-15)，使建筑物一开始就处于下沉盆地中央的压缩变形区内，不承受拉伸变形，不产生倾斜。该开采方式适用于抵抗压缩变形的能力较大，而对倾斜和拉伸变形又十分敏感的高耸或尺寸较小单个建筑物的压煤开采。

对称对向开采是指在建筑物两侧布置工作面，从建筑物两侧同时向中间推进回采，建筑物虽然受到拉伸变形的叠加影响，但倾斜变形值极小。该开采方式一般适用于烟囱、高压线塔等对倾斜敏感、抵抗拉伸变形能力较大的单个构筑物下的压煤开采。

7.4.1.2　充填开采沉陷控制技术

所谓充填开采，是指随着采煤工作面的推进，向采空区送入矸石、砂石、粉煤灰、建筑垃圾、膏体等充填材料，并在充填保护下进行采煤的技术。充填开采沉陷控制的基本原理是通过外来材料充填采空区，从而减少覆岩弯曲下沉移动空间，达到控制覆岩及地表移动变形的

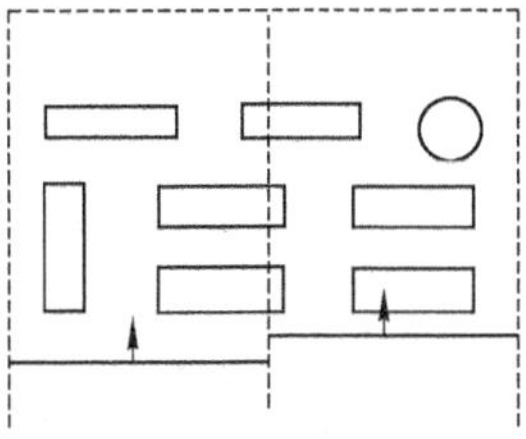

图 7-14　合理布置工作面与建筑群的位置关系

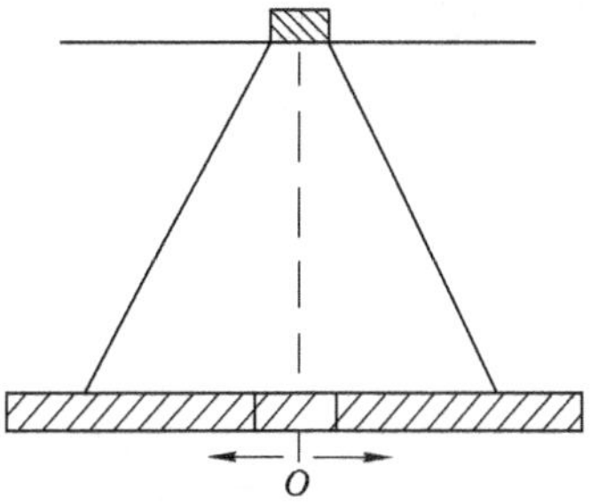

图 7-15　对称背向开采

目的。通过控制外来材料充填采空区的充实率，可以实现对上覆岩层破坏程度和地表移动变形程度的有效控制。

传统的充填方法有水砂充填、矸石风力充填、矸石水力充填、矸石自溜充填等，其中水砂充填效果较好。目前常用的充填采煤技术有机械化固体材料直接充填技术、膏体材料泵送充填技术和高水材料充填泵送或自流充填技术等。

7.4.1.3　部分开采沉陷控制技术

所谓部分开采，就是指通过只采出部分煤炭资源、留下部分资源以控制岩层和地表移动变形量来达到保护建筑物的目的。常用的部分开采方法主要有条带开采、房式开采和限厚开采等。

条带开采就是将要开采的煤层区域划分为比较正规的条带形状，采一条、留一条，使留下的条带煤柱足以支撑上覆岩层重量，地表只产生较小的移动或变形，从而达到保护地表建筑物的目的。条带开采沉陷控制技术在我国建筑物下采煤中已得到了广泛应用，且应用效果较好。

房式开采是指在煤层中沿巷道每隔一定距离开采煤房，在煤房之间保留煤柱以支撑顶板，地表只产生较小的移动或变形，从而达到保护地表建筑物的目的。国外许多采煤国家主要采用房式开采技术进行建筑物下压煤开采。由于早期房式开采中煤房和煤柱的设计缺陷，许多房式开采区在四五十年后发生了不同程度的地表沉陷和房屋损坏现象。

限厚开采是指为减缓采动对地表变形的影响，限制每次采高或总采厚的开采方式。即通过限制实际开采厚度使得地表移动与变形被控制在建筑物安全允许的范围内。根据需要保护的建筑物临界变形值和环境条件，综合分析确定的地表移动与变形的设防指标 W_m，i_m，K_m，ε_m，则建筑物下允许的开采厚度应满足：

$$M_{cz} \leqslant \min\left(\frac{W_m}{q\cos\alpha}, \frac{i_m r}{q\cos\alpha}, \frac{K_m r^2}{1.52q\cos\alpha}, \frac{\varepsilon_m r}{1.52bq\cos\alpha}\right) \tag{7-14}$$

7.4.2　控制地表变形的覆岩离层注浆减沉措施

由于煤层覆岩是由多层沉积岩层组合而成，不同地质年代沉积的各岩层物理力学性质差异较大，当岩层组合为下软上硬时，煤层开采后覆岩在垂直方向上的移动呈现出时间与空间上的不连续性和不同步性，于是便产生了离层裂缝。在采空区上方地表的适当位置打钻，通过钻孔高压将固体材料（如电厂粉煤灰、粉碎矸石）与水按照一定的比例配成浆液注入弯曲下沉带中的离层裂缝区域，限制上覆岩层弯曲下沉的空间，就可在一定程度上达到减缓地表沉降的目的。这就是覆岩离层注浆减沉控制地表沉陷的基本原理，如图 7-16 所示。

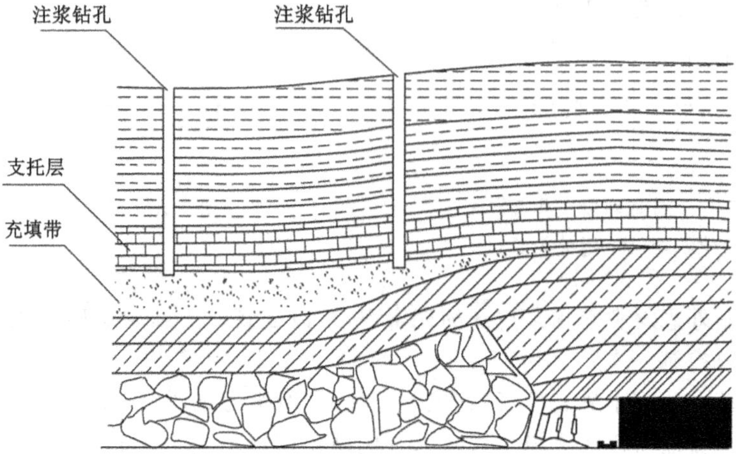

图 7-16 覆岩离层注浆减沉示意图

波兰进行的离层注浆减沉试验表明，离层注浆减沉率为 20％～30％。根据我国部分煤矿离层注浆试验数据，扣除了非充分采动影响、巨厚硬岩层控制作用等因素后的实际减沉率为 15％～30％。研究表明，将覆岩离层注浆减沉技术与关键层控制、极不充分开采沉陷控制等技术相结合，可以实现较好的地面减沉效果。

7.5 建筑物下采煤的地面保护措施

为保护地面建筑物的安全，采取地面保护措施提高建筑物的抗变形能力或减小建筑物结构实际承受的变形量也是实现建筑物下安全采煤的重要技术措施。这些地面保护技术措施主要包括以下三个方面：

(1) 提高建筑物抗变形能力的结构抗变形措施；

(2) 减少地表变形向建筑物传递的阻隔或吸收变形措施；

(3) 及时消除建筑物变形的维修治理措施。

7.5.1 提高建筑物抗变形能力的结构抗变形措施

提高建筑物抗变形能力的结构抗变形措施主要包括刚性措施和柔性措施两类。

所谓刚性措施，就是指通过加固建筑物结构提高建筑物刚度和整体性，增强建筑物承受和抵抗地表变形的能力。

所谓柔性措施，就是指采取措施增加建筑物的柔性，提高建筑物吸收和适应变形的能力，减小地表变形引起的建筑物附加内力。

7.5.1.1 刚性措施

1. 设置钢拉杆

钢拉杆可承受地表正曲率和拉伸变形产生的拉应力。通过设置钢拉杆提高建筑物抗拉伸和正曲率变形能力，可以减少地表正曲率和拉伸变形对建筑物的影响。

钢拉杆一般设置于建筑物外墙的檐口或楼板水平上，并以闭合形式将建筑物外墙箍住（图 7-17）。当地表正曲率较大时，应在建筑物内外墙均设置钢拉杆（内外墙型号相同）。

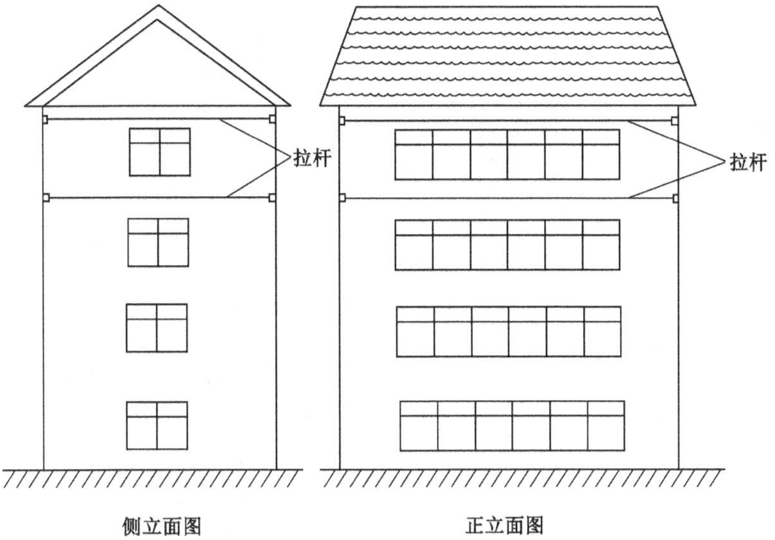

图 7-17　钢拉杆设置示意图

设置钢拉杆的优点是施工简单、工作量小，地表移动稳定后可以回收钢材。其缺点是只能限制横向力所引起的破坏程度，不能承受扭转力的作用；并且钢拉杆与墙壁的共同作用能力较差。

2. 设置钢筋混凝土圈梁

设置钢筋混凝土圈梁的主要目的是增加建筑物整体性和刚度，提高砖石砌体的抗弯、抗剪和抗拉的强度，可在一定程度上防止或减少裂缝等破坏现象的出现。该措施是提高建筑物抵抗地表变形能力的有效措施之一。

钢筋混凝土圈梁可分为墙圈梁和基础圈梁两种。墙圈梁设置在檐口以及楼板下部或窗过梁水平的外墙上，主要承受地表曲率变形引起的附加弯矩和附加剪力。基础圈梁通常设置在地面以下基础顶面的外墙（第一个台阶）上，主要承受地表水平变形引起的建筑物基础平面内和平面外的附加水平力以及地表曲率变形引起的附加弯矩和附加剪力。设置于建筑物外侧的圈梁如图 7-18 所示。

设置的钢筋混凝土圈梁截面应为矩形；一般基础圈梁的宽度为 25～40 cm、高度为 25～50 cm，墙壁圈梁的宽度为 15～20 cm、高度为 15～30 cm。圈梁应在同一水平上连续设置，形成一个水平闭合系统，不应被门窗洞口切断。为保证圈梁与砌体之间的牢固结合，应沿圈梁长度方向每隔 1.5 m 左右设置锚固键。

3. 设置基础联系梁

设置基础联系梁的主要目的是提高建筑物基础整体性和刚度，增强建筑物基础抗弯、抗剪和抗拉的强度，减少由基础变形引起的结构裂缝等破坏现象。该措施是提高建筑物抵抗地表变形能力的有效措施之一。

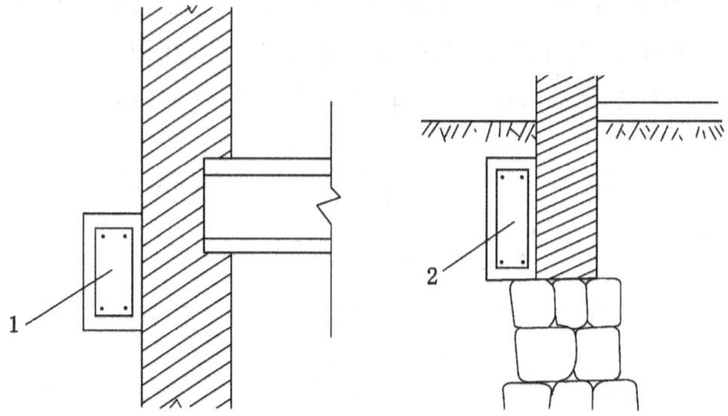

1—墙圈梁；2—基础圈梁。

图 7-18 设置于建筑物外侧的圈梁

当建筑物为柱下独立基础时，为减小基础之间的移动变形差，单独基础之间必须设置基础联系梁，以提高建筑物基础的协同变形能力。当煤层回采推进方向与建筑物长轴方向斜交时，建筑物将发生扭曲变形，此时可沿基础平面对角线设置斜向基础联系梁，从而提高建筑物基础的抗扭曲变形能力。对于没有内墙或内墙间距较大的砖混结构房屋，为减小纵墙基础圈梁所受的侧向附加弯矩，应每隔 6～9 m 设置横向基础联系梁，此时应注意基础联系梁与基础圈梁连接处以及基础圈梁转角处的加固。

基础联系梁与基础圈梁应在同一水平上设置。基础联系梁的截面尺寸一般与基础圈梁的截面尺寸相同。基础联系梁施工时，底部应先铺设 30 cm 厚的砂垫层，砂垫层底部应整平夯实，砂垫层上铺设两层干油毡，以减小采动水平变形引起的基础联系梁的附加应力。

4. 设置构造柱

设置构造柱的主要目的是增加建筑物的整体刚度，提高墙体的抗剪强度。在地表曲率变形较大时，构造柱的作用十分显著。

构造柱一般设置在建筑物各单体墙壁的转角处和内墙对应的外墙位置，以及承受较大附加剪力的墙壁位置。若内墙间距较大，也应在间距 6～9 m 处设置加密构造柱。

设置的构造柱应竖直，均应与各墙壁圈梁连接，其上端和下端应分别锚固在钢筋混凝土楼盖（檐口）圈梁和基础圈梁内。

5. 设置钢筋混凝土锚固板

钢筋混凝土锚固板（图 7-19）可将建筑物下部墙体锚固为一个整体，使其可以承受地表变形时产生的拉力和压力，保证锚固水平上建筑物的几何形状不变。

钢筋混凝土锚固板一般应设置在室内地坪水平。施工时应采用一级钢筋和不低于 C15 的混凝土现浇捣固，其厚度为 80～120 mm。在建筑物纵横方向墙壁的侧面以及每隔 1～2 m 锚固板内配置一组受力钢筋。每组受力钢筋应伸出外墙，并设置钢筋混凝土锚固端。此外尚需在整个板内铺设一层直径为 8 mm、间距为 100～200 mm 的钢筋网。

6. 堵砌门窗洞

堵砌门窗洞的目的是增强建筑物墙体的整体性，降低门窗洞口在压应力作用下的应力集中，提高建筑物整体抵抗压缩变形的能力。该方法简便易行，但可能会影响建筑物的正常使用，主要适用于加固仓库类建筑物。

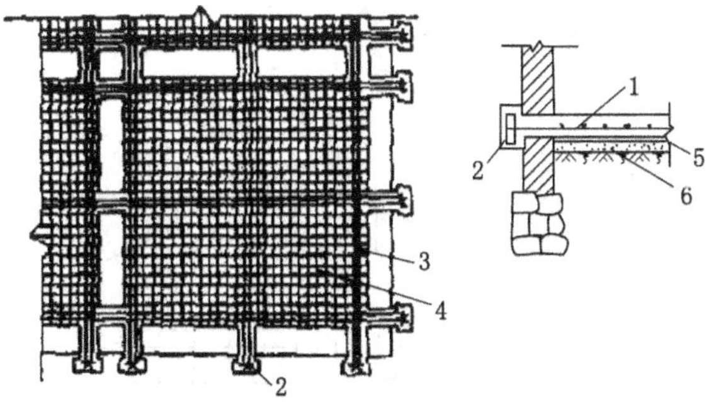

1—锚固板；2—锚固端；3—受力钢筋；4—钢筋网；5—两层油毡；6—砂层。

图 7-19　钢筋混凝土锚固板

7. 增设锚杆(索)加固边坡地基或挡墙类构筑物

锚杆(索)是将拉力传递到深部稳定岩土层的构件。使用锚杆(索)加固边坡地基或挡墙类构筑物，可显著增强挡土构筑物与深部稳定岩土层的整体性，提高边坡上建筑物地基的稳定性。

8. 增设斜撑加固挡墙构筑物

在挡土构筑物或围墙外侧每隔一定距离设置斜撑加固挡墙构筑物，可显著增强挡土构筑物与围墙的整体性，防治挡土构筑物或围墙倾覆失稳。该方法简便易行，常用于采动区围墙加固和边坡构筑物加固。

7.5.1.2　柔性措施

最常用的建筑物保护柔性措施是切割变形缝。设置变形缝是一项经济而有效的方法，在国内外建筑物下采煤中被广泛采用。

切割变形缝应从屋顶至基础完全切割，将建筑物分成若干个彼此互不相连、长度较小、刚度较好、自成变形体系的独立单体组合(图 7-20)，以减小地基不均匀沉降、地基反力不均匀对建筑物的影响。

1. 变形缝设置的位置

长度过大的建筑物，可每隔 20 m 左右设置一条变形缝。对于平面形状复杂的建筑物，可在建筑物转折部位设置变形缝。另外，在建筑物高度差异或荷载差异处、建筑物结构(包括基础)类型差异处、地基强度有明显差异处一般应设置变形缝。

2. 变形缝的宽度

变形缝的宽度设置，要能保证地表变形后变形缝不会被挤死。

对位于地表拉伸——正曲率区的建筑物，变形缝的宽度可按一般建筑物沉降缝要求设置。

对位于地表压缩——负曲率的建筑物，墙壁变形缝的宽度 $\Delta_{墙}$ 可按下式计算：

$$\Delta_{墙}=(\varepsilon+HK)\frac{L_1+L_2}{2} \tag{7-15}$$

设置基础变形缝的宽度 $\Delta_{基}$ 用下式计算：

$$\Delta_{基}=\frac{L_1+L_2}{2}\varepsilon \tag{7-16}$$

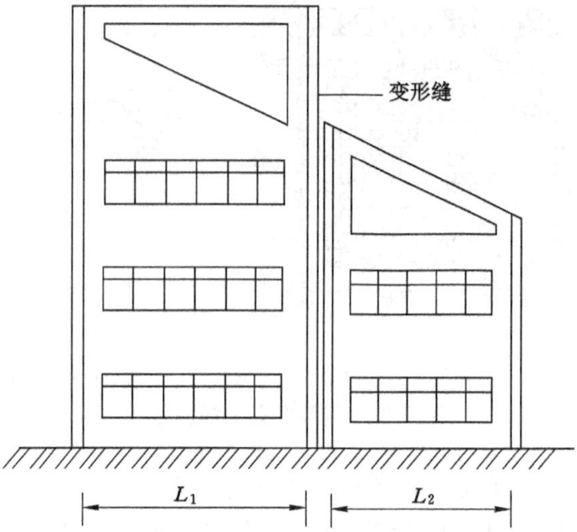

图 7-20 变形缝位置示意图

式中 ε——地表的压缩变形，mm/m；

K——地表的负曲率变形值，10^{-3}/m；

H——单体的高度，m；

L_1，L_2——变形缝两侧单体的长度，m。

一般情况下，无论建筑物位于何种地表变形区，变形缝宽度均不应小于 5 cm。

3. 变形缝设置技术要求

设置变形缝时，必须将基础、地面、墙壁、楼板、屋面全部切开，形成一条通缝，以达到变形缝两侧的单体能够各自独立变位而互不影响的目的。在施工过程中，严禁砖石、砂浆、瓦片、木块等杂物落入缝内，以防出现变形缝挤死的现象。

变形缝一般设置在已有的横墙一侧，并在变形缝的一侧新砌筑一道厚度不小于 24 cm 的横墙，以保证建筑物的空间刚度和稳定性，并用于支承被切断的楼板和屋面。若变形缝设置处无横墙时，则应在变形缝两侧新砌筑两道横墙。

7.5.1.3 结构抗变形措施设计原则

对不同的地表变形，应采用不同的结构抗变形措施。结构抗变形措施设计一般应遵守下列基本原则：

（1）当预计建筑物受到Ⅱ级破坏时：一般只需要采取简单加固保护措施，如设置钢拉杆、钢筋混凝土圈梁、对长建筑物增设变形缝等。另外对于压缩区建筑物可挖设变形补偿沟吸收变形。

（2）当预计建筑物受到Ⅲ级破坏时：应采取中等加固保护措施，即除上述简单加固措施外，还应增设钢筋混凝土基础梁（包括纵、横向梁及斜梁）、层间及檐口钢筋混凝土圈梁、钢筋混凝土柱等，并可采取一定的开采技术措施。

（3）当预计建筑物受到Ⅳ级破坏时：应采取专门加固保护措施，如增设基础钢筋混凝土锚固板等，必要时采取减小地表移动和变形的开采技术措施。

（4）每次开采前和地表移动稳定后，均需对建筑物和设施及时进行检修和调整。

除上述建筑物结构保护措施外，对于新建抗变形建筑，还可采取双板基础提高建筑物的整体刚度和阻隔水平变形传递，或可采用楔形基础增大基础切入地基量、减小不均匀沉降和曲率影响等。

7.5.2　阻隔地表变形传递或吸收地表变形措施

采取技术措施阻隔地表变形传递或吸收地表变形，可减少建筑物结构实际承受的变形影响。这些技术措施主要包括挖设变形补偿沟、增设基础水平滑动层等。

7.5.2.1　挖设变形补偿沟

所谓变形补偿沟，是指在建筑物周围的地表挖掘一定深度的槽沟，用于阻隔地表水平压缩变形的传递，减小建筑物所受的水平变形值，达到保护建筑物的目的。

变形补偿沟应沿建筑物外墙基础挖设，其长轴方向尽量与主压缩变形方向垂直；距离建筑物 1～2 m，深度应达到建筑物基础底面下 200～300 mm，内充炉碴等松散材料，如图7-21所示。挖设变形补偿沟简单易行，且吸收地表压缩变形效果显著。

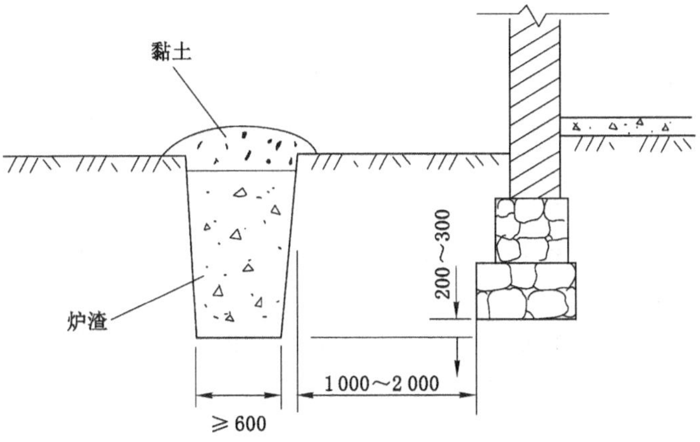

图 7-21　变形补偿沟

7.5.2.2　增设基础水平滑动层

为减小地表水平变形引起的建筑物上部的附加应力，可在基础圈梁与基础之间设置基础水平滑动层，如图 7-22 所示。

增设基础水平滑动层的主要目的是在建筑物地基与基础受采动影响产生水平变形后，使建筑物主体结构与基础之间产生相对滑动，释放水平应力，阻隔水平变形的向上传递。

设置基础水平滑动层的方法是：在砖石基础的顶部用 1∶3 水泥砂浆抹平压光，然后铺上两层油毡。为增加水平滑动层的效果，可在两层油毡之间和下层油毡与水泥砂浆找平层之间放置云母片或石墨。

通常情况下，建筑物在设置滑动层后，不论地表水平变形有多大，建筑物的水平变形均很小。在阳泉三矿进行的抗变形农村住宅试验表明，采用双层油毡作为水平滑动层，摩擦系数约为 0.4，使抗变形农村住宅基础圈梁因地表水平变形产生的附加应力降低了 70%。设置基础水平滑动层对于已有建筑物施工难度很大，适用于新建抗变形建筑时采用。

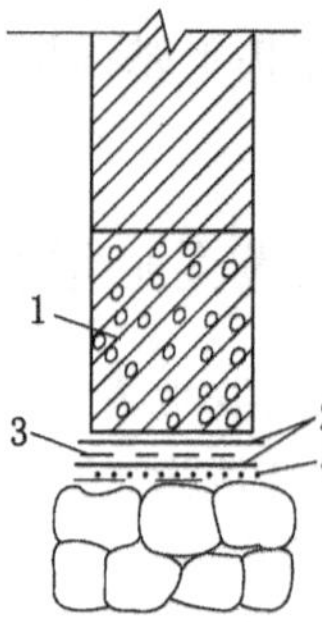

1—钢筋混凝土圈梁；2—油毡；3—云母片；4—水泥砂浆找平层。

图 7-22 水平滑动层

7.5.3 及时消除建筑物变形的维修治理措施

7.5.3.1 千斤顶纠偏

当受采动影响的地表发生不均匀沉降和倾斜变形较大时，为使建筑物免受超过其承载能力的附加作用力影响，可及时采用千斤顶调平基础，消除不均匀沉降引起的建筑物结构附加内力。

千斤顶一般设置在基础圈梁下部砌体中预留的千斤顶窝内。采用千斤顶调整基础时，应在基础圈梁下部设橡皮垫和工字钢，千斤顶下部亦应有足够大的支座垫板，以保证圈梁和下部基础砌体不因局部受压而破坏。

千斤顶纠偏技术可用于新建建筑物和已有建筑物的不均匀沉降治理，国外应用较多。由于调整工作量大，目前一般只应用于重要建筑物，较少应用于一般建筑物。

7.5.3.2 地基钻孔抽取砂土调整基础沉降

地基钻孔抽取砂土调整基础沉降的基本原理是：通过人为抽取一定量的地基土增大建筑物一侧的沉降量，调整建筑物基础沉降差，从而减小建筑物附加内力。

一般选择在建筑物基础沉降量较小的一侧，平行于建筑物基础外侧 2 m 左右挖深沟至基础底面水平，从沟内每隔一定距离向基础下方用螺旋钻适当抽取地基土，增大该侧基础沉降量。由于建筑物地基压密及基础沉降有一定的滞后性，因此在施工时一定要严密监测和严格控制砂土抽取量，防止过量抽取造成的过量沉降。

7.5.3.3 建筑物裂缝注浆加固

通过对建筑物已有裂缝及时进行注浆加固，可以提高建筑物墙体的整体强度和改善其使用质量。

7.5.3.4 构筑物基础与结构调整维修措施

通过垫高地基、抬高或降低局部基础、调整构件位移、松开与再安装构件等维修与调整措施，可及时消除和释放地表移动和变形的影响，避免附加应力和附加变形累积造成建筑物损坏。这是铁路、高压输电线路、管道等线性构筑物下采煤常用的主要变形控制措施。

7.6 建筑物下采煤实施的有关规定

7.6.1 建筑物压煤开采方案设计

根据《三下采煤规范》规定：建筑物保护煤柱开采应当进行专门开采方案设计。

7.6.1.1 建筑物下采煤方案设计的基础资料

1. 文字技术资料

地质、开采技术条件。调查并掌握研究区域煤层的层数、层间距、厚度、倾角、埋藏深度、压煤量、岩石物理力学性质、地质构造、地下潜水位等资料，弄清现有的开采方法、巷道布置、生产系统以及邻区开采情况。

建筑物及其地基概况。调查并掌握研究区域建筑物的体型、面积、长度、宽度、高度、层数、结构类型、基础形式及其埋置深度等情况；调查并掌握研究区域松散层厚度和建筑物地基的工程地质及水文地质参数、建筑时间和现有状况、使用要求、周围地形情况，以及建筑物原设计的有关资料。

配套设施概况。调查并掌握研究区域配套的主要管线和重要设备的技术特征、技术要求及其支承或者基础埋置方式等资料。

地表移动资料。调查并掌握研究区域有关的地表移动参数：老采区活化的可能性及其对地表和建筑物的影响等情况。

2. 工程图纸资料

调查并收集研究区域的井上下对照图、采掘工程平面图、地质剖面图、钻孔柱状图和建筑物的竣工图（或者施工图）等图纸资料。

7.6.1.2 建筑物下采煤方案设计的基本内容

(1) 项目概况及可行性分析：分析建筑物特征及其压煤开采的必要性、可能性和安全可靠性，并在此基础上，与其产权单位或所有者协商确定建筑物保护程度的设防指标（即最大允许变形值）。

(2) 技术方案设计：提出实现建筑物下采煤的各种技术方案，主要包括采煤方法和顶板管理方法的选择与论证、地表移动与变形预计、建筑物采动影响分析与评价，以及建筑物维修、加固和保护措施。

在进行地表移动与变形值预计时，应当阐明计算方法和参数选取依据，并提供建筑物所在处地表移动与变形值的计算结果及必要的图表。根据建筑物下采煤技术方案预计出的建筑物所处地表移动变形值应满足设防指标要求。

(3) 方案的技术、经济评价及费用概算。

(4) 方案的综合分析对比和选定。

(5) 地表移动及建筑物变形观测站设计。

(6) 安全技术措施的制订。

7.6.1.3 建筑物下采煤设计和实施中应注意的其他事项

(1) 在编制建筑物下压煤开采方案时，对于地表下沉造成的地表积水问题，应当采取有效控制地表沉降的井下开采措施或者地面疏排水措施以保证安全。

(2) 在建筑物受采动影响期间，除加强监测外，还可以选用下列措施减少开采对建筑物及配套设施的破坏影响：在地表变形活跃期内，暂停或暂时改变建筑物的使用性质；对建筑物和设备及时进行检修和调整。

7.6.2 建筑物下压煤开采中的观测工作

《三下采煤规范》规定，在建筑物下开采时，必须进行地表及建筑物移动变形观测研究工作。在建筑物下试采时的观测研究工作应符合下列要求：

(1) 开采前设置地表和建筑物观测站。观测站设置及观测内容参照《煤矿测量规程》的有关规定执行。

(2) 在开采前和采动期间对地表裂缝和建筑物的损坏情况应当进行素描、摄影和摄像记录。

(3) 准确测定实际开采厚度、开采面积、采出煤量、采空区内残留煤柱的位置和尺寸、工作面推进速度及其他有关技术指标。

试采结束后，对各项观测资料进行系统分析和总结，提出成果，上报原审批单位。对于符合规范规定进行的建筑物下压煤开采或者在本矿区已进行过建筑物下采煤时，可根据需要适当简化观测研究内容，只进行局部或单项观测。

7.6.3 建筑物下压煤开采工作管理的有关规定

在《三下采煤规范》中对建筑物压煤开采设计、开采工作管理进行了规定。

(1) 设计与审批权限：建筑物压煤开采设计应当由煤矿企业组织专业技术人员或者委托专业研究机构完成，并由煤矿企业组织论证、审批。

(2) 涉外对象处理：压煤开采设计涉及煤矿企业以外其他方受护对象安全问题时，应当由煤矿企业组织专业技术人员或者委托专业研究机构完成，并与受护对象产权单位协商一致后，报省级及以上煤炭行业管理部门。

(3) 开采与总结：建筑物压煤开采设计未经审批，不得进行回采，压煤开采（试采）结束后必须编制技术总结报告并报送原审批部门存档。

(4) 提前告知与补偿：受采动影响的建筑物为非煤矿企业产权的，应当在开采前告知其产权单位，并根据开采结束后的损害程度给予合理补偿。在已经合法批准的矿区范围内受采动影响的各类违章建筑物等，煤矿企业不承担任何维修、补偿责任。

(5) 鼓励性政策：鼓励煤矿企业采用新技术、新工艺、新装备提高压煤采出率，由于压煤开采而增加的生产、维修、防护、补偿及科研试验经费，由专项费用解决或者计入煤炭生产成本。

复习思考题

1. 简述地表变形对建筑物的影响。
2. 建筑物受到采动变形影响后，形成的常见裂缝有哪些？如何造成的？
3. 建筑物位于采空区不同空间位置时，受到的采动破坏有什么不同？
4. 地表变形与建筑物破坏之间有什么关系？

5. 建筑物破坏与哪些因素有关？如何理解非采动影响区建筑物也产生破坏的现象？

6. 我国煤矿开采损害的补偿方法主要考虑哪些因素？

7. 建筑物下采煤地表保护煤柱有哪些？井下保护措施有哪些？建筑物保护措施有哪些？

8. 简述建筑物下采煤井下保护措施的优缺点。

第 8 章 充填与条带开采沉陷控制的理论与技术

8.1 充填开采沉陷控制理论与技术

覆岩破坏和地表沉陷是地下矿产资源采出后形成的采空区引起的岩层移动并发展到地表而形成的。因此，直接充填采空区是消除或大幅度减轻覆岩破坏和地表沉陷的最直接方法。

8.1.1 充填开采的概念及发展概况

8.1.1.1 充填开采沉陷控制机理

充填开采技术是随着采煤工作面的推进，向采空区送入矸石、砂石、粉煤灰、建筑垃圾、膏体等充填材料，并在充填保护下进行采煤的技术。该技术可大幅度减小采空区顶板下沉的自由空间，达到减轻上覆岩层及地表移动和变形程度的目的。充填开采时采空区的充实率越高，则上覆岩层和地表移动与变形越小；通过控制采空区充实率就可实现对上覆岩层和地表移动与变形大小的控制。

8.1.1.2 充填开采技术的发展概况

充填开采技术是为了满足采矿工业的需要发展起来的，在国际上已有数百年的历史。充填开采技术在国内外非煤矿山的研究和应用取得了长足的发展，先后经历了废弃物干式充填阶段、水砂充填阶段、尾矿胶结充填阶段和以高浓度充填（如膏体充填、块石砂浆胶结充填、全尾矿胶结充填等）为代表的现代充填采矿阶段。第一阶段是在 20 世纪 30 年代以前，国外以处理固体废弃物为目的，在不完全了解充填物料性质和使用效果的情况下，将矿山废料送入井下采空区。例如，澳大利亚北莱尔矿在 20 世纪初利用废矿石进行充填开采；加拿大诺兰达公司霍恩矿在 20 世纪 30 年代将粒状炉碴加磁黄铁矿充入采空区。第二阶段是在 20 世纪 40 年代至 50 年代，美国、澳大利亚和加拿大等国将水砂充填技术应用于矿山开发，从此真正将矿山充填开采纳入了采矿计划，并对充填材料和充填工艺展开了研究。这一阶段主要将尾矿借助水力充入井下采空区，开发了采用选厂分级尾砂进行水砂充填的技术工艺，在悬浮液输送固体物料、水力旋流器脱泥等方面取得了进步，实现了低浓度泵压或自流输送的水力充填采矿。在这一时期，波兰、德国等国开始研究用水砂充填、风力充填等技术进行建筑物下采煤，其中波兰采用密实水砂充填技术在城市下采煤中取得了较好的应用效果。波兰在建筑物下采煤中采用密实水砂充填技术，地表下沉系数为 0.06～0.15；采用水砂充填条带开采时的地表下沉系数仅为 0.015～0.02。第三阶段是 20 世纪 60 年代至 70 年代，国外开始应用和研发尾矿胶结充填技术。这方面较为典型的代表是澳大利亚的芒特艾萨矿，其采用尾矿胶结充填工艺回采底柱，其水泥添加量为 12%。第四阶段是 20 世纪 80 年代至 90 年代，原先的充填工艺已不能满足回采工艺的要求和进一步降低采矿成本及环境保护的需要，因而发展了高浓度充填技术。高浓度充填是指充填料到达采煤工作面后，虽有多余水分渗出，但其多余水分的渗透速度很慢、浓度变化较慢的一种充填方式。所谓高浓度，一般指质量浓度达到 75%的充填料浆。近年来，澳大利亚的坎宁顿矿，加拿大的基德克里克矿、络维考特矿、金巨人矿和奇莫太矿，以及南非、美国和俄罗斯的一些井工矿应用了这些新的充填开采技术。

总体来讲，在煤矿开采领域，由于煤层赋存特点和地质采矿条件特征，以及煤炭开采后采空区顶板随采随垮、难以形成稳定的充填空间等在开采方式方面存在的巨大差异，无法将金属矿山比较成熟的充填开采技术直接应用于煤矿领域。

我国新汶、抚顺等矿区在 20 世纪 60 年代曾开展了建筑物下水砂充填采煤的试验研究工作。但由于采煤效率低、经济成本高和充填材料严重不足等方面的因素，目前水砂充填技术在国内外已很少使用。在淮南、北京、北票及中梁山等矿区的急倾斜煤层开采中曾应用过矸石自溜充填方法。我国早期的煤矿充填开采工程实践表明，由于充填机械设备简陋、充填质量较差，导致其对地表沉陷控制效果不佳，并且由于缺乏岩层控制理论指导和完善的充填设备支持，充填工艺落后，充填作业对采煤生产影响很大，生产效率低，工人劳动强度很高，造成煤矿充填开采技术始终没有得到大的发展和推广。

近年来，我国在煤矿充填开采技术方面取得了重要进展，积极探索实践不同的充填开采技术，开展了与现代采煤工艺配套的机械化充填开采技术研究和应用，并取得了重要进展，已形成了固体物直接充填、膏体似膏体充填和高水超高水充填“三大类”生产工艺技术体系，开始在全国“三下”压煤开采中得到推广应用。

8.1.1.3　煤矿充填开采的种类和工艺特点

1. 按充填方式分类

煤矿充填开采按充填方式可分为水力充填开采、风力充填开采、机械充填开采和矸石自溜充填开采四类。

水力充填开采是指用水作载体，将河砂、粉碎矸石等材料通过泵送管道输送到采空区，滤掉废水留下固体材料实现充填的采矿方法。波兰水砂充填采煤量曾占到全国城镇及工业建筑物下采煤量的 80%左右。

风力充填开采是指用风作载体，将粉碎矸石等材料通过泵送管道输送到采空区实现充填的采矿方法。英国、法国、比利时等国都曾不同程度地采用了风力充填方法控制岩层移动。

机械充填开采是指用矿车、带式输送机、抛矸机或其他机械输送煤矸石、粉煤灰等干式充填料充填采空区的采矿方法。综采矸石充填、普采抛矸充填等技术近年来在我国得到了迅速发展。

矸石自溜充填开采是指利用倾斜、急倾斜矿层赋存特点，将矸石或尾矿等干式充填材料利用采空区底板坡度，通过自溜充填采空区的采矿方法。

2. 按充填材料和输送方式分类

煤矿充填开采按充填材料和输送方式可分为干式充填开采、水力充填开采和胶结充填开采三类。

干式充填开采是指用矿车、风力或其他机械输送干式充填料充填采空区的采矿方法，如综采矸石充填开采、抛矸充填开采、风力充填开采等。

水力充填开采是指用水力管道输送尾砂、山砂、河砂、炉碴、碎矸石等充填料充填采空区的采矿方法，如水砂充填开采。

胶结充填开采是指用水泥及其代用品或其他胶凝材料与尾砂、矸石等骨料配制成具有胶结性质的充填材料，然后充填材料通过泵送或自流到采空区后凝固充填的方法，如高水材料充填开采、似膏体充填开采、膏体充填开采等。

3. 我国现代煤矿充填开采方法

固体直接充填开采技术是以地面矸石、粉煤灰、井下掘进和选煤矸石为主要充填材料，通过充填料运输系统转运到采煤工作面，利用抛矸输送机或悬挂在充填采煤液压支架后部的充填输送机将固体充填材料充填到采空区。其主要包括普采工作面抛矸充填开采工艺和综合机械化固体充填开采工艺两类。

膏体充填开采技术从金属矿山的膏体充填技术发展而来，将矸石、粉煤灰(或河砂)和水泥、胶凝材料与水混合，搅拌加工成具有良好流动性的膏状胶结体，在重力或泵压的作用下，以柱塞流的形态输送到采空区。膏状胶结体在一定时间内固结后，达到一定强度要求，起到充填采空区和支撑上覆岩层控制岩层移动的双重作用。

高水材料充填开采技术是将主料[尾矿(矸石、铁矿、金矿)、粉煤灰、赤泥(氧化铝工业生产的废料)]和配料(石膏、石灰、水泥、膨胀剂、胶凝材料)与水混合，水含量达到 50%(超高水材料达 90%以上)，搅拌加工成为可自流输送的材料，在重力作用下输送到采空区。进入采空区的浆液在化学作用下固结，并达到一定的强度，起到充填采空区和支撑上覆岩层控制岩层移动的双重作用。

8.1.2 充填开采岩层和地表移动特征

8.1.2.1 充填开采岩层移动机理与特征

无论何种充填开采工艺，其岩层移动控制机理基本相同。充填采空区的固结充填体占据了上覆岩层的下沉空间，相当于减小了开采厚度；上覆岩层在下沉过程中能很快接触充填体，其后整个上覆岩层在充填体的支撑下发生缓慢沉降，充填体逐渐被压密，充填体的承载力迅速提高、压缩变形逐渐减小并趋于稳定；受固结充填体支撑约束，上覆岩层无垮落空间或垮落空间极小；顶板岩层在弯曲下沉过程中可能发育断裂裂隙，但发育高度有限。因此，充填开采岩层移动的最终结果类似于极薄煤层开采引起的岩层移动问题，覆岩下沉速度缓慢、下沉量小。采空区充填体的有效厚度决定了充填开采后的覆岩破坏和岩层移动程度。

与全部垮落法开采技术相比，采用密实充填开采技术时，上覆岩层中没有明显的垮落带发育，在直接顶中发育高度较小的断裂带，岩体结构以连续的层状结构为主，上覆岩层移动主要表现为整体的弯曲下沉形式，岩层移动传递至地表仅形成一个非常平缓的下沉盆地。垮落法开采和综采密实矸石充填开采后覆岩移动与变形基本特征示意图如图 8-1 所示。

在充填开采中，反映充填质量的两个重要技术指标是充填体的压缩率和充填开采的充实率。所谓充填体的压缩率，是指充入采空区的充填体法向高度 $M_{充}$ 与充分压实后的充填体法向高度 $M_{实}$ 之差与 $M_{充}$ 的百分比，用 η 表示；充填体的压缩率取决于充填材料的成分与配比、充填工艺等，可通过实验室模拟现场条件测定获得。充填开采的充实率是指充入采空区并经充分压实后的充填体法向高度 $M_{实}$ 与充填工作面实际法向采高 M 的百分比，用 ρ 表示；充填开采的充实率取决于充填材料的成分与配比、充填工艺和工作面地质采矿条件等，可通过现场实测获得。

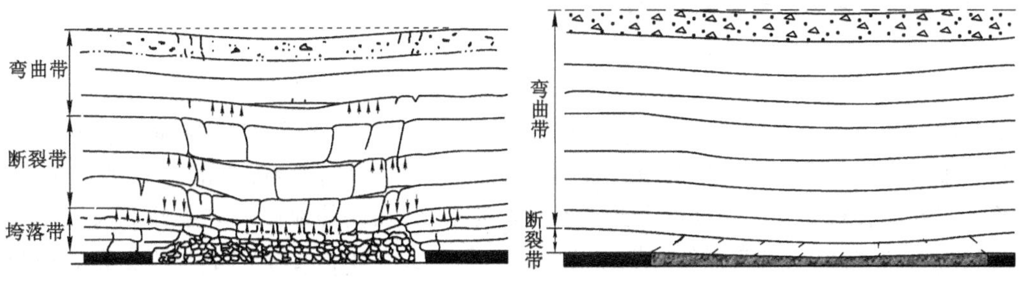

图 8-1　垮落法开采和综采密实矸石充填开采后覆岩移动与变形基本特征示意图

$$\eta=\frac{M_{充}-M_{实}}{M_{充}}\times 100\% \tag{8-1}$$

$$\rho=\frac{M_{实}}{M}\times 100\% \tag{8-2}$$

显然，充填体的压缩率体现了固化充填体的最大变形量，反映了不同充填材料及其配比、固化和压缩变形特征；而充填开采的充实率则是体现充填开采沉陷控制质量的关键技术指标，是采煤工作面矿压显现和岩层及地表移动的主控因素。充填开采的充实率受控于充填采煤工艺、充填材料配比、矿山压力特征、工作面支护强度和其他人为控制因素等。充填开采的充实率越高，则覆岩破坏程度越小，导水裂缝带高度越小，岩层和地表移动值越小。

8.1.2.2　充填开采地表移动特征

模拟及实测研究表明，充填开采地表沉陷盆地特征与长壁垮落法开采地表沉陷盆地特征类似，但充填开采地表移动与变形值较小、移动变形速度缓慢，且具有明显的减沉、缓沉效果。图 8-2 为济宁矿区花园煤矿综合机械化矸石充填采煤地表下沉实测曲线。

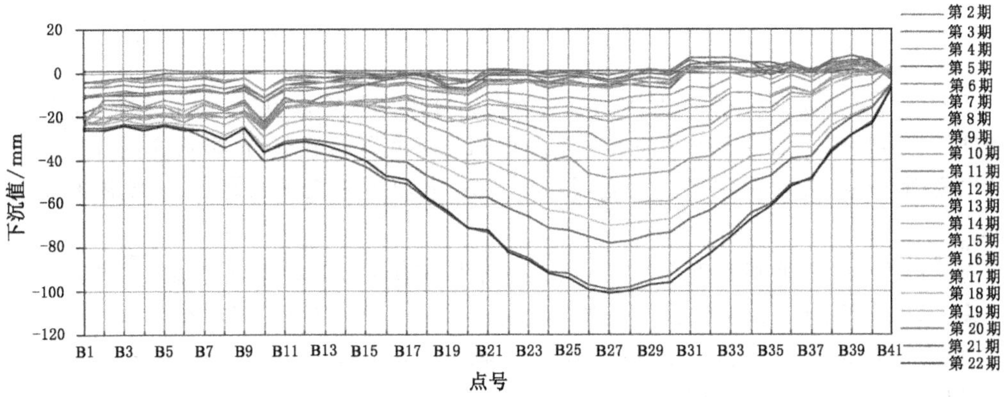

图 8-2　济宁矿区花园煤矿综合机械化矸石充填采煤地表下沉实测曲线

现场实测和模拟研究均表明，充实率是充填开采地表移动与变形控制的主控因素。地表下沉值随充实率增加而减小，两者之间呈近似线性关系；但充填开采的地表下沉盆地范围与全部垮落法时基本一致或略小，表明地表移动盆地范围与充实率之间关系不显著。

8.1.2.3 充填开采岩层和地表移动的等价采高原理

1. 充填开采的等价采高

虽然充填开采覆岩移动过程是伴随着充填体固结、压密过程逐渐发生的，与全部垮落法开采时的剧烈的覆岩垮落、断裂过程具有显著差异，但最终稳定后的岩层和地表移动分布特征类似于薄煤层开采时的岩层和地表移动规律。在采用传统的全部垮落法处理采空区时，上覆岩层和地表移动变形程度的主要控制因素为采高；在同等地质采矿条件下采用充填开采处理采空区时，充填采空区的充填体占据了上覆岩层垮落下沉的空间，使得上覆岩层和地表移动的主控因素变成了由实际采高扣除充填体高度后的剩余高度，我们将这个剩余高度称为等价采高。因此，可将充填开采引起的覆岩破坏和地表沉陷预计问题近似转换为等价采高煤层垮落法开采引起的覆岩破坏和地表沉陷预计问题，这样就可以采用传统的全部垮落法开采覆岩破坏和地表沉陷计算方法进行充填开采的岩层移动与变形计算。这就是充填开采岩层和地表移动的等价采高原理。

如图 8-3 所示，充填开采的等价采高等于采煤工作面实际法向采高 M 与充入采空区并经充分压实后充填体法向高度 $M_{实}$ 之差，用 M_e 表示。

$$M_e = (1-\rho)M \tag{8-3}$$

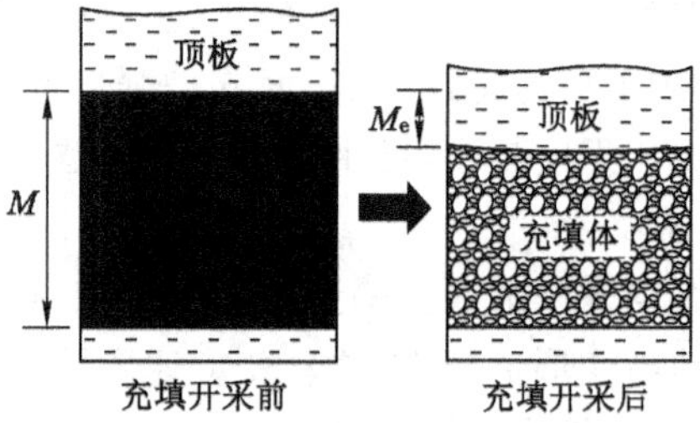

图 8-3 充填开采等价采高示意图

2. 充填开采等价采高的主要影响因素

在采空区全部充填时，充填开采的等价采高实际上就是该充填工艺、充填材料和地质采矿条件的综合反映。结合等价采高的基本原理和现场实践经验分析，影响充填开采等价采高的主要因素包括充填过程中的顶底板移近量 δ、充填体未接顶距离 Δ、充填体的压缩率 η 等。

充填过程中的顶底板移近量 δ 主要取决于采煤工作面矿压控制和充填工艺与过程。充填开采采煤工作面矿压越大、支护强度越小、工艺效率越低、充填时间和充填体固结时间越长，则顶底板移近量就越大，充填空间（高度）就越小。将采煤工作面支架被动受力改为主动支撑，提高采煤工作面支护设备初撑力和工作阻力；优化充填开采工作面布置，适当缩短充填工作面长度，减轻采煤工作面矿山压力；提高充填效率，缩短采空区充满时间；改进充填材料配比；缩短充填体固结时间等，均是减小充填采煤工作面顶底板移近量的有效途径。充填过程中的顶底板移近量可通过井下现场实测获得。

充填体未接顶距离 Δ 是指充填体没有充满采空区，致使充填体与顶板之间存在的空距。它是反映采空区充填质量的重要指标，主要受充填设备、充填工艺、充填材料特征、开采煤层赋存条件及工人操作技能和责任等因素控制。Δ 越小，反映充填体越压实。采用充填开采工作面仰斜采煤、俯斜充填的布置方式；优化与改进充填设备或装置，提升充填有效高度；提高工人操作技能和责任心等。这些措施可最大限度地缩小充填体未接顶距离，提高充满率。充填体未接顶距离可通过井下现场实测获得其平均值。

充填体的压缩率 η 是反映充填材料和充填体质量的重要指标。对于固体直接充填采煤来说，充填体的压缩率还与充填装备和充填工艺有密切关系；如附带有推压夯实机构的综采充填液压支架，可以实现对充填矸石的推压、夯实作业，可使充填矸石体达到一定的初始密实度，可有效减小后期的充填体压缩率。

因此，在特定充填材料与充填工艺条件下，可以用下式估算采空区全部充填时实际能达到的等价采高 M_e：

$$M_e = (M - \delta - \Delta)\eta + \delta + \Delta \tag{8-4}$$

式中 δ——采煤与充填过程中的顶底板移近量，mm；

Δ——充填体未接顶距离，mm；

η——充填体的压缩率，%；

M——充填开采煤层采高，mm；

M_e——充填开采等价采高，mm。

8.1.2.4 充填开采的地表移动预计方法和参数选取

根据充填开采地表移动规律和等价采高原理，充填开采地表移动与变形计算可采用概率积分法计算，具体计算模式有以下两种。

1. 计算模式一

基本思想：直接采用充填开采实测反演预计参数，按常规的概率积分法模型计算。

计算采高：采用工作面实际采高。

预计参数：概率积分法预计参数采用充填开采地表移动观测站实测资料反演获得，或依据地质采矿条件和充填工艺及充填效果类比获得。但由于不同工作面地质采矿条件和实际充填效果的差异，较准确的充填开采概率积分法预计参数难以获得。

2. 计算模式二

基本思想：根据等价采高原理，应用等价采高代替实际采高按常规的概率积分法模型进行地表沉陷预计。

计算采高：充填开采工作面等价采高。

预计参数：可近似采用本矿区薄煤层垮落法开采条件下的实测参数，其中下沉系数应增大5%～10%。

8.2 条带开采地表沉陷控制理论与技术

条带开采法是保护地面建筑物的一种有效开采措施。从20世纪60年代末引进我国以来，条带开采法一直是我国建(构)筑物下采煤的主要方法。

8.2.1 条带开采的概念与类型

8.2.1.1 条带开采的基本概念

条带开采法是一种部分开采法，它是将计划开采区划分为比较规则的条带形状，采一条、留一条，使留下的条带煤柱足以支撑上覆岩层，在整个开采条带全部采出后地表形成单一的下沉盆地，且产生的移动变形较小，从而达到保护地面建(构)筑物的目的。条带开采法示意图如图 8-4 所示。

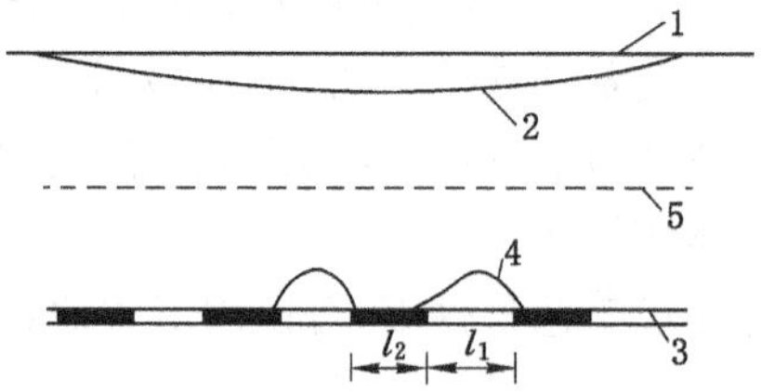

1—地表；2—地表下沉曲线；3—煤层；4—自然平衡拱；5—波浪与非波浪下沉盆地的分界线。

图 8-4 条带开采法示意图

在条带开采中，通常将采出条带煤柱的宽度称为采宽，将留设条带煤柱的宽度称为留宽。采宽 l_1 和留宽 l_2 之比称为采留比。条带开采回采率通常是指条带开采工作面的面积采出率$\left(\rho=\dfrac{l_1}{l_1+l_2}\right)$；条带开采煤柱损失率是指因留设条带煤柱造成的条带开采区域面积损失率$\left(S=\dfrac{l_2}{l_1+l_2}\right)$。

8.2.1.2 条带开采的类型

1. 按条带布置方式分类

按条带布置方式可将条带开采分为走向条带开采、倾向条带开采和伪倾斜条带开采。

走向条带开采[图 8-5(a)]是指条带长轴沿煤层走向布置的条带开采，适用于煤层倾角较小(一般小于 20°)的缓倾斜煤层。它的优点是工作面搬家次数少。倾向条带开采[图 8-5(b)]是指条带长轴顺煤层倾向布置的条带开采。其优点是适应性较强，应用较广；缺点是工作面搬家频繁。伪倾斜条带开采是指条带长轴沿煤层伪倾斜方向布置的条带开采。该开采方式应用相对较少。

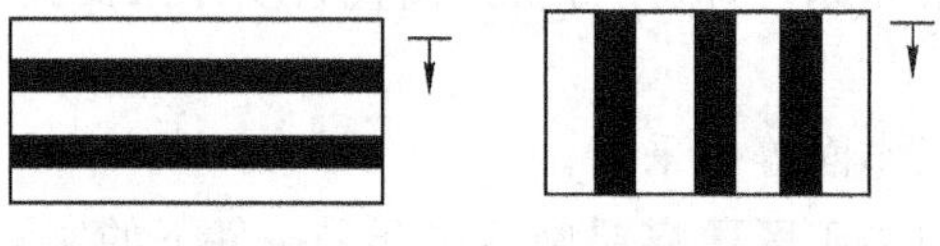

(a) 走向条带开采　　(b) 倾向条带开采

图 8-5 条带开采类型

2. 按采空区顶板管理方式分类

按采空区顶板管理方式可将条带开采分为垮落条带开采和充填条带开采两类。

垮落条带开采是指采出条带用全部垮落法管理顶板的条带开采。这是目前应用最多的条带开采方法。充填条带开采是指采出条带用充填法管理顶板时的条带开采。

从最大限度地减小地表移动和变形角度看，充填条带开采沉陷控制效果更好，更有利于使煤柱处于比较理想的三向受力状态，从而大大增强煤柱的稳定性。但充填条带开采工艺复杂，成本较高。

3. 按条带尺寸变化情况分类

按条带尺寸变化情况将条带开采分为定采留比条带开采和变采留比条带开采两类。

定采留比条带开采是指在一个采区内采留比固定不变的条带开采。它适用于采区开采深度变化不大、地质条件比较简单的地段。在多煤层、厚煤层分层一般应采用定采留比条带开采。

变采留比条带开采是指在一个采区内采留比不固定,根据需要而变化采留比的条带开采。在采区地质条件变化较大的地段,变采留比条带开采有一定的优越性,其条带布置方式比较灵活,适用于开采深度变化较大的单一煤层。

8.2.2 条带开采时岩层和地表移动特点

8.2.2.1 条带开采岩层移动特点

条带开采后,顶板垮落充填采空区,垮落岩层发育到一定高度后会在覆岩中形成自然平衡拱式平衡;整个条带开采区域会形成多个煤柱支撑的自然平衡拱式平衡体系(图 8-4)。

模拟和试验研究表明,条带开采引起的上覆岩层移动自下而上呈现出从波浪式下沉逐渐过渡为单一弯曲下沉的现象。在条带开采区域覆岩中存在一个位面,在该位面下方的岩层存在波浪式下沉现象,而该位面以上岩层直至地表仅出现单一平缓的弯曲下沉现象。根据吉林省蛟河煤矿实测数据,采用条带开采法开采第一层煤后(开采厚度约为 1 m,开采深度为 85 m),在地表以下 50 m 处显现为波浪状下沉,而发展到地表时的下沉盆地呈现为平缓的单一盆地。

8.2.2.2 条带开采地表移动特点

条带开采只要尺寸设计合适,地表不会出现波浪形下沉盆地,而是呈现单一平缓的下沉盆地。地表下沉盆地中的移动变形分布规律与全部垮落法开采时的分布规律相似,但地表移动与变形值较小。通常情况下,在采出率为 50%左右时,垮落条带开采的下沉系数为 0.10~0.20,相当于全部垮落法开采的 1/6~1/4。

另外,条带开采的地表移动延续时间较短。观测结果表明,条带开采时地表移动与变形的活跃期和移动延续时间都比较短。如阜新平安一坑采用条带开采时,地表移动延续时间为全部垮落法开采的 40%~50%。

8.2.3 条带开采设计方法

根据条带开采岩层和地表移动特点,条带开采设计时应重点考虑的矛盾焦点是:条带开采回采率越高,地表的移动变形值越大,地面保护效果越差;条带开采回采率越低,地表的移动变形值越小,地面保护效果越好,但煤柱损失率越高,经济效益越差;留设煤柱太小,易造成煤柱失稳,地表沉陷控制失败。

8.2.3.1 条带开采设计原则

条带开采的采宽、留宽设计一般应满足以下三个原则:

(1) 地表允许变形原则:条带采出后,地表能够形成单一均匀的下沉盆地,而不出现波浪形下沉盆地;地表产生的最大变形值要小于保护地面建筑物的允许变形值(即设防指标)。

(2) 煤柱稳定性原则:保证留设条带煤柱有足够的强度支撑覆岩载荷,并且能够保持长期稳定。

(3) 尽量提高回采率原则：在满足地表允许变形原则和煤柱稳定性原则的前提下，尽量提高采出率。

8.2.3.2　条带开采采宽的设计方法

现场实践经验表明，当采宽 l_1 达到开采深度 H 的 1/3 时，地表可能会出现波浪形下沉盆地。为了保证条带开采后地表出现单一平缓的下沉盆地，根据国内外条带开采实践，采宽 l_1 一般应设计为：

$$l_1=(1/4\sim 1/10)H \tag{8-5}$$

为安全起见，上式中 H 一般应采用工作面上边界开采深度。根据现场实践经验，在上覆松散层含流砂层时，为防止地表出现局部较大下沉现象，采宽应尽量不超过上覆基岩厚度的 1/3。

8.2.3.3　条带开采留宽的设计方法

在设计条带煤柱时，既要保证煤柱的长期稳定性，以控制覆岩及地表移动变形，又要在保证煤柱稳定性的前提下，尽量多地开采煤炭资源。根据条带开采后煤柱的受力特点，煤柱尺寸设计有按单向受力状态和三向受力状态两种计算方法。

1. 单向受力状态计算方法

若所采煤层的顶底板均为坚硬岩层，开采后采空区不能被垮落岩石充填或仅少量充填，则煤柱呈单向受力状态，这时煤柱尺寸应按单向受力状态计算。

按单向受力状态计算留设煤柱尺寸的基本原理是煤柱的单向抗压强度应大于煤柱实际承受的平均载荷(压应力)。

煤柱实际承受的平均载荷可按“分载面积法”确定。图 8-6 中 l_1+l_2 阴影部分为煤柱分载的面积，即条带开采后采出条带上方岩体的自重全部转移到煤柱上。则：

$$\sigma_{压}=\frac{(l_1+l_2)\gamma H}{l_2}\leqslant\sigma_{煤} \tag{8-6}$$

$$l_2\geqslant\frac{l_1\gamma H}{\sigma_{煤}-\gamma H} \tag{8-7}$$

式中　$\sigma_{压}$——煤柱实际承受的平均载荷(压应力)，MPa；

l_2——留设条带煤柱的宽度，m；

l_1——采出条带煤柱的宽度，m；

γ——上覆岩层平均容重，N/m^3；

H——开采深度，m；

$\sigma_{煤}$——煤柱的单向抗压强度，MPa。

2. 三向受力状态计算方法

英国 A.H.威尔逊经过室内及现场研究认为：条带煤柱在覆岩载荷作用下两侧出现屈服区(Y 为屈服区宽度)，中间为弹性核区(c 为弹性核区宽度)(图 8-7)，则中部弹性核区处于三向受力状态；煤柱的稳定性主要取决于弹性核区的稳定。

煤柱两侧屈服区宽度与开采深度 H、开采厚度 M 有关，一般为：

$$Y=0.005MH \tag{8-8}$$

因此，留宽 l_2 应满足：$l_2\geqslant 2Y+c$。

根据实测资料，弹性核区宽度最小可取为 8.4 m，故：$l_2\geqslant 0.01MH+8.4$。

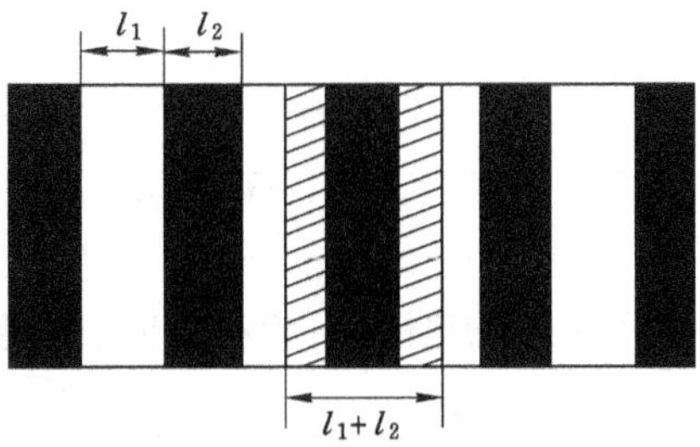

图 8-6　单向受力状态计算示意图

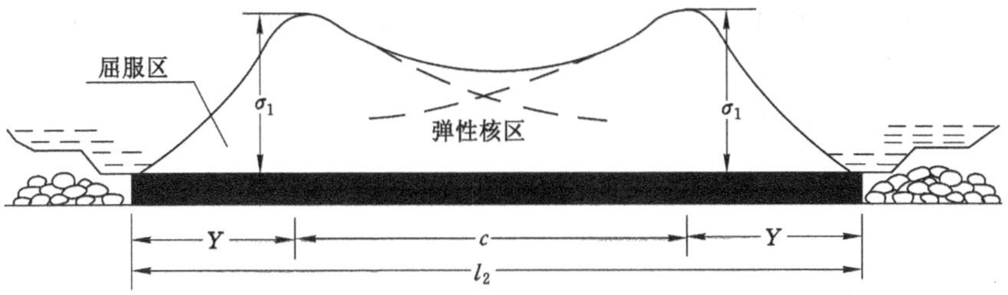

图 8-7　煤柱应力分区

从上式可以看出，一般留设条带煤柱的实际最小宽度不低于 10 m。当采空区能被垮落岩石全部密实充填，或采用充填法管理顶板时，则煤柱更容易呈现三向受力状态。

当留宽 $l_2 \geqslant 0.01MH$ 时，可计算出条带煤柱能承受的极限载荷值 $p_{极}$ 和实际承受的载荷值 $p_{实}$。

对于长条形煤柱（长/宽>10）能承受的极限载荷为：

$$p_{极、长} = 40\gamma H(l_2 - 4.92MH \times 10^{-3}) \tag{8-9}$$

长条形煤柱实际承受的平均载荷为：

$$p_{实、长} = 10\gamma\left[Hl_2 + \frac{l_1}{2}\left(2H - \frac{l_1}{0.6}\right)\right] \tag{8-10}$$

对于矩形煤柱（长/宽<10）能承受的极限载荷为：

$$p_{极、矩} = 40\gamma H[l_2 d - 4.92(l_2 + d)MH \times 10^{-3} + 32.28M^2H^2 \times 10^{-6}] \tag{8-11}$$

矩形煤柱实际承受的平均载荷为：

$$p_{实、矩} = 10\gamma d\left[Hl_2 + \frac{l_1}{2}\left(2H - \frac{l_1}{0.6}\right)\right] \tag{8-12}$$

式中　d——留设矩形条带煤柱的长度，m。

显然，当 $p_{极} = p_{实}$ 时，可求出留宽 l_2 的最小值。

长条形煤柱：

$$l_2 \geqslant \frac{l_1}{3} - \frac{l_1^2}{3.6H} + 6.56 \times 10^{-3}MH \tag{8-13}$$

矩形煤柱：

$$l_2 \geqslant \frac{6.56MH \times 10^3 (d - 6.56MH \times 10^{-3}) + d\left(\frac{1}{3}l_1 - \frac{l_1^2}{3.6H}\right)}{d - 6.56MH \times 10^{-3}} \tag{8-14}$$

为保证煤柱有足够的强度和永久稳定性，一般应保证安全系数 k 满足下列要求：

$$k = \frac{p_{极}}{p_{实}} = 1.5 \sim 2.0 \tag{8-15}$$

在现场实践中，条带开采尺寸设计通常是一个不断优化的过程。可根据条带开采的经验和矿山生产的要求，初步选取采宽和留宽，然后进行煤柱稳定性验算、地表移动变形预计及对建（构）筑物的影响分析等，在此基础上，确定出既能保证地面建（构）筑物的安全，又可最大限度地提高资源回收率和生产效率的最优方案。

8.2.3.4 影响条带煤柱强度和稳定性的因素

1. 条带煤柱的宽高比

当其他条件相同时，煤柱的抗压强度随其高度的增大而减小。在充填条带开采时，宽高比一般应大于 2；在垮落条带开采时，宽高比一般大于 5。

2. 采空区充填程度

在垮落条带开采时，若顶板充分垮落并填满采空区，则可减少煤柱边缘破坏以提高煤柱稳定性。在充填条带开采时，若充填及时并可实现密实充填，则可减小煤柱屈服范围以大大增强煤柱的稳定性。

3. 回采率或煤柱面积

合理的回采率取决于采宽、留宽、开采深度、开采厚度、煤层和顶板岩层的力学性质等因素。现场经验表明：条带开采回采率一般应控制在 40%～60%范围内，地表下沉系数为 0.1～0.25。

4. 采宽和留宽的尺寸

在不出现波浪形下沉的前提下，若采出率不变，采宽和留宽尺寸越大，则煤柱安全系数越大。

5. 开采深度

开采深度影响采宽和煤柱的稳定性。开采深度越大，煤柱所受的应力越大，煤柱的宽度要求越大；开采深度越小，煤柱所受的应力越小，但可能导致塌陷坑或波浪形下沉。

8.2.4 条带开采地表沉陷预计方法

条带开采地表移动变形计算可采用概率积分法计算，具体计算模式有以下两种。

8.2.4.1 条带开采地表移动变形计算模式一

计算条件：布置比较规则、采留比变化不大的大面积条带开采时，可采用将条带工作面开采区域（包括开采条带煤柱与留设条带煤柱）作为计算区域进行预测的方法，预测参数应根据采出率及采宽、留宽进行调整。

预计参数：一般可采用类似条件矿区实测条带开采参数类比确定；或在全部垮落法开采

预计参数基础上进行修正确定，可按下述经验公式计算。

1. 下沉系数 $q_{条}$

$$q_{条}/q=4.52M^{-0.78}\rho^{2.13}\left(\frac{l_1}{H}\right)^{0.603} \tag{8-16}$$

或

$$q_{条}/q=0.266\,3\mathrm{e}^{-0.575\,3M}\rho^{2.688\,7}\ln\left(\frac{l_1 H}{l_2}\right)+0.033\,6 \tag{8-17}$$

式中　$q_{条}$——条带开采下沉系数；

q——全部垮落法开采下沉系数；

ρ——条带开采采出率；

l_1——采宽，m；

l_2——留宽，m；

M——条带开采煤层厚度，m。

2. 水平移动系数 $b_{条}$

$$b_{条}/b=-0.000\,2\frac{(l_1+l_2)H}{l_1}+0.878\,6 \tag{8-18}$$

式中　$b_{条}$——条带开采水平移动系数；

b——全部垮落法开采水平移动系数。

3. 主要影响角正切 $\tan\beta_{条}$

$$\tan\beta_{条}/\tan\beta=0.784\,7\mathrm{e}^{-0.001\,2PH} \tag{8-19}$$

式中　$\tan\beta_{条}$——条带开采主要影响角正切；

$\tan\beta$——全部垮落法开采主要影响角正切；

P——上覆岩层综合评价系数。

4. 拐点偏移距 $s_{条}$

$$s_{条}=0.067\,3\frac{l_1^2 H}{l_2(l_1+l_2)}+2.564 \tag{8-20}$$

5. 开采影响传播角

条带开采条件下的开采影响传播角，与类似地质条件下的全部垮落法开采时的开采影响传播角一致。

8.2.4.2　条带开采地表移动变形计算模式二

计算条件：条带工作面较少或采留比变化较大时，可采用各条带工作面开采影响叠加的方法，各条带工作面的预测参数应根据其工作面尺寸及充分采动程度进行调整。

预计参数：各条带工作面尺寸较小，通常属于非充分采动条件，应分别采用坚硬、中硬和软弱覆岩的非充分采动参数与对应的充分采动条件参数的比值（$\tan\beta/\tan\beta_{充}$，$s/s_{充}$，$q/q_{充}$）与 L_θ/H_0 比值的关系对各参数进行修正。其中：L_θ 为条带工作面宽度按开采影响传播角 θ 向地平面的投影长度，m；H_0 为平均开采深度，m。$\tan\beta/\tan\beta_{充}$，$s/s_{充}$，$q/q_{充}$ 与 L_θ/H_0 比值的关系见图 8-8～图 8-10。

水平移动系数和开采影响传播角与工作面尺寸的关系不明显。

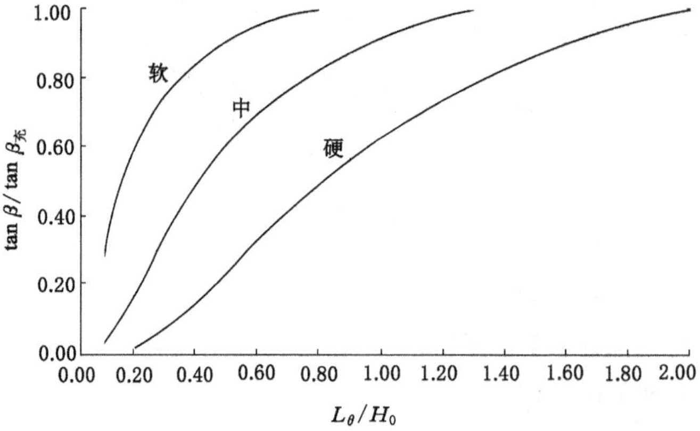

图 8-8 $\tan\beta/\tan\beta_{充}$ 与 L_θ/H_0 的关系图

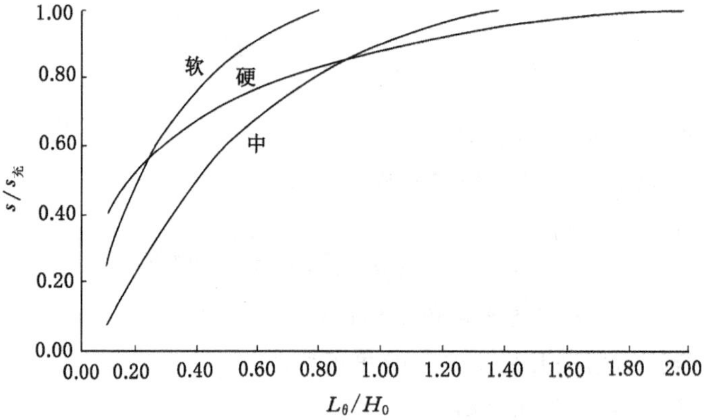

图 8-9 $s/s_{充}$ 与 L_θ/H_0 的关系图

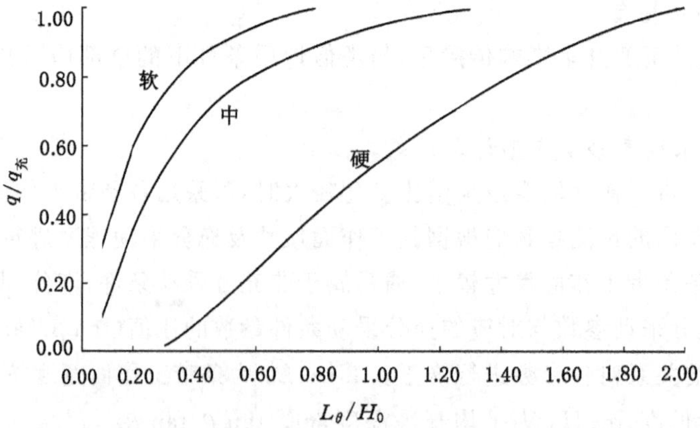

图 8-10 $q/q_{充}$ 与 L_θ/H_0 的关系图

8.2.5　条带开采应遵循的安全原则

为确保条带煤柱的稳定性，生产中必须遵守以下原则：

（1）煤柱尺寸不得随意缩小。在回采过程中，不得随意缩小煤柱尺寸，以避免减小煤柱的有效支撑面积。

（2）尽量不在煤柱掘巷，以免破坏煤柱的完整性，从而降低煤柱的强度。

（3）多煤层时上行开采。多煤层条带开采时，应采用上行开采顺序，避免重复采动对煤柱稳定性的影响。当层间距大于下层煤开采厚度的 20～30 倍时，可不受此限。

（4）多煤层时上下煤柱法向对齐。当煤层间距较小或厚煤层分层开采时，上下层（或分层）的煤柱要对齐。在倾斜煤层条件下，上下层（或分层）的煤柱应以煤层法线方向对齐布置为宜。

（5）遇断层时留设断层煤柱。应按有关规定留设足够的断层煤柱，尽量将条带煤柱垂直于断层面布设，防止断层产生滑移。

8.3　条带充填开采沉陷控制理论与技术

8.3.1　条带充填开采沉陷控制原理

8.3.1.1　条带充填开采的概念

从前述充填开采和条带开采沉陷控制技术特征可以看出：两者虽均可有效控制岩层和地表移动，但条带开采的资源采出率偏低，存在资源浪费问题；充填开采资源采出率较高，但存在成本高、充填材料短缺问题。为了既解决资源回收率低和充填成本高等问题，又达到控制地表沉陷灾害的双重目的，条带充填开采应运而生。条带充填开采是一种兼顾充填成本与沉陷控制的部分充填开采方法，针对地面环境目标[如建（构）筑物、农田等]保护所需的地表变形控制指标（临界变形值），在采煤沉陷控制理论指导下，在开采区域内科学地间隔布置充填开采工作面和垮落开采工作面，实现地表沉陷与变形控制目标。相对于全部充填开采而言，条带充填开采的充填量和充填范围仅是采出煤体空间的一部分，是解决煤矿生产过程中充采能力不匹配、充采相互干扰及充填成本过高等问题的有效途径。

8.3.1.2　条带充填开采沉陷控制的基本原理

条带充填开采沉陷控制的基本原理仍然是条带开采沉陷控制的原理，即条带煤柱支撑上覆岩层并形成自然平衡拱结构来控制上覆岩层移动。因此，条带充填开采沉陷控制的核心是将上覆岩层的重量由煤层向复合支撑体（条带充填体与隔离煤柱复合体）转移，利用复合支撑体支撑上覆坚硬岩层，同时在采空区上方形成多个自然平衡拱组成的复合结构，来达到岩层控制的目的。

条带充填开采岩层移动变形受到两个层位硬岩的控制，分别定义该两层结构岩层为主要结构岩层和同步结构岩层（图 8-11）。将架在多个垮落带上方而未垮落并承载上覆岩层载荷的岩层称为主要结构岩层；将阻隔了上覆岩层波浪形下沉的硬岩称为同步结构岩层。

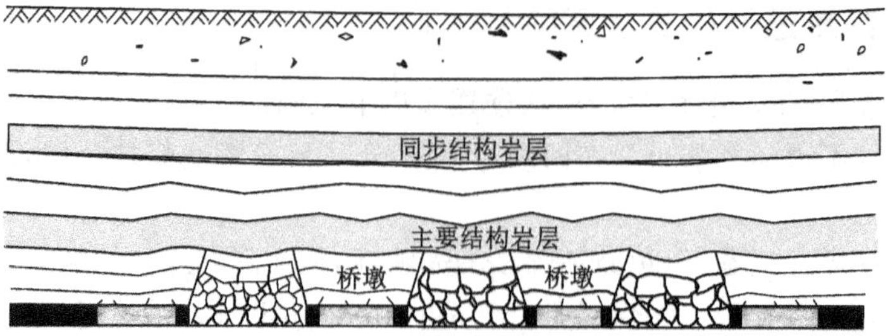

图 8-11　条带充填开采沉陷控制结构示意图

条带充填开采因其上覆岩层与充填体、留设煤柱所构成的组合结构形式不同，所以与其他开采方法的岩层移动变形规律及减沉机理也是不同的。条带充填开采最终形成的承载体（复合支撑体）与结构岩层（主要结构岩层和同步结构岩层）协同作用共同控制上覆岩层的沉降，并对上覆岩层形成两个层级的控制：主要结构岩层对上覆岩层进行了第一层级岩层控制，将上覆岩层的载荷转移到复合支撑体上，阻隔了下伏岩层破断及有效下沉空间向上传播；同步结构岩层对上覆岩层进行了第二层级岩层控制，阻隔了多个波浪形下沉向上传播，使得其上覆岩层下沉呈平滑的盆地状。

条带充填开采结束后，复合支撑体与采空区形成类似于桥洞复合的结构，由多个自然平衡拱组成，其中复合支撑体及上方岩层等效于"桥墩"，垮落区上方未破断的主要结构岩层等效于"桥板"。主要结构岩层在两个相邻复合支撑体"桥墩"和自身刚度的支撑下，下沉幅度大大减小，有效地阻隔了采空区的下沉空间向上传递，减小了上覆岩层的移动。大量下沉空间被主要结构岩层阻隔在桥洞式垮落带中，有效地减小了上覆岩层的下沉量。在应力传递方面，条带式采空区上方形成多个稳定的自然应力平衡拱，上覆岩层的载荷经过主要结构岩层分别传递到各"桥墩"上，最终传递到桥洞的底部复合支撑体上。由于桥洞结构和主要结构岩层的存在，使桥洞内破碎岩石承载上覆岩层的压力较小，孔隙率高，处于低应力状态。

同步结构岩层的弹性模量较大、强度较高、弯曲变形量较小，与下伏岩层同步变形能力较差。正是这种不同步特性，在同步结构岩层中滞留空隙较大，削弱或者阻隔了波浪式下沉向上传播，在地表形成单一均匀下沉盆地，减小不均匀沉降对地表建（构）筑物的影响，更加有利于上方建筑物的保护。

因此，条带充填开采沉陷控制的核心是利用充填开采工作面的充填体代替条带煤柱起到支撑上覆岩层的作用，形成复合支撑体与结构岩层协同作用的稳定结构，因而其能否成功的关键在于充填体的稳定性、承载能力以及结构岩层的稳定性。

8.3.1.3　条带充填开采岩层移动与地表沉陷特征

条带充填开采方法的生产过程及不同阶段沉陷控制作用原理简要分析如下：

按照地表变形控制目标设计布置长壁充填开采工作面和长壁全部垮落法开采工作面，先采用固体直接充填、膏体充填或者高水充填等充填技术开采长壁充填开采工作面，形成条带充填体与带状煤柱联合支撑体系，此时地表变形微乎其微；在留下的条带煤柱中采用全部垮落法处理采空区的长壁开采工作面（为控制平巷变形和保护条带充填体，或在掘进平巷与条带充填体之间留设隔离煤柱）；最终形成以复合支撑体为核心的承载体，控制上覆岩层移动和地表沉陷。条带充填开采示意图如图 8-12 所示。

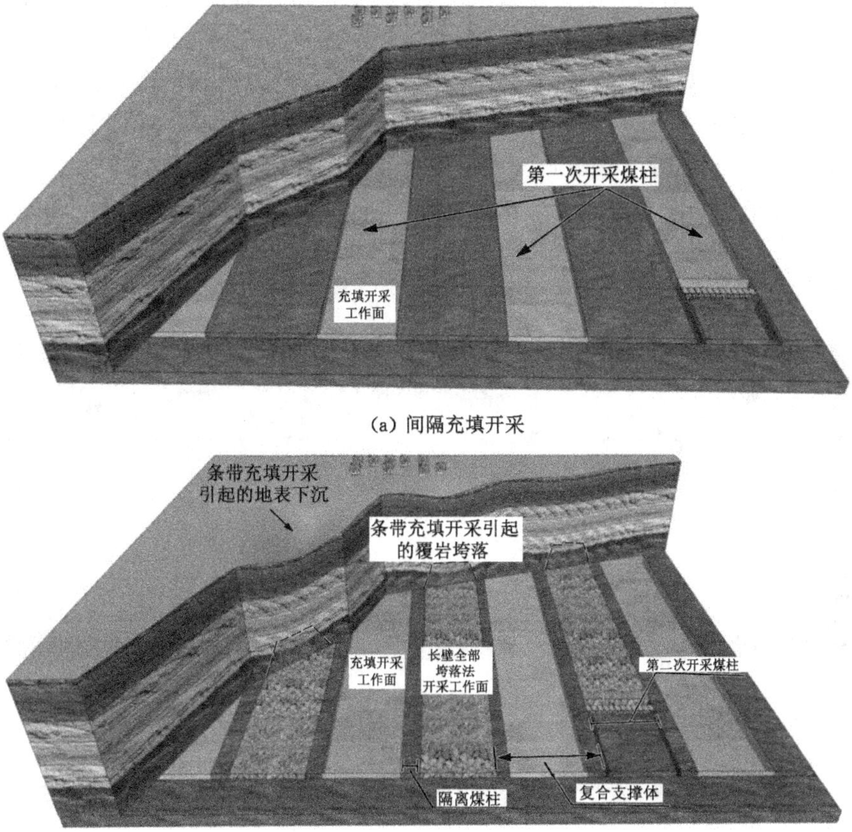

图 8-12　条带充填开采示意图

由于条带充填开采形式的特殊性，其岩层移动与地表沉陷明显分为两个阶段。第一阶段为间隔长壁充填开采的过程，第二阶段为长壁垮落法回采残余煤柱的过程。

1. 条带充填开采第一阶段岩层移动与地表沉陷特征(图 8-13)

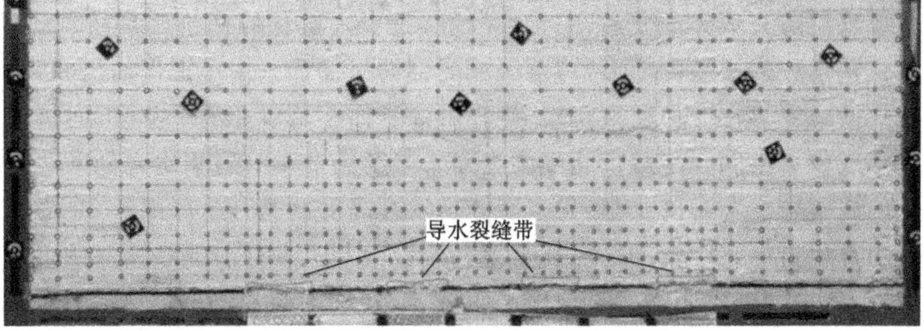

图 8-13　条带充填开采第一阶段覆岩结构特征

条带充填开采第一阶段各充填工作面在回采及充填过程中覆岩结构特征，与单一充填工作面覆岩结构特征相似。煤炭资源被采出后，在上覆岩层载荷的作用下，逐渐向下弯曲，由于充填体及时充入采空区，其在弯曲下沉的过程中逐步与充填体接触，充填体逐步承载上覆岩层载荷，直到上覆岩层载荷、覆岩结构力与充填体支撑力达到平衡，充填体不再压缩变形，上覆岩层也停止弯曲下沉。第一阶段覆岩结构完整性相对较好，以弯曲下沉为主，仅在顶板处出现微小的裂缝，导水裂缝带发育高度为开采厚度的 2～4 倍。

条带充填开采第一阶段上覆岩层出现不均匀沉降，下沉曲线呈波浪形，下沉波峰值在各充填工作面上方；距煤层越远，岩层下沉曲线的波浪形越不明显。

2. 条带充填开采第二阶段岩层移动与地表沉陷特征(图 8-14)

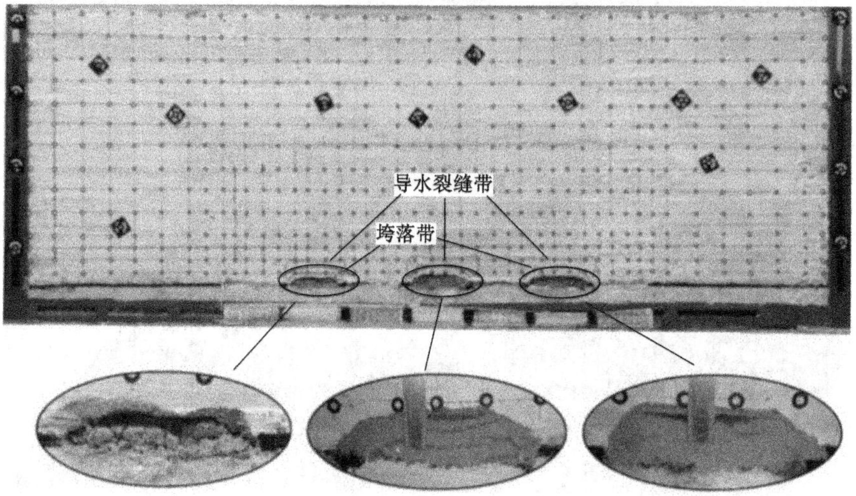

图 8-14 条带充填开采第二阶段覆岩结构特征

条带充填开采过程中，岩体内部的应力平衡状态被打破，周边岩体为了抵抗不均匀变形，内部应力重新分布，上覆岩层的重量逐渐向两侧的复合支撑体转移。回采完毕后，在两个复合支撑体之间形成稳定的应力拱，将上覆岩层的载荷分解为正应力集中传递到复合支撑体上，仅少量应力分布在垮落带中压密的破碎岩体上。

条带充填开采回采完毕后，垮落开采工作面上覆岩层失去煤层的支撑而破断，而充填开采工作面上覆岩层有充填体的支撑，完整性较好，整个采区在倾向剖面呈桥洞式的结构，其中复合支撑体及上方岩层呈倒梯形，垮落区域的剖面呈梯形。由于工作面尺寸较小、两侧为充填开采工作面或者煤柱支撑上覆岩层，破碎后的岩体不足以充满采空区，而是在岩层与破碎岩体之间形成较大空间。垮落带的高度为开采厚度的 2～3 倍，相比充分采动情况下全部垮落法开采的垮落带发育高度要小，导水裂缝带发育高度约为开采厚度的 10 倍。

条带充填开采桥洞式结构的稳定性受第一阶段充填开采工作面充填效果的影响，如果充填效果较差，充填开采将引起大量顶板竖向裂缝、岩层间离层；在第二阶段开采煤柱上载荷逐渐向复合支撑体转移的过程中桥洞式结构的“墩柱”将遭到破坏，难以形成条带充填开采桥洞式结构，最后大大降低条带充填开采岩层控制效果。

按覆岩下沉的形式将条带充填开采上覆岩层分为三个区域：桥洞式垮落带、波浪式弯曲下沉带和同步弯曲下沉带(图8-15)。在多个由宽煤柱隔开的工作面开采情况下,距离煤层较近的岩层在多个工作面采动影响下,其倾向剖面的下沉曲线呈波浪形,将这些岩层的范围称为波浪式弯曲下沉带。距离煤层较远的岩层在多个工作面采动影响下,其倾向剖面的下沉曲线呈一个完整下沉盆地,将这些岩层的范围叫作同步弯曲下沉带。在采空区上方形成了同步弯曲下沉带和波浪式下沉带的岩层架在数个倒梯形的"墩柱"上,"墩柱"周边为垮落岩体的岩体破坏区域,将这个区域称为桥洞式垮落带。

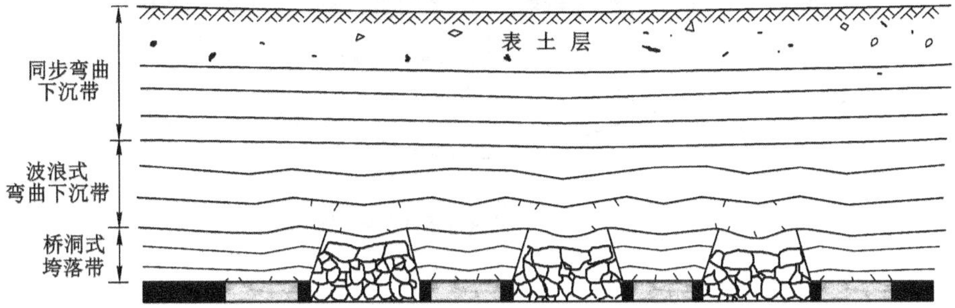

图8-15 条带充填开采覆岩分类示意图

条带充填开采第二阶段中波浪式弯曲下沉带的高度比第一阶段的高度小,且仅为第一阶段高度的20%。隔离煤柱和充填工作面上方的岩层在波浪式弯曲下沉带的下沉值随着标高的增大而增大;在同步弯曲下沉带则相反,随着标高的增大而减小。直到某一煤层高度,煤柱上方和充填工作面上方的岩层同步下沉,下沉值衰减速度基本相等。

8.3.2 条带充填开采地表沉陷预计方法

8.3.2.1 条带充填开采地表沉陷预计模型

条带充填开采地表沉陷预计模型应该满足如下条件:

(1) 模型形式简单,易于编程实现,可以实现多工作面、不同地质采矿条件及其他复杂情况下的地表沉陷预计,预计模型的参数应易选取,最好在一个国内外广泛应用的预计模型上进行修正,建立条带充填开采预计模型参数与该预计模型之间的联系关系。

(2) 由于条带充填开采区域的地表往往是建筑物、铁路、道路等,这些建(构)筑物对地表移动变形较为敏感,这就需要在采煤设计的时候采用更为精确可靠的方法。因此,预计精度应该满足一般"三下"采煤设计的精度要求。

根据以上两个条件,条带充填开采地表沉陷预计方法是在概率积分法理论模型基础上修正建立的。

条带充填开采是条带开采与充填开采相结合的一种部分充填开采方式,其地表沉陷问题也可以看作充填开采和条带开采对地表的影响的叠加。条带充填开采预计模型示意图如图8-16所示。

整个采区都采用全部充填开采引起的地表下沉值为W_f,可采用8.1.2.3节中基于等价采高的概率积分法计算。等价采高$M_e=(M-\delta-\Delta)\eta+\delta+\Delta$,则充填开采地表下沉值计算公式为:

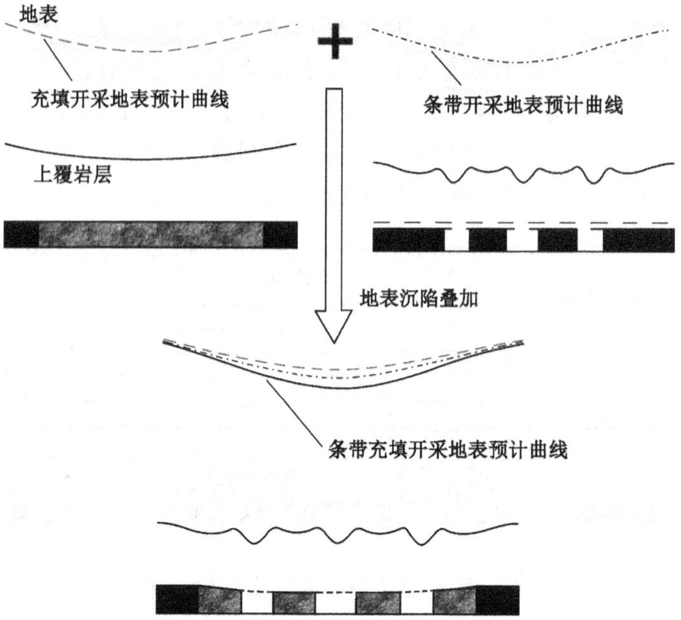

图 8-16 条带充填开采预计模型示意图

$$W_{\mathrm{f}}(x,y)=[(M-\delta-\Delta)\eta+\delta+\Delta]q_{充}\cos\alpha\iint_{D}\frac{1}{r_{充}^{2}}\mathrm{e}^{-\pi\frac{(\eta-x)^2+(\xi-y)^2}{r_{充}^{2}}}\mathrm{d}\eta\mathrm{d}\xi \tag{8-21}$$

整个采区采用条带开采布置，条带开采煤层计算开采厚度取为充填开采的“等价采高”M_{e}，条带煤柱的宽度为条带充填开采复合支撑体的宽度(条带充填开采留设煤柱和充填工作面宽度之和)，条带开采的采出条带宽度与条带充填开采采出条带宽度相同，计算范围为整个条带工作面开采区域(包括开采条带与留设条带)，其引起的地表下沉值为 W_{s}，则等效条带开采地表下沉值计算公式为：

$$W_{\mathrm{s}}(x,y)=(M-\delta-\Delta)(1-\eta)q_{条}\cos\alpha\iint_{D}\frac{1}{r_{条}^{2}}\mathrm{e}^{-\pi\frac{(\eta-x)^2+(\xi-y)^2}{r_{条}^{2}}}\mathrm{d}\eta\mathrm{d}\xi \tag{8-22}$$

条带充填开采的地表沉陷就近似等于充填开采和条带开采地表沉陷的叠加，则条带充填开采地表下沉值计算公式为：

$$\begin{aligned}W&=W_{\mathrm{f}}+W_{\mathrm{s}}\\&=[(M-\delta-\Delta)\eta+\delta+\Delta]q_{充}\cos\alpha\iint_{D}\frac{1}{r_{充}^{2}}\mathrm{e}^{-\pi\frac{(\eta-x)^2+(\xi-y)^2}{r_{充}^{2}}}\mathrm{d}\eta\mathrm{d}\xi+\\&\quad(M-\delta-\Delta)(1-\eta)q_{条}\cos\alpha\iint_{D}\frac{1}{r_{条}^{2}}\mathrm{e}^{-\pi\frac{(\eta-x)^2+(\xi-y)^2}{r_{条}^{2}}}\mathrm{d}\eta\mathrm{d}\xi\end{aligned} \tag{8-23}$$

8.3.2.2 条带充填开采预计模型的参数选取

1. 条带充填开采预计模型中充填开采预计参数选取

充填开采地表沉陷预计采用基于等价采高的概率积分法，基于等价采高的概率积分法与同样采高时垮落式开采的概率积分法部分参数略有不同。下沉系数 $q_{充}$ 一般略大于同样采高时垮落式开采的下沉系数；水平移动系数 $b_{充}$ 与类似地质条件下薄煤层全部垮落法水平移动系数基本相当；主要影响角正切 $\tan\beta_{充}$ 比类似地质条件下薄煤层全部垮落法主要影响角正切值小 0.2～0.5；拐点偏移距 $s_{充}$ 比类似地质条件下薄煤层全部垮落法开采时的拐点偏移距离增加(0.05～0.1)H；开采影响传播角 $\theta_{0充}$ 与类似地质条件下薄煤层全部垮落法开采影响传播角基本相当。

2. 条带充填开采预计模型中条带开采预计参数选取

条带开采地表沉陷预计仍主要采用概率积分法，地表沉陷预计的途径主要有两类：一是在开采条带数较少或布置不规整（因地质条件灵活布置或煤柱较大）时，将各条带开采视为极不充分采动的小工作面开采，进行多个小工作面叠加预计，小工作面的预计参数可以参考垮落法开采的概率积分法预计参数。二是条带煤柱和留设煤柱比较规整、条带开采采区面积较大时，将整个条带开采区域（含条带煤柱）作为计算开采区域进行预计，其预计参数在垮落法开采的概率积分法预计参数基础上进行相应的修正。

3. 条带充填开采方案设计方法

地下开采必然会引起上覆岩层移动和地表的沉陷移动，而条带充填采煤技术能够在一定程度上起到控制地表沉降的作用。因此，将条带充填采煤技术应用到控制地表沉陷中具有较高的实践价值，尤其是在建筑物下进行压煤开采。条带充填开采沉陷控制设计中，过度地追求地表减沉效果而大幅留设煤柱、提高整个设计区域的充填率，这样设计虽然安全可靠，但是随着充填面积和留设煤柱面积的增加，将会浪费较多的煤炭资源，增加充填成本和管理难度，降低回采速度。同时，过分地追求煤炭资源回收率和经济效益，而减小条带充填开采支撑体系的尺寸，可能会带来安全隐患，导致沉陷控制失败。在对条带充填开采的充填工作面、垮落开采工作面及留设煤柱的尺寸进行设计时，需要综合考虑矿区自身的地质采矿条件，既保证地表建（构）筑的安全需要，又不要追求过高的安全系数，从而提高煤炭资源回收率，降低充填成本。

8.3.2.3　条带充填开采沉陷控制设计原则

为了在满足条带充填开采沉陷控制的要求下，降低充填成本，使得条带充填开采经济效益最大化。条带充填开采沉陷控制设计取决于复合支撑体的稳定性、地表移动变形值和采煤经济效益三个方面，因此，在设计过程中应遵循如下原则：

(1) 条带充填开采沉陷控制设计中首要遵循的原则是保证地表沉陷控制在地表建筑物设防指标内，这是条带充填开采沉陷控制的核心原则，也是最终原则。

(2) 保证复合支撑体的稳定性。复合支撑体是条带充填开采上覆岩层的主要承载体，其稳定性是条带充填开采的核心，也是采用条带充填开采预计模型进行地表沉陷预计的前提，因此条带充填开采沉陷控制设计必须保证复合支撑体的稳定性。

(3) 在保证上述两点原则的前提下，减小留设煤柱的宽度，增大垮落开采工作面的宽度，减小充填工作面的宽度，这样既提高了煤炭资源回收率，又降低了开采成本。

(4) 降低充填成本。充填成本也是条带充填开采沉陷控制设计中的重要考虑因素。充填成本与沉陷控制质量存在一定的矛盾性。降低充填成本往往会减小充填体的强度及充实率，从而影响充填效果。充填效果随着充实率的降低而变差，且充填效果对地表沉陷的影响仅次于垮落法开采工作面尺寸，因此，充填成本的降低会降低沉陷控制质量；反之，过度地要求沉陷控制质量时，充填成本往往会给煤矿企业带来一定的经济负担。

8.3.2.4 条带充填开采“采充留”尺寸优化

1. 充填工作面宽度及留设煤柱宽度设计

充填工作面宽度和留设煤柱宽度越大，煤炭资源回收率越低，充填开采成本越高，并且直接影响复合支撑体的稳定性。因此，应在保证复合支撑体稳定的前提下，尽量减小充填工作面宽度及留设煤柱宽度。

2. 垮落开采工作面宽度设计

垮落开采工作面宽度越大，煤炭资源回收率越高，经济效益越好，然而垮落开采工作面宽度对条带充填开采沉陷控制影响最大，因此，在满足沉陷控制效果的情况下，应尽量保证垮落开采工作面的宽度。

在垮落开采工作面宽度设计过程中应考虑如下几个方面：

(1) 参考条带开采的经验，垮落开采工作面宽度应限制在不使地表出现波浪形下沉盆地，则垮落开采工作面宽度与平均开采深度的比值一般小于1/3；

(2) 从非充分采动角度来讲，垮落法开采的采动程度应限制在极不充分采动程度内，则垮落开采工作面宽度与平均开采深度的比值一般小于1/3；

(3) 联合条带充填开采“采充留”尺寸采用条带充填开采预计模型进行地表沉陷预计，地表保护对象的变形极值小于设防指标。

8.3.3 条带充填开采沉陷控制设计流程

条带充填开采沉陷控制设计流程如图8-17所示。

(1) 控制开采引起的地表变形值不超过地表建(构)筑物破坏的临界变形值(或者环境允许的损伤度)是进行安全条带充填开采的前提和关键。首先根据地面所保护的建(构)筑物确定地表移动和变形设防指标，以保护目标为中心划定压煤区域，定为条带充填开采的采区。沉陷控制设防指标一般是建筑物等级破坏的临界变形值，而不同环境可能需要额外的设防指标。如在许多地区，由于要考虑到雨季排水和居民的心理接受能力，通常将地表最大下沉值也作为建(构)筑物下采煤的地表沉陷控制指标。

(2) 根据条带充填开采“采充留”尺寸优化原则，初步确定充填体的强度、充填工作面宽度、垮落开采工作面宽度和留设煤柱的宽度。

(3) 依据初步确定下来的采充工作面尺寸分析复合支撑体稳定性，再预计条带充填开采地表移动和变形值。

(4) 对比地表移动和变形值与设防指标，

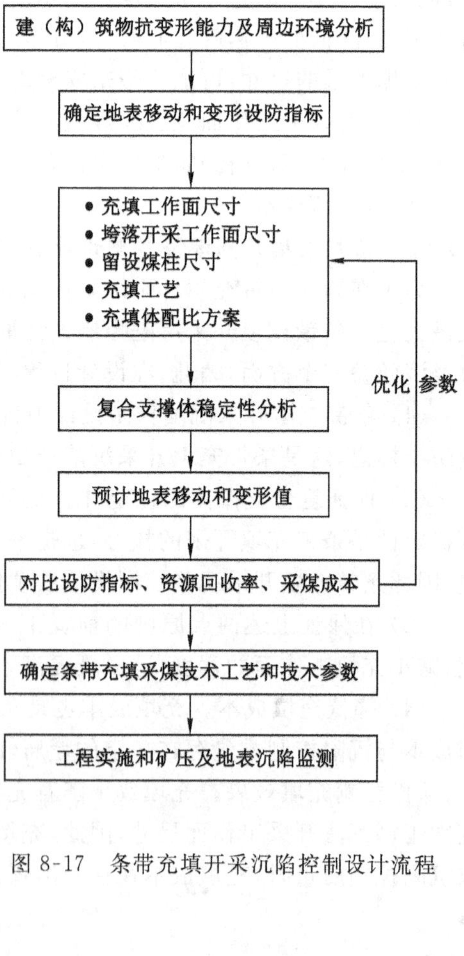

图8-17 条带充填开采沉陷控制设计流程

分析资源回采率和经济效益。如果地表移动变形极值超过设防指标，或者资源回采率和经济效益不合适，则重新调整优化条带充填沉陷控制的影响因素的值，回到步骤(3)，直到地表移动变形极值在设防指标之内以及资源回采率和经济效益相协调，则最终确定条带充填开采沉陷工艺和设计参数。

(5) 根据条带充填开采沉陷工艺和设计参数制定，建立地表移动变形观测站和进行井下复合支撑体应力及位移监测，在开采影响期间进行定期观测，开采结束后及时进行技术总结。

8.4 建筑物下压煤开采沉陷控制设计案例

8.4.1 矿井概况

新汶矿业集团某矿地表以农田为主，建筑较集中，设施较复杂，有公路、高压线、水塔等。第四纪冲积层厚度为7～15 m，其中黄土层厚度为2～3 m，矿区内地势较为平坦，地面标高为＋186 m。

大汶河自东向西横贯本采区，与该矿南部柴汶河(即小汶河)及其支流汇集，构成地表主要水系，含水丰富，补给条件良好，但因煤系地层埋藏深、上覆隔水层沉积得厚而广，地表水与煤系地层无水力联系。

8.4.2 设计区域概况及地质特征

8.4.2.1 设计区域概况

计划开采的一采区西翼15煤层位于矿井中部，从－300 m水平延深至－530 m水平。该区东至－530 m暗主斜井，西至F31断层，南至F32断层、－300 m西大巷和工业广场保护煤柱线，北至－530 m西大巷。采区走向长度平均约为750 m，倾斜宽度平均约为850 m，面积为639 500 m^2，上限标高为－390 m，下限标高为－500 m。

计划开采区域对应地面位置为鄂牛公路以北、大汶河以南。地面有泰莱高速公路连接线、吴家楼、郭家园、任家庄等。设计区域井上下对照关系如图8-18所示。

8.4.2.2 地质特征

1. 地层

本采区位于莱城向斜构造西翼。地层自上而下依次为第四系(Q)、古近系(E)、侏罗系(J)、二叠系(P)、石炭系(C)、奥陶系(O)。

(1) 第四系

第四系厚度为0～25.63 m，平均厚度为7.22 m左右，主要沉积发育于大汶河两岸；上部为黄褐色黏土，下部为含水砂砾层。含水砂砾层主要由石英及花岗片麻岩的砂砾组成，为大汶河古河床及现代河漫滩相沉积，厚度为0～10.00 m，平均厚度约为4.98 m，主要分布于大汶河沿岸，沿河宽度一般为3 000 m，范围约为18 km^2。

(2) 古近系

古近系厚度为37.40～324.00 m，平均厚度为225.08 m，主要发育于井田西部，且由东向西逐渐增厚。岩性以紫红色黏土质粉砂岩为主，无层理，夹薄层砾岩，砾岩成分为石灰岩及火成岩。

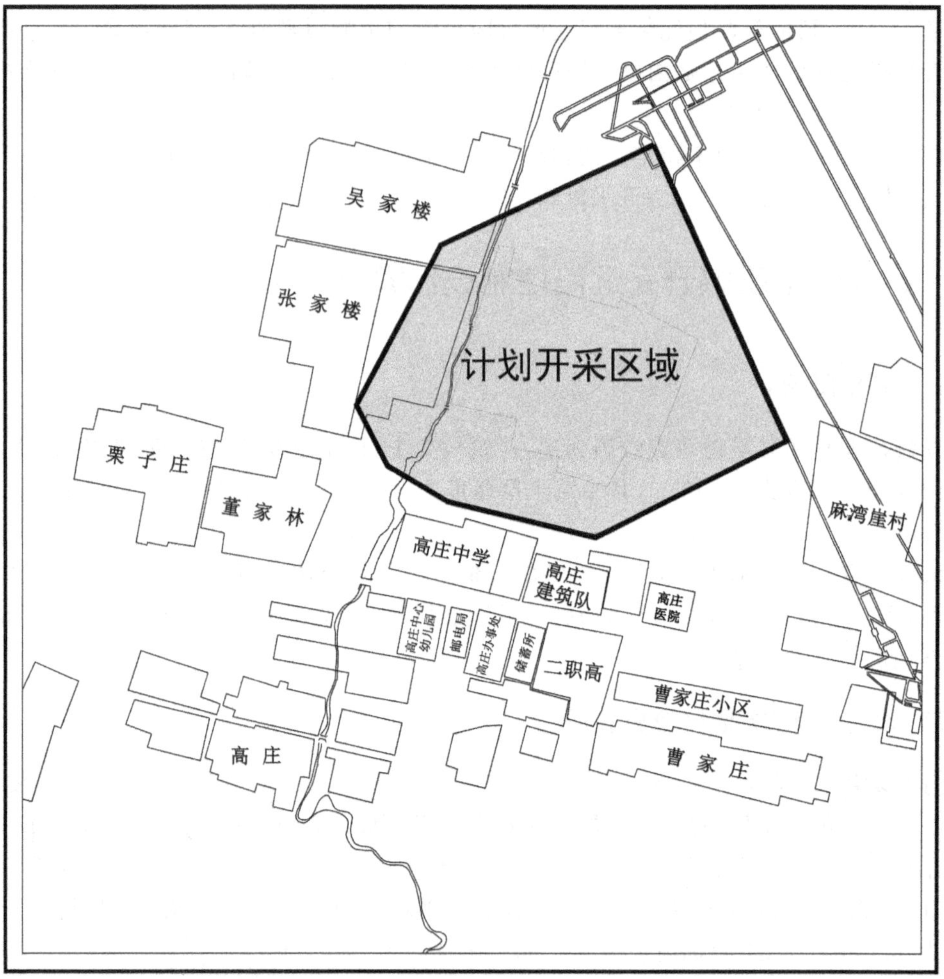

图 8-18　设计区域井上下对照关系图

(3) 侏罗系

侏罗系最大残留厚度为 253.70 m，平均厚度为 152.22 m，主要发育于井田的东北部。岩性以红色、紫红色细砂岩至中砂岩为主，分选较好，斜层理及交错层理发育，主要成分为石英长石，以泥质胶结为主，裂隙不发育。

(4) 二叠系

① 二叠系石盒子组。二叠系石盒子组地层因后期剥蚀而保存不完整，井田内最大残存厚度为 566 m，平均厚度为 264.31 m。主要由灰绿色中砂岩、浅灰色粉砂岩及杂色黏土岩组成，为干燥气候环境下形成的大陆相沉积，不含煤。中部夹有铝土层，厚度一般为 2～3 m，为灰白色，具鲕状结构，层位较稳定，为本组的主要标志层，下距山西组第 2 层煤约 124 m。上部残留层位为灰白色、红色奎山砂岩，该层砂岩厚度为 25 m 左右，硅质胶结，主要成分为石英，坚硬、较稳定，为本组上部标志层。

② 二叠系山西组。二叠系山西组地层厚度为 82.89～149.3 m，平均厚度约为 115 m。

共含煤 6 层(1～6 煤层),其中 2,4 煤层为可采煤层,其余煤层不可采。4 煤层顶板为灰白色厚层状中粒砂岩,厚度达 14～20 m,一般厚度为 15 m 左右,厚度稳定,全区较发育,为良好的辅助标志层。岩性主要为砂岩、粉砂岩、砂质泥岩、泥岩和煤层等。砂岩类主要有石英砂岩、长石石英砂岩及长石石英杂砂岩、长石砂岩和岩屑砂岩等。在粉砂岩中含有大量的植物叶部和根茎化石,植物化石保存较完整,主要有大羽羊齿、轮叶、芦木等。

③ 石炭～二叠系太原组。石炭～二叠系太原组厚度为 95.43～249.25 m,平均厚度约为 180 m,为本井田主要含煤地层。岩性以灰色粉砂岩和深灰色泥岩为主,间夹灰至灰白色中砂岩至细砂岩、石灰岩和煤层。本组共含煤 14 层(7～20 煤层),其中可采和局部可采煤层 5 层(7 煤层、11 煤层、13 煤层、15 煤层、19 煤层),含石灰岩 7 层(一灰、二灰、三灰、四灰、小五灰、五灰、六灰)。

(5) 石炭系本溪组

石炭系本溪组厚度约为 28 m,主要由杂色黏土岩、深黑色粉砂岩组成,底部为 G 层铝土岩或山西式铁矿层。

(6) 奥陶系

奥陶系厚度约为 800 m,下部以灰色白云质石灰岩为主,中部夹有薄层钙质泥岩,上部为致密层状豹皮灰岩。

2. 可采煤层特征

本区域含煤地层为二叠系山西组和石炭系太原组,共含可采或局部可采煤层 5 层:2 煤层、4 煤层、7 煤层、15 煤层、19 煤层,煤层累计总厚度约为 7 m。其中 2 煤层、4 煤层、7 煤层已开采,下部的 19 煤层尚未列入开采规划。本书主要研究一采区西翼 15 煤层建筑物下压煤开采方案。本采区 15 煤层平均净煤厚度为 0.95 m。15 煤层上距 13 煤层 23 m 左右,下距 19 煤层 60 m 左右。

3. 构造特征

一采区西翼 15 煤层大部分位于莱城向斜构造西翼,深部进入向斜轴部及北翼部分区域。受莱城向斜及断层挤压作用影响,采区中部发育次一级褶曲,沿倾斜方向 300 m 左右范围煤岩层产状趋于平缓甚至反倾,对采区开拓布置有一定影响。向斜轴向自西向东由 75°逐渐转为 90°,沿轴线方向地层出现起伏变化,起伏幅度为 40 m 左右。受莱城向斜的影响,地层产状向斜西翼较轴部及北翼稳定,西翼地层走向为 70°左右,倾向为 340°;北翼地层走向由 70°逐渐转为 250°,倾向由 340°逐渐转为 160°。北翼地层倾角比西翼地层倾角大,西翼地层倾角为 0°～20°,平均地层倾角为 13°;北翼地层倾角为 0°～38°,平均地层倾角为 18°。

根据矿井地质勘探报告提供的资料及上覆煤层开采过程中的揭露地质构造情况来看,本区断裂构造发育且复杂,主要以北西向为主,北东向次之。断层均为压性断层,具有分叉、错切、尖灭的特征,延展距离较长,伴生小断层发育。本区落差较大的有 F21、F22、F24、F24-1、F24-2、F24-3、F31、F34 等断层。断裂构造及附近伴生小断层将对采区、工作面的开拓布置、回采率、万吨掘进率带来不同程度的影响,同时将会增加底板承压水水害防治难度。

4. 15 煤层顶底板条件

(1) 基本顶:为灰白色中细砂岩互层,厚度为 10 m,成分以石英为主,长石次之,钙质胶结，夹薄层浅灰色粉砂岩条带，具水平层理，坚硬，不易垮落；基本不含水。

（2）直接顶：为深灰色粉砂岩，厚度为 8 m，抗压强度为 23.71 MPa，性脆，易于垮落。

（3）直接底：为灰色粉砂岩，厚度为 1.5 m，呈团块状，无层理，含植物根化石，常有薄层黏土岩伪底，虽具有膨胀性，但由于厚度小，一般不会引起巷道严重底鼓。

（4）基本底：为三灰，厚度为 1.8 m，褐灰色，质纯，含少量纺锤虫化石，坚硬、性脆，裂隙发育并充填以方解石脉；基本不含水。

8.4.3 建筑物概况和建筑物下压煤开采的必要性

8.4.3.1 建筑物概况及压煤量统计

1. 建筑物分布及结构特征

一采区西翼 15 煤层上方地表建（构）筑物主要有任家庄、郭家园、吴家楼三个村庄，附近有张家楼村、董家林村、高庄中学、财政所、高庄建筑队、任家庄小区、高庄医院等；泰莱高速公路连接线穿越采区东北部。

其中，任家庄村全部位于采区正上方，张家楼、吴家楼村位于采区西北角，郭家园村 80%的区域位于采区的西部边界处，董家林村位于采区西部。高庄中学、财政所、高庄建筑队、任家庄小区、高庄医院等距离采区南部边界约 300 m。

各村庄均隶属莱芜市高庄街道办事处；村庄内建筑物类型分为土坯和砖混平房，少量二层楼房，其中土坯房内已无人居住，砖混结构房屋大多为 2 煤层、4 煤层开采后重新建设的建筑物，具有较强的抗变形能力。楼房最大层数为 4 层。

开采区域南侧的公用建筑主要有高庄中学、财政所、高庄建筑队、高庄医院等，建筑物类型多为砖混楼房，楼房最大层数为 5 层。

2. 建筑物压煤情况

根据该矿一采区 15 煤层采掘工程平面图，按第四系 45°松散层移动角、煤系地层 70°移动角划分村庄保护煤柱线，一采区西翼 15 煤层全部为建筑物下压煤，可采储量为 53.1 万 t。

8.4.3.2 建筑物下压煤开采的必要性

该矿资源已接近枯竭，剩余的煤炭资源大部分被村庄建筑物压覆，使得建筑物下开采煤炭资源成为该矿井的一项常态工作。

一方面，该矿地表村庄居民房屋密集，还涵盖了商业、市政、公共建筑等。采用地表建筑物搬迁开采煤炭资源的方法在经济上不合理，而且寻找合适的大面积搬迁地也十分困难。另一方面，如采用综合机械化垮落法开采，地表沉陷剧烈，常造成农田灌溉困难，雨季时塌陷区内存有大面积积水，无法继续耕种，农田因此成为绝产地。其带来的地表沉陷不但给居民生产生活带来较大影响，同时不利于企业长期稳定发展，也加剧了当地的工农矛盾，不利于和谐社会的建设。因此，无论是从解放建筑物下压煤、维持矿井正常生产接替、保证矿井的服务年限方面考虑，还是从为矿井建筑物下采煤积累经验以及维持企业和谐稳定发展方面考虑，进行一采区西翼 15 煤层建筑物下压煤开采都显得十分必要。

8.4.3.3 建筑物下压煤开采的可行性

1. 一采区西翼 15 煤层开采的有利条件

（1）15 煤层比较稳定，最大采高为 1.2 m，开采厚度不大，开采难度较小。

（2）地表大汶河与煤系地层无水力联系，对 15 煤层开采无影响。

(3) 通过先前煤层的开采实践，对地表移动变形规律及房屋建筑损害影响认识比较清晰。

(4) 本区域开采影响范围内的地表建筑物多为2煤层、4煤层开采结束后的新建建筑物，仅受到过7煤层开采的影响，且已加固修复。

2. 一采区西翼15煤层开采的不利条件

(1) 本区域开采影响范围内的公共建筑物较多，地表的主要建筑物保护等级相对较高。

(2) 地表建筑物类型多、结构较为复杂，村庄密集、人口较多。

(3) 一采区西翼属于多煤层下行开采，由于地表受多次采动影响，对地表的沉陷控制要求高。

3. 一采区西翼15煤层开采的可行性

建筑物下压煤开采是否可行，一方面取决于地下开采对地表的采动影响的大小，另一方面取决于建筑物本身的抗变形能力，只要采动后地表变形值不超过建筑物的允许变形值，建筑物就不会遭到破坏。

新汶矿区及该矿在不同地面建筑物下已进行了多种开采方法试验，取得了许多成功的经验。特别是该区域前期2煤层、4煤层、7煤层的开采试验，为本次建筑物下压煤开采提供了实际的参数和经验。

因此，通过对开采移动和变形的计算、地表建筑物影响程度的评价，针对具体条件，采用合理的开采方法及措施，实现本次一采区西翼15煤层建筑物下压煤安全开采是可行的。

8.4.4 建筑物下压煤开采方案的比选

8.4.4.1 设防标准及建筑物下压煤可能的开采方案

1. 建筑物设防标准

表7-7给出了对于长度或变形缝区段内长度小于20 m的砖混结构建筑物损坏等级划分标准。根据采区地表建筑物已受采动影响的状况，本次压煤开采设计的原则是：开采后对主要建筑物造成的影响不可达到Ⅱ级损坏等级，以实现地下资源的经济、合理开采。

2. 建筑物下压煤可能的开采方案

村庄建筑群下压煤是我国许多煤矿所面临的问题，而这一问题在经济较发达、人口较密集的华东地区煤矿企业中更为突出，有的矿区村庄下压煤量超过其可采储量的50%，生产布置十分困难。国内外相关工程实例资料给出的解决村庄下采煤问题的技术途径主要有维修补偿采煤、充填开采、村下全柱式采煤、协调开采、间歇开采、条带开采、压煤村庄搬迁采煤等。综合这几种村庄下采煤技术，同时结合一采区西翼15煤层地质采矿条件及建筑物分布情况，得出一采区西翼15煤层建筑物下压煤开采的3种初步方案：全部充填开采、条带充填开采和条带开采。

方案一：全部充填开采。充填开采11501西、11502西、11503西、11504西、11505西、11506西工作面，设计采空区矸石充实率为65%。工作面布置见图8-19，各工作面尺寸见表8-1。设计开采厚度为1.2 m，约可采出煤量50.4万t。

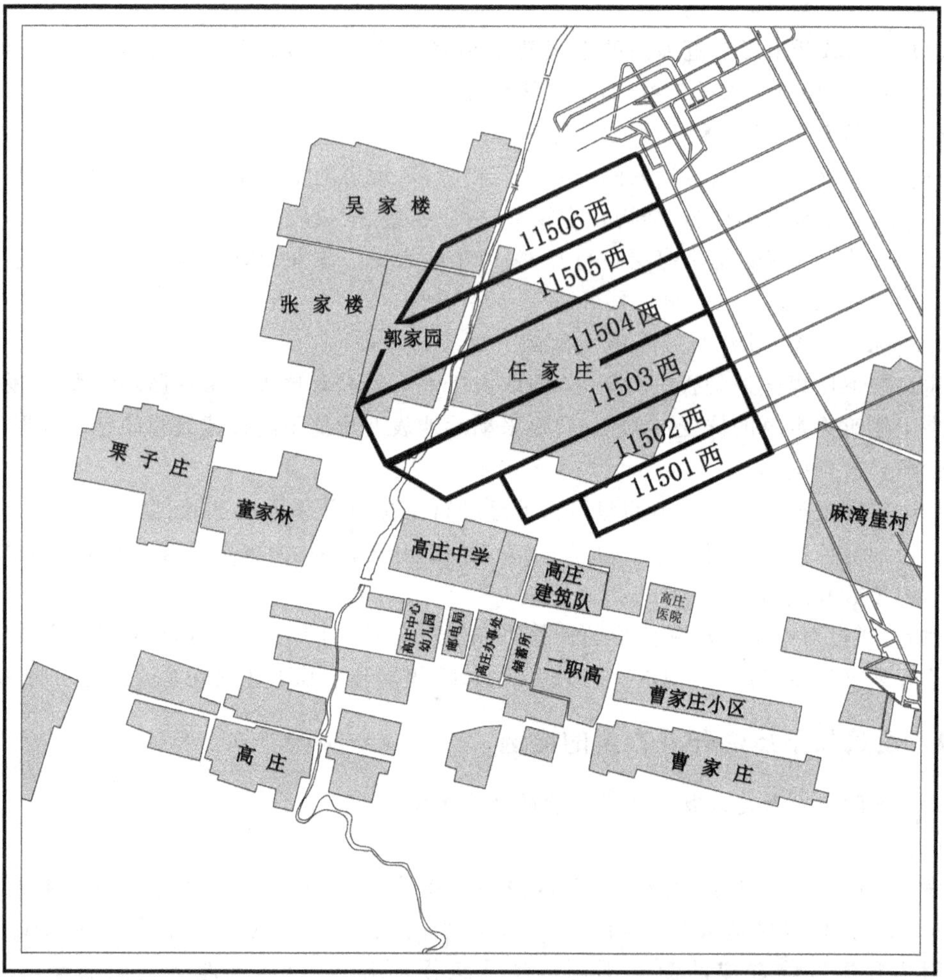

图 8-19 方案一工作面布置图

表 8-1 方案一各工作面尺寸

工作面名称	11501 西	11502 西	11503 西	11504 西	11505 西	11506 西
走向长度/m	371	488	612/689	689	568/689	417/568
倾向长度/m	80	99	107	118	100	100

方案二：条带充填开采。先充填开采 11502 西、11504 西、11506 西工作面，设计采空区矸石充实率为 65%；再全部垮落法开采 11501 西、11503 西、11505 西工作面。工作面布置方案见图 8-20，各工作面尺寸见表 8-2。设计开采厚度为 1.2 m，约可采出煤量 53.1 万 t。

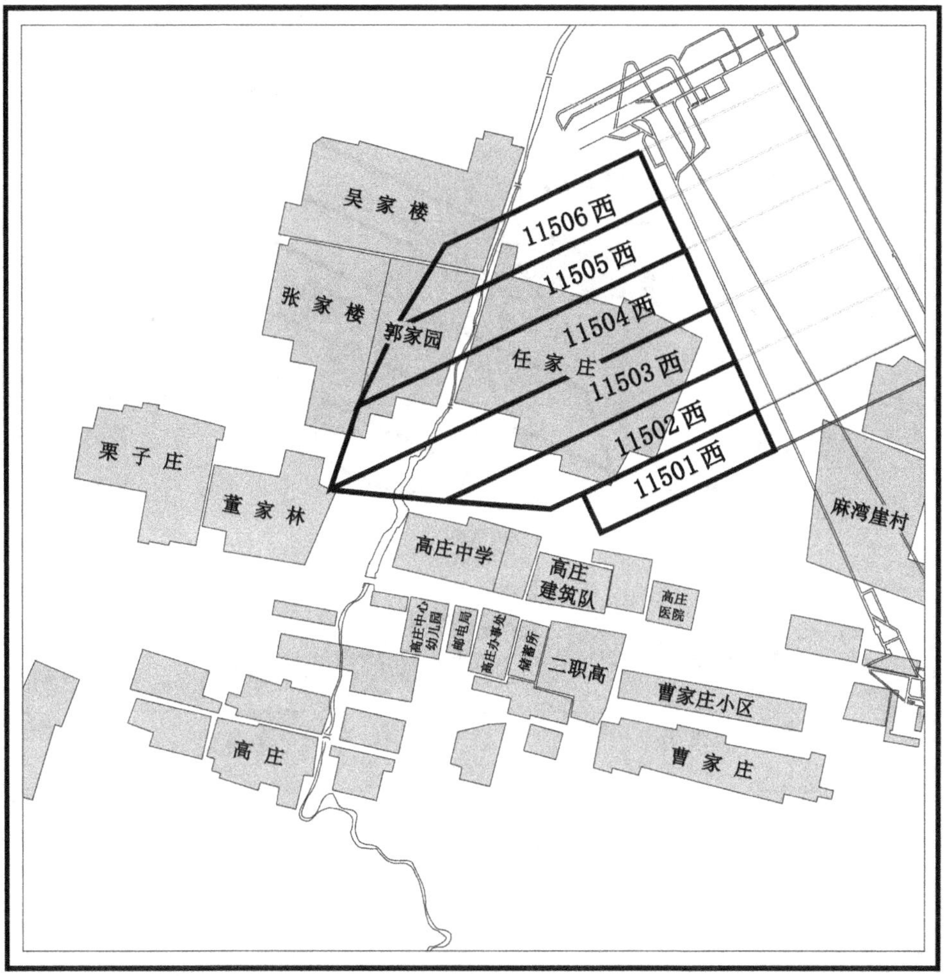

图 8-20　方案二工作面布置图

表 8-2　方案二各工作面尺寸

工作面名称	11501 西	11502 西	11503 西	11504 西	11505 西	11506 西
走向长度/m	371	444/621	621/808	700/808	574/700	416/574
倾向长度/m	80	99	107	118	100	100

方案三：条带开采。布置 11501 西、11502 西、11503 西三个工作面，形成条带开采形式。各工作面布置见图 8-21，各工作面尺寸见表 8-3。设计开采厚度为 1.2 m，约可采出煤量28 万 t。

图 8-21 方案三工作面布置图

表 8-3 方案三各工作面尺寸

工作面名称	11501 西	留设条带	11502 西	留设条带	11503 西
走向长度/m	444/559	107	702/815	100	416/568
倾向长度/m	99		118		100

8.4.4.2 地表移动与变形预计方法及参数选取

概率积分法是我国煤矿领域广泛使用的地表沉陷预计模型。根据该矿地表移动观测研究成果，本矿区采煤引起的地表沉陷规律基本符合概率积分法地表沉陷模型。因此，本书采用概率积分法模型对该矿一采区西翼 15 煤层开采引起的地表沉陷情况进行预计。

本次采区设计的三个方案中分别涉及了充填开采和条带开采。针对开采方法选取合适的预计参数是预计准确的关键。地表移动与变形计算参数选取主要依据为：以往矿井实际地表岩移观测数据、莱芜矿区地表沉陷一般规律以及《三下采煤规范》。

1. 全部垮落法开采概率积分法预计参数

根据一采区西翼 15 煤层具体地质采矿条件，参考地表岩移观测数据、莱芜矿区地表沉陷一般规律，综合分析确定 15 煤层（重复采动条件）全部垮落法开采地表沉陷预计参数为：

下沉系数：$q=0.65$；

水平移动系数：$b=0.30$；

主要影响角系数：$\tan\beta=2.2$；

开采影响传播角：$\theta_0=85°$；

拐点移动距：$s=0.05H$。

2. 条带开采概率积分法预计参数

条带开采地表沉陷预计目前仍主要采用概率积分法，地表沉陷预测的途径主要有两类：一是条带煤柱和留设煤柱比较规整、条带开采采区面积较大时，将整个条带开采区域（含条带煤柱）作为计算开采区域进行预计，其预计参数在垮落法开采的概率积分法预计参数基础上进行相应的修正；二是在开采条带数较少或布置不规整（因地质条件灵活布置或煤柱较大）时，将各条带开采面视为极不充分采动的小工作面开采，进行多个小工作面叠加预计。

小工作面开采的概率积分法地表移动变形计算参数主要与工作面开采区域面积采出率及宽深比有关，可以根据与全部垮落法开采的换算关系获得。一采区西翼 15 煤层条带开采工作面采用极不充分情况下小工作面开采的概率积分法，按《三下采煤规范》中给出的参数调整方法确定出本区（方案三条带开采）的各工作面预计参数为：

地表下沉系数：$q=0.5$；

水平移动系数：$b=0.21$；

主要影响角正切：$\tan\beta=1.5$；

拐点偏移距：$s=0$；

开采影响传播角：$\theta_0=90°-0.5\alpha$（α 为煤层倾角）。

3. 充填法开采概率积分法预计参数

根据等价采高理论，矸石充填开采的地表沉陷预计可以近似采用相同地质采矿条件下的全部垮落法开采沉陷预计公式和参数进行沉陷预计。

结合该矿地质采矿条件和设计采用的充填采煤工艺，设计采空区矸石充实率为 65%，则一采区西翼 15 煤层各工作面的矸石充填开采等价采高为：

$$M_e=(1-\rho)M=(1-65\%)\times 1\,200=420(\mathrm{mm})$$

一采区西翼 15 煤层充填开采沉陷预计参数近似等于 15 煤层重复采动下开采预计参数，其值为：

下沉系数：$q=0.65$；

水平移动系数：$b=0.3$；

主要影响角正切：$\tan\beta=1.8$；

拐点偏移距：$s=0$；

开采影响传播角：$\theta_0=90°-0.5\alpha$（α 为煤层倾角）。

8.4.4.3　建筑物下压煤开采地表采动影响预计

考虑到一采区西翼 15 煤层开采之前，地表建筑已经受到 7 煤层工作面开采的影响，在分析一采区西翼 15 煤层开采时应兼顾 7 煤层开采对地表建筑物的影响（由于地表建筑物基本是 2 煤层、4 煤层开采结束后新建的建筑物，故本次不考虑 2 煤层、4 煤层开采对地表建筑物的影响）。因此，在预计一采区西翼 15 煤层建筑物下压煤开采对地表采动影响时，同时预计了 7 煤层相关 7 个工作面（2705 东、2707 东、2707 西、2709 西、2709 东、2710 东、2710 西）开采引起的地表沉陷情况，这样预计分析的结果更为安全、可靠。

1. 方案一：全部充填开采沉陷预计及采动影响分析

本书采用基于等价采高的概率积分法模型预计了该矿一采区西翼 15 煤层全部充填开采后的地表移动与变形情况。表 8-4 为一采区西翼 15 煤层全部充填开采后的地表移动与变形极值，表 8-5 为全部充填开采后地表建筑物区域地表移动与变形极值。

表 8-4 方案一全部充填开采后地表移动与变形极值

下沉/mm	水平移动/mm		水平变形/(mm/m)		倾斜/(mm/m)		曲率/(10^{-3}/m)	
	南北方向	东西方向	南北方向	东西方向	南北方向	东西方向	南北方向	东西方向
669	213	176	1.1/−1.8	1.3/−1.3	2.5/−2.6	2.5/−1.9	<0.01	<0.01

表 8-5 方案一全部充填开采后建筑物区域地表移动与变形极值

建筑物名称	下沉/mm	倾斜/(mm/m)		水平变形/(mm/m)		水平移动/mm	
		南北方向	东西方向	南北方向	东西方向	南北方向	东西方向
高庄村	0	0.0	0.0	0.0/0.0	0.0/0.0	10	0
张家楼村	380	1.1	1.5	0.1/−0.6	1.2/0.0	95	110
吴家楼村	590	2.6	1.8	1.1/−1.2	1.2/0.0	213	140
郭家园村	595	1.2	1.8	0.1/−1.0	1.0/−0.6	90	160
栗子庄村	450	1.3	0.5	0.2/−0.4	0.0/0.0	100	35
任家庄村	669	1.8	1.6	0.0/−1.1	0.0/−0.9	130	160
曹家庄村	0	0.0	0.0	0.2/0.0	0.0/0.0	0	0
高庄办事处	45	0.4	0.2	0.4/0.0	0.0/0.0	50	5
二职高	45	0.5	0.0	0.5/0.0	0.0/0.0	55	0
高庄中学	180	1.4	0.6	0.5/0.0	0.2/−0.1	120	50
高庄中心幼儿园	35	0.2	0.1	0.3/0.0	0.0/0.0	45	5
邮电局	40	0.3	0.1	0.4/0.0	0.0/0.0	50	0
储蓄所	35	0.4	0.1	0.5/0.0	0.0/0.0	50	0
高庄建筑队	150	1.4	0.3	0.8/0.0	0/−0.3	120	20
高庄医院	95	1.0	0.2	0.6/0.0	0/−0.1	90	20

由表 8-4 和表 8-5 可以看出：开采后建筑物范围内的地表最大下沉值为 669 mm，位于任家庄村内；最大倾斜值为 2.6 mm/m，位于吴家楼村内；最大水平移动值为 213 mm，位于吴家楼村内；最大拉伸变形值为 1.2 mm/m，位于吴家楼村内；最大压缩变形值为 1.2 mm/m，位于吴家楼村内。从上述预测分析结果中可以看出，全部充填开采后，地表建筑物只受到Ⅰ级损害，均可正常使用。按照方案一开采后，泰莱高速公路受采动沉陷影响路段长

约977 m;受影响路段最大下沉值为 350 mm,最大倾斜值为 2.4 mm/m,最大拉伸变形值为 1.2 mm/m,最大压缩变形值为 0.9 mm/m,最大水平移动值为 190 mm;地表下沉速度缓慢。开采沉陷对泰莱高速公路的影响较轻微,不会造成公路的明显损坏,也不会影响泰莱高速公路的正常运行。

2. 方案二:条带充填开采沉陷预计及采动影响分析

采用基于等价采高的概率积分法模型预计了该矿一采区西翼 15 煤层条带充填开采后的地表移动与变形情况。表 8-6 为一采区西翼 15 煤层条带充填开采后的地表移动与变形极值,表 8-7 为条带充填开采后建筑物区域地表移动与变形极值。

表 8-6　方案二条带充填开采后地表移动与变形极值

下沉/mm	水平移动/mm		水平变形/(mm/m)		倾斜/(mm/m)		曲率/(10^{-3}/m)	
	南北方向	东西方向	南北方向	东西方向	南北方向	东西方向	南北方向	东西方向
907	285	240	1.4/−1.8	1.4/−1.4	2.7/−3.3	2.5/−2.6	<0.01	<0.01

表 8-7　方案二条带充填开采后建筑物区域地表移动与变形极值

建筑物名称	下沉/mm	倾斜/(mm/m)		水平变形/(mm/m)		水平移动/mm	
		南北方向	东西方向	南北方向	东西方向	南北方向	东西方向
高庄村	1	0.0	0.0	0.0/0.0	0.0/0.0	0	0
张家楼村	330	1.6	1.7	0.0/−0.7	1.3/0.0	140	155
吴家楼村	750	3.2	2.4	1.4/−1.5	1.3/−0.8	260	170
郭家园村	755	1.8	2.6	0.1/−1.5	1.0/−0.8	180	220
栗子庄村	450	1.3	0.5	0.15/−0.7	0.0/0.0	100	40
任家庄村	907	2.5	2.5	0.0/−1.6	0.0/−1.1	220	240
曹家庄村	0	0.0	0.0	0.0/0.0	0.0/0.0	0	0
高庄办事处	80	0.9	0.0	0.8/0.0	0.0/0.0	90	0
二职高	80	0.9	0.0	0.8/0.0	0.0/0.0	110	0
高庄中学	340	2.3	0.6	0.9/−0.1	0.0/0.0	220	70
高庄中心幼儿园	80	0.9	0.0	0.7/0.0	0.0/0.0	85	0
邮电局	75	0.9	0.0	0.8/0.0	0.0/0.0	85	0
储蓄所	70	0.8	0.0	0.8/0.0	0.0/0.0	70	0
高庄建筑队	250	2.1	0.0	1.4/0.0	0.0/−0.3	205	0
高庄医院	250	1.6	0.4	0.9/0.0	0.0/−0.3	155	45

由表 8-6 和表 8-7 可以看出:条带充填开采后建筑物范围内的最大下沉值为 907 mm,位于任家庄村内;最大倾斜值为 3.2 mm/m,位于吴家楼村内;最大水平移动值为260 mm,位于吴家楼村内;最大拉伸变形值为 1.4 mm/m,位于吴家楼村内;最大压缩变形值为 1.6 mm/m,位于任家庄村内。从上述预测分析结果可以看出,按照方案二实施条带充填开采,影响范围内的大部分建筑物损害等级在Ⅰ级采动损害范围内,仅吴家楼

部分区域出现Ⅱ级损害。按照方案二开采后，泰莱高速公路受采动沉陷影响路段长约1 030 m；受影响路段最大下沉值为450 mm，最大倾斜值为3.0 mm/m，最大拉伸变形值为1.4 mm/m，最大压缩变形值为1.1 mm/m，最大水平移动值为260 mm；地表下沉速度缓慢。开采沉陷对泰莱高速公路的影响较轻微，不会造成公路的明显损坏，也不会影响泰莱高速公路的正常运行。

3. 方案三：条带开采沉陷预计及采动影响分析

采用概率积分法预计了该矿一采区西翼15煤层三个条带工作面开采后的地表移动与变形情况。表8-8为一采区西翼15煤层条带开采后的地表移动与变形极值，表8-9为条带开采后建筑物区域的地表移动与变形极值。

表8-8 方案三条带开采后地表移动与变形极值

下沉/mm	水平移动/mm		水平变形/(mm/m)		倾斜/(mm/m)		曲率/(10^{-3}/m)	
	南北方向	东西方向	南北方向	东西方向	南北方向	东西方向	南北方向	东西方向
693	198	176	0.9/−1.8	1.2/−1.3	2.5/−2.6	2.5/−1.9	<0.01	<0.01

表8-9 方案三条带开采后建筑物区域地表移动与变形极值

建筑物名称	下沉/mm	倾斜/(mm/m)		水平变形/(mm/m)		水平移动/mm	
		南北	东西	南北	东西	南北	东西
高庄村	0	0.0	0.0	0.0/0.0	0.0/0.0	0	0
张家楼村	380	0.6	1.4	0.0/−0.5	1.2/0.0	80	100
吴家楼村	630	2.6	1.8	0.9/−1.5	1.2/0.0	150	170
郭家园村	630	0.8	1.8	0.0/−1.4	0.8/−0.6	90	165
栗子庄村	450	1.3	0.5	0.0/−0.4	0.0/0.0	100	30
任家庄村	693	1.8	1.9	0.0/−1.5	0.0/−0.8	150	164
曹家庄村	0	0.0	0.0	0.0/0.0	0.0/0.0	0	0
高庄办事处	60	0.6	0.0	0.3/0.0	0.0/0.0	45	0
二职高	60	0.6	0.0	0.4/0.0	0.0/0.0	50	0
高庄中学	210	1.4	0.5	0.4/0.0	0.0/0.0	110	35
高庄中心幼儿园	50	0.5	0.0	0.3/0.0	0.0/0.0	40	0
邮电局	55	0.5	0.0	0.3/0.0	0.0/0.0	40	0
储蓄所	60	0.5	0.0	0.3/0.0	0.0/0.0	45	0
高庄建筑队	170	1.3	0.0	0.5/0.0	0.0/−0.3	105	0
高庄医院	95	0.9	0.0	0.5/0.0	0.0/0.0	75	0

由表8-8和表8-9可以看出：按方案三开采后，建筑物范围内的最大下沉值为693 mm，位于任家庄村内；最大倾斜值为2.6 mm/m，位于吴家楼村内；最大水平移动值为170 mm，位于吴家楼村内；最大拉伸变形值为1.2 mm/m，位于吴家楼、张家楼村内；最大压缩变形值为1.5 mm/m，位于吴家楼村、任家庄村内。从上述预测分析结果可以看出，按照方案三实施条带开采后，建筑物损害等级均在Ⅰ级采动损害范围内，不会对人民的经济财产安全构成严重威胁。

按照方案三开采后，泰莱高速公路受采动沉陷影响路段长约为 1 106 m；受影响路段最大下沉值为 380 mm，最大倾斜值约为 2.5 mm/m，最大拉伸变形值为 1.2 mm/m，最大压缩变形值为 0.9 mm/m，最大水平移动值为 190 mm；地表下沉速度缓慢。开采沉陷对泰莱高速公路的影响较轻微，不会造成公路的明显损坏，也不会影响泰莱高速公路的正常运行。

8.4.4.4　建筑物下压煤开采方案的选定

1. 经济比较

(1) 建(构)筑物维修补偿费

对损坏等级在Ⅰ、Ⅱ级范围以内的民房建筑物，需要进行维修或重建补偿，依据提出的开采方案、采动移动与变形值的计算结果及地表建筑物损害等级和范围，按照《山东省人民政府压煤村庄搬迁办公室关于山东省压煤建筑物开采损坏补偿标准指导意见》(鲁政搬〔2016〕6 号)的规定，考虑本矿区以前采煤损害补偿的经验，近似估计各方案开采后所需的补偿费用。

方案一：全部充填开采，预计地表建筑物维修补偿费约为 300 万元；

方案二：采用条带充填开采，预计地表建筑物维修补偿费约为 500 万元；

方案三：采用条带开采，地表建筑物维修补偿费约为 300 万元。

(2) 采煤经济效益

该矿原煤吨煤现行售价为 450 元，综合成本为 466 元。

① 15 煤层采用全部充填开采，可采出煤量为 50.4 万 t，吨煤按现行售价 450 元、销售利润－16 元计算，可实现产值 22 680 万元，实现销售利润－806.4 万元；采用泵送矸石充填需增加开采成本约 40 元/t，合计 2 016 万元；扣除村庄维修补偿费用 300 万元，最终可实现利润－3 122.4 万元。

② 15 煤层采用条带充填开采，可采出煤量为 53.1 万 t，可实现产值 23 895 万元，实现销售利润－849.6 万元；采用泵送矸石充填需增加开采成本约 40 元/t，计 2 124 万元；扣除村庄维修补偿费用 500 万元，最终实现利润－3 473.6 万元。

③ 15 煤层采用条带开采，可采出煤量为 28 万 t，可实现产值 12 600 万元，实现销售利润－448.0 万元；扣除村庄维修补偿费用 300 万元，最终实现利润－748.0 万元。

(3) 开采方案的经济效益对比

参照上述各项费用的计算，根据开采方案可能带来的投入与产出，近似估算不同方案的经济效益情况如表 8-10 所列。

表 8-10　不同村庄及建筑物下采煤方案的经济效益对比

方案	村庄处理方案	可采出煤量/万 t	采煤利润/万元	村庄处理费用/万元	经济效益/万元
全部充填开采	维修补偿	50.4	－2 822.4	300	－3 122.4
条带充填开采	维修补偿	53.1	－1 853.6	500	－3 473.6
条带开采	简单维修补偿	28.0	－448.0	300	－748.0

由表 8-10 的经济效益对比可以看出，一采区西翼 15 煤层全部矸石充填法与条带充填法开采虽然也能达到保护地面建筑物的目的，但充填开采成本较高，经济效益相对较差。条

带法开采的地表沉陷控制效果最好，更有利于保护地面建筑物，在目前社会经济环境下亏损最少、效益最好。

2. 建筑物下压煤开采方案的选择

(1) 开采方案的选定

对不同压煤开采方法进行经济和技术的综合评价，具体如表 8-11 所列。

表 8-11 开采方案的经济技术综合评价

开采方案	村庄处理方案	采出煤量/万 t	经济效益/万元	生产技术问题	社会问题
全部充填开采	维修补偿	50.4	−3 122.4	采煤效率低，矸石充填影响采煤进度，成本高	村庄地表下沉量较小、损坏较轻；有效保护地面建筑物
条带充填开采	维修补偿	53.1	−3 473.6	采煤效率低，地表沉陷控制效果差	村庄地表下沉量稍大；对地面建筑物影响稍大
条带开采	简单维修补偿	28.0	−748.0	采出煤量少，服务年限缩短	村庄地表下沉量较小、损坏较轻；有效保护地面建筑物

通过上述经济和技术的综合评价，15 煤层采用全部充填开采和条带充填开采虽然也能达到保护地面建筑物的目的，但充填开采成本较高，经济效益相对较差。条带开采方案效益相对较好，能更好地保护地面建筑物，采动后地表建筑物损害程度均在设防指标之内。因此，综合考虑经济、技术、安全条件，优先推荐采用条带开采来采出一采区西翼 15 煤层部分煤炭资源。

(2) 开采方案可靠性分析

开采方案是在结合本区域地质开采条件及覆岩运动特点、地表移动与变形计算及区域内村庄建筑损害特征等的基础上提出的，因此具有一定的可靠性。按照设计的相关技术措施进行煤层开采，保证地面村庄房屋居住的安全性，达到经济、合理、安全地开采煤炭资源的目标。

但是，应该看到区域地质开采条件较为复杂，村民户数多，有多层楼房及工厂等，且房屋质量良莠不齐。因此，在实际开采过程中，还应加强对地表村庄损坏民房的监测工作，及时主动地采取相应补偿维修措施，并在雨季采取一定的防排水技术措施，确保村民生产、生活的方便和安全。

为了提高开采的可靠性，力争达到最好的地表移动与变形控制和保护村庄房屋的效果，建议针对实际情况制订有关技术措施，在采区建立地表移动观测站进行观测和开采总结，根据实测的成果和民房的损坏情况及时地修改、调整开采方案和相应的技术措施，以更好地控制地表变形、保障村民利益。

复习思考题

1. 根据充填材料，我国充填开采可以划分为哪几种？
2. 条带开采岩层移动控制的机理是什么？
3. 条带开采地表沉陷与哪些因素有关？

4. 条带开采地表沉陷预计方法有哪几种？各有什么优缺点？
5. 充填开采岩层移动控制机理是什么？
6. 充填开采地表沉陷控制影响因素有哪些？
7. 条带开采采宽、留宽如何设计？
8. 条带煤柱的稳定性如何判断？
9. 条带煤柱强度受到哪些因素的影响？

第9章 铁路及其他线形构筑物下采煤理论与技术

9.1 铁路及其他线形构筑物下采煤的特点与基本原理

铁路、公路、高压输电线路、长输管线等都属于矿区重要的基础设施，从其结构特点看都属于延伸性构筑物，也称为线形构筑物。这些构筑物由于延伸长度大，留设保护煤柱时压煤量巨大。因此，研究线形构筑物下采煤具有重要的理论和实际意义。

我国铁路下采煤是先从较次要的铁路专用线和支线下采煤取得经验，然后进行国家铁路干线压煤的开采。迄今为止，除了国家主要铁路干线因运输过于繁忙和战略安全原因无法进行铁路下采煤外，其他类型的铁路下采煤均已有成功经验，并形成了一套比较成熟的铁路下采煤技术和管理体系。对于公路、高压输电线路、长输管线下压煤开采问题，国内外也已经积累了一定的成功经验。

9.1.1 铁路及其他线形构筑物下采煤的特点

(1) 铁路、公路、高压输电线路、长输管线等都属于延伸性构筑物，相互之间联系密切。某一区段出了故障必然会影响全线正常运行。在处理某区段线路时，必须考虑到该区段与相邻区段在平面和纵断面之间的衔接关系。

(2) 除公路外，铁路、高压输电线路、长输管线等都是一种在一定程度上柔性可调的构筑物，即可通过调整、维修最大限度地消除线路的移动和变形影响。铁路、高压输电线路、长输管线等均可在不中断安全营运条件下，用调整、维修方法最大限度地消除或减缓移动和变形；控制残余变形不超过有关规定值，可保证这些设施的安全运行。采动影响下的公路虽然无法通过调整、维修消除或释放移动和变形影响，但也可以通过采取工程治理措施及时修复采动损坏，基本保证公路的安全运行。

(3) 地表突然的、局部的陷落对铁路、公路、高压输电线路、长输管线等的安全运行危害极大，因为这种突然的陷落既难以预测，又不能在短时间内消除或治理。

9.1.2 铁路及其他线形构筑物下采煤的基本原理

针对采动影响下线形构筑物移动变形特点和安全运行特征，实现线形构筑物下采煤及其安全运行的基本技术对策如下：

(1) 采取地下开采技术措施，实现地表连续、缓慢、渐变的移动和变形过程，杜绝地表非连续破坏、突发性局部沉陷和大范围快速沉陷现象，为地表线形构筑物及时调整、维修提供充足时间。

(2) 在严密监控下，通过及时调整、维修等措施将各类线形构筑物移动和变形指标始终控制在安全运行范围内。

9.2　铁路下采煤的理论与技术

9.2.1　地下开采引起的铁路路基移动变形特征

铁道线路主要由路基、道床、轨枕和钢轨组成，如图 9-1 所示。

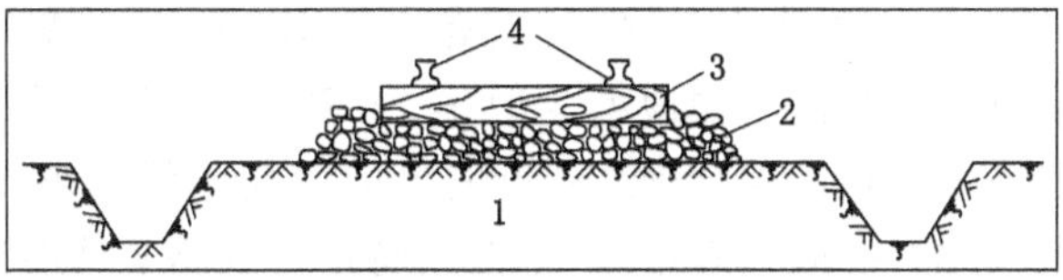

1—路基；2—道床；3—轨枕；4—钢轨。

图 9-1　铁路横断面图

铁路路基是整个铁路线路的基础。列车运行的动载荷通过轨枕和道床传递给路基，因此路基必须经常保持足够的强度和稳定性。当铁路下方的煤层被采出以后，地表沉陷带动路基产生移动与变形，进而引起铁路线路的上部结构（钢轨、轨枕、道床、连接部件、道岔、防爬设备等）的移动与变形。

1. 路基的下沉特性

在受到采动影响后，铁路路基随地表下沉而出现随动下沉。当开采深厚比大于 30 时，地表的移动与变形过程一般是连续渐变的，在下沉过程中路基在竖直方向上一般不会产生松动、脱层和局部下陷等病害。因此，铁路路基下沉一般具有大范围连续渐变特征，即采动影响下铁路路基的移动与变形在空间上是连续分布的，在时间是连续渐变的。

在特殊地质采矿条件下，如近地表开采特厚煤层或急倾斜煤层时，地表的突然下沉会导致路基出现突然塌陷而威胁铁路安全。

2. 路基的水平移动特性

同样，受到采动影响后路基水平移动具有大范围、连续和渐变的特征，路基的水平移动范围与地表下沉范围基本相同。垂直于线路方向的横向水平移动将改变线路的原有方向；沿线路方向的纵向水平移动，将使路基受到拉伸和压缩变形。

受到地表拉伸变形的影响，路基土的密实度会降低，可能产生一些暗裂缝。开采引起的路基暗裂缝一般只发生在局部地段，在列车动载荷的作用下，裂缝发展到道床内会被压实，因此裂缝对路基强度和稳定性影响不大。现场实测表明，路基两侧地表上发生的采动裂缝在延伸到路基附近时也通常会消失不见。

受到地表压缩变形的影响，路基土的密实度将增大。由于路基土体有一定的空隙，能吸收一部分压缩变形，不会对路基强度和稳定性造成明显影响。

虽然下沉和水平移动对普通路基影响不大，但是地下开采引起的地表倾斜和水平变形对高路基的稳定性有一定的影响，严重时会使高路堤滑坡。因此，对于稳定性较差的高路堤、陡坡路堤和深路堑路段，应注意采动引起的边坡失稳问题，必要时要进行滑坡可能性验算和采取必要的工程防护措施。

9.2.2 地下开采对铁路线路上部结构的影响

铁路线路上部结构是指钢轨、轨枕、道床、连接部件、道岔、防爬设备等，其中钢轨是主要部分。

采动影响下的铁道线路上部结构的主要变形特征是线路下沉、线路方向变化、线路坡度变化、线路竖曲线变化、两条轨道间轨平变化、轨距变化、轨缝变化和线路爬行。

线路下沉随着路基下沉而同步发生，一般具有大范围、连续、渐变的特征。线路方向变化主要由地表横向水平移动引起的，也具有大范围、连续、渐变的特征，如图 9-2 和图 9-3 所示；与工作面斜交的铁路线路可能会出现“S”形的方向变化。线路坡度变化是由沿线路纵向路基的不均匀下沉引起的，一般具有连续、渐变的特征。线路竖曲线变化是由沿线路方向路基的曲率变形引起的，具有连续、渐变的特征。两条轨道间轨平变化是由两条轨道的不均匀下沉（即横向倾斜变形）引起的，具有连续、渐变的特征。轨距变化是由两条轨道的不均匀横向水平移动（即横向水平变形）引起的，具有连续、渐变的特征。轨缝变化是由沿线路方向路基的拉伸、压缩变形引起的；拉伸区轨缝增大，严重时鱼尾板断裂或连接螺栓剪断；压缩区轨缝变小或出现瞎缝，严重时发生涨轨事故。由于线路结构刚度远大于路基和道床，会导致沿线路方向路基的水平移动与上部轨道与轨枕的水平移动不一致而出现线路爬行现象；线路的爬行量一般小于地表水平移动量，出现爬行的范围通常要大于地表移动的范围。线路爬行的方向、大小与地表水平移动的方向和大小有关，此外，还受线路的坡度、重车运行方向和线路锁定状况的影响。

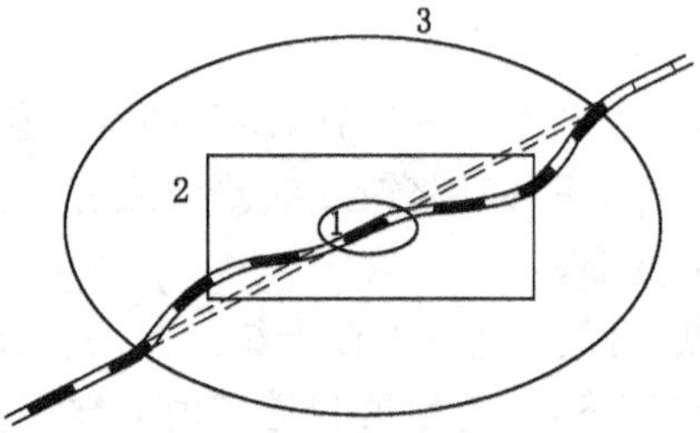

1—线路原始方向；2—工作面开采后线路移动方向；
3—工作面停采时线路的最终位置。

图 9-2 线路横向移动示意图

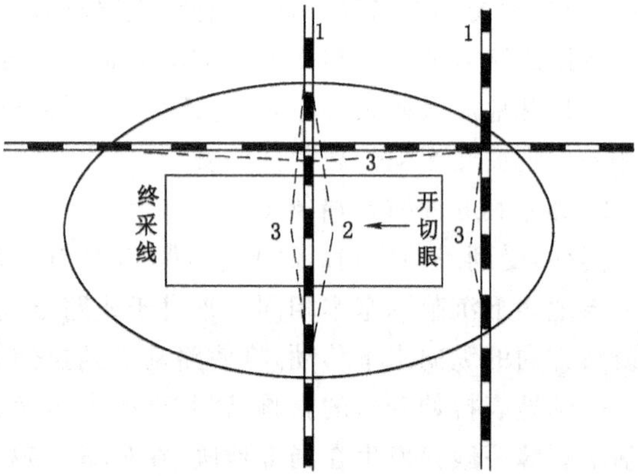

1—下沉盆地平底区；2—采空区；
3—地表移动边界。

图 9-3 线路方向与工作面方向斜交

此外，线路的横向移动还会引起曲线正矢的变化，但这种变化较小，且线路处在维修之中，可通过维修加以调整。

9.2.3 铁路下采煤的安全技术措施

铁路下采煤的安全技术措施包括地面维修措施和井下开采措施。

地面维修措施就是通过及时调整、维修以消除或减缓铁路采动影响的有关技术措施，是铁路下采煤中采取的主要技术措施。井下开采措施主要是指防止地表出现突然性下沉的开采技术措施，确保地表移动与变形具有大范围、连续、渐变的特征，为地面维修措施的实施创造有利条件。在特别不利的地质采矿条件或重要铁路下采煤时，可采用充填开采、条带开采等大幅度减小沉陷变形的特殊采煤技术措施。

9.2.3.1　消除采动变形影响的地面维修措施

1. 路基的加高和加宽

根据预测得到的最大下沉值和最大水平移动值，可在开采前将路基一次性加宽至需要的宽度，在开采过程中随着路基下沉定期加高路基以消除下沉影响。

2. 起道调整轨道标高

根据下沉监测数据，利用道砟及时垫高铁路上部建筑称为起道，以恢复轨道原始标高，同时调整轨平。起道施工可采用便携式液压起道器或齿条起道器等辅助作业。

可根据轨道允许坡度适当调整起道量和起道周期。起道过于频繁不仅增加维修工作量，而且每次起道后不可能将道床捣固密实，导致线路经常处于不稳固状态。

一次起道量不宜太大，否则不仅需要采取相应的监护措施，而且会导致线路需较长时间才能稳定。

3. 顺道调整线路坡度

根据下沉监测数据和轨道允许坡度，在下沉较大区域起道的同时，在两侧下沉较小区域适当降低轨道标高以满足轨道运行坡度要求，称为顺道。顺道可以减少起道工作量。

4. 拨道调整线路方向和轨距

根据横向水平移动监测数据，将轨道拨回原始线路方向并同时调整轨距。拨道的主要目的是消除线路的横向水平移动影响。

由于线路横向水平移动具有大范围、渐变的特点，可以在采动期间暂时不将线路拨到原始位置，而只对横向移动的处所进行及时处理，使线路在平面上保持圆滑，不出现硬弯。待地表移动稳定后，重新设计合理的平面位置，并据此进行整修。

在铁路下采煤治理工程中，起道、拨道劳动强度大，施工精度要求高。现在可采用新型的智能液压起拨道机进行铁路起道、拨道维修作业，可大大减轻劳动强度、节省施工人力，提高作业效率和作业精度。智能液压起拨道机主要由动力、液压系统、测量与控制系统、作业机构（夹轨、起道、拨道）、走行机构和机架等部分组成。智能液压起拨道机走行轮上安装有位移传感器，机架上安装有倾角传感器，在钢轨外侧加装正矢测量机构，附带有测量数据微机处理系统，可参照标准数据控制夹轨机构、起道机构、拨道机构和走行机构的动作。对于长直路段，还可采用激光准直仪控制起、拨道量。

5. 串轨调整轨缝

当受纵向水平移动和水平变形影响导致铁路钢轨接头缝隙（即轨缝）宽度过小或过大时，可使用专门的液压轨缝调整器及时串动钢轨调整轨缝宽度，从而消除纵向水平移动和纵向水平变形的影响。在每次串动钢轨时，可将拉伸变形区的轨缝适当调小，压缩变形区的轨缝适当调大，以适应地表移动与变形，延长维修周期。

9.2.3.2 控制地表沉陷的井下开采措施

1. 减小地表移动与变形值的特殊开采措施

减小地表移动与变形是减轻铁路线路危害和减少地面维修工程量最直接的方法。充填开采和条带开采是减小地表移动与变形的有效特殊开采方法。但由于充填开采成本高，条带开采采出率低等原因，除非特殊条件需要，这两种开采方法一般在铁路下采煤中较少使用。

2. 防止地表突然下沉的特殊开采措施

地表突然下沉是铁路下采煤的最大安全隐患，必须慎重对待。在缓倾斜和厚煤层浅部开采时，应尽量采用倾斜分层采煤法，并适当减小第一、二分层的开采厚度，这样可以抑制覆岩垮落带高度的发展，从而降低地表突然下沉的危险性。采用分层间歇开采可以明显降低地表下沉速度，有利于路基抬高后的压实与稳定。

开采急倾斜煤层时，不要使用沿倾向方向一次暴露较大空间的落垛式或倒台阶式采煤法，这样可以阻止上山方向煤层与岩体的抽冒，防止地表突然下沉。

3. 控制地表变形分布的合理布置工作面措施

通过合理布置工作面，控制地表变形分布形态，优化铁路线路大范围缓慢变形特征，减轻铁路线路维修工程量。应尽量将工作面布置在铁路线路的正下方，使下沉盆地的主断面与工作面推进方向平行，这时铁路线路横向移动量最小，减轻拨道和轨距调整工作量。在铁路下方不要留设孤立的残存煤柱，尤其是在浅部开采时更应注意，以便线路平缓下沉。

9.2.4 铁路附属建(构)筑物和设施下采煤的防护与治理技术

9.2.4.1 铁路桥梁下采煤的防护与治理技术

常见的铁路桥梁结构有梁式结构、箱体结构等。铁路桥梁下采煤要比铁路线路下采煤复杂得多，其关注重点包括梁体之间纵向变形是否导致挤压损伤问题、桥梁横向倾斜和水平移动是否导致失稳问题、下沉后桥梁下方过水断面缩小问题等。

铁路桥梁下采煤的维修治理工程重点是以桥梁治理为主、线路服从桥梁。铁路桥梁下采煤的防护与治理技术主要包括：通过合理布置采区，尽量减小桥梁横向位移；在预计下沉量和桥梁纵向变形值不大、桥的过水断面能满足要求的条件下，可采取调整坡度和将桥梁固定支座改为活动支座吸收变形等措施；必要时应加宽、加高桥台和桥墩，抬高下沉的桥体等。对于特别重要的铁路桥梁，应采取桥下充填开采、条带开采等减小地表移动与变形的措施。

9.2.4.2 铁路涵洞下采煤的防护与治理技术

铁路涵洞是指在铁路工程建设中，设于线路下的排水或行人通道。铁路涵洞包括圆管涵、拱涵、箱涵、盖板涵等。桥梁与涵洞在技术上通常是以跨径为标准划分的，一般跨径在5 m以上称桥梁，跨径在5 m及以下就称涵洞，但圆管涵和箱涵不论孔径、跨径多少都称为涵洞。铁路涵洞与桥梁的主要区别在于，一般涵洞上有填土，而桥梁上就直接铺轨道(但仍有道砟)。从侧面看，涵洞就像在路基上挖的孔，而路基在桥梁处就断开了。

铁路涵洞一般断面较小，故其适应地表移动与变形的能力较强。在铁路下采煤中对于涵洞的治理一般采用在加宽路基的同时加长涵洞，满足其上方路基及线路维修的需要即可。对于地表移动与变形较大且跨径较大的拱涵、箱涵等，可采取钢筋混凝土框构和钢筋混凝土“门形”刚构的方式进行套拱加固处理，以提高其抵抗变形能力。

9.2.4.3 铁路隧道下采煤的防护与治理技术

采动影响下隧道变形与隧道岩体的完整性及岩体强度有关。铁路隧道的断面不会因为地表下沉而缩小，但隧道下沉后的积水问题应设法解决。

隧道下采煤的关键技术对策是：控制隧道段的不均匀下沉量，尽量通过顺道减少隧道内线路的起道工程量；对隧道内形成的采动裂缝及时采取灌浆封闭措施；加强隧道内部围岩支护结构的维修和加固，并防止因片帮等伤人；必要时对局部变形严重路段的隧道围岩进行结构补强和锚喷加固处理。

9.2.4.4 车站下采煤的防护与治理技术

车站是铁路交通的枢纽。车站内的建筑和设备类型比较多，除了铁路线路以外，还有道岔、信号电气设备、站房等，因此车站下采煤比铁路线路下采煤难度大得多。

车站建筑物及其附属设施下采煤，可按建筑物下采煤设计。站内线路的维修方法与铁路线路下采煤基本相同，只是其对沉降与变形控制的精度要求更高。

道岔是铁路的咽喉，对地表移动与变形极为敏感、要求严格。地表移动与变形将会导致道岔方向不良、尖轨病害、水平不良和导曲线方向不良或水平超限等损害，会使列车通过道岔时产生过大的摇摆、冲击和钢轨磨耗，再加上频繁的起道、拨道作业从而加剧以上病害的产生。采动影响下道岔维护治理的关键是提高起道、拨道和捣鼓技术质量，始终保持四股钢轨轨底基本在一个平面上，确保道岔与线路、道岔与道岔的衔接方向顺直且没有“甩弯”现象。对于预计变形较大区域，可在道岔全长范围的两侧枕盒内安设防爬支撑，道岔和岔后附带曲线增加轨距拉杆。

9.2.5 铁路下采煤的基本原则和允许条件

为了合理开采煤炭资源、保护铁路安全，国家在《三下采煤规范》中对铁路下压煤开采原则与实施方法进行了规定，要求煤炭企业在生产中涉及铁路下采煤问题时应当按照该规范执行。

9.2.5.1 铁路下采煤基本原则

(1) 技术经济可行原则：铁路所压覆煤炭资源应当遵循煤炭资源优化利用、受护对象安全、生态环境保护和企业经济与社会效益良好等原则，除特级铁路保护煤柱严禁开采（不包括巷道开拓）外，凡技术上可行、经济上合理，均应当进行开采；技术条件可能，但本矿区尚无成熟经验的，必须进行试采。

(2) 及时维修调整原则：铁路下采煤时，应当及时维修受采动影响的铁路。铁路线的维修标准和要求应当按照铁路管理部门有关规定执行，并满足铁路安全运营要求。

9.2.5.2 铁路压煤允许采用全部垮落法试采的条件

铁路压煤试采，除自营线路外，应当事先征得铁路运输企业和铁路行业监督管理部门同意。根据《三下采煤规范》，符合下列条件之一者，铁路压煤（指有缝线路）允许采用全部垮落法进行试采：

(1) 国家Ⅰ级铁路下允许试采条件：

薄及中厚单一煤层的开采深度与单层采厚比大于或者等于150；

厚煤层及煤层群的开采深度与分层采厚比大于或者等于200。

(2) 国家Ⅱ级铁路下允许试采条件：

薄及中厚单一煤层的开采深度与单层采厚比大于或者等于100；

厚煤层及煤层群的开采深度与分层采厚比大于或者等于150。

（3）Ⅲ级铁路下允许试采条件：

薄及中厚单一煤层的开采深度与单层采厚比大于或者等于40，小于60；

厚煤层及煤层群的开采深度与分层采厚比大于或者等于60，小于80。

（4）Ⅳ级铁路下允许试采条件：

薄及中厚单一煤层的开采深度与单层采厚比大于或者等于20，小于40；

厚煤层及煤层群的开采深度与分层采厚比大于或者等于40，小于60。

（5）不满足上述条件但本矿井在铁路下采煤有一定经验和数据的铁路。

9.2.5.3 铁路压煤允许采用全部垮落法开采的条件

根据《三下采煤规范》，取得试采成功经验的矿区，符合下列条件之一者，铁路压煤允许采用全部垮落法进行开采：

（1）Ⅲ级铁路下允许开采条件：

薄及中厚单一煤层的开采深度与单层采厚比大于或者等于60；

厚煤层及煤层群的开采深度与分层采厚比大于或者等于80。

（2）Ⅳ级铁路下允许开采条件：

薄及中厚单一煤层的开采深度与单层采厚比大于或者等于40；

厚煤层及煤层群的开采深度与分层采厚比大于或者等于60。

（3）不满足上述条件但本矿井在铁路下采煤有成功经验和可靠数据的铁路。

9.2.5.4 铁路下特殊采煤技术

1. 减少移动与变形的特殊开采技术

对于铁路压煤采深与采厚比不能满足上述要求的缓倾斜、倾斜煤层，可以采用减少开采影响的特殊开采技术，如充填开采、条带开采等；只要在技术上可能和经济上合理条件下，可以进行开采或者试采。

2. 防止地表突然下沉的特殊开采措施

在铁路下开采急倾斜煤层时，必须根据煤层顶底板岩性、覆岩破坏规律采取相应的特殊采煤方法和顶板管理方法，保证地表不会出现突然下沉，如充填开采、伪倾斜柔性掩护支架法等。

9.2.6 铁路压煤开采方案设计

《三下采煤规范》规定：铁路压煤开采应当有开采方案设计，在征得铁路运输企业同意，方案得到批准后实施。

9.2.6.1 铁路压煤开采方案设计应具备的基础资料

1. 地质开采技术条件

进行铁路压煤开采方案设计时，应收集和掌握的地质采矿资料主要包括煤层的层数、层间距、倾角、埋藏深度、开采范围、压煤量、上覆岩层性质、地质断裂构造位置及落差、流砂、溶洞、老采空区的空间位置、活化的可能性及其对地表和线路的影响等。应收集和掌握的工程图包括井上下对照图、采掘工程平面图、地质地形图、地质剖面图及钻孔柱状图等。

2. 受采动影响铁路的技术特征

进行铁路压煤开采方案设计时，应收集和掌握的受采动影响铁路的技术特征资料主要包括：铁路等级、股道数量、运输量、每昼夜列车通过对数、最高行车速度、最小行车间隔时间、线路路基及上部建筑物（构筑物）的构成，线路标高、变坡点、坡度以及线路直线段、曲线段和缓和曲线段的位置；曲率半径、曲线长度、道岔、信号和通信设备及线路周围地形等。应收集和掌握的主要工程图包括线路平面图和纵、横剖面图等。

3. 铁路其他建（构）筑物的技术特征

进行铁路压煤开采方案设计时，应收集和掌握的受采动影响铁路桥梁技术特征资料主要包括桥梁及桥墩、台的结构、材质、建筑年月、过水断面、桥下最高洪水位及流量等。应收集和掌握的工程图有桥梁平面位置图，桥梁、墩、台的结构图，支座构造图等。

对于采动影响区的铁路涵洞，应收集和掌握的技术特征资料包括涵洞结构、材质、建筑年月、过水断面及流量等。应收集和掌握的工程图有涵洞平面位置图、涵洞结构图等。其他如高路堤、路堑情况，供电设施等情况及有关图纸也应收集与掌握。

9.2.6.2　铁路压煤开采方案设计的主要内容

（1）项目概况及可行性分析：铁路特征及其压煤情况，压煤开采的地质采矿条件，压煤开采的必要性、可能性和安全可靠性。

（2）铁路压煤开采的技术方案设计：提出实现铁路下采煤的各种技术方案，主要包括采煤方法和顶板管理方法的选择与论证，开采技术措施、行车安全措施及铁路的维修方法。

（3）地表移动与变形值预计：阐述选用的计算公式和参数选取依据，铁路所在处地表的下沉、下沉速度、纵向和横向移动与水平变形值计算结果及曲线图。

（4）铁路维修与治理技术措施：提出铁路路基及其上部建筑的维修方法与维修周期；估算维修工程量等。

（5）铁路压煤开采方案技术经济评价：铁路压煤开采技术方案及地面维修治理方案的技术、经济评价和费用概算。

（6）铁路压煤开采方案对比和选定：依据上述铁路压煤开采技术方案和地面维修治理方案的技术、经济评价，进行各方案的综合分析对比，选定最满意的技术方案。

（7）铁路及地表移动观测站设计：结合铁路压煤开采影响路段实际情况，设计铁路及地表移动观测站。若开采影响铁路桥梁及其他重要建（构）筑物时，应同时设计相应的建（构）筑物及地表移动观测站。

9.2.7　铁路下采煤时铁路及地表移动观测

9.2.7.1　铁路下采煤观测的目的和有关规定

1. 观测目的

观测目的为：随时掌握铁路路基和线路的移动与变形动态，为铁路维修和治理提供依据；为研究铁路路基和上部建筑的移动与变形规律提供基础资料，以指导以后的铁路下采煤工作。

2.《三下采煤规范》中关于观测工作的规定

根据《三下采煤规范》中的有关规定，在铁路下试采时，必须对线路进行相应的巡视及观测研究工作，观测数据及分析报告应当及时抄送铁路运输企业。试采结束后，对各项观测资料进行系统分析和总结，提出成果，上报原审批单位，并抄送铁路运输企业。

对于有试采成功经验并且铁路压煤允许采用全部垮落法进行开采，或本矿井多次成功地进行过铁路下采煤时，可根据具体情况只作局部或单项观测。观测数据及分析报告应当及时抄送铁路运输企业。

铁路线路观测的主要内容包括线路下沉量、下沉速度及纵向和横向水平移动等。其他各项观测研究工作及铁路车站建（构）筑物的观测研究工作同建（构）筑物下采煤中的有关规定。

9.2.7.2 铁路观测站的设置

铁路观测站由设在钢轨上的轨道观测线和平行设置在路基上的路基观测线组成（图 9-4）。

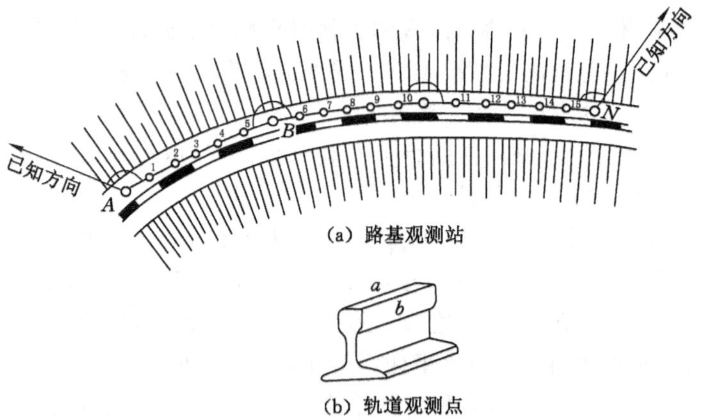

图 9-4 铁路观测站

1. 轨道观测线

轨道观测线测点应选在轨节编号处，便于寻找。如图 9-4 所示，在钢轨外侧 b 点处冲一个小圆坑作为平面观测的位置，与该点对应的轨面 a 点处即为高程观测时的立尺位置。轨道观测线的测点间距，在直线段与单根钢轨长度相适应，即 12.5 m 或 25 m；在曲线段与正矢点相对应，即 10 m 或 20 m。

2. 路基观测线

路基观测线的测点应设在与轨道观测线同侧的路基面上，与轨道点对应设置，与轨道的距离可控制在 1.5m 左右。路基观测线应尽量与轨道平行，两端至少各设置两个控制点。路基观测线测点标示及埋设方式同一般的地表移动观测站，但测点出露地表高度应考虑到下沉垫高路基后不能被埋没。

9.2.7.3 铁路观测站观测工作

1. 高程观测

铁路观测站的高程连接测量就是将高程从附近的高程基点采用三等水准测量引测至路基观测线两端的控制点上。在采动影响前，按三等水准测量测定各观测点原始高程，应独立进行两次测量，取其平均值得到路基、轨道观测线各测点的原始高程。

在预计开始移动前，每隔 3～4 d 对部分路基点进行一次水准测量（四等水准），判断铁路开始移动的时间。

铁路开始移动后，依据地表下沉速度和铁路维修需要定期进行水准观测。一般按四等水准测量施测。

2. 平面观测

可采用全球卫星导航系统（GNSS）或全站仪进行平面连接测量，得到路基观测线控制点的平面坐标。

可采用全站仪导线测量测定各路基观测点平面坐标。轨道观测线的平面测量通常是以路基点为基础，使用专用丁字尺测量轨道点的平面位置（点纵距、点横距）。铁路轨道观测点观测如图 9-5 所示。

3. 其他观测

其他观测如轨缝观测（图 9-6）、曲线正矢观测和轨距检测等，大多是用专门制作的铁路专用测量工具直接进行测量。

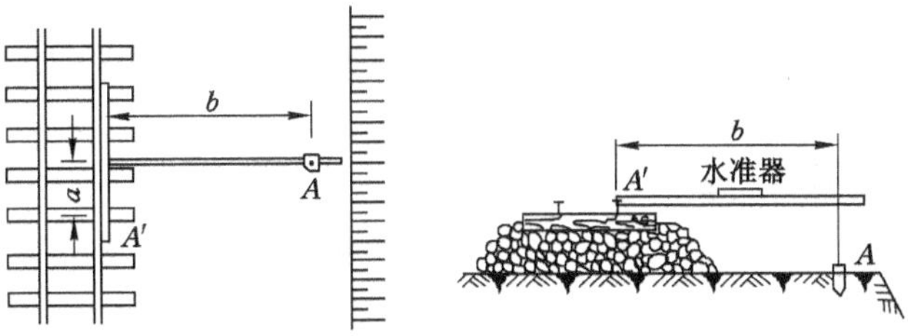

图 9-5　铁路轨道观测点观测

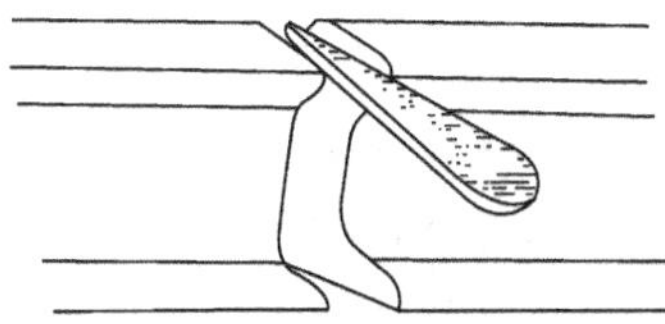

图 9-6　轨缝观测

4. 计算及绘制观测成果图

根据实测轨面标高绘制线路纵断面图，供线路维修确定起道量使用；将每次起道周期内各次轨道观测线的下沉绘制在同一张图上备查。根据轨道观测线平面测量结果绘制线路横向移动图，供确定拨道量用；将每次拨道周期内各次观测成果绘制在同一张图上备查。路基观测线数据处理方法同地表移动观测站数据处理方法。

9.3　高等级公路下采煤影响与治理技术

高等级公路是煤矿区重要的交通基础设施。根据《三下采煤规范》，除需要特级保护的高速公路特大型桥梁外，高速公路及其他高等级公路压煤允许在一定条件下开采或试采。高等级公路下采煤时将可能对公路造成一定的影响，使公路路面损坏、坡度改变等，因此必须采取相应的保护措施。

9.3.1　开采沉陷对公路的影响

9.3.1.1　地表下沉对公路的影响

地表均匀下沉对公路路面影响不大。但在下沉过程中产生的竖向拉伸变形可能会引起路基松弛和不同土质界面上产生脱层而影响路基承载力；在高潜水位地区，会造成路基浸水软化或路面积水，加速公路破坏。

沿公路方向的地表不均匀下沉将导致公路坡度发生变化。当公路坡度的倾向与下沉盆地倾斜一致时，可增大公路的坡度，可能使公路坡度局部超标。沿公路横断面的倾斜可改变公路涵洞的坡度，使排水不畅，严重时导致洪水淹没、公路冲毁。

沿公路不均匀的坡度变化还将改变公路竖曲线的曲率半径，会对公路行车安全、舒适以及视距带来一定的影响。不同等级公路对竖曲线曲率半径的要求不同。

9.3.1.2 地表水平移动对公路的影响

均匀的地表水平移动对公路的影响较小。不均匀的地表水平移动导致的水平拉伸变形和压缩变形对公路的影响较大。

地表拉伸变形会使公路路面拉坏、产生张开式裂缝。当大的裂缝出现时，往往伴随着台阶，影响行车的速度和安全，特别是对高速公路行车安全的影响较大。地表压缩变形使公路路面受压，当压缩变形较大时，可能会使路面隆起或出现鼓包，对行车安全危害极大。路面开裂后，雨水浸入路基路面，在热胀冷缩及冻融作用下，会进一步加速路基路面的破坏及其承载力的降低。

此外，较大的地表水平移动可使公路桥梁、涵洞拉坏或压坏，导致交通中断，使涵洞排水不畅，在洪水时淹没公路。

9.3.1.3 公路破坏程度与地表移动和变形的关系

高等级公路破坏程度取决于地表移动与变形的大小。不同结构和材料性质的公路破坏特征与地表移动与变形的关系亦不相同。

根据对采动影响下山东邹济公路破坏特征的现场调查和实测成果，得到了沥青混凝土高级路面Ⅰ级公路采动破坏和地表移动与变形的对应关系如表 9-1 所列。

表 9-1 邹济公路采动变形破坏和地表移动与变形关系

路面移动与变形				公路破坏情况	破坏等级
下沉/mm	倾斜/(mm/m)	压缩变形/(mm/m)	拉伸变形/(mm/m)		
200	2.0	0.5	0.5	采动变形对公路影响轻微，公路上产生不大于 2 mm 的裂缝，路面基本无隆起现象	轻微影响
500	3.0	1.5	1.5	采动变形对公路有明显的影响，公路上产生不大于 15 mm的裂缝，压缩区路面隆起、台阶落差不大于 20 mm，影响路面行车速度	轻度破坏
1 000	6.0	3.0	3.0	采动变形对公路产生破坏性影响，公路产生不大于 40 mm的裂缝，压缩区路面隆起、台阶落差不大于 50 mm，对车辆通过性有一定影响，容易引发跳车事故，大幅度降低路面行车速度	中度破坏
>1 000	>6.0	>3.0	>3.0	采动变形对公路产生严重破坏性影响，公路产生大于 40 mm 的裂缝，或者产生密集的裂缝区，压缩区路面隆起、台阶落差大于 50 mm，车辆通过性差	重度破坏

9.3.2　公路下采煤技术措施

实施公路下采煤的主要技术措施包括地面维修措施和井下开采措施。

受采动影响的公路损害地面维修措施主要包括：加高、加宽路基，注浆填塞采动裂缝，铲平路面鼓包，修整局部路面；修整损坏公路附属设施和涵洞等。

实施高等级公路下采煤时，应尽量采取适当的井下特殊开采措施，将地表移动与变形最大值控制在允许范围内。这些特殊开采技术措施主要包括充填开采、条带开采、分层限厚开采、协调开采等。不同等级公路的允许地表移动与变形值可参照《公路路基设计规范》(JTG D30—2015)和《采空区公路设计与施工技术细则》(JTG/T D31-03—2011)中的相关规定确定。

根据《公路路基设计规范》(JTG D30—2015)中的有关规定，对于软土地区路基，当路面设计使用年限（沥青路面 15 a、水泥混凝土路面 30 a）内的残余沉降（简称工后沉降）不满足表 9-2 的要求时，应针对地基沉降进行处置设计。

表 9-2　公路容许工后沉降　　单位：m

道路等级	工程位置		
	桥台与路堤相邻处	涵洞、通道处	一般路段
高速公路、一级公路	≤0.10	≤0.20	≤0.30
二级公路	≤0.20	≤0.30	≤0.50

在中华人民共和国交通运输部发布的《采空区公路设计与施工技术细则》(JTG/T D31-03—2011)中规定了采空区公路地基的容许变形值，如表 9-3 所列。

表 9-3　采空区公路工程地基容许变形值

公路工程类型			地基容许变形指标		
			倾斜值 /(mm/m)	水平变形值 /(mm/m)	曲率值 /(10^{-3}/m)
路基	高速公路 一级公路	高级路面	4.0	3.0	0.3
	二级及二级以下公路	高级及次高级路面	4.0～6.0	3.0～4.0	0.3～0.4
		简易路面	10.0	6.0	0.6
桥梁	简支结构		3.0	2.0	0.2
	非简支结构		2.0	1.0	0.15
隧道			3.0	2.0	0.20
砖混结构建筑物			3.0	2.0	0.20

注：本表不包括对变形有严格要求的复杂结构桥梁和隧道工程。

对于在开采影响区的新建高速公路，应当采用抗采动变形设计，以提高其抗变形和吸收变形的能力。具体抗变形措施包括：路基路面尽量采用柔性基层路面；桥梁尽量选用简支梁，其跨度不宜大于 30 m；涵洞应当采用箱涵或者圆管涵，不宜采用拱涵；隧道需对二次衬砌切割变形缝，并对其进行配筋。

9.3.3 公路压煤开采条件的有关规定

9.3.3.1 公路下压煤允许开采的基本条件

根据《三下采煤规范》的有关规定，公路下压煤符合下列条件之一时，允许开采：

(1) 预计的地表变形值小于公路允许地表变形值。

(2) 预计的地表变形值超过公路允许地表变形值，但本矿区已取得试采经验，公路经维修能够满足安全使用要求。

(3) 预计的地表变形值超过公路允许地表变形值，但经采取本矿区已有成功经验的开采措施和公路维修治理与保护措施后，能满足安全使用要求。

9.3.3.2 公路下压煤允许试采的基本条件

根据《三下采煤规范》的有关规定，公路下压煤符合下列条件之一时，允许进行试采：

(1) 预计地表变形值虽然超过公路允许地表变形值，但在技术上可行、经济上合理的条件下，经过对公路采取维修治理和保护措施或者有效的开采措施后，能满足安全使用要求。

(2) 预计的地表变形值虽然超过公路允许地表变形值，但国内外已有类似的公路和地质、开采技术条件下的成功开采经验。

(3) 开采的技术难度虽然较大，但试验研究成功后对于煤矿企业或者当地的工农业生产建设有较大的现实意义和指导意义。

9.3.3.3 高速公路下压煤开采的附加条件

根据《三下采煤规范》的有关规定，高速公路下采煤时，除了满足上述压煤开采或者试采相应要求外，还应当满足下列条件：

(1) 路面采后不积水，不形成非连续变形，预计地表变形值符合《公路工程技术标准》(中华人民共和国交通运输部公告第 51 号)有关规定。

(2) 高速公路隧道、桥梁与涵洞的预计地表变形值小于允许变形值，或者预计的地表变形值大于允许变形值，但经过维修加固能够实现高速公路安全使用要求的。

9.3.4 公路压煤开采方案设计

根据《三下采煤规范》的有关规定，公路压煤开采应当进行专门开采方案设计，各等级公路地表允许变形值应依据其抗变形能力和表 9-3 综合确定。

9.3.4.1 公路压煤开采方案设计应具备的基础资料

(1) 地质采矿资料和图纸：公路压煤开采区域的煤层层数、层间距、厚度、倾角、埋藏深度、压煤量、岩石物理力学性质、地质构造、地下潜水位，现有的开采方法、巷道布置、生产系统以及邻区开采情况，有关的地表移动参数，老采区活化的可能性及其对地表和建筑物的影响；井上下对照图、采掘工程平面图、地质剖面图和钻孔柱状图。

(2) 公路技术资料和图纸：公路行车速度、路基宽度及组成、行车道宽度、坡度、防洪标高、线路标高、桥梁型式、基础、结构、隧道长度、隧道宽度、衬砌结构、围岩等级等；高速公路平面图、纵断面图、路基路面横断面图，隧道衬砌轮廓图，桥梁平、立面图，桥梁、墩、台的结构图等。

9.3.4.2 公路压煤开采方案设计的主要内容

(1) 公路特征及其压煤开采的必要性、可能性和安全可靠性。

(2) 实现公路下采煤的各种技术方案，主要包括采煤方法和顶板管理方法的选择与论证，地表移动和变形预计，公路采动影响分析与评价，公路维修治理和保护措施。地表移动和变形值预计应当阐明选用的计算方法和参数选取依据，并提供公路及其附属设施所在处地表移动和变形值的计算结果及必要的图表。

(3) 方案的技术、经济评价及费用概算。

(4) 方案的综合分析对比和选定。

(5) 地表移动及公路变形观测站设计。

(6) 安全技术措施。

在编制公路下压煤开采方案时，对于地表下沉造成的地表积水问题，应当采取有效控制地表沉降的井下开采措施或者地面疏排水措施，保证公路运输安全。

9.4 高压输电线路下采煤变形控制与维修治理技术

9.4.1 高压输电线路的结构特征和杆塔类型

9.4.1.1 高压输电线路的结构特征

高压输电线路是工矿企业最基本的配套工程和关系到正常生产运营的基础设施，是一种特殊结构的线形构筑物。

高压输电线路由导线、避雷线、绝缘子、杆塔、基础、拉线、横担、金具和接地装置等组成。其是由间隔一定距离(档距)的杆塔支撑的上部线路(导线和避雷线)的长距离输送电系统。

9.4.1.2 高压输电线路的杆塔类型

1. 杆塔类型

根据使用材料，杆塔可分为钢筋混凝土杆和铁塔。根据受力特点和用途，杆塔可分为直线杆塔、耐张杆塔、转角杆塔和终端杆塔。

直线杆塔和耐张杆塔一般用在线路的直线段上，不兼转角。直线杆塔在正常情况下只承受导线重量和侧向风力，断线时承受导线不平衡拉力；直线杆塔的悬垂绝缘子允许偏斜，杆塔也允许有一定的挠度。耐张杆塔除承受垂直荷载和水平荷载外，还能承受更大的顺线路方向的张力；耐张杆塔使用的耐张绝缘子串，在断线时可以承受断线张力，限制事故范围的扩大。但在特殊情况下直线杆塔和耐张杆塔需要兼转角时，其转角角度对直线杆塔不超过3°、耐张杆塔不超过5°，否则应按照转角杆塔设计。

转角杆塔用于线路转角处，其受力特点与耐张杆塔相同，但是其水平载荷包括角度合力，因此水平载荷值较大。

终端杆塔用于线路的首末端，可以是耐张或转角型的，受力特点与耐张杆塔和转角杆塔相同，但在正常运行情况下需要承受较大的单侧顺线路张力。

2. 杆塔基础的类型

输电线路的杆塔及拉线基础，应使杆塔在各种力的作用下不倾覆、不上拔、不下陷。按基础的受力情况不同，杆塔基础可以分为抗上拔下压类杆塔基础和抗倾覆类杆塔基础两类。

抗上拔下压类杆塔基础是指基础主要承受上拔力和下压力，兼受较小的水平力。此类杆塔基础有带拉线电杆基础和分开式铁塔基础等，如图 9-7 所示。

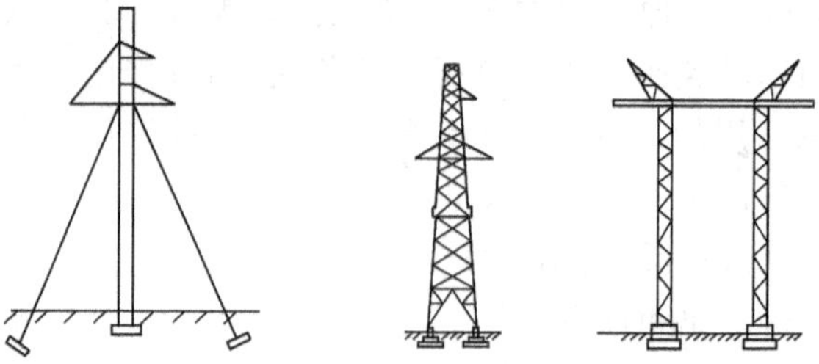

(a) 带拉线电杆基础　　(b) 分开式铁塔基础

图 9-7　抗上拔下压类杆塔基础

抗倾覆类杆塔基础是指基础主要承受倾覆力矩。此类杆塔基础主要包括无拉线单杆基础、整体式铁塔基础和宽身式铁塔联合基础等，如图 9-8 所示。

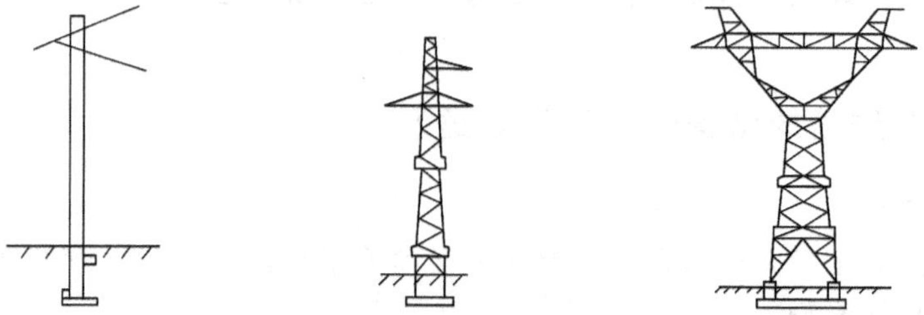

(a) 无拉线单杆基础　　(b) 整体式铁塔基础　　(c) 宽身式铁塔联合基础

图 9-8　抗倾覆类杆塔基础

煤矿区高压线电压等级一般在 35 kV～220 kV 之间，常用的直线杆塔类型包括混凝土单杆(图 9-9)、双杆直线杆。耐张杆塔一般使用门型耐张杆(图 9-10)或铁塔(图 9-11)。

(a) 35 kVϕ190 mm拔梢单杆　　(b) 110 kVϕ300 mm等径拉线单杆

图 9-9　常见的混凝土单杆示意图

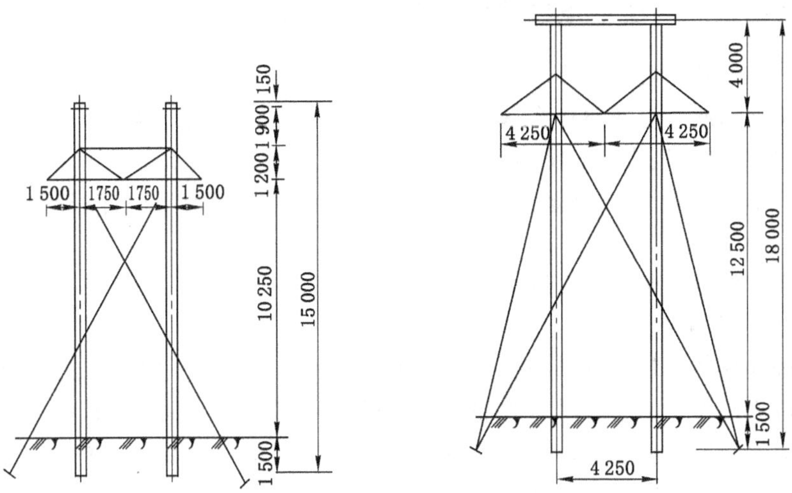

(a) 35 kV耐张杆　　(b) 110 kV耐张杆

图 9-10　常见门型耐张杆示意图

图 9-11　煤矿区常用铁塔示意图

9.4.2 采动影响下高压输电线路移动与变形特征

9.4.2.1 地表下沉对输电线路的影响

地表下沉将引起输电线路杆塔基础下沉，基础下沉量与该处的地表下沉量基本一致。

在高潜水位矿区，地表下沉将导致地下潜水位相对上升。当地表下沉导致地面潜水位接近或高于杆塔基础底面时，地基土被水浸泡软化和低气温情况下的冻胀现象都将严重威胁杆塔基础的稳定性。

9.4.2.2 地表倾斜对输电线路的影响

1. 结构破坏或倾覆

杆塔基础底面的不均匀沉降(倾斜)将导致上部杆塔内部产生附加应力，当杆塔构件的内力在附加应力的作用下超过材料的许可应力时，将导致杆塔结构破坏而引发安全事故。

根据电力部门的实践经验，对于根开在 4～7 m 的自立式直线杆塔的不均匀沉降量必须控制在 12.7～25.4 mm 之内才能保证其自身的稳定性。

《架空输电线路运行规程》(DL/T 741—2019)规定：对于钢筋混凝土电杆，其倾斜度最大允许值为 1.5%、横担歪斜度最大允许值为 1.0%；对于角钢塔，其倾斜度最大允许值为 0.5%(适用于 50 m 及以上高度铁塔)和 1.0%(适用于 50 m 以下高度铁塔)，横担歪斜度最大允许值为 1.0%。

2. 影响导线近地距离

相邻杆塔的下沉不一致性对导线的近地距离也有一定影响，这主要取决于沿输电线路的地形特征和相邻杆塔下沉的差异。如图 9-12 所示，杆塔倾斜以后档距即为相邻两杆杆端点在水平面上投影间的距离，杆塔倾斜值的不一致必然导致档距扩大或缩小。档距的变化会相应地引起输电线路弧垂、近地距离发生变化。表 9-4 和表 9-5 为我国《架空输电线路运行规程》(DL/T 741—2019)中规定的高压线导线与地面及建筑物之间的最小距离。

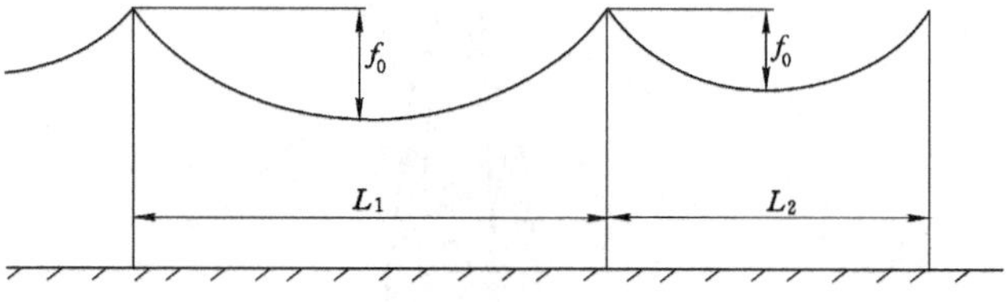

f_0—弧垂；L_1，L_2—档距。

图 9-12 输电线路档距、弧垂示意图

表 9-4 导线与地面的最小距离

地区类别	电压等级/kV						
	110(66)	220	330	500	750	1 000	
						单回路	同塔双回路(逆相序)
居民区/m	7.0	7.5	8.5	14.0	19.5	27	25
非居民区/m	6.0	6.5	7.5	11.0(10.5)	15.5(13.7)	22(19)	21(18)
交通困难地区/m	5.0	5.5	6.5	8.5	11.0	15	

表 9-5 导线与建筑物之间的最小垂直距离

电压等级/kV	110(66)	220	330	500	750	1 000	±400	±500	±660	±800	±1 100
垂直距离/m	5.0	6.0	7.0	9.0	11.5	15.5	9.0	9.0	14.0	16	21.5

3. 悬垂串偏斜

杆塔倾斜产生的相邻两杆塔间高差和档距的变化将导致输电线的应力变化，从而在悬垂串两边产生不平衡张力差，为了平衡该张力差，悬垂串将向张力大的一侧偏斜，容易引发导线对塔头放电事故。

9.4.2.3 地表水平移动对输电线路的影响

地表水平移动使杆塔基础发生相应的平移。相邻杆塔间水平移动量的不一致使输电线路的档距增大或缩小，档距的变化在相邻档产生的不平衡张力导致悬垂串向导线绷紧的一侧偏斜。相邻杆塔水平移动方向的不一致使杆塔、横担受到扭力矩作用，导致杆塔转角超限或是横担变形。

对于分开式基础的铁塔，各独立基础间的不均匀水平移动(水平变形)将导致铁塔上层部分产生附加应力，过大的附加应力将导致部分杆件屈服。根据数值模拟研究结果，当地表变形达到 5 mm/m 时，分开式基础铁塔就开始出现个别杆件屈服现象。

9.4.3 高压输电线路下采煤的变形控制与治理技术

9.4.3.1 概述

高压输电线路下采煤的变形控制与治理技术主要包括控制地表移动与变形的地下技术措施，以及提高高压输电线路抗变形能力和释放或吸收变形的地面维修治理措施两大类。控制地表移动与变形的地下技术措施主要有控制地表变形分布或程度的特殊开采技术措施(如充填开采、条带开采、协调开采等)，以及减小地表变形程度的覆岩离层注浆技术措施。

由于高压输电线路相对于一般建(构)筑物来说，具有抗变形或适应变形能力强、便于治理维修等特点，一般只要杆塔基础附近不出现较大的非连续移动变形，220 kV 以下的矿区常见高压输电线路下采煤时，大多采用地面维修治理措施来控制和消除采动变形对线路的有害影响。对于穿越煤矿区超过 220 kV 的特高压或超高压输电线路，由于其重要性和对附加变形控制的高要求，一般应同时采取减小地表变形程度的特殊开采措施和塔、线调整的地面维修治理措施。

一般来讲，当开采煤层的深厚比大于 30 时，地下开采引起的地表移动与变形过程是连续渐变的。采动引起的高压输电线路的移动与变形是随着地表变形而发生的连续渐变过程。提高杆塔的抗变形或适应变形能力，及时采取维修和调整措施释放构件附加应力，保证开采过程中和采后杆塔稳定性，及弧垂高度、张力、对地距离均满足高压线运行安全要求是保证高压输电线路下安全采煤的基本途径。

根据高压输电线路采动变形损害特点，进行其采动变形控制与防护的主要技术措施包括三类：杆塔或基础结构抬高和补强，更换部分构件为可调构件，各构件变形的调整和维修。

9.4.3.2 杆塔基础抬高和结构补强措施

根据采动变形预测成果，提前对杆塔基础进行抬高和结构补强，可减轻采动损害程度，降低采动影响期间的维修工程量,有利于保护输电线路的安全运行。该类措施主要包括以下方面。

1. 抬高基础,预防下沉危害

对于预计下沉量较大的杆塔,提前加高和加强杆塔的钢筋混凝土基础,保证沉降后的杆塔基础高出积水水面和导线近地距离满足要求。

2. 更换或构件补强,提高杆塔上部结构抗变形能力

主要措施包括:更换钢筋混凝土杆为铁塔;在钢筋混凝土杆根部增加抱箍;门型杆间增加叉梁;更换直线绝缘子串为加强型双绝缘子串;更换铁塔主要受力处构件的材料,提高构件刚度等。

3. 加固基础,提高基础抗变形能力

将分裂基础对角线处增加联系梁或改造分裂基础为联合基础,提高基础抗水平变形和不均匀沉降的能力。

4. 增加拉线,提高杆塔稳定性

在杆塔预计倾斜反方向增设拉线,通过拉线调整或阻止杆塔的倾斜。按照用途,拉线可以分为普通拉线、人字拉线、水平拉线、弓形拉线、共用拉线、V 形拉线、十字拉线等,可以根据实地情况灵活选用。

9.4.3.3 更换部分构件为可调构件

在采动影响前,将预测影响区内的杆塔进行更换或增加连接金具、拉线金具等为可调金具。

在采动影响过程中,可通过金具的调节作用来抵消或减小采动变形对高压输电线路的损害。

9.4.3.4 各构件变形的调整与维修措施

在采动影响过程中,对高压输电线路及时采取调整与维修措施,是消除采动变形影响的主要措施。应采取的调整与维修措施主要包括以下几方面。

1. 基础带电复位

当杆塔基础发生倾斜或下沉过多导致近地距离等参数可能超标时,可以采用千斤顶将基础提升加高,垫平提升后再复位杆塔。

2. 杆塔平移施工

当采动影响下杆塔偏离线路中心线或双杆产生迈步现象时,可平移杆塔,使之回到正确的位置。

3. 导线弛度调节

采动过程中及时调节导线的弛度,及时消除线路因地表移动变形、档距变化等造成的导线弛度减小、张力增大的安全隐患。

4. 杆塔加高施工

当下沉导致杆塔变短而使近地距离过小影响高压线路的安全运行时,需要对高压线杆塔进行加高处理。

混凝土杆的加高多是在杆塔顶部加装一段由角钢组成的平面或立体桁架,简称铁帽子。铁塔的加高通常是加接一段塔腿而不接长塔身,以保证铁塔强度且便于施工。

9.4.4 高压输电线路压煤开采的有关规定

9.4.4.1 高压输电线路压煤允许开采的基本条件

根据《三下采煤规范》的有关规定，高压输电线路下压煤符合下列条件之一时，允许开采：

(1) 预计的地表变形值小于高压输电线路允许地表变形值。

(2) 预计的地表变形值超过高压输电线路允许地表变形值，但本矿区已取得试采经验，高压输电线路经维修能够满足安全使用要求。

(3) 预计的地表变形值超过高压输电线路允许地表变形值，但经采取本矿区已有成功经验的开采措施和高压输电线路维修治理与保护措施后，能满足安全使用要求。

9.4.4.2 高压输电线路压煤允许试采的基本条件

根据《三下采煤规范》的有关规定，高压输电线路下压煤符合下列条件之一时，允许进行试采：

(1) 预计地表变形值虽然超过高压输电线路允许地表变形值，但在技术上可行、经济上合理的条件下，经过对高压输电线路采取维修治理和保护措施或者有效的开采措施后，能满足安全使用要求。

(2) 预计的地表变形值虽然超过高压输电线路允许地表变形值，但国内外已有类似的高压输电线路和地质、开采技术条件下的成功开采经验。

(3) 开采的技术难度虽然较大，但试验研究成功后对于煤矿企业或者当地的工农业生产建设有较大的现实意义和指导意义。

9.4.4.3 高压输电线路下压煤开采的附加条件

根据《三下采煤规范》的有关规定，高压输电线路下采煤时，除了满足上述压煤开采或者试采相应要求外，还应当满足下列条件：

(1) 塔基不出现非连续移动变形。

(2) 高压输电线的采后弧垂高度、张力、对地距离达到高压线运行安全要求，或者采取措施能够实现安全使用要求。

(3) 塔基、杆塔的预计地表变形值小于允许变形值，或者预计的地表变形值大于允许变形值，但经过维修加固能够实现安全使用要求。

9.4.5 高压输电线路压煤开采方案设计

根据《三下采煤规范》的有关规定，高压输电线路压煤开采应当进行专门开采方案设计，各类高压输电线路地表允许变形值应依据其抗变形能力综合确定。

9.4.5.1 高压输电线路压煤开采方案设计应具备的基础资料

(1) 地质采矿资料和图纸：高压输电线路压煤开采区域的煤层层数、层间距、厚度、倾角、埋藏深度、压煤量、岩石物理力学性质、地质构造、地下潜水位，现有的开采方法、巷道布置、生产系统以及邻区开采情况，有关的地表移动参数，老采区活化的可能性及其对地表和建筑物的影响；井上下对照图、采掘工程平面图、地质剖面图和钻孔柱状图。

(2) 高压输电线路技术资料和图纸：输电电压、线塔形式和高度、高压线离地高度、塔基宽度、基础结构等；输电线路平面图、线塔位置图、线塔基础剖面图、线塔结构图等。

9.4.5.2 高压输电线路压煤开采方案设计的主要内容

(1) 高压输电线路特征及其压煤开采的必要性、可能性和安全可靠性。

(2) 实现高压输电线路下采煤的各种技术方案，主要包括采煤方法和顶板管理方法的选择与论证，地表移动和变形预计，高压输电线路采动影响分析与评价，高压输电线路维修治理和保护措施。地表移动和变形值预计应当阐明选用的计算方法和参数选取依据，并提供高压输电线路及其附属设施所在处地表移动和变形值的计算结果及必要的图表。

(3) 方案的技术、经济评价及费用概算。

(4) 方案的综合分析对比和选定。

(5) 地表移动及线路杆塔变形观测站设计。

(6) 安全技术措施。

9.5 管道下采煤变形控制与维修治理技术

长输管线也是煤矿区常见的重要基础设施。根据《三下采煤规范》的规定，长输管线压煤允许在一定条件下开采或试采。长输管线下采煤可能会对管道安全运行造成一定的影响，严重时会造成管道渗漏、断裂等，甚至会引发重大安全事故，因此必须采取相应的保护措施。

9.5.1 长输管线的结构特征与敷设方式

9.5.1.1 长输管线的概念及分类

1. 长输管线的概念

长输管线通常是指产地、储存库、使用单位间的用于输送商品介质的管道。

管道线路通常是由用管子、管件、阀门等连接管道的起点站、中间站和终点站构成的。用于输送液体、气体或松散固体的管道及其支承结构统称为管道结构。管道材料主要有钢、铸铁、预应力混凝土、石棉水泥、塑料、玻璃钢(增强塑料)等。管道输送松散固体时通常用水或气体作介质。

2. 长输管线的分类

按材料性质分类，长输管线可分为金属管道和非金属管道。

按设计压力分类，长输管线可分为真空管道($p<0$ MPa)、低压管道(0 MPa$\leqslant p\leqslant$1.6 MPa)、中压管道(1.6 MPa$<p\leqslant$10 MPa)、高压管道(10 MPa$<p\leqslant$100 MPa)、超高压管道($p>$100 MPa)。

按输送温度分类，长输管线可分为低温管道、常温管道、中温和高温管道。

按输送介质的性质分类，长输管线可分为给排水管道、压缩空气管道、氢气管道、氧气管道、乙炔管道、热力管道、燃气管道、燃油管道、剧毒流体管道、有毒流体管道、酸碱管道、锅炉管道、制冷管道、净化纯气管道、纯水管道。

按管道敷设方式分类，长输管线可分为地下管道、水下管道和架空管道。

9.5.1.2 管道结构特征

1. 管道结构与材料

有压管道结构断面均采用环形断面，主要材料为钢、铸铁、预应力混凝土、石棉水泥、塑料、玻璃钢(增强塑料)等。无压管道多为自流管道,其结构断面不限于环形(大多为环形),如城市的雨水和污水管、农田灌溉管等,主要用混凝土、钢筋混凝土、砖石砌体和陶土制品等。

长输管线是由单节成品管道逐节连接而成。管道接口构造通常可分为刚性和柔性两类,一般取决于管道材料、安装方法和使用要求等条件。输送油、气等高温介质的管道应设置伸缩接口或 Π 形膨胀弯。钢管通常采用焊接接口;铸铁管和预应力混凝土管大多采用承插式接口;预制混凝土与钢筋混凝土圆管可采用平口、企口或承插口等形式;现场灌筑钢筋混凝土管可用橡胶或塑料止水带做接缝。

管道应考虑管内外介质的化学腐蚀作用而采取必要的防腐蚀措施。对输送高温介质的管道要有相应的保温措施。砖砌管道一般用水泥砂浆抹面防渗。

另外,根据管道使用要求和受力条件还需设置各种必要的附属设施。如给水管道上应设置闸门和闸门井;有压管道上的转弯处应设置防止推力的支墩;排水管道上应设置各种用途的检查井、闸门井、跌落井和进出水口等。架空管道支承处应按伸缩要求做活动或固定支座。

2. 管道敷设方式及施工特点

管道的敷设方式主要有地下敷设、水下敷设和架空敷设,即管道按敷设方式可分地下管道、水下管道和架空管道三类。

地下管道(又称地埋管道),即埋设在地下的管道,埋设方法分开槽与不开槽两类。地下管道开槽埋设是将管子敷设或砌筑在明挖的土槽内,然后将土回填夯实。不开槽埋设是指先在地面下用高压水、人工或机械开挖出一小段管洞,然后在管后部用千斤顶将管子顶入土内(即顶管施工法)。大型地下管道也可采用盾构法施工,即先在管道前端盾构内用高压水、人工或机械挖土,同时将盾构向前顶进,然后在盾构后部将预制好的弧形块拼装成管,管外部与土之间的空隙用压浆填实,内部做内衬防渗。

另外也有城市地下管道为了便于检修,是敷设在专门砌筑的地下管沟中的,其敷设和受力方式基本等同于地面管道。

水下管道一般埋入水下土层内,用混凝土包封或用钢筋等材料锚固,以防止管道上浮。在通航河道应在管道上部灌筑厚度不小于 500 mm 的混凝土保护层或采取其他防护措施,防止轮船下锚时破坏管道。

架空管道是指架设在地面或水面上空的运输管道。其多用钢管安设在钢筋混凝土或钢支架上,支架距离一般不超过 30 m,利用管道自身强度跨越,形成支架上的连续梁。跨越河流、峡谷的架空管道称为管道桥。跨度不大时一般利用管道自身强度跨越,如做成钢管梁、钢管拱等形式;跨度大时通常另建支承结构来安置管道,如大跨度悬吊式和多孔连续斜张(拉)管道桥。

9.5.2 采动影响下地埋管道的移动与变形特征

为了保证地埋管道的稳定性并防止其他因素对地埋管道的影响,地埋管道通常埋入地下 1～3 m。受管周土体的包围和约束,周围土体的移动与变形必将引起地下管道的移动与变形。采动变形对地下管道的影响程度主要取决于地表移动与变形的程度和管道的材质、铺设条件与工作状况等因素。

9.5.2.1 采动影响下地埋管道与周围土体移动与变形的协同关系演变

受管周土体的包围和约束，地下管道将随着周围土体的移动与变形而发生移动与变形，但由于管道材料与周围土体存在显著的变形性能差异，因此两者的移动与变形存在差异性。

采动沉陷土体中的地下管道与管周土体构成了一种特殊的受力结构，管周土体对管道既是一种载荷，同时又是一种运动约束介质。根据理论分析和模拟研究成果，采动影响下地埋管道的移动与变形特征大致可分为以下三种状态。

1. 地埋管道与周围土体协同移动与变形阶段

当采动影响程度较小时，管道底部土体对管道的支撑土压力略有减小，但受上部和侧面土体载荷约束，由弯曲下沉引起的地埋管道与周围土体界面的剪应力小于土体的抗剪强度。此时，地埋管道与周围土体处于协同移动与变形阶段，地埋管道的移动与变形等于周围土体的移动与变形。

2. 地埋管道与周围土体协同移动与非协同变形阶段

随着采动影响程度的增加，由于弯曲下沉引起的地埋管道与周围土体界面的剪应力超过管周土对管道的约束力(摩擦力)时，管道将与周围土体产生相对错动(滑动)。此时，受管周土压力的影响，地下管道的下沉和水平移动仍然与周围土体基本一致，但土体的压缩变形与拉伸变形大于管道拉伸变形与压缩变形。因此，这时地埋管道与周围土体处于协同移动与非协同变形阶段。管道的轴向采动附加应力主要由竖向下沉和横向水平移动导致的管道弯曲所致。

3. 地埋管道与周围土体非协同移动与变形阶段

随着采动影响程度的继续增加，管道的变形刚度一般要大于管周土体，管道下沉过程中开始承受上覆土体的附加土压力，同时管道会使上部土体产生挤压变形；移动盆地中部的管道底部土体对管道的支撑力减小，甚至出现局部管道暗悬空现象。从而使得地埋管道与周围土体处于非协同移动与变形阶段。

对于地埋管径较小的连续薄壁钢管或PVC柔性管道，由于其变形刚度与管周土体比较接近，可能不会出现这种非协同移动与变形阶段。

9.5.2.2 采动影响下地埋管道移动与变形特征

(1) 不均匀下沉导致管道产生竖向弯曲下沉和附加轴向应力。

在竖向不均匀下沉影响下，地埋管道将产生竖向弯曲下沉，这是导致管道产生附加轴向应力的重要原因。地表移动盆地曲率极值位置也是管道附加轴向应力最大的位置。管道埋深越大，竖向不均匀下沉引起的管道附加轴向应力越大；管道周围土体越松散及上覆土体载荷越小，竖向不均匀下沉引起的管道附加轴向应力越小。

过大的管道附加轴向应力和管内输送介质压力的共同作用可能导致管壁破裂，从而造成管道渗漏或严重破坏。

(2) 横向水平移动导致管道发生横向弯曲变形和附加轴向应力。

沿管道水平断面上横向水平移动的不均匀性将导致管道产生横向弯曲变形和附加轴向应力；同时管道还将承受与横向水平移动方向相反的被动土压力作用。

(3) 土体拉伸和压缩变形增大管道轴向附加应力。

在水平变形影响下，周围土体的压缩和拉伸变形将通过管-土摩擦力传递到管道上，导致管道产生附加轴向应力；管周土体的黏聚力及内摩擦角是影响管道水平变形导致的附加轴向应力的重要因素。减小土体黏聚力及内摩擦角，将有利于减小沉陷区土体水平变形导致的地下管道附加轴向应力。

(4) 全盆地管道变形分布特征。

地表移动盆地外边缘区的地埋管道弯曲应力主要表现为管道顶部受轴向拉伸变形、底部受轴向压缩变形；地表移动盆地内边缘区的地埋管道弯曲应力则表现为管道顶部受压缩变形、底部受拉伸变形。

(5) 管道接头处和分支接口处极易产生应力集中和变形而破坏。

管道接头处和分支接口处通常是管道易产生应力集中和变形处，尤其是对于脆性材料的管道(如铸铁、水泥或陶瓷管道等)，在受到开采沉陷影响时，连接套管的密封性可能减弱或损坏，严重的弯曲下沉还会使管道折断。

(6) 突发性和剧烈的地表非连续变形会造成管道的严重破坏。

9.5.3　采动影响下地面或管沟中的管道移动变形特征

根据上述采动影响下地埋管道变形特征可以看出，采动影响下管道与周围土体的共同作用是造成管道损害的重要原因。因此，敷设在地面的架空管道或管沟中的管道(简支承)与地埋管道的根本区别就是没有了管道与周围土体的共同作用。因此，敷设在地面或管沟中的管道一般仅承受地表下沉和横向水平移动造成的轴向附加应力。

在高潜水位矿区，大面积塌陷区积水可能使穿过塌陷区的地面或管沟中的管道难以维护。

9.5.4　采动影响管道的维护治理措施

根据地埋管道和地面或管沟中管道的采动变形特征可以看出，及时消除或吸收采动影响产生的管道附加应力是控制管道变形的根本途径。因此，进行长输管线下采煤时，可采取的管道变形控制与治理技术措施如下：

(1) 提前将地埋管道挖出使其暴露于地表或改建在专门砌筑的管沟中，并采用简支承或敷设在砂垫层上，消除管道与周围土体共同作用引起的采动附加应力。

(2) 采动影响期间，及时抬高管道和拨正管道方向，消除下沉和水平移动引起的管道弯曲变形及其引起的附加应力。

(3) 将支撑管道的钢筋混凝土或钢结构支座改造为可调滑动约束支座，方便管道抬升和拨正方向，并能实现管线的自动轴向滑动以消除轴向拉伸变形和压缩变形。

(4) 对于抗变形能力较差的水泥、陶瓷、铸铁类管道，可采取将管道材料更换为高强度钢或塑料以提高抗变形能力、增大维修周期，更换管道接口为柔性接头，增设管道外层柔性防渗层和设置管道调节装置等措施。

(5) 对于抗变形能力较强、能够抵抗采动附加应力作用的管道，可在采动结束后每隔一定距离切断管道，消除附加应力后重新焊接或者安装。

在采动影响较大的特厚煤层或急倾斜煤层矿区，也可采取充填开采、条带开采、分层开采、协调开采等特殊采煤技术防止出现剧烈的非连续地表变形，控制和减缓管道的采动变形程度以减轻维修工程量。

9.5.5 长输管线压煤开采的有关规定

9.5.5.1 长输管线压煤允许开采的基本条件

根据《三下采煤规范》的有关规定，长输管线压煤符合下列条件之一时，允许开采：

(1) 预计的地表变形值小于长输管线允许地表变形值。

(2) 预计的地表变形值超过长输管线允许地表变形值，但本矿区已取得试采经验，长输管线经维修能够满足安全使用要求。

(3) 预计的地表变形值超过长输管线允许地表变形值，但经采取本矿区已有成功经验的开采措施和长输管线维修治理与保护措施后，能满足安全使用要求。

9.5.5.2 长输管线压煤允许试采的基本条件

根据《三下采煤规范》的有关规定，长输管线下压煤符合下列条件之一时，允许进行试采：

(1) 预计地表变形值虽然超过长输管线允许地表变形值，但在技术上可行、经济上合理的条件下，经过对长输管线采取维修治理和保护措施或者有效的开采措施后，能满足安全使用要求。

(2) 预计的地表变形值虽然超过长输管线允许地表变形值，但国内外已有类似的长输管线和地质、开采技术条件下的成功开采经验。

(3) 开采的技术难度虽然较大，但试验研究成功后对于煤矿企业或者当地的工农业生产建设有较大的现实意义和指导意义。

9.5.5.3 长输管线压煤开采的附加条件

根据《三下采煤规范》的有关规定，长输管线下采煤时，除了满足上述压煤开采或者试采相应要求外，还应当满足下列条件：

(1) 长输管线满足安全运行的有关规定和要求。

(2) 长输管线的预计地表变形值小于允许变形值，或者预计的地表变形值大于允许变形值，但经采前开挖、采后维修加固能够实现安全使用要求。

9.5.6 长输管线压煤开采方案设计

根据《三下采煤规范》的有关规定，长输管线压煤开采应当进行专门开采方案设计，各类长输管线地表允许变形值应依据其抗变形能力综合确定。

9.5.6.1 长输管线压煤开采方案设计应具备的基础资料

(1) 地质采矿资料和图纸：长输管线压煤开采区域的煤层层数、层间距、厚度、倾角、埋藏深度、压煤量、岩石物理力学性质、地质构造、地下潜水位，现有的开采方法、巷道布置、生产系统以及邻区开采情况，有关的地表移动参数，老采区活化的可能性及其对地表和长输管线及其附属设施的影响；井上下对照图、采掘工程平面图、地质剖面图和钻孔柱状图。

(2) 长输管线技术资料和图纸：管线直径、管壁厚度、管道材质、连接方式、敷设方式、埋设深度、填埋材料和方式、变形要求等；长输管线位置图、敷设结构剖面图等。

9.5.6.2 长输管线压煤开采方案设计的主要内容

(1) 长输管线特征及其压煤开采的必要性、可能性和安全可靠性。

(2) 实现长输管线下采煤的各种技术方案，主要包括采煤方法和顶板管理方法的选择与论证，地表移动和变形预计，长输管线采动影响分析与评价，长输管线维修治理和保护措施。地表移动和变形值预计应当阐明选用的计算方法和参数选取依据，并提供长输管线及其附属设施所在处地表移动和变形值的计算结果及必要的图表。

（3）方案的技术、经济评价及费用概算。

（4）方案的综合分析对比和选定。

（5）地表移动及长输管线变形观测站设计。

（6）安全技术措施。

9.6　济宁三号煤矿高压输电线路下采煤

9.6.1　矿井概况

兖州煤业股份有限公司济宁三号煤矿是现代化的大型矿井，位于山东省济宁市石桥镇境内，井田范围内地表以农业生产为主。井田南北走向长度为 10 km，东西倾向宽度为10～13 km，面积约为 110 km^2，井田内潜水位位于地下约 1.5 m。

该矿区交通方便，铁路、公路及水路运输均很发达，新兖铁路通过济宁市，向东 32 km 至兖州站，与京沪线相接，向西在菏泽与京九线相接，在新乡与京广线相接；京杭运河由北向南流经井田西部，全年除一、二月份因水浅不能通航外，其余时间均可通航。

井田内地形由湖区及滨湖冲积平原组成，湖区面积约占井田面积的 2/3。滨湖冲积平原地势平坦，沟渠纵横，井田东部地面标高为＋32.53～＋37.78 m；西部南阳湖区标高为＋31.68～＋35.99 m。泗河口冲积扇处地面标高一般在＋33～＋35 m；湖堤堤顶高度一般为＋39.4～＋40 m。该矿区气候温和，属温带季风海洋-大陆性气候。历年最大积雪厚度为 0.15 m，最大冻土深度为 0.31 m。

9.6.2　高压输电线路概况

济宁三号煤矿井田内受到采动影响的高压输电线路有 110 kV 的三井Ⅰ线和三井Ⅱ线，线路为 LGJ-120/20 型钢芯铝绞线导线，GJ-35 型钢绞线避雷线，XW2-4.5 型导线绝缘子串。

110 kV 三井Ⅰ线从 4301 工作面上方通过，110 kV 三井Ⅱ线从 4034 工作面外侧、采动影响区内通过；线路走向与工作面南北方向基本平行。图 9-13 为高压输电线路与井下开采工作面相对位置示意图。四采区开采煤层为 $3_下$ 煤，厚度为 5.45～7.12 m，平均厚度为 6.33 m，煤层厚度稳定，坡度较缓，煤层倾斜角为 2°～3°，采用综采放顶煤开采方法进行采煤，采用全部垮落法管理顶板。

电杆类型有上字型铁塔、钢筋混凝土门型杆塔。其中直线杆塔有两种杆型：一种为Z-18型钢筋混凝土电杆杆塔，埋藏深度为 2.6 m，叉梁一组；一种为 Z(1)-21 等径型钢筋混凝土电杆杆塔，埋藏深度为 1.5 m，防风拉线装置二组；耐张杆塔有两种杆型，即 J60-18 型和J90-18型。

9.6.3　开采对高压输电线路的影响及治理

开采沉陷预计表明，四采区和六采区开采完毕后，地表下沉量较大且超过了地表最高潜

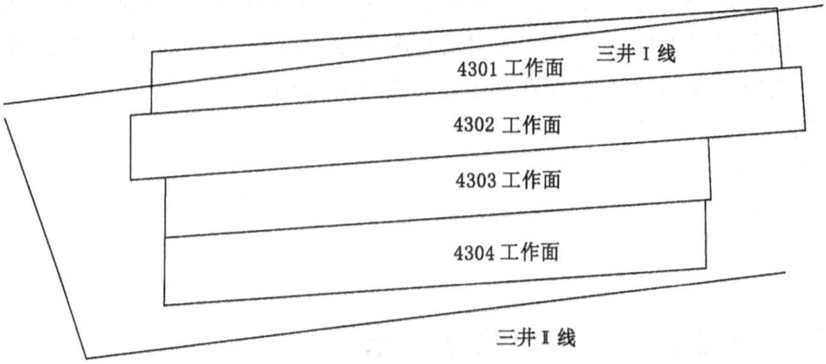

图 9-13 高压输电线路与井下开采工作面相对位置示意图

水位，地表下沉盆地将严重积水且无法排除；穿过采空区的部分高压输电线路杆塔将浸泡在积水中，部分杆塔基础的稳定性难以得到保证。预测地表倾斜值最大达到 22 mm/m，也超过杆塔能承受的倾斜极限。

为了保障高压输电线路的安全运行和各工作面的顺利回采，根据该沉陷影响区的下沉特点分别制订了工作面回采前、下沉活跃期和衰退期的高压线路防护和治理方案。

9.6.3.1 工作面回采前的防护措施

(1) 针对该区地表下沉量大且超过地表的最高潜水位的特点，在受工作面回采影响前，根据开采沉陷对高压输电线路影响的预测结果，对预测下沉量超过 1 m 的部分杆塔基础进行抬高和加固，保证下沉后的混凝土基础高出地表潜水位。图 9-14 为改造、增高后的高压输电线路铁塔基础。

图 9-14 改造、增高后的高压输电线路铁塔基础

(2) 根据变形预计结果，对位于沉陷区部分等径钢筋混凝土电杆，在杆塔的下段各加装一组 8# 槽钢叉梁，增强电杆的结构整体强度。其余原有直线电杆、钢筋混凝土叉梁如出现裂纹或开裂现象，及时更换 8# 槽钢叉梁，对杆塔结构进行补强。

(3) 提前更换或增加导地线耐张串的连接金属，更换拉线金具为相应的可调金具。

(4) 全面检测各线杆的偏斜度、导线弛度、近地距离等，并调整至允许偏差的上限范围以内。

(5) 检查线杆拉线的质量和拉紧，并调整至最佳位置。

9.6.3.2 下沉活跃期的治理措施

(1) 根据杆塔拉线装置受力的变化，调整拉线装置的受力，可采取增加 PD-10 型可调板、U-10 型 U 型挂环等技术手段，必要时可更换杆塔拉线装置。

(2) 及时根据线路档距、线路杆塔的高差以及室外温度等，调整耐张段的导地线弛度，及时消除线路因地表移动与变形、档距变化等造成的导地线弛度减小、导地线张力增大的安全隐患。

(3) 对悬式线夹内的导地线，增加铝包带的保护、厚度及长度；加长接地引线的长度，避免接地引线受力。

(4) 当线路杆塔和附件倾度、歪斜度，以及导地线弛度等线路运行参数超标时，及时进行线路停电调整。

9.6.3.3　下沉衰退期的治理措施

地表下沉、移动、倾斜进入衰退期，其下沉速率较小，地表下沉、移动与变形逐渐趋于稳定，线路运行参数的变化也随之趋于稳定，但仍需要一段时间，因此在下沉衰退阶段需要继续进行线路改造、维护至线路运行参数稳定。

目前，已采用综采放顶煤开采方法成功开采了高压输电线路下的四采区 4301 工作面、4302 工作面、4303 工作面和 4304 工作面，直接从高压输电线路下采出煤炭 300 余万 t。通过对高压输电线路采取了上述的及时维修和治理措施，使采动期间高压输电线路的各项技术指标始终控制在允许的范围内，有效保证了三井Ⅰ线、Ⅱ线的安全运行。

9.7　南屯煤矿高压输电线路下采煤

9.7.1　矿井概况

南屯煤矿隶属于兖州煤业股份有限公司，位于山东省邹城市境内，距邹城市区约 13 km。南屯矿区内交通便利。矿区地貌类型为山前冲积平原，地表标高为＋40～＋63 m，自东向西逐渐降低；属温带季风区海洋-大陆性气候。

南屯井田含煤地层主要有二叠系下二叠统山西组和石炭系上石炭统太原组、中石炭统本溪组。共含可采与局部可采煤层 7 层，平均煤层总厚度为 12.53 m；其中主采煤层为 $3_上$、$3_下$、$16_上$、17 煤层，可采煤层总厚度为 10.62 m。目前南屯煤矿主要开采 $3_上$、$3_下$ 煤层。

9.7.2　输电线路概况

南屯煤田境内有 35 kV 的南屯Ⅰ线、南屯Ⅱ线、南西线和罗北线等四条高压输电线路。罗北线自西向东横穿九采区，全长 5 000 m；南西线穿过九采区和七采区，全长 5 000 m；南屯Ⅰ线和南屯Ⅱ线自北向南穿过七采区和六采区，长 3 000 m。四条高压输电线路共占南屯煤矿主采煤层 $3_上$、$3_下$ 煤 493 万 t。为解放高压输电线路下压煤，南屯煤矿从 1981 年开始采用事先加固和及时维修相结合等一系列技术手段，先后共采出高压输电线路下压煤达 360 多万 t，取得了巨大的经济效益。图 9-15 为南屯矿地下开采工作面与地面高压输电线路的相对位置示意图。

9.7.3　开采对高压输电线路的影响及治理

开采沉陷预计表明，南屯煤矿高压输电线路的地表变形最大值达到了下沉 6 200 mm，倾斜 29 mm/m，水平移动 1 050 mm，均超过了高压输电线路安全运行所能承受的变形极限，部分输电铁塔因下沉较大，可能最终被泡在塌陷积水区中。

为保证高压输电线路的安全运行，南屯矿和矿区电力部门密切合作，在开采影响前采取了事先加高杆塔基础、加固杆塔的措施，将杆塔的运行状态调至最佳，以便更好地适应变形；

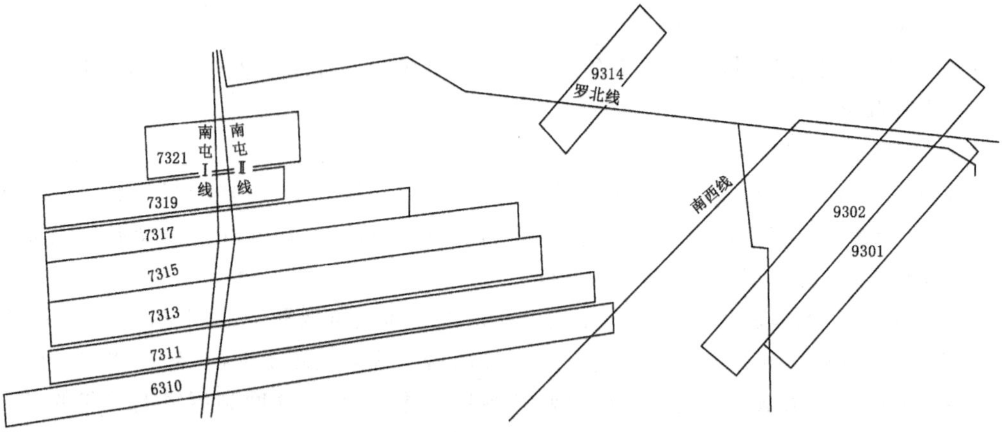

图 9-15　南屯矿地下开采工作面与地面高压输电线路的相对位置示意图

同时增加了巡检次数。在采动影响过程中，针对高压输电线路的移动与变形特点，具体问题具体分析，综合应用了多种调整、维修措施控制杆塔的倾斜和各种参数不超限。如针对7309工作面上方南西线下沉量过大的特点，采用及时扶正杆塔、垫高基础、减小弧垂相结合的方法；而对9314工作面上方的罗北线采用事前加固、及时扶正、及时调节金具相结合的办法。这些措施有力保障了高压输电线路的安全运行和工作面的顺利回采。

目前，南屯煤矿已安全地从各高压输电线路下开采了七采区和九采区的20余个分层综采工作面和综放工作面，井下未采取任何特殊开采措施，仅通过地面高压输电线路的治理和维修，成功实现了大规模的高压输电线路的不搬迁安全采煤，并始终保持了高压输电线路的安全通畅。图9-16为受采动影响浸泡在水中的高压线塔；图9-17为采动影响后发生倾斜的高压线塔。

图 9-16　受采动影响浸泡在水中的高压线塔

图 9-17　采动影响后发生倾斜的高压线塔

复习思考题

1. 开采沉陷对铁路的影响有哪些?

2. 开采沉陷对高等级公路的影响有哪些?

3. 开采沉陷对高压输电线路的影响有哪些?

4. 开采沉陷对地埋管道的影响有哪些?

5. 线性构筑物下采煤沉陷控制方案设计的内容有哪些?

6. 线性构筑物下压煤开采的规定有哪些异同? 试比较铁路、公路、高压输电线路、长输管线下压煤开采规定的异同。

7. 我国线性构筑物下采煤都有哪些采动变形控制技术措施?

第10章 水体下压煤安全开采原理与技术

我国水体压煤量巨大，开采水体压煤也曾引发多次矿井水灾事故，造成巨大的生命与财产经济损失。根据水体与煤层相对位置的不同，通常将水体压煤开采分为水体下采煤和水体上采煤。开采煤层位于水体下方时叫水体下采煤；开采煤层位于水体上方时叫水体上采煤，由于煤层下方含水层均为承压含水层，因此水体上采煤也称为“承压水上采煤”。

10.1 水体下压煤安全开采的原理

10.1.1 矿区常见水体类型及其特点

10.1.1.1 水体类型

矿区的水体主要分为地表水和地下水两大类。地表水是指赋存在地球水圈中，积聚在海洋、湖泊、河流、水库、稻田和塌陷坑中的水的统称。地下水是指赋存在地球岩石圈中，积聚在岩石空隙中的水的统称。

从水体下采煤工程的角度出发，地下含水层按埋藏条件可分为松散含水层和基岩含水层两种。

松散层是指第四纪、新近纪未成岩的沉积物，如冲积层、洪积层、残积层等。松散层含水层所含的水一般赋存于第四纪或新近纪松散层孔隙中，常称其为第四纪或新近纪松散含水层。靠近地表的松散含水层称为潜水层，潜水的自由表面称为潜水面，潜水面上任意点的绝对标高称为潜水位。由于潜水能在重力作用下从高处向低处流动，因此潜水面具有一定的坡度。

基岩含水层是指赋存于基岩内的含水层，包括石灰岩含水层、砂岩含水层、溶洞和老采空区积水等。它们一般充满于两个隔水层之间并承受静水压力，因此又称为承压水。

10.1.1.2 各水体之间的关系

由图10-1可看出地表水、松散含水层和基岩含水层之间的相互关系。

所谓水力联系，就是指相邻水体（含水层）之间存在着一定的连通或渗透补给情况。当上下两个含水层之间存在一定厚度的稳定隔水层时，就可以切断上下含水层之间的水力联系，可称为两含水层间无水力联系。

一般情况下，地表水体、松散含水层水体和基岩含水层水体之间常构成某种水力联系，于是就产生了复合水体，如地表水体和松散含水层复合水体，松散含水层和基岩含水层复合水体，地表水体和基岩含水层复合水体，以及地表水体、松散含水层和基岩含水层复合水体等。

如图10-1所示，潜水层的潜水面至地表的铅垂距离称为潜水的埋藏深度（h_1）；潜水面至下部隔水层的铅垂距离称为潜水层厚度（h_2），即该松散含水层的厚度。

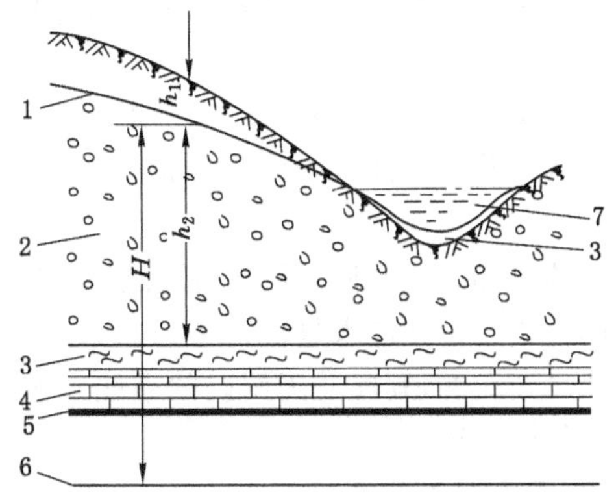

1—潜水面；2—松散含水层；3—隔水黏土层；4—基岩含水层；5—煤层；6—大地水准面；7—地表水体；H—潜水位；h_1—潜水的埋藏深度；h_2—潜水的厚度。

图 10-1　水体类型示意图

10.1.2　采动覆岩破坏的分带和水体下安全采煤的基本原理

10.1.2.1　采动覆岩破坏的分带及其导水特征

如图 10-2 所示，根据岩层移动过程中覆岩的破坏程度和导水特征，通常将其划分为垮落带、断裂带和弯曲下沉带，简称“上三带”。垮落带破碎岩块间缝隙大、连通性好，具有导水、导砂特征；断裂带岩层自下而上裂隙发育逐渐减弱，具有一定的连通性，具有导水、不导砂特征。垮落带和断裂带合称为导水裂缝带。导水裂缝带自下而上透水性逐渐减弱，可细分为垮落性破坏区、严重开裂区、一般开裂区、微小开裂区。

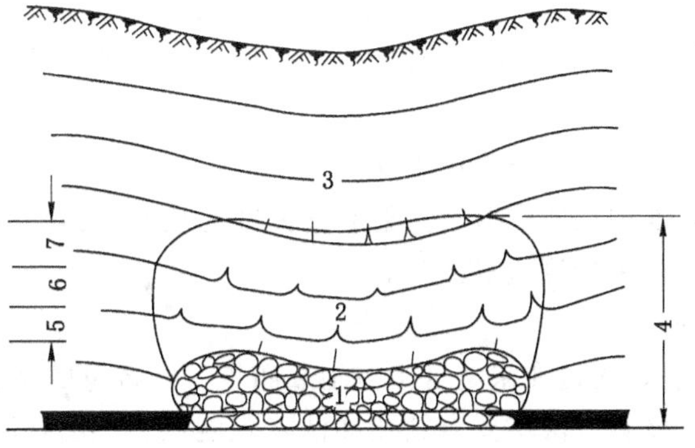

1—垮落带；2—断裂带；3—弯曲下沉带；4—导水裂缝带；5—严重开裂区；6—一般开裂区；7—微小开裂区。

图 10-2　覆岩破坏的分带

(1) 垮落性破坏区

垮落性破坏区即垮落带的范围。该区域岩层断裂成块状，完全失去了原有的连续性，不但透水而且泥砂也极易从中穿过。

(2) 严重开裂区

严重开裂区位于裂缝带的下部。该区域岩层大部分断开，但仍保持原有层次结构。裂缝间连通性极好，透水极强，基本不透砂。该区域若触及强含水体会造成严重透水事故。

(3) 一般开裂区

一般开裂区位于裂缝带的中部。该区域岩层未全部断开且层次完整，裂缝间连通性较好，透水性一般，不透砂。该区域若触及强含水体会造成透水事故。

(4) 微小开裂区

微小开裂区位于裂缝带的上部。该区域岩层虽有裂缝，但裂缝间连通性不好，整体透水性微弱。该区域若触及水体会增加矿井涌水量。

以上四个区域的透水性是渐变的，其间并无明确的界线。人们通常根据钻孔观测时冲洗液漏失量的大小划定出它们的界线。

10.1.2.2 水体下压煤安全开采的基本原理

显然，在水体下采煤时，假若采煤引起的覆岩导水裂缝带接近或者波及上覆含水层或地表水体，水在重力作用下就会沿着导水裂缝带中互相连通的裂隙进入采煤工作面形成涌水(突水)，威胁地下工作面安全生产；当涌水量达到或超过工作面排水能力时，就会造成工作面水灾和人员伤亡，严重时会造成淹井事故。

若提前采取各种措施控制采煤引起的导水裂缝带发育范围和高度，使得导水裂缝带范围距离水体仍有一定的安全距离，则水就不会通过导水裂缝带裂隙进入工作面，从而实现水体压煤的安全开采。这就是水体压煤安全采煤的基本原理。

水体下采煤时用安全煤(岩)柱设计方法确定的煤层最高允许开采标高称为开采上限。

10.1.3 覆岩垮落带、导水裂缝带的发育规律

显然，覆岩垮落带、导水裂缝带的发育范围与高度的正确预测是水体下安全采煤设计的关键因素之一。由于地质采矿条件的复杂多变性和采动岩层破裂与裂缝发育的复杂性，直接建立准确的理论公式计算垮落带、导水裂缝带高度是非常困难的。目前，最常用的方法是在大量现场实测垮落带、导水裂缝带发育形态的基础上，建立垮落带、导水裂缝带的统计经验公式。

10.1.3.1 覆岩垮落带、导水裂缝带的探测方法

常用的覆岩破坏高度现场实测方法主要有地面钻孔观测法、井下钻孔注水观测法、地面电法勘探、地震探测法、微震探测法等五类。

1. 地面钻孔观测法

地面钻孔观测法，就是通过在采空区上方地表布置一定数量的钻孔探测导水裂缝带、垮落带的竖向发育范围。该类方法主要有钻孔冲洗液观测法、钻孔水位测定法、钻孔电视法、钻孔超声成像技术等。综合采用这些方法可较准确地测定导水裂缝带、垮落带的发育范围。

钻孔冲洗液观测法，就是从地表向采空区进行钻探，通过钻进过程中的岩芯完整性状况描述、测定钻孔冲洗液消耗量和卡钻、掉钻、吸风等异常现象来综合判定导水裂缝带、垮落带的范围。

钻孔水位测定法，就是利用一组不同深度的水文观测孔观测采动影响过程中的钻孔水位变化情况，从而推断出导水裂缝带最大高度。

钻孔电视法，就是把防水摄像探头放入钻孔中，在监视器上通过图像的形态、色调等信息确定裂隙、断层破碎带的分布和产状等。

钻孔超声成像技术，就是利用超声成像数控测井仪对钻孔孔壁进行扫描、超声探测并绘制声幅曲线，可较直观地揭示岩层破坏特征。

2. 井下钻孔注水观测法

井下钻孔注水观测法又称双管双端封堵测漏技术，就是在井下与工作面平行的专用巷道中向工作面顶板岩层中钻仰斜孔，在钻孔中进行分段封堵注水测漏试验，利用水压、漏水量的变化反映岩层裂隙发育状况，实现对覆岩裂隙的连续动态监测。

3. 地面电法勘探

地面电法勘探，就是利用地面电法勘探技术探测地下采空区覆岩中的裂隙发育范围。该类方法主要包括电法 CT 成像技术和地面瞬变电磁法。

电法 CT 成像技术是将高密度电阻率法和高分辨电阻率法相结合，以岩石的电阻率差异为基础，结合垮落带和断裂带高阻、低阻变化分布特征，综合分析确定煤层顶板裂隙带高度。

地面瞬变电磁法是利用电磁场在地下传播的速度以及衰减的幅度与地下介质的深度、电导率等有关特性探测地下岩层结构，进而分析确定覆岩破坏范围。

4. 地震探测法

地震探测法又称震波 CT 监测技术，就是通过激发震源，在地面一孔、巷一巷、巷一孔、孔一孔之间形成探测剖面，利用孔中预埋的波速传感器接收震波信号。当工作面回采后，按一定的时间间隔重复测取相同位置的岩体波速，根据岩体波速与其孔隙率呈相关关系，利用数理关系重建岩体速度二维图像，判别导水裂隙的发育程度和发育速度。

5. 微震探测法

微震探测法，就是地下岩层由于人为或自然因素发生破坏时，会产生微弱的地震波向四周传播，借助微地震传感器可以测量出该地震波的传播方向、运行时间等信息，然后通过相关算法确定岩石破裂面即震源位置。依据震源的空间位置和频度判定覆岩导水裂缝带的位置。

10.1.3.2　*覆岩破坏规律的影响因素*

影响覆岩破坏规律的因素很多，其中有些影响因素可以定量地描述，而有些影响因素只能定性地加以说明。

1. 覆岩力学性质和结构特征

如果工作面上覆岩层为脆性硬岩层，则煤层开采后上覆岩层很容易断裂，覆岩破坏高度大。如果上覆岩层为塑性软岩层，则采煤后上覆岩层不易断裂但容易下沉，能使垮落岩块充分压实，最终覆岩破坏高度较小。覆岩中上、下与坚硬、软弱不同性质岩层的不同组合，即覆岩的结构特征对覆岩破坏高度有重要影响。将覆岩大致分为坚硬与软弱两种，共有以下四种组合形式(图 10-3)：

(1) 坚硬-坚硬型覆岩：充分开采时覆岩破坏高度最大，导水裂缝带高度可达开采厚度的 18～28 倍。

(2) 软弱-软弱型覆岩：开采后上部岩层快速弯曲下沉，垮落过程得不到充分发展，导水裂缝带高度较小，一般为开采厚度的 9～11 倍。

(3) 软弱-坚硬型覆岩：开采后下部垮落发育较充分，上部坚硬岩层起到关键层作用，控制或阻碍导水裂缝带继续向上发育。

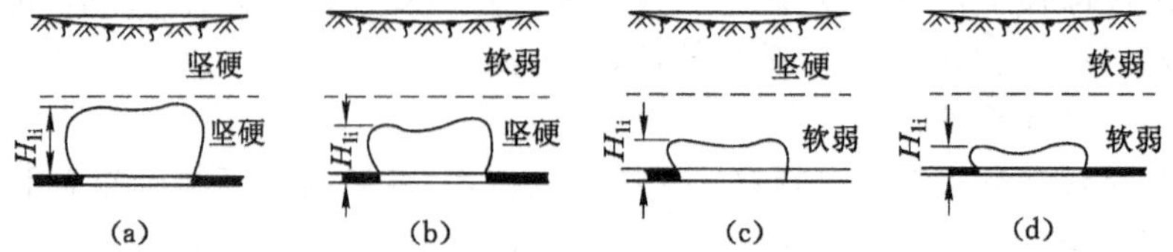

图 10-3　覆岩结构特征对覆岩破坏高度的影响

(4) 坚硬-软弱型覆岩：与软弱-坚硬型覆岩的情况相反，工作面放顶后直接顶首先垮落，而软弱的基本顶随之下沉压实垮落岩块，因此导水裂缝带高度较小。

软弱-坚硬型覆岩和坚硬-软弱型覆岩，具体哪一种覆岩的导水裂缝带高度小，要看软弱岩层所占的比重，软弱层比重越大，导水裂缝带高度越小，对水体下采煤越有利。

2. 煤层倾角

煤层倾角直接影响覆岩导水裂缝带的发育形态。

当开采煤层为倾角 $\alpha=0°\sim25°$ 的近水平及缓倾斜煤层时，垮落带在上覆岩层重量作用下，采空区中部上方易压实；导水裂缝带呈中间低两端高的马鞍型(图 10-4)，并且走向方向和倾向方向的导水裂缝带形态基本相同。如果导水裂缝带接触到基岩风化带或松散层，导水裂缝带的发育受到软弱地层的抑制，马鞍形可能消失，呈现泥盖效应。

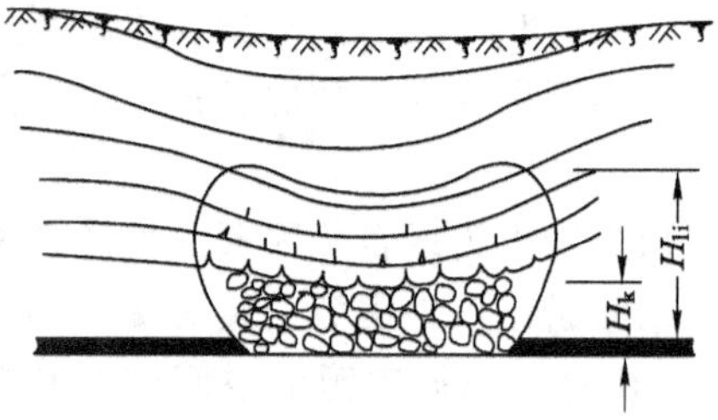

H_{li}—导水裂缝带高度；H_k—垮落带高度。

图 10-4　水平及缓倾斜埋藏覆岩破坏情况

当开采煤层为倾角 $\alpha=26°\sim45°$ 的倾斜煤层时，顶板垮落岩块在重力作用下向下滑动，并首先填满深部采空区，抑制了下部顶板岩层继续垮落，而上部空间增大促进了顶板的继续垮落。因此，在倾斜方向上，垮落带和导水裂缝带呈抛物线拱形分布[图 10-5(a)]，而走向方向上仍为马鞍形分布[图 10-5(b)]。

当开采煤层为倾角 $\alpha=45°\sim90°$ 的急倾斜煤层时，垮落岩块向下滑动现象更加严重，上边界处的岩层破坏高度更大，覆岩破坏范围由抛物线拱形渐变为拱形[图 10-6(a)]。煤层接近直立时，底板也发生破坏，破坏范围呈椭圆拱形态[图 10-6(b)]。此时，采空区上部煤层还可能发生抽冒现象。

3. 采煤方法和顶板管理方法

采用长壁采煤法时，覆岩破坏周期性、规律性好，易于控制。采用短壁或柱式采煤法时，虽初期覆岩破坏不充分、发育高度小，但后期随着开采总面积扩大，覆岩破坏具突发性，规律性差，且不宜预测和控制。

采用全部垮落法管理顶板时，覆岩破坏最充分，导水裂缝带高度最大，对水体下采煤最

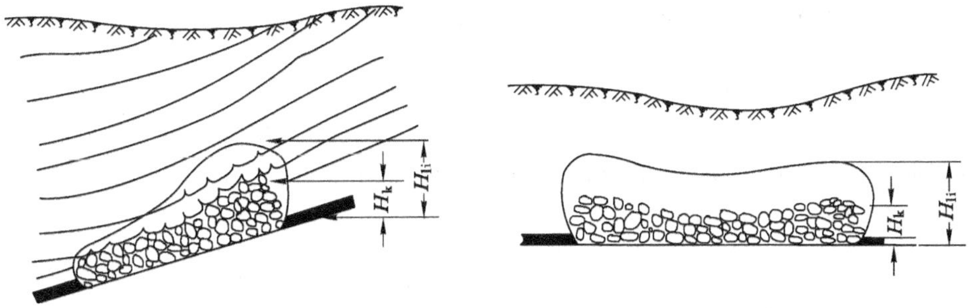

(a) 沿倾向方向　　(b) 沿走向方向

图 10-5　倾斜煤层覆岩破坏形态

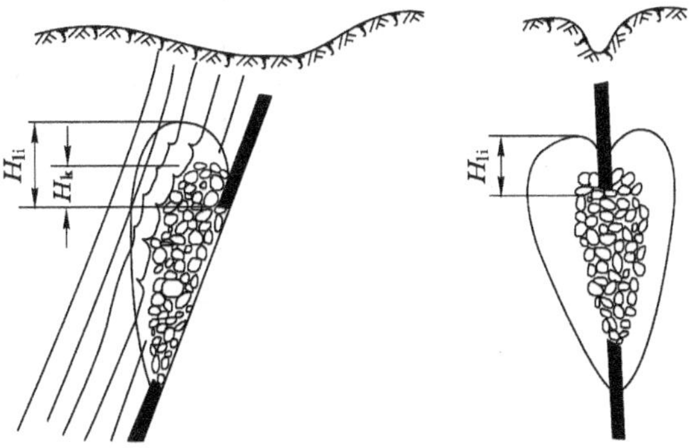

(a) 急倾斜煤层　　(b) 直立煤层

图 10-6　急倾斜煤层覆岩破坏形态

不利。采用充填法管理顶板时，覆岩破坏高度小，对水体下采煤有利。

4. 开采面积

在工作面开采初期，导水裂缝带高度随开采面积的扩大而不断增高。当开采面积达到临界面积时（地表达到充分采动），导水裂缝带高度达到该条件下的最大值。

5. 开采厚度

开采厚度越大，垮落带和导水裂缝带发育高度越大。

6. 时间因素

覆岩破坏一般滞后于回采，而垮落岩块的压实又滞后于垮落过程。在开采面积达到充分采动的临界开采面积前，导水裂缝带发育高度和平面范围随时间的推移而增大。在开采面积达到和超过充分采动的临界开采面积后，随着继续开采，导水裂缝带平面范围继续扩大；采空区中部上方导水裂缝带高度随压密时间的增加有所降低，覆岩越软弱，导水裂缝带高度降低幅度越大，从而呈现出马鞍形剖面特征。

7. 重复采动

初次采动改变了覆岩的力学性质（发生破裂软化）。当重复采动时，覆岩破坏规律呈现出软弱-坚硬型覆岩结构特点。覆岩累计破坏高度增长率与累计开采厚度的增加逐渐降低，二者呈抛物线型增长关系。

10.1.4 覆岩垮落带、导水裂缝带高度计算的经验公式

10.1.4.1 长壁工作面全部垮落法开采覆岩破坏高度

覆岩破坏高度的计算大多采用经验公式。《三下采煤规范》附录 4 中给出了我国长壁工作面煤层倾角小于 54°的厚煤层分层开采的垮落带和导水裂缝带高度经验计算公式(表 10-1和表 10-2)。

表 10-1 厚煤层分层开采的垮落带高度计算公式

覆岩岩性(单向抗压强度及主要岩石名称)/MPa	计算公式/m
坚硬(40～80,石英砂岩、石灰岩、砾岩)	$H_k = \dfrac{100\sum M}{2.1\sum M + 16} \pm 2.5$
中硬(20～40,砂岩、泥质灰岩、砂质页岩、页岩)	$H_k = \dfrac{100\sum M}{4.7\sum M + 19} \pm 2.2$
软弱(10～20,泥岩、泥质砂岩)	$H_k = \dfrac{100\sum M}{6.2\sum M + 32} \pm 1.5$
极软弱(<10,铝土岩、风化泥岩、黏土、砂质黏土)	$H_k = \dfrac{100\sum M}{7.0\sum M + 63} \pm 1.2$

注:1. $\sum M$ 为累计开采厚度。

2. 公式应用范围:单层开采厚度为 1～3 m,累计开采厚度不超过 15 m。

3. 计算公式中±号项为中误差。

表 10-2 厚煤层分层开采的导水裂缝带高度计算公式

覆岩岩性	计算公式之一/m	计算公式之二/m
坚硬	$H_{li} = \dfrac{100\sum M}{1.2\sum M + 2.0} \pm 8.9$	$H_{li} = 30\sqrt{\sum M} + 10$
中硬	$H_{li} = \dfrac{100\sum M}{1.6\sum M + 3.6} \pm 5.6$	$H_{li} = 20\sqrt{\sum M} + 10$
软弱	$H_{li} = \dfrac{100\sum M}{3.1\sum M + 5.0} \pm 4.0$	$H_{li} = 10\sqrt{\sum M} + 5$
极软弱	$H_{li} = \dfrac{100\sum M}{5.0\sum M + 8.0} \pm 3.0$	

注:1. $\sum M$ 为累计开采厚度。

2. 公式应用范围:单层开采厚度为 1～3 m,累计开采厚度不超过 15 m。

3. 计算公式中±号项为中误差。

10.1.4.2 急倾斜煤层垮落法开采覆岩破坏高度

急倾斜煤层(煤层倾角大于 54°)开采时覆岩破坏情况比较复杂,围岩破坏发育形态和发育高度与顶板、底板和煤层结构及岩性有较大关系。

在煤层底板比较坚硬且稳定时,岩层移动主要发生的顶板岩层和开采区上方煤柱内。此时可根据上覆岩层岩性和回采阶段垂高按表 10-3 中的经验公式近似估算垮落带高度和

导水裂缝带高度。

表 10-3　急倾斜煤层垮落带和导水裂缝带高度计算公式

覆岩岩性	导水裂缝带高度/m	垮落带高度/m
坚硬	$H_{li}=\dfrac{100M_f h_c}{4.1h_c+133}\pm 8.4$	$H_k=(0.4\sim 0.5)H_{li}$
中硬、软弱	$H_{li}=\dfrac{100M_f h_c}{7.5h_c+293}\pm 7.3$	$H_k=(0.4\sim 0.5)H_{li}$

注：表中的 h_c 为回采阶段垂高，M_f 为煤层的法线厚度。

10.1.4.3　开采近距离煤层时垮落带和导水裂缝带高度计算方法

1. 当上、下两层煤的最小垂距 h 大于回采下层煤的垮落带高度 H_{xm} 时

此时，下层煤开采的垮落带对上层煤开采影响很小，可分别按上、下层煤的开采厚度计算各自的导水裂缝带高度，然后取其中标高值最大者作为两层煤开采的导水裂缝带最大高度，如图 10-7 所示。

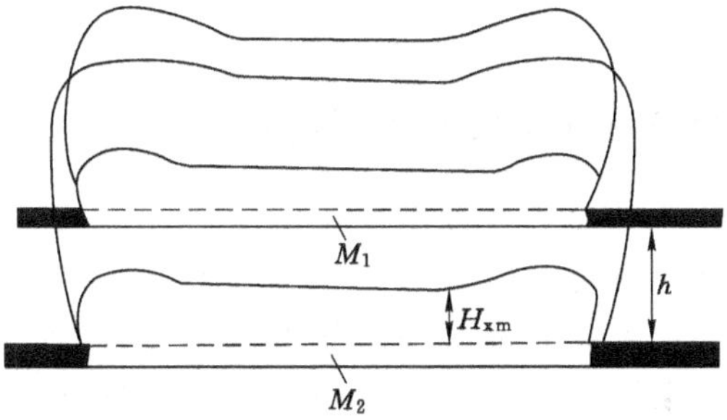

图 10-7　近距离煤层导水裂缝带高度计算示意图（$h>H_{xm}$）

2. 当下层煤的垮落带接触到或进入上层煤范围内时

此时，上层煤开采的导水裂缝带最大高度采用本层煤的开采厚度计算。下层煤的导水裂缝带最大高度则应采用上、下层煤的综合开采厚度计算，取其中标高值最大者作为两层煤开采的导水裂缝带最大高度，如图 10-8 所示。

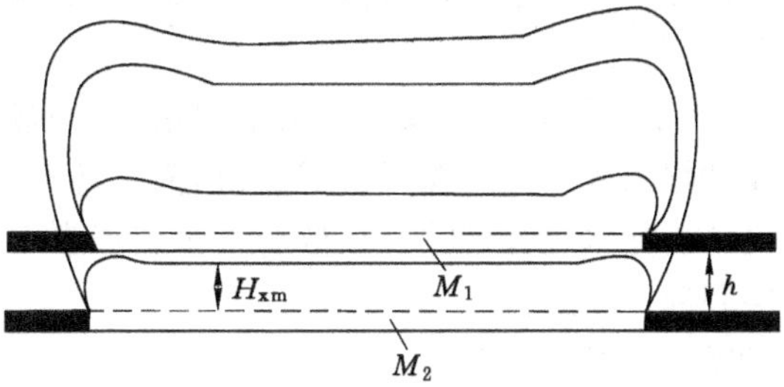

图 10-8　近距离煤层导水裂缝带高度计算示意图（$h<H_{xm}$）

综合开采厚度是指对于近距离煤层组（群），当下层煤的垮落带接触到或完全进入上层

煤范围内时，为计算两层煤开采引起的累计导水裂缝带最大高度，求得的上、下层煤的综合开采厚度。

上、下层煤的综合开采厚度可按 M_{x1-2} 下式计算：

$$M_{x1-2}=M_2+(M_1-h_{1-2}/y_2) \tag{10-1}$$

式中 h_{1-2}——上、下煤层之间的法线距离，m；

y_2——上层煤的垮落带高度与开采厚度之比；

M_1——上层煤开采厚度，m；

M_2——下层煤开采厚度，m。

3. 当上、下层煤之间的距离很小时

两层煤的综合开采厚度可直接取为两层煤的累计开采厚度：

$$M_{x1-2}=M_2+M_1 \tag{10-2}$$

即直接按两层煤的累计开采厚度计算两层煤开采后的覆岩垮落带高度和导水裂缝带高度。

10.2 水体下安全煤(岩)柱的留设方法

10.2.1 水体采动等级与水体下安全煤(岩)柱

10.2.1.1 水体下安全煤(岩)柱和水体边界的概念

1. 水体下安全煤岩柱的种类

根据水体下采煤时的水体特征、地质采矿条件和不同的水体允许采动程度，可以留设不同类型的安全煤(岩)柱。水体下安全煤(岩)柱的种类分为防水安全煤(岩)柱、防砂安全煤(岩)柱和防塌安全煤(岩)柱三类。

防水安全煤(岩)柱，是指确保近水体安全采煤而留设的煤层开采上(下)限至水体底(顶)界面之间的煤岩层区段，简称防水煤(岩)柱。留设防水安全煤(岩)柱的目的是不允许开采引起的覆岩导水裂缝带波及水体。

防砂安全煤(岩)柱，是指在松散弱含水层或固结程度差的基岩弱含水层底界面至煤层开采上限之间设计的用于防止水、砂溃入井巷的煤岩层区段，简称防砂煤(岩)柱。留设防砂安全煤(岩)柱的目的是允许导水裂缝带波及松散弱含水层或者已疏干的松散强含水层，但不允许垮落带接近松散层底部。

防塌安全煤(岩)柱，是指在松散黏土层或者已疏干的松散含水层底界面至煤层开采上限之间设计的用于防止泥砂塌入采空区的煤(岩)层区段，简称防塌煤(岩)柱。留设防塌安全煤(岩)柱的目的是不仅允许导水裂缝带波及松散弱含水层或者已疏干的松散含水层，同时允许垮落带接近松散层底部。

2. 受采动影响水体的边界及确定方法

受采动影响水体的边界包括平面边界和深度边界。地表水体或者地下含水体(层)的底部界面称为水体底界面。

如果地表水体底界面直接与隔水层接触，最高洪水位线应当为水体的平面边界，而水体底界面即为水体的深度边界。

如果地表水体底界面直接与含水层接触或者二者有水力联系，则最高洪水位线或者上述含水层边界应当为水体的平面边界，含水层底界面为水体的深度边界。

如果仅为地下含水层水体，则含水层边界应当为水体的平面边界，含水层的底界面为水体的深度边界。

在确定水体边界时，必须考虑开采引起的岩层破坏和地表下沉或者水压力作用以及地质构造等导致水体边界变化的因素。

10.2.1.2　水体的采动等级与允许采动程度

近水体采煤时，必须严格控制水体的允许采动程度。所谓允许采动程度，就是指受到影响的水体允许被采动影响的程度。按水体的类型、含水层富水性、流态、规模、赋存条件及允许采动程度，将矿区水体下采煤时的水体划分为三个采动等级(表 10-4)。对不同采动等级的水体，其允许采动程度不同，必须按《三下采煤规范》的规定留设相应的安全煤(岩)柱。

表 10-4　矿区水体下采煤时的水体采动等级及允许采动程度

煤层位置	水体采动等级	水 体 类 型	允许采动程度	要求留设的安全煤(岩)柱类型
水体下	Ⅰ	1. 直接位于基岩上方或底界面下无稳定的黏性土隔水层的各类地表水体； 2. 直接位于基岩上方或底界面下无稳定的黏性土隔水层的松散孔隙强、中含水层水体； 3. 底界面下无稳定的泥质岩类隔水层的基岩强、中含水层水体； 4. 急倾斜煤层上方的各类地表水体和松散中强、中含水层水体； 5. 要求作为重要水源和旅游地保护的水体	不允许导水裂缝带波及水体	顶板防水安全煤(岩)柱
	Ⅱ	1. 松散层底部为具有多层结构、厚度大、弱含水的松散层或松散层中、上部为强含水层，下部为弱含水层的地表中、小型水体； 2. 松散层底部为稳定的厚黏性土隔水层或松散弱含水层的松散层中、上部孔隙强、中含水层水体； 3. 有疏降条件的松散层和基岩弱含水层水体	允许导水裂缝带波及松散孔隙弱含水层水体，但不允许垮落带波及该水体	顶板防砂安全煤(岩)柱
	Ⅲ	1. 松散层底部为稳定的厚黏性土隔水层的松散层中、上部孔隙弱含水层水体； 2. 已经或者接近疏干的松散层或基岩水体	允许导水裂缝带进入松散孔隙弱含水层，同时允许垮落带波及该弱含水层	顶板防塌安全煤(岩)柱

10.2.1.3　水体下安全煤(岩)柱的留设原则

根据《三下采煤规范》的有关规定，在矿井、水平、采区设计时必须划定安全煤(岩)柱的水体主要有：

(1) 水体与设计开采界限之间的最小距离，既不符合表10-4中各采动等级水体要求的相应安全煤(岩)柱尺寸，又不能采用可靠的开采技术措施以保证安全生产的。

(2) 在目前技术条件下，只能采用河流改道、水库放空、含水层疏干改造或者堵截水源等办法处理，但在经济上又属严重不合理的水体。

(3) 位于预计顶板导水裂缝带内，且无疏放水条件的松散地层强含水层，采空区积水，砂岩裂隙、石灰岩岩溶强含水层，岩溶地下暗河，有突水危险的含水断层与陷落柱等水体。

(4) 位于预计底板采动导水破坏带内，或者底板采动导水破坏带与承压水导升带连通，且无疏放、改造条件和可能产生突水灾害的水体。

(5) 预计采后矿井涌水量会急剧增加，超过矿井正常排水能力，或者水量长期稳定不变，增加排水能力难以实现，排水费用不经济的。

(6) 煤层开采后，地表和岩层有可能产生抽冒、切冒型塌陷，地质弱面活化和突然下沉而引起溃砂、突水灾害的。

(7) 对国民经济、人民生活和环境有重大影响的河流、湖泊、水库及旅游景点的水体。

10.2.2 水体下安全煤(岩)柱留设方法

10.2.2.1 水体下安全煤(岩)柱平面范围留设的基本方法

(1) 水体下安全煤(岩)柱水平方向按裂缝角留设。

(2) 裂缝角应当根据本矿区取得的实测参数选取，如无本矿区裂缝角资料时，可以在本矿区移动角基础上加大5°代替。

10.2.2.2 水体下安全煤(岩)柱垂直方向留设的原则

1. 按采动等级确定留设煤(岩)柱类型

水体下安全煤(岩)柱垂直方向留设应按水体采动等级要求分别留设防水安全煤(岩)柱、防砂安全煤(岩)柱和防塌安全煤(岩)柱。

2. 垮落带、导水裂缝带高度确定原则

垮落带、导水裂缝带高度应当依据开采区域的地质采矿条件和实测数据分析确定；对无实测数据的矿区，可以参考类似地质采矿条件矿区的实测数据、水体下开采成功经验或者依据覆岩类型按表10-1和10-2中的公式计算。

3. 煤(岩)柱分段分组留设原则

当同一水体的底界面至煤层间距、基岩厚度、各煤层开采厚度、倾角及煤层之间岩性差别很大时，水体下安全煤(岩)柱可以分别在倾向剖面上按不同煤层分组，在走向剖面上按不同采区或者工作面分段予以留设。

4. 近距离煤层群开采煤(岩)柱留设原则

在水体下为近距离煤层群时，如果煤层间距大于下一层煤的垮落带高度，可以按上、下层煤的厚度分别设计安全煤(岩)柱，按其中标高最高者设计两层煤的安全煤(岩)柱。如果煤层间距等于或者小于下一层煤的垮落带高度，则以其累计开采厚度或者综合开采厚度设计安全煤(岩)柱。

10.2.2.3　缓倾斜、倾斜煤层防水安全煤(岩)柱设计方法

1. 地下含水层防水安全煤(岩)柱设计

对于地下松散含水层和基岩含水层，防水安全煤(岩)柱的垂高(H_{sh})应当大于或者等于导水裂缝带的最大高度(H_{li})加上保护层厚度(H_b)，如图 10-9 所示，即：

$$H_{sh} \geqslant H_{li} + H_b \tag{10-3}$$

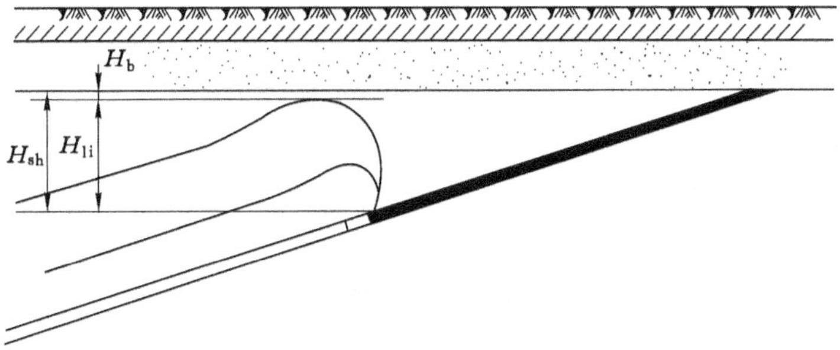

图 10-9　防水安全煤(岩)柱设计

所谓保护层，是指设计水体下安全煤(岩)柱时，为了安全起见所增加的岩层区段。如图 10-9所示，保护层是指位于导水裂缝带顶界面与水体底界面之间的隔水岩层。

如果松散含水层富水性为强或者中等，且直接与基岩接触，而基岩风化带亦含水，则应当考虑基岩风化含水层带深度(H_{fe})，如图 10-10 所示，此时：

$$H_{sh} \geqslant H_{li} + H_b + H_{fe} \tag{10-4}$$

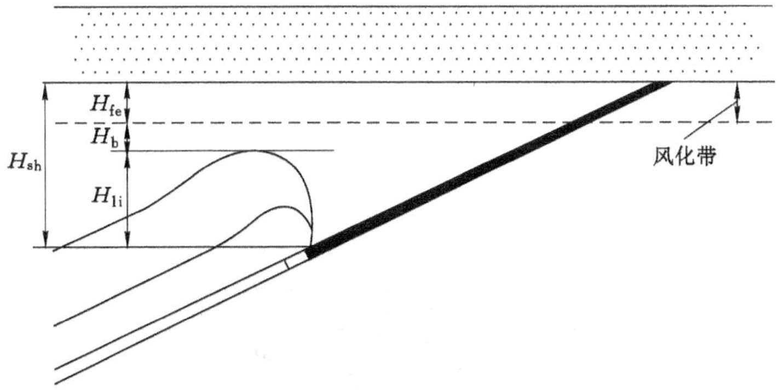

图 10-10　基岩风化带含水时防水安全煤(岩)柱设计

2. 地表水体防水安全煤(岩)柱设计

对于地表水体，如果煤系地层无松散层覆盖和开采深度较小时，还应当考虑地表裂缝深度(H_{dili})，如图 10-11 所示，此时：

$$H_{sh} \geqslant H_{li} + H_b + H_{dili} \tag{10-5}$$

10.2.2.4　缓倾斜、倾斜煤层防砂安全煤(岩)柱设计方法

防砂安全煤(岩)柱垂高(H_s)应当大于或者等于垮落带的最大高度(H_k)加上保护层厚度(H_b)，如图 10-12 所示，即：

$$H_s \geqslant H_k + H_b \tag{10-6}$$

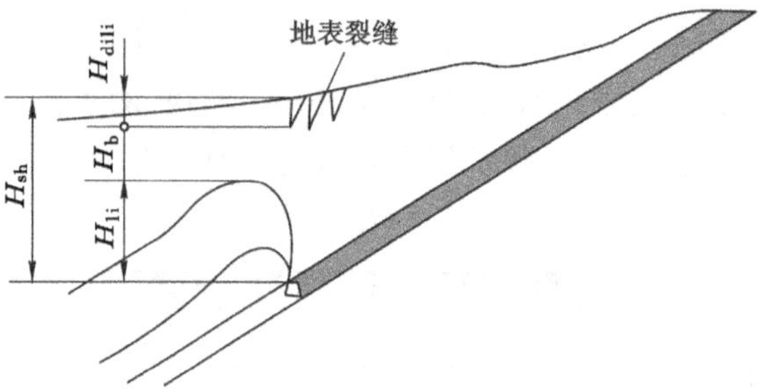

图 10-11 煤系地层无松散层覆盖时防水安全煤(岩)柱设计

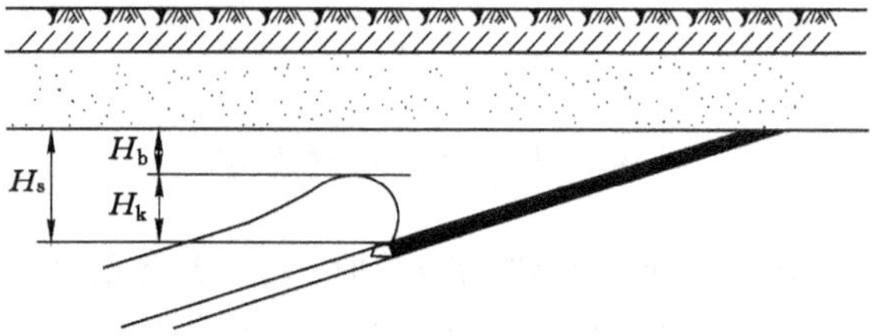

图 10-12 防砂安全煤(岩)柱设计

10.2.2.5 缓倾斜、倾斜煤层防塌安全煤(岩)柱设计方法

防塌安全煤(岩)柱垂高(H_t)应当等于或者接近于垮落带的最大高度(H_k),如图 10-13 所示,即:

$$H_t \approx H_k \tag{10-7}$$

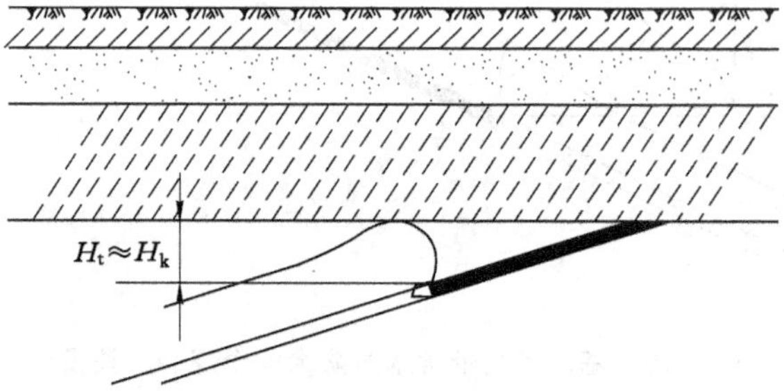

图 10-13 防塌安全煤(岩)柱设计

10.2.2.6 保护层厚度的选取

保护层厚度应当依据开采区域的地质采矿条件及保护层的隔水性综合确定。对于已有水体下开采成功经验的矿区,应当首先参考本矿区的成功经验选取保护层厚度。对于无水体下开采成功经验的矿区,可以参考类似地质采矿条件矿区的成功经验或者按表 10-5 和表 10-6中的数值选取。

表 10-5　防水安全煤(岩)柱保护层厚度(不适用于综放开采)

覆岩岩性	松散层底部黏性土层厚度大于累计开采厚度/m	松散层底部黏性土层厚度小于累计开采厚度/m	松散层全厚小于累计开采厚度/m	松散层底部无黏性土层/m
坚硬	$4A$	$5A$	$6A$	$7A$
中硬	$3A$	$4A$	$5A$	$6A$
软弱	$2A$	$3A$	$4A$	$5A$
极软弱	$2A$	$2A$	$3A$	$4A$

注:1. $A=\frac{\sum M}{n}$,$\sum M$ 为累计开采厚度,n 为分层层数。

2. 适用于倾角为 0°～ 54°的煤层。

表 10-6　防砂安全煤(岩)柱保护层厚度

覆岩岩性	松散层底部黏性土层或弱含水层厚度大于累计开采厚度/m	松散层全厚大于累计开采厚度/m
坚硬	$4A$	$2A$
中硬	$3A$	$2A$
软弱	$2A$	$2A$
极软弱	$2A$	$2A$

注:1. $A=\frac{\sum M}{n}$,$\sum M$ 为累计开采厚度,n 为分层层数。

2. 适用于倾角为 0°～ 54°的煤层。

10.3　承压水上安全采煤的原理与技术措施

我国开采的煤层大部分为石炭～二叠纪煤层,由于其赋存特点,许多矿区一定程度上存在承压水上采煤问题。徐州、郑州、焦作、峰峰等多个矿区都曾在承压水上采煤时发生过井下突水事故,造成了巨大的损失。

10.3.1　承压水上采煤时的水体类型与安全威胁

10.3.1.1　承压水上采煤时的安全威胁

在承压水上采煤时,如果底板岩层中的承压水穿越隔水层进入工作面开采空间,就会形成突水事故,威胁安全生产。

我国华北、华东地区的主要矿区大多是开采石炭～二叠纪煤层,其煤系地层的基底为奥陶纪石灰岩(简称奥灰)。奥陶纪灰岩岩溶、裂隙发育、富水性强,岩层中的含水具有很高的压力,在遇陷落柱、断层或构造裂隙时,奥灰水极易和上覆的本溪群、太原群薄层石灰岩连通,形成水力联系和突水事故。有些煤层由于受奥灰水威胁过于严重,暂时不能开采。

我国南方一些矿区开采二叠纪乐平世煤田,其底部茅口灰岩富含岩溶承压水,也对煤层开采有重大影响。

多年来，我国进行了大量承压水上采煤的试验，取得了丰富的经验。

10.3.1.2 承压水上采煤时的水体采动等级和允许采动程度

按水体的类型、含水层富水性、流态、规模、赋存条件及允许采动影响程度，将承压水上采煤时的水体分为不同的采动等级(表 10-7)。

表 10-7 矿区承压水上采煤时的水体采动等级及允许采动程度

煤层位置	水体采动等级	水体类型	允许采动程度	要求留设的安全煤(岩)柱类型
水体上	Ⅰ	1. 位于煤系地层之下的灰岩强含水体； 2. 位于煤层之下的薄层灰岩具有强水源补给的含水体； 3. 位于煤层之下的作为重要水源或旅游资源保护的水体	不允许底板采动导水破坏带波及水体，或与承压水导升带沟通，并有能起到强阻水作用的有效保护层	底板强防水安全煤(岩)柱
	Ⅱ	1. 位于煤系地层之下的弱含水体，或已疏降的强含水体； 2. 位于煤层之下的无强水源补给的薄层灰岩含水体； 3. 位于煤系地层或煤系地层底部其他岩层中的中、弱含水体	允许采取安全措施后底板采动导水破坏带波及水体，或与承压水导升带沟通，但防水安全煤(岩)柱仍能起到安全阻水作用	底板弱防水安全煤(岩)柱

《三下采煤规范》规定：对位于预计底板采动导水破坏带内，或者底板采动导水破坏带与承压水导升带连通，且无疏放、改造条件和可能产生突水灾害的水体，在矿井、水平、采区设计时必须划定安全煤(岩)柱。

10.3.2 采动底板破坏及承压水上安全采煤的基本原理

承压水上采煤时，含水层在开采煤层的底板中，因此更需要关注开采活动引起的煤层底板破坏情况。在采动附加应力和底板水压力作用下，采煤工作面的底板岩体产生移动、破坏，在底板中将形成底板采动导水破坏带、底板阻水带和底板承压水导升带，俗称“下三带”，如图 10-14 所示。

底板采动导水破坏带是指煤层底板岩层受采动影响而产生的采动导水裂隙的范围，其深度为自煤层底板至采动破坏带最深处的法线距离。底板阻水带是指煤层底板采动导水破坏带以下、底部含水体以上具有阻水能力的岩层范围。底板承压水导升带是指煤层底板承压含水层的水在水压力和矿压作用下上升到其顶板岩层中的范围。我国有些矿区岩溶石灰岩具有沉积特征，有时岩溶石灰岩含水层顶部会被泥砂等沉积物充填而不含水并具有一定的隔水性能。将这种岩溶石灰岩含水层顶部被泥砂等沉积物充填的岩层区段称为含水层顶部充填带(h_4)，如图 10-14(c)所示。

显然，假若开采煤层底板下部含水层中的承压水在水压力和矿山压力联合作用下破坏底板阻水带，形成人工裂隙通道，导致下部承压地下水涌入采煤工作面或井巷造成突水事故；当地层中存在断层、陷落柱或存在溶洞等其他地质破坏时，则更容易造成承压水上采煤

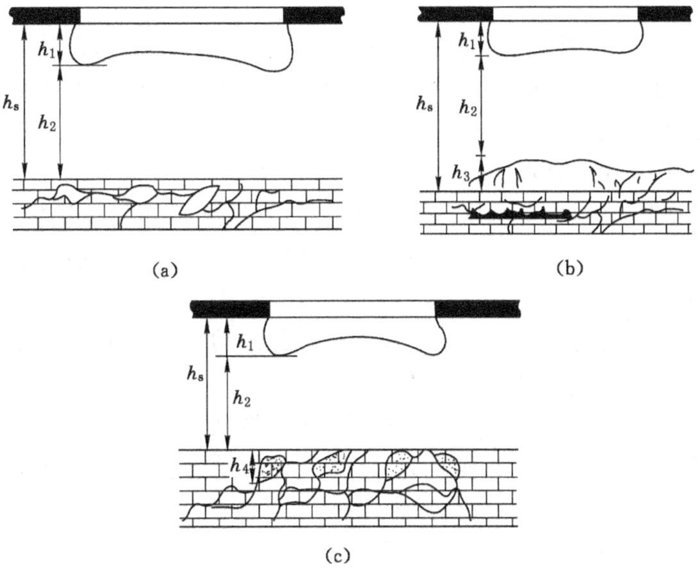

h_1—底板采动导水破坏带深度；h_2—底板阻水带厚度；h_3—底板承压水导升带高度；
h_4—含水层顶部充填带高度；h_s—底板防水安全煤(岩)柱厚度。

图 10-14　采动底板破坏分带图

时的突水事故，严重时还会造成淹井事故。

10.3.3　承压水上安全采煤的基本原理

承压水上安全采煤的基本原理是：通过采取各种措施控制底板采动破坏范围或加固底板、堵塞导水通道(断层、陷落柱、裂隙)等，使得承压含水层与开采煤层之间具有足够的安全距离，或采用其他如疏水降压等措施消除承压水对工作面的安全威胁，这样就可以实现承压水上安全采煤。在具有承压水压力的含水层附近进行的采煤活动称为带压开采。

承压水上采煤时用安全煤(岩)柱设计方法确定的煤层最低开采标高称为开采下限。

10.3.4　影响底板突水的主要因素

影响底板突水的主要因素有地质构造、含水层的富水性和水头压力、底板隔水层厚度和强度、矿山压力、开采方法等。

10.3.4.1　地质构造

地质构造，尤其是断层，是造成底板突水的主要原因之一。国内部分大水矿区 163 个底板突水工作面的统计资料显示，由地质构造引发的突水事故占 67.5%。

断层使底板岩体的连续性和完整性遭到破坏，降低了岩体的强度，在采动附加应力的作用下，岩体易沿断层移动，从而使采动破坏深度增大，造成突水。根据现场实测，断层破碎带岩体的底板采动导水破坏带深度约是正常岩体的底板采动导水破坏带深度的 2 倍。断层上下盘错动，可能缩短了煤层与底板含水层之间的距离，有时甚至使断层一盘的煤层与另一盘的含水层直接接触，使工作面易发生突水。当断层破碎带或断层影响带为充水或导水构造时，工作面开采或巷道掘进揭露断层时就会发生突水。

10.3.4.2 含水层的富水性和水头压力

含水层的水量和水压是突水的前提条件，水压是突水的动力，水量是突水能否持续的基本条件。水量大，突水持续时间长。在突水或涌水过程中，由于水流的冲刷作用，还会使裂隙孔径扩大，导致突水量增加。

10.3.4.3 底板隔水层厚度和强度

底板隔水层厚度越大，抵抗水压、矿压的破坏能力越强，矿井开采底板突水的概率越小。隔水层岩体的强度越大，受采动影响后越不容易破坏，底板突水的可能性越小。

10.3.4.4 矿山压力

除了断层引起工作面突水外，大多数底板突水与采动引起的矿山压力有关。矿山压力及其变化导致底板采动导水破坏带深度发生变化。

在时间上，突水多发生于工作面初次来压和正常推进中二次来压或周期来压时。根据国内华北地区煤田 72 次采煤工作面底板突水资料的统计分析，得到的规律为：在工作面推进到距开切眼 20～30 m 时，即顶板初次来压时，底板发生突水事故的工作面占 44.4%；当工作面推进到距开切眼 60 m 时，底板发生突水事故的工作面占 84.6%；当工作面推进到距开切眼 100 m 以上时，底板发生突水事故的工作面只占 7%。这就说明，在工作面推过开切眼 100 m 后，没有特殊情况时发生突水的可能性很小。

在平面位置上，多数突水点距开切眼的距离约为初次来压步距或周期来压步距。突水点多位于采空区周边，靠近矿壁 4～7 m 处或最外一排支柱的外侧。这主要由于采空区周围矿柱上产生支承压力，采空区周围底板岩体卸载，在支承压力的作用下向采空区突出、膨胀，产生竖向裂隙和层间裂隙(离层)从而导致突水。

从工作面推进过程来看，慢推进较快推进更易发生突水，突然停止推进也易形成突水。这是因为推进速度慢，底板变形充分，裂隙发育，破坏深度大。

工作面悬顶越大，矿山压力导致的底板破坏深度越大，越容易导致突水。在一些矿区，顶板随采随冒，初次来压、周期来压均不明显，由矿山压力作用诱发突水的概率就会降低。

10.3.4.5 开采方法

开采方法对底板突水的影响主要表现在工作面斜长和开采面积上。

工作面斜长对底板突水的影响比开采深度、煤层倾角、底板岩层强度等对底板突水的影响都更明显。工作面斜长越大，底板岩层破坏深度越大，工作面越容易发生突水；反之亦然。

工作面底板突水与开采面积关系十分密切，不同矿区有各自不同的突水面积。当开采面积大于突水面积后，底板要发生突水。因此，控制开采面积是控制底板突水的有效方法。一些矿区采用条带开采、巷式开采等方法减小开采面积，防止底板突水。

10.3.5 水体上采煤的防水安全煤(岩)柱设计方法

承压水上采煤时留设防水安全煤岩柱的基本原则是不允许底板采动导水破坏带波及水体，或与承压水导升带沟通。因此，设计的底板防水安全煤(岩)柱厚度(h_s)应当大于或等于导水破坏带深度(h_1)和阻水带厚度(h_2)之和[图 10-14(a)]，即：

$$h_s \geqslant h_1 + h_2 \tag{10-8}$$

如果底板含水层上部存在承压水导升带时，则底板防水安全煤(岩)柱厚度(h_s)应当大于或等于导水破坏带深度(h_1)、阻水带厚度(h_2)及承压水导升带高度(h_3)之和

[图 10-14(b)],即:

$$h_s \geqslant h_1 + h_2 + h_3 \tag{10-9}$$

如果底板含水层顶部存在被泥质充填物充填的厚度稳定的隔水带时,则充填隔水带厚度(h_4)可以作为底板防水安全煤(岩)柱厚度(h_s)的组成部分,如图 10-14(c)所示,则:

$$h_s \geqslant h_1 + h_2 + h_4 \tag{10-10}$$

对于导水破坏带深度、阻水带厚度、承压水导升带高度的计算目前尚没有完善的方法,一般根据本矿区实测资料分析得到。

10.3.6 承压水上采煤的其他安全技术措施

1. 缩短工作面长度减轻矿山压力、提高底板刚度

当工作面长度小于 60 m 时,工作面两侧的侧支承边效应加强,工作面前方的应力集中系数、底鼓量等均将随着工作面长度的缩小而变小,可明显减小底板裂隙带深度和由采煤工作引起的原始导升带高度。同时,隔水保护层也由于跨度的减小而提高了抗水压破坏能力。

2. 采用充填开采方法减轻矿山压力

采用密实充填开采方法可大幅度减轻矿山压力,非常有利于减轻采动对底板岩层的扰动,减小底板导水破坏带深度和底鼓现象。

3. 采用房式或条带式采煤方法减轻矿山压力

通过控制房宽或开采条带宽度,相当于采用了短工作面开采,这样做可以减轻矿山压力,减小底板导水破坏带深度。

4. 强制放顶或软化顶板减轻矿山压力

采取强制放顶或软化顶板的办法,可缩小顶板初次来压和周期来压步距,从而减小底板裂隙带深度和增强隔水保护层抗水压破坏能力。

5. 对底板岩层构造破坏区采取局部注浆加固

经验表明,断层附近的原始导升带高度常高于其他地点,断层面附近常是开采区域中较易发生突水的地点,而且断层突水大多发生在事先未探明也未采取预防措施的中、小断层附近(断层落差有时仅为 1~2 m),因此,在断层破碎带,尤其是数条断层交叉、分叉的局部地点,应合理地留设防隔水煤(岩)柱,或对底板岩层进行注浆加固,以保证开采安全。

6. 疏水降压

疏水降压是利用矿井的排水能力采用疏水巷道、放水钻孔或两者兼用的办法先局部疏干承压水或降低其水压,然后再开采其上方受承压水影响煤层的方法。此方法主要适用于以静贮量为主(补给不充分)的承压含水层。

10.4 近水体采煤方案设计和实施

10.4.1 水体压煤允许开采或试采的条件

10.4.1.1 水体压煤允许开采的条件

根据《三下采煤规范》第七十二条的规定,符合下列条件之一者,水体的压煤允许开采:

(1) 水体与设计开采界限之间的最小距离符合表 10-4 和 10-7 中各水体采动等级要求留设的相应类型安全煤(岩)柱尺寸的。

(2) 在技术可能、经济合理的条件下,能够实现河流改道,水库或者采空区积水放空,松散孔隙含水层或者基岩孔隙-裂隙、岩溶-裂隙含水层水体疏干、改造及堵截住水源补给通道的。

(3) 地质、开采技术条件较好,并在有条件采用开采技术措施及其他措施后,水体与设计开采界限之间的最小距离能满足表 10-4 和表 10-7 中各水体采动等级要求留设的相应类型安全煤(岩)柱尺寸的。

10.4.1.2 水体压煤允许试采的条件

根据《三下采煤规范》第七十三条的规定,符合下列条件之一者,水体的压煤允许试采:

(1) 大型地表水体与设计开采界限之间的最小距离符合表 10-4 和表 10-7 中各水体采动等级要求留设的相应类型安全煤(岩)柱尺寸,首次开采的。

(2) 水体与设计开采界限之间的最小距离小于表 10-4 和表 10-7 中各水体采动等级要求留设的相应类型安全煤(岩)柱尺寸,但水体与煤层之间有良好隔水层,或者通过对岩性、地层组合结构及顶板垮落带、导水裂缝带高度或者底板采动导水破坏带深度、承压水导升带高度等分析,经技术论证确认无突水溃砂可能的。

(3) 水体与设计开采界限之间的最小距离,虽略小于表 10-4 和表 10-7 中各水体采动等级要求的相应类型安全煤(岩)柱尺寸,但技术经论证确认具有安全可能的。

(4) 水体与设计开采界限之间无足够厚度的良好隔水层,但采取充填法或者条带法等开采技术措施后可使顶板导水裂缝带高度或者底板采动导水破坏带深度达不到水体的。

(5) 水体与设计开采界限之间的最小距离虽符合表 10-4 和表 10-7 中各水体采动等级要求留设的相应类型安全煤(岩)柱尺寸,但水体压煤地区地质构造比较发育的。

(6) 水体与设计开采界限之间的最小距离虽符合表 10-4 和表 10-7 中各水体采动等级要求留设的相应类型安全煤(岩)柱尺寸,但本矿区煤层为大开采深度和高水压且首次开采的。

(7) 地质、采矿条件允许,可以在枯水季节进行开采的季节性水体压煤的。

10.4.2 近水体采煤的开采技术和安全措施

根据《三下采煤规范》第七十四条的规定,近水体采煤时,必须采用相应的开采技术措施和安全措施。根据水体的类型、地质、水文地质和开采技术条件,可以选用下列开采技术措施和安全措施:

(1) 保留防砂煤(岩)柱和防塌煤(岩)柱在水体下缓倾斜(0°～35°)及中倾斜(36°～54°)厚煤层时,宜采用倾斜分层长壁开采方法,并尽量减少第一、二分层的开采厚度,增加分层之间的间歇时间,上、下分层同一位置的回采间隔时间应当不小于 6 个月,如果岩性坚硬,间隔时间应当适当增加。采用放顶煤开采方法时,必须先试采。

(2) 开采急倾斜煤层(55°～90°)时,应当采用河流改道,水库、采空区积水放空,含水层疏干、改造以及堵截住水源补给通道等措施。

(3) 当松散含水层或者基岩含水层处于预计顶板导水裂缝带范围内,但煤层顶板与含水层之间有隔水层存在时，应当防止工作面顶板隔水层超前断裂、切顶和抽冒，做好工作面疏排水工作。

(4) 如果松散层底部为强含水层，且与基岩含水层有密切的水力联系时，矿井初期应当按防水煤(岩)柱要求确定开采上限和只将总回风巷标高提高，待对底部含水层疏干后再按防砂煤(岩)柱或者防塌煤岩柱要求留设后进行开采。

(5) 在试采条件困难和地质、水文地质资料不足的情况下，可以先开采远离水体、隔水层较厚且分布稳定、地质和水文地质条件较简单或者易于进行观测试验的煤层或者区域，积累经验后再逐步扩大试采规模与范围。

(6) 开采石灰岩强岩溶水体压煤时，应当在开采水平、采区或者煤层之间留设隔离煤柱或者建立防水闸门(墙)，计算隔离煤柱尺寸时，必须使煤柱至岩溶水体之间的岩体不受到破坏；或者在受突水威胁的采区建立单独的疏水系统，加大排水能力及水仓容量或者建立备用水仓。在水体上采煤时，可采用底板注浆加固等措施。导水断层两盘和陷落柱周围应当留设煤柱，也可采用注浆加固等措施。

(7) 在积水采空区和基岩含水层附近采煤，或者存在充水断层破碎带、陷落柱等时，应当先探放、再疏降、后开采。

(8) 可以采取充填开采、条带开采等措施减少垮落带、导水裂缝带高度或者底板采动导水破坏带深度。

(9) 近水体采煤时，应当采用钻探或者以钻探为主结合物探的方法详细探明有关的含、隔水层界面和基岩面起伏变化，以保证安全煤(岩)柱的设计尺寸符合规定。

(10) 近水体采煤时，应当对受水威胁的工作面和采空区的水情加强监测，对水量、水质、水位动态进行系统观测和及时分析；应当设置排水沟或者专门排(泄)水巷道，定期清理水沟、水仓，正确选择安全避灾路线，配备良好的照明、通信与信号装置；应当对采区周围井巷、采空区及地表积水区范围和可能发生的突水通道作出预计并采取相应措施。

其他安全措施应按《煤矿安全规程》(国家安全生产监督管理总局令第 87 号)和《煤矿防治水规定》(国家安全生产监督管理总局令第 28 号)有关条款执行。

10.4.3　近水体采煤方案设计的内容和所需资料

根据《三下采煤规范》第七十五条规定，近水体采煤必须进行开采方案设计，经审批后实施。

10.4.3.1　近水体开采方案设计的主要内容

近水体开采方案设计应当包括下列内容：

(1) 压煤开采的必要性、可能性和安全可靠性。

(2) 近水体采煤的各种技术方案，主要包括水体特征分析，采煤方法和顶板控制方法选择与论证，顶板垮落带、导水裂缝带高度或者底板采动导水破坏带深度、承压水导升带高度及发展特征预计，安全煤(岩)柱设计，开采技术措施和防治水安全措施。水体受采动影响程度分析与涌水量预计，必要时进行地表和岩层移动与变形预计，进行地质构造、大开采深度、大采高和高水压等特殊条件对安全煤(岩)柱影响的论证。

(3) 方案的技术、经济评价及费用概算。

(4) 方案的综合分析对比和选定。

(5) 井上、下水文地质长期观测网设计。

(6) 顶板垮落带、导水裂缝带高度或者底板采动导水破坏带深度观测设计。

(7) 必要时进行地表移动观测站设计。

(8) 必要时进行井下探放水工程、水文补勘工程设计。

10.4.3.2 近水体开采方案设计应具备的资料和图纸

近水体开采方案设计，根据水体的具体情况应当具备下列有关技术资料和工程图。

1. 技术资料

(1) 地表水体的水域、水深、水位动态、流量、流速、大气降雨量、补给水源及渗漏途径，地表洪水及防洪、排洪渠道系统。

(2) 采空区、旧巷积水区的范围、水量，老采区的开采层数及范围，采空区积水的水源及其动态特征，及其与大气降水、地表水、地下水及上、下煤层的水力联系；本煤层其他采空区和积水区之间的水力联系。

(3) 松散层的成因类型；含水层、隔水层的组合结构及沉积特征；含水层的厚度、富水性(单位涌水量、渗透系数)、颗粒级配，在天然状态下的补给、径流、排泄条件及其在采动影响下可能产生的变化；隔水层的厚度、塑性指数及液性指数等。

(4) 基岩含水层和隔水层的组合结构和沉积特征，岩层裂隙、岩溶、断层和陷落柱的发育与分布规律，富水性、水质、水量、水位动态及其在天然状态下的补给、径流、排泄条件和在采动影响下可能产生的变化；隔水层的厚度、岩性；岩石物理力学性质，岩石结构特征和矿物成分；地质断裂构造特征，断层、陷落柱的隔水性和导水性；穿透含水层钻孔的封孔质量；基岩面标高，风化带深度及其含水性评价。

(5) 成煤时代，煤层稳定性，可采煤层层数、厚度、层间距、倾角、埋深及矿井开拓、采掘、排水系统。

(6) 本矿井(区)或者类似条件下的顶板垮落带、导水裂缝带高度，底板采动导水破坏带深度，承压水导升带高度，采掘工作面矿压参数，地表移动与变形参数，地表塌陷、溃砂或者突水等资料。

(7) 本矿井(区)的充水性特征，涌水量及其构成。

如果现有资料不能满足上述要求，还应当进行补充调查和勘探。

2. 工程图

应调查和掌握的工程图主要包括井上下对照图、采掘工程平面图、地质剖面图、钻孔柱状图、矿井综合水文地质柱状图、矿井水文地质剖面图、矿井排水系统图、矿井充水性图、矿井涌水量与各种相关因素动态曲线图。

10.4.4 水体压煤开采时的现场观测工作

根据《三下采煤规范》第七十七条规定，进行水体压煤开采时，必须进行相应的观测研究工作。进行水体压煤试采时，观测研究工作应当包括下列内容：

(1) 试采区巷道和工作面充水性，全矿井涌水量动态，分煤层、分水平、分采区、分工作面、分涌水点的涌水量定期观测及水质化验分析。

(2) 地表水和地下水(包括松散层、基岩和风化带含水层水)动态长期观测。观测工作在采前至少进行一个水文年。地表水的观测内容主要为水位标高、水质化验、流量等；地下水的观测内容主要为各含水层的水位标高、水质化验、流速及水力联系、补给通道等；此外，还应当收集或观测气象资料(降雨量、蒸发量等)。

(3) 顶板垮落带高度、导水裂缝带高度、底板采动导水破坏带深度与承压水导升带高度和分布形态及特征观测研究。

(4) 采煤工作面矿压、地表移动与变形观测，地表裂缝的素描与摄影、录像记录。

(5) 开采厚度、开采面积、工作面顶板垮落高度与特征、推进速度、基本顶初次与周期来压、顶板及煤柱稳定性和各项开采技术经济指标的计算与分析。

(6) 岩溶地区可溶岩层上方地表塌陷范围、塌陷坑分布状况和可能的塌陷监测；岩溶陷落柱分布范围、含水情况等。

(7) 地表下沉盆地积水区范围、水深及水量观测。

(8) 采空区积水的水位、水量及补给、排泄情况观测。

(9) 采煤工作面地质异常超前探测。

水体压煤试采结束后，应及时对各项观测资料进行系统分析和总结，提出成果，上报原审批单位。

对于多次成功地进行过水体压煤开采且掌握了数据和规律的矿井，上述工作可根据具体情况进行。

10.5 水体下压煤开采沉陷控制设计

10.5.1 矿井概况

10.5.1.1 位置、范围及自然地理概况

淮北某矿位于淮北中原北部，矿区内地势平坦，地面标高在＋26.37～＋27.67 m 之间，一般在＋27 m 左右。矿区内人工沟渠交错纵横，浍河流经矿区北部，属淮河水系，为中型季节性河流。

该区气候属季风暖湿带半湿润气候，春秋季气候温和，雨量小。夏季炎热多雨，冬季寒冷多风。1980—1991 年平均气温为 14.1 ℃，最高气温为 40.3 ℃，最低气温为－10.9 ℃。春秋季多东北风，夏季多东至东南风，冬季多北至西北风，平均风速为 2.2 m/s，最大风速可达 18 m/s。年平均降水量为 834 mm，雨量多集中在七月和八月，全年蒸发量为 1 400 mm，全年无霜期为 208～220 d，冷冻期一般在 12 月上旬至次年 2 月中旬。

10.5.1.2 煤炭资源和煤层赋存条件概况

该矿含煤地层为石炭～二叠系。石炭纪煤层薄而不稳定，煤质差，水文、工程地质条件复杂；二叠纪含煤地层为山西组、下石盒子组和上石盒子组，含 10 个煤层(组)，可采煤层 8 层，其中主要可采煤层 4 层(72 煤层、81 煤层、82 煤层、10 煤层，平均厚度分别为 1.8 m、2.5 m、2.53 m、3.86 m)，平均可采总厚度为 10.69 m，由于煤层受断层切割破坏较严重，埋藏较浅的区域相当部分处于风氧化带或防水煤柱中，造成煤层的可采面积减小。全矿井共有煤炭资源量为 13 730.46 万 t，可采储量为 4 033.95 万 t，其中 10 煤层可采储量为 2 595.62 万 t，约占全矿井证实储量的 64.3%。

10.5.2 矿井水文地质特征及类型

10.5.2.1 矿井含、隔水层(组、段)水文地质特征

该矿为新近纪和第四纪松散层覆盖下的全隐蔽矿床。根据赋存介质特征,地下水含水层进一步划分为新生代松散层含、隔水层(组),二叠纪煤系砂岩裂隙含、隔水层(段),石灰岩岩溶裂隙含水层(段),本溪组铝质泥岩隔水层(段)和奥陶纪石灰岩岩溶裂隙隔水层(段)。

(1) 新生代松散层含、隔水层(组):新生代松散层厚度变化受下伏基岩古地形控制,大致上自北向西南方向逐渐增厚。松散层两级厚度为 262.36～287.05 m,平均厚度为 272.90 m。古地形起伏不大。按其岩性组合特征及其与区域水文地质剖面对比,自上而下可划分为四个含水层(组)和三个隔水层(组)。

(2) 二叠纪煤系砂岩裂隙含水层(段):二叠系岩性为砂岩、泥岩、粉砂岩、煤层等,并以泥岩、粉砂岩为主。其中泥岩、粉砂岩可视为隔水层,裂隙发育的砂岩层组成含水层,各含水层之间均被有效隔水层阻隔,含水层的富水性主要取决于岩层的裂隙发育程度、连通性和补给条件。总体来说,煤系砂岩裂隙含水层富水性较弱,很难明显地划分含、隔水层(段),只能根据区域资料及该矿主采煤层的位置关系及裂隙发育程度划分为三个含水层(段)和四个隔水层(段)。

(3) 石灰岩岩溶裂隙含水层(段):太原组地层由石灰岩、泥岩、粉砂岩及薄煤层组成,以石灰岩为主,有 11～12 层石灰岩。从区域水文地质资料分析结果看,太灰岩溶裂隙发育不均一,富水性差异较大;在开采条件下太灰水可通过浅部露头补给煤系砂岩含水层,进而通过矿井排至地面。10 煤底板至太原组一灰地层正常情况下间距为 36.44～67.24 m,平均间距为 48.90 m,岩性以海相泥岩为主,致密完整,裂隙不发育,一般隔水性较好,除非由断层或岩溶陷落柱导通,否则一般情况下太灰水与 10 煤层上、下砂岩含水层地下水之间不会发生直接的水力联系。

(4) 本溪组铝质泥岩隔水层(段):该隔水层厚度为 2.69～23.83 m,平均厚度为 9.20 m,岩性以灰白色、紫红色铝质泥岩、粉砂岩为主,含 0～2 层石灰岩,隔水性较好。

(5) 奥陶纪石灰岩岩溶裂隙隔水层(段):区域厚度为 500 多米,岩性为浅褐色、肉红色致密块状性硬隐晶质厚层状白云质灰岩。奥陶纪石灰岩岩溶裂隙发育十分不均,当浅部岩溶裂隙发育时,其富水性较强,反之其富水性较弱。由于奥灰含水层距离开采煤层较远,在正常情况下对矿井无直接充水影响,但不排除当井巷工程遇导水断层或其他导水体时,奥灰水直接进入矿井的可能性。

该矿主采煤层顶底板砂岩裂隙含水层(段)是矿井充水的直接充水含水层,一般富水性较弱。开采 10 煤时太灰水威胁比较严重,太灰和奥灰岩溶裂隙含水层具有水压高、来势猛、水量大的特征,防治水工程量较大,是矿井安全生产的重大隐患之一。地质构造复杂程度为中等(Ⅱ类),断层及破碎带较为发育。按照有关矿井水文地质类型的划分标准,本矿井为以裂隙含水层充水、顶板进水为主的矿床,水文地质条件为中等,即Ⅱ类二型。

10.5.2.2 前期水文地质工作总结及取得的主要研究成果

该矿井地质勘察工作从 1955 年 10 月开始,至 1974 年底提交《临涣矿区总体详查报告》,在该井田共施工钻孔 30 个,工程量为 12 616.8 m,同时还进行了电法和地震勘探工作。2003 年 11 月进行勘探,2008 年 6 月完成勘探工作,本次勘探工作中共施工了 92 个钻孔,工程量为

43 013.35 m，抽水 18 次，启封钻孔 2 个，勘探线间距为 330 m、钻孔密度为 11.7 个/km^2。另外，在井田范围内还进行了三维地震、地面电法、地面瞬变电磁勘探工作，以控制露头、基岩面、断层和井田边界等。

根据前期水文地质工作，获得了如下结论和认识：

（1）位于新生代松散层底部的第三隔水层，在该矿开采范围内沉积厚度平均为 61.5 m，塑性指数为 11.30～27.80，膨胀量为 0.02～3.70 mm，为湖滨回水湾静水环境沉积。试验数据表明其可塑性好，膨胀性强，厚度大，分布稳定，隔水性良好，是该矿重要的隔水层（组）。由于它的存在，使其以上各含水层及地表水、大气降水与其下的第四含水层（组）水（以下简称"四含"水）、煤系砂岩裂隙水之间失去了水力联系。

（2）位于新生代松散层底部的第四含水层（组）（以下简称"四含"），在南一采区开采范围内沉积厚度为 6.2～31.7 m，平均厚度为 18 m，单位涌水量 q＝0.004 2～0.226 6 L/(s·m)，渗透系数 k＝0.001 4～0.924 1 m/d，属弱至中等含水层，南一采区东翼开采 1017 工作面"四含"厚度较薄，富水性较弱，西翼开采 1016 工作面"四含"厚度较厚，富水性中等；土工试验结果表明其属复合结构特征，呈固结至半固结状态，径流补给排泄条件不畅，是该矿薄基岩浅部煤层实现安全开采的重要保障。

（3）南一采区的基岩风化带岩层以泥质岩岩层为主，受沉积水环境和风化损伤的共同影响，其特征为：原生裂隙不太发育，强度衰减速度快，黏土矿物含量高，饱和吸水率大。另外，其还具有塑性变形特征，以及抑制导水裂缝带发育和阻隔"四含"水下渗的双重作用。

（4）岩石的物理、力学、水理试验结果表明：该矿 10 煤层浅部覆岩体的显著特征为受风化影响，泥岩和砂岩的强度均较低；岩体孔隙率较高，饱和含水量较大，泥岩和砂岩遭风化后其黏土矿物含量较高（60％以上），具有隔水能力和扰动后再生隔水性能好的显著特点。

（5）南一采区首采 1013 综放工作面采后实测：工作面直接顶初次垮落步距为 6 m，初次来压步距为 28 m，周期来压步距为 10～14 m，来压期间矿压显现程度中等，工作面采后实测垮落带高度为 11.7 m，导水裂缝带高度为 19.0～37.8 m，垮高开采厚度比为 3.77，裂高开采厚度比为 6.1～12.2。1013 综放工作面两带发育高度测试成果表见表 10-8。

表 10-8　1013 综放工作面两带发育高度测试成果表

孔号	开采厚度/m	导水裂缝带高度/m	裂高开采厚度比	垮落带高度/m	垮高开采厚度比
1013-1	3.1	37.8	12.2	—	—
1013-2	3.1	33.8	10.9	—	—
1013-3	3.1	19.0	6.1	—	—
1013-4	3.1	35.9	11.6	11.7	3.77

10.5.3　强含水层下采煤技术方案

10.5.3.1　水体下安全采煤技术

纵观国内外成功的水体下采煤情况，目前水体下采煤主要采用的技术措施有：

（1）分层开采。减小分层开采高度，可以有效控制导水裂缝带的高度。研究表明，在覆岩软弱的条件下，随着分层数的增加，导水裂缝带高度的增幅呈分层减小的趋势：2 分层减小 27%～33%，3 分层减小 9.5%～12.8%，4 分层减小 5.4%～7.1%。

(2) 均厚开采。在工作面范围内控制开采高度，不造成局部开采厚度过大，导水裂缝带高度过高，使水、砂进入矿井。

(3) 限厚开采。即限制开采厚度，从而减小导水裂缝带的高度。

(4) 窄面开采。在露头区煤层直接顶或基本顶为强或中强含水层的情况下，采取将工作面长度缩短，或在长工作面中间布置中间巷的开采方法，以便实现边回采边疏水和加快工作面推进度。

(5) 疏放开采。即采用井下仰上孔或地面钻孔疏水的方法，先疏干或降低含水层水位后再进行开采。

(6) 充填开采。采用充填开采可有效地减小导水裂缝带高度，从而实现水体压煤的安全开采。

(7) 部分开采。即留下部分煤层支承上覆岩层，减小覆岩的破裂高度，从而减小导水裂缝带高度。

10.5.3.2 强含水层下矸石充填采煤技术

矿井目前主采煤层为 10 煤，平均煤层倾角为 8°。该煤层上方覆盖 270 m 左右的厚松散层含水层，特别是其底部平均厚度为 20.7 m 的第四纪砂、砾石含水层，直接覆盖在开采煤系露头之上，对煤系地层直接进行渗透补给，给浅部煤层的安全开采构成了明显威胁。矿井初步设计留设 70～80 m 的防水煤(岩)柱，压煤量为 3 817.3 万 t，资源损失严重，技术经济合理性受到严重置疑。如何在保证安全的基础上使煤炭资源开采量最大化，对于实现该矿经济高效可持续发展具有重要的意义。

随着矿井的建成投产，矿方于 2008 年 7 月与安徽建筑工业学院(现已更名为“安徽建筑大学”)合作，共同开展对 1016、1017 工作面厚含水层下提高开采上限的试验研究，提出了《1016、1017 工作面厚含水层下开采可行性方案设计》，研究认为 1016 和 1017 工作面设计开采上限由原设计的－340 m 分别提高为－315 m 和－300 m，经安徽省经济委员会皖经煤炭函〔2008〕677 号文件批准后，于当年进行工业生产，取得了成功。但是煤炭资源滞留严重，为进一步开采“四含”弱含水砂层下的 10 煤资源，提高资源采出率，决定在 1011 工作面采用综采矸石充填技术留设防砂煤(岩)柱提高开采上限。

10.5.4 1011 工作面综采矸石充填提高开采上限可行性分析

10.5.4.1 1011 工作面地质采矿条件

1. 工作面概况

1011 工作面位于该矿南一采区东翼、1013 工作面西北部，与 1012 工作面相对。该工作面目前设计起止标高为－385～－300 m，地面标高为＋26.79～＋27.80 m，垂深为 335～400 m；机巷全长为 1 727 m；风巷全长为 2 025 m；切眼全长为 73 m。

工程控制情况：该工作面有两条勘探线通过，工作面内有 J2-8、26-3、28-2、补 5 四个钻孔控制，工作面附近有补 6、补 7 两个钻孔控制。外段由 1013 工作面控制。

井上下对照：工作面上地面地势平坦，没有大的河流经过，但人工沟渠纵横，地面村庄有王楼村。

2. 工作面地层及煤层储量情况

1011 工作面地层情况与整个采区情况基本相同，由老到新分别为奥陶系中奥陶统马家沟组，石炭系上石炭统本溪组、太原组，二叠系山西组、下石盒子组、上石盒子组，以及新近系和第四系。

(1) 根据本工作面钻孔资料和 1013 机巷实际揭露情况，本工作面煤层赋存情况较为复杂。10 煤层位于山西组中部，上距铝质泥岩约 60 m，下距太原组一灰约 50 m。本工作面煤厚为 0.4～4.66 m，西南部煤层较薄，东北部煤层较厚。28-2 钻孔煤厚为 1.39 m，J2-8 钻孔煤厚为 3.94 m，补 5 钻孔煤厚为 3.73 m，26-3 钻孔煤厚为 4.66 m，J1-8 钻孔煤厚为 2.84 m。

(2) 煤层稳定性评价：本工作面煤厚变化大。经过统计可知：煤层厚度为 0.4～4.66 m，平均煤层厚度为 3.3 m，煤厚变异系数 $\gamma=33\%$，煤层可采性指数 $K=0.86$，10 煤层倾角为 5°～13°，自上而下倾角逐渐增大，平均煤层倾角为 9°。从以上参数分析可以看出，本工作面 10 煤层为较稳定煤层。

(3) 煤层结构：根据钻孔资料可知，26-3 钻孔含 0.13 m、0.73 m 厚软泥夹矸，煤层结构较为复杂。1013 工作面机巷实测资料显示：1013 工作面绝大部分范围内 10 煤层不含夹矸，煤层结构简单，局部如机巷在 J11～J12 点附近有大约 100 m 地段，10 煤层间夹有 0.1～0.8 m泥岩或粉砂岩夹矸，煤层分叉为 2 层，厚度变薄为 0.4～2 m，局部不可采。

(4) 顶底板赋存特征：10 煤层直接顶板为浅灰色粉细砂岩，厚度约为 5.8 m；局部地段会出现伪顶，为少量薄层状泥岩，厚度为 0～2.3 m。直接底为一层泥岩，含碳质，厚度约为 1 m。基本底为条带状粉细砂岩(互层)，10 煤下约 25 m 为 11 煤层，10 煤层下距太原组一灰间距为 54.4～68.34 m，平均间距为 59.35 m。1011 工作面综合柱状图见图 10-15。

(5) 储量情况：在目前开采上限为－300 m 的情况下，1011 工作面机巷全长为 1 727 m，风巷全长为 2 025 m，切眼全长为 73 m。动用储量范围左至切眼，下至 F14 防水煤(岩)柱，上至 1013 机巷，右起巷道保护煤柱。

动用储量面积 $S=293\ 117\ \mathrm{m}^2$，斜面积为 296 771 m^2，平均煤层厚度 $M=3.3$ m，平均煤层倾角 $\alpha=9°$，密度 $\rho=1.37\ \mathrm{t/m^3}$，则：

动用储量 $Q=SM\gamma/\cos\alpha\approx 1\ 341\ 701$ (t)；

可采储量 $Q'=1\ 341\ 701\times 75\%=1\ 006\ 276$ (t)。

本设计的目的之一就是提高 1011 工作面开采上限，以进一步提高本工作面可采储量。

10.5.4.2 1011 工作面水文地质条件

1011 工作面的充水因素有：

(1) 该工作面水文地质条件有一定的复杂性。

太原组石灰岩与 10 煤层间距一般大于50 m，在正常情况下不会发生“底鼓”突水，若遇构造或岩溶陷落柱，会使煤层与太灰以至奥灰含水层对口或间距缩短，太灰(或奥灰)水有可能对矿坑产生直接充水，对生产产生较大危害。

(2) 第四含水层(组)。

底板埋藏深度为 260.28～273.6 m，平均埋藏深度为 266.26 m。含水砂层厚度为6.23～23.8 m，平均厚度为 12.8 m。“四含”岩性复杂，由砾石、砂砾、黏土砾石、粗砂、中砂及黏土质砂等组成，其间夹有 0～4 层薄层状黏土夹砾石、黏土、砂质黏土、钙质黏土等。从总体上看“四含”岩性泥质含量高，渗透性差，补给条件较差，一般富水性弱，与上覆第一、第二、第三

地层系统		综合柱状 1∶300	层厚/m	倾角/(°)	岩石名称
系	组				
二叠系	山西组		5.75	8	泥岩
			3.8	8	粉砂岩
			4.1	8	中细砂岩
			7	8	泥岩
			1.9	8	粉砂岩
			5.8	8	细砂岩
			2.3	8	泥岩（含砂质）
			3.5	12	10煤
			0～1.3	10	泥岩
			8.22	8	粉细砂岩
			5	8	泥岩
			0～1.11	11	煤
			4.89	8	粉砂岩
			0.3	10	煤
			0.45	8	泥岩
			4	10	细砂岩
			2.26	8	粉砂岩

图 10-15　1011 工作面综合柱状图

含水层无直接水力联系。

据位于 1011 工作面浅部露头距离最近的水$_3$孔（约 500 m）抽水资料可知，“四含”静止水位标高为＋5.57 m，q＝0.005 39 L/(s·m)，k＝0.03 m/d，水化学类型为 Mg-K＋Na-Cl-SO_4-HCO_3 型；据 30-8 孔抽水资料可知，“四含”静止水位标高为＋17.242 m，q＝0.135 L/(s·m)，k＝0.435 72 m/d，水化学类型为 SO_4·HCO_3-Na 型；“四含”直接覆盖在煤系地层之上，是矿坑充水主要补给水源，但其补给量不大。

截至 2008 年 9 月 12 日，30-8 孔水位为 +21.7 m，水$_3$ 孔水位为 +16.33 m。

(3) 10 煤层上、下砂岩裂隙含水层(段)。

该层(段)以灰白色中、细砂岩为主，夹灰色粉砂岩及泥岩。砂岩厚度为 22.12 m。砂岩裂隙发育不均，局部多发育垂直裂隙。

钻探揭露时没有发生漏水现象。据 J5-6、J3-5 孔抽水试验资料可知，静止水位标高为 −1.621～−2.687 m，q=0.006 414～0.008 287 L/(s·m)，k=0.059 63～0.027 978 m/d，水化学类型为 HCO_3-K+Na·Mg·Ca 或 HCO_3-K+Na 型，总硬度为 11.58～10.16 德国度(1 个德国度是指 1 L H_2O 中含有 10 mg CaO)，矿化度为 0.428～0.496 g/L，pH 值为 7.7～8.6。这说明该含水层(段)砂岩裂隙不发育，含水性较弱。地下水处于封闭至半封闭环境，以储存量为主。其在不与其他含水丰富的含水层发生水力联系时，水量小且易于疏干。但若遇断层使其与下部的太灰、奥灰岩溶水沟通时，则突水量相对较大。该含水层(段)是开采 10 煤的直接充水水源。

(4) 10 煤层下至太原组一灰间隔水层(段)。

该工作面有 4 个钻孔，正常情况下 10 煤层底板至太灰间距(真厚)为 54.4～68.34 m，平均间距为 59.35 m，受断层影响地段，10 煤层与一灰间距进一步减小 。据水$_2$ 孔水位为 −45.04 m、综采对底板破坏深度为 15 m，计算该工作面突水系数为 $T=P/(M-C_p)=(H-h)\times 0.0098/(M-C_p)=0.076$ MPa/m，其中，$H=-42.05$ m，$h=-386.5$ m，$M=59.35$ m，$C_p=15$ m。根据皖北煤电集团有限责任公司防治水规程，突水系数大于 0.07 时必须编制专门防治水工程设计，批准后方可设计开采。

根据南翼 3 条大巷实际揭露情况，断层破碎带无淋水，F14 防水煤(岩)柱留设宽度为 50 m。

(5) 10 煤层顶底板砂岩裂隙含水层(段)涌水量估算。

采用承压转无压完整巷道涌水量计算公式为：

$$Q_1=\frac{BK(2S_1-M_1)M_1}{R}$$

其中：

$$R=10S_1\sqrt{k}$$

式中　B——水平巷道长度，m；

k——渗透系数，m/d；

S_1——水头高度，m；

M_1——砂岩含水层厚度，m。

S_1 值采用工作面起始标高 −386.5 m，与 J3-5 和 J5-6 孔对 10 煤层砂岩裂隙含水层抽水试验取得的平均静止水位标高 −0.045 m 差值的绝对值，即 S_1=386.455 m。砂岩含水层厚度 M_1=22.12 m。对 J3-5 和 J5-6 孔抽水试验取得的渗透系数进行加权平均，求得平均渗透系数 k 为 0.036 75 m/d。

10 煤顶、底板砂岩裂隙含水层涌水量估算结果表见表 10-9。

表 10-9　10 煤顶、底板砂岩裂隙含水层涌水量估算结果表

B/m	k/(m/d)	M_1/m	S_1/m	R/m	Q_1/(m^3/h)
1 957	0.036 75	22.12	386.455	740.8	67.2

参照相邻的1013工作面,预计本工作面采用砂岩裂隙水最大涌水量为6～67.2 m^3/h。

该工作面水文地质条件较为复杂,工作面主要充水水源为10煤层上覆的新生代松散含水层、顶板砂岩裂隙含水层和底板灰岩含水层。

10.5.4.3 1011工作面新生代松散层"四含"隔水性特征

1011工作面新生代松散层结构与整个矿井内的松散层相同,自上而下划分为4个含水层(组)和3个隔水层(组)。对1011工作面开采构成威胁的主要是"四含"。位于1011工作面内及其附近的部分钻孔资料统计见表10-10。

表10-10 1011工作面及周围部分钻孔资料统计一览表

钻孔	孔口标高/m	"四含"厚度/m	"三隔"厚度/m	基岩面标高/m	基岩厚度/m	强风化厚度/m	煤层底板标高/m	煤层厚度/m
80-1	27.32	—	—	−235.04	—	—	—	—
26-3	26.90	6.23	60.05	−236.50	65.03	10.44	−307.20	4.66
补5	26.99	7.69	66.80	−238.57	66.64	16.44	−309.63	3.73
补6	27.80	25.99	—	−243.39	13.84	17.11	−330.70	3.40
J1-1	27.16	8.70	63.80	−239.54	18.63	18.29	−261.19	2.54
J2-7	26.75	16.10	64.60	−243.75	78.31	3.34	−325.99	3.38
1013-1	26.89	11.45	62.32	−244.31	92.46	7.23	−389.56	3.58
1013-2	26.89	21.35	60.95	−248.06	87.34	11.01	−340.16	3.58
1013-3	26.89	18.86	61.32	−240.21	92.57	9.36	−337.78	3.86
1013-4	26.89	12.50	60.38	−241.02	95.12	8.96	−340.19	3.56

根据该矿建井地质报告、勘探地质报告以及相关煤(岩)柱合理留设研究成果,结合1011工作面内部分钻孔资料(见表10-10)分析可知,1011工作面内第一含水层(组)和第二含水层(组)水量比较丰富,补给比较充分,但由于其下部分别有第一隔水层(组)和第二隔水层(组)的阻挡,对井下开采不产生直接影响。第三含水层(组)上部砂层单层厚度大,富水性较强,下部砂层不太发育,富水性较弱,其下部的第三隔水层(组)中黏土类可塑性好,膨胀性强,厚度大,分布稳定,隔水性良好,是区域及煤矿内重要的隔水层(组),它使其上各含水层(组)地下水及地表水、大气降水与其下的"四含"水、煤系砂岩裂隙水之间失去水力联系。

通过对1011工作面地质采矿条件和第四纪松散层含隔水性特征的分析评定,根据《三下采煤规范》关于近水体采煤时必须严格控制对水体的采动影响程度(参见表10-4),确定1011工作面上覆松散含水层应属Ⅱ类水体,可留设顶板防砂安全煤(岩)柱进行水体下开采,不允许垮落带顶点波及第四含水层,即:1011工作面煤(岩)柱合理留设高度=垮落带高度与保护层厚度之和。

10.5.4.4 1011工作面综采矸石充填开采技术方案

1011工作面平均煤层厚度为3.3 m,浅部最大煤层厚度为4.66 m;平均煤层倾角为9°,

直接顶为浅灰色粉细砂岩，厚度约为 5.8 m；局部地段会出现少量薄层状泥岩伪顶，厚度为 0～2.3 m。直接底为一层泥岩，含碳质，厚度约为 1 m；基本底为条带状粉细砂岩（互层）。设计采用长壁综合机械化矸石充填开采方法，矸石粉煤灰混合充填采空区管理顶板。

根据 1011 工作面煤层赋存条件和长壁综合机械化矸石充填开采技术实践经验，保证矸石充填控制效果和降低水体下采煤的安全风险，设计该工作面在提高开采上限区域面长为 100 m（含两巷宽度）、最大开采厚度不超过 3.5 m。

10.5.4.5　1011 工作面综采矸石充填开采垮落带高度预计和防砂安全煤（岩）柱高度

在现有技术条件下，采用综采矸石充填时的覆岩破坏和移动特征类似于顶板弯曲下沉的薄煤层开采覆岩移动破坏规律。根据矸石充填开采等效开采厚度理论，可以应用常规垮落法开采时的覆岩破坏高度计算经验公式，按等效开采厚度来分析矸石充填开采时的覆岩破坏高度情况。根据矿井水文地质勘探资料和研究区域钻孔柱状分析，结合采区中钻孔的岩石力学性质试验研究，得出试采区主采煤层（10 煤）上覆覆岩属于软弱至中硬型。因此，选用软弱至中硬型覆岩破坏移动计算公式进行“两带”高度预计。

1. 矸石充填开采垮落带高度计算

虽然模拟研究和现有实测资料均表明长壁矸石充填开采时覆岩破坏主要表现为断裂和弯曲下沉的薄煤层开采覆岩移动特征，没有明显的垮落带形成，但是为安全起见，从最不利情况考虑，我们可以设定矸石充填开采时没有明显的不规则垮落带形成，断裂和弯曲下沉的上覆岩层中形成了规则垮落带和断裂带。可以采用长壁垮落法开采的垮落带高度计算经验公式来近似估算矸石充填开采的规则垮落带的发育高度。

由于皖北矿区没有薄煤层开采覆岩破坏高度计算经验公式，这里直接采用表 10-1 中关于厚煤层分层开采的垮落带高度计算经验公式进行分析。

覆岩为中硬岩层时，垮落带高度计算公式为：

$$H_{\mathrm{k}}=\frac{100\sum M}{4.7\sum M+19}\pm 2.2$$

覆岩为软弱岩层时，垮落带高度计算公式为：

$$H_{\mathrm{k}}=\frac{100\sum M}{6.2\sum M+32}\pm 1.5$$

2. 矸石充填开采导水裂缝带高度计算

由于皖北矿区没有薄煤层开采覆岩破坏高度计算经验公式，这里直接采用表 10-2 中关于厚煤层分层开采导水裂缝带高度计算经验公式进行分析。

覆岩为中硬岩层时，导水裂缝带高度计算公式为：

$$H_{\mathrm{li}}=\frac{100\sum M}{1.6\sum M+3.6}\pm 5.6$$

覆岩为软弱岩层时，导水裂缝带高度计算公式为：

$$H_{\mathrm{li}}=\frac{100\sum M}{3.1\sum M+5.0}\pm 4.0$$

3. 1011 工作面垮落带高度预计和防砂安全煤(岩)柱高度计算

1011 工作面煤层厚度为 0.4～4.66 m,变化较大,平均煤层厚度为 3.3 m;浅部提高开采上限区域煤层厚度为 4.66 m(26-3 钻孔)。下面按最大开采厚度 3 m 和 3.5 m 两个方案进行垮落带高度预计和防砂安全煤(岩)柱高度计算。

结合 1011 工作面浅部提高开采上限区域的覆岩特征,分别按软弱型覆岩和中硬型覆岩进行 1011 工作面矸石充填开采垮落带高度和防砂安全煤(岩)柱高度计算,见表 10-11 和表 10-12。

表 10-11　矸石充填开采垮落带高度和防砂安全煤(岩)柱高度计算(软弱型覆岩)

开采厚度 /m	充填开采等效开采厚度/m	垮落带高度(公式计算)/m	垮落带高度(1013 面实测)/m	防砂安全煤(岩)柱保护层厚度/m	防砂安全煤(岩)柱高度/m
3.0	1.0	4.1	3.8	2.0	6.1
3.5	1.1	4.3	4.1	2.2	6.5

表 10-12　矸石充填开采垮落带高度和防砂安全煤(岩)柱高度计算(中硬型覆岩)

开采厚度 /m	充填开采等效开采厚度/m	垮落带高度(公式计算)/m	垮落带高度(1013 面实测)/m	防砂安全煤(岩)柱保护层厚度/m	防砂安全煤(岩)柱高度/m
3.0	1.0	6.4	3.8	3.0	9.4
3.5	1.1	6.8	4.1	3.3	10.1

10.5.4.6　1011 工作面综采矸石充填提高开采上限方案确定和可行性分析

从上述分析可以看出,采用开采厚度为 3 m 和 3. 5m 的综采矸石充填采煤方案引起的垮落带高度的差异和防砂安全煤(岩)柱高度的差异均不到 1 m;对本区保障水体下采煤安全影响不大,因此推荐采用最大开采厚度为 3.5 m 的矸石充填开采方案。

1011 工作面浅部基岩面标高为－236.5 m,风氧化带厚度为 15 m;按上述研究成果,采用综采矸石充填采煤技术需要的防砂安全煤(岩)柱最大高度为 6.5～10.1 m,由此可以确定该区域开采上限标高为－243.0～－246.6 m。因该区域风氧化带厚度为 15 m,考虑到本工作面是皖北矿区采用综采矸石充填采煤技术提高开采上限的第一个工作面,为确保该工作面开采安全稳妥进行,增大其安全系数,同时也为保证采出煤炭质量不受风化影响,确定其开采上限标高为－255 m。

重新界定后的 1011 综采矸石充填工作面防砂安全煤(岩)柱实际高度为 18.5 m,比表 10-11中计算所得软弱型覆岩防砂安全煤(岩)柱高度多留了 12 m,比按 1013 工作面实测数值所需留设的防砂安全煤(岩)柱高度大 12.2 m。因此,在此开采上限内采用综采矸石充填采煤技术是安全可靠的。

10.5.5　1011 工作面矸石充填提高开采上限安全可靠性分析

10.5.5.1　综采矸石充填技术先进、工艺成熟，能有效降低覆岩破坏高度

综采矸石充填采煤技术包括长壁工作面综采和综合机械化矸石充填采空区管理顶板两部分，采用工作面随采随充的开采方式。采空区内的矸石充填是依靠专门研制的矸石充填综采液压支架后部的悬挂式矸石充填运输机和推压夯实机来自动完成的。矸石充填运输机和推压夯实机能均匀、密实地将矸石充填到采空区中，保证矸石充填体具有较好的接顶效果和初始密实度，从而取得更好的充填效果。这项技术体系已经在新汶、邢台、霍州等矿区进行了成功的工业性试验和应用实践，且在该领域处于国际领先水平。1011 工作面浅部地质采矿条件简单，煤层倾角小于 10°，煤层厚度适中，适用于综采矸石充填采煤技术应用。

10.5.5.2　相邻煤矿提高开采上限的成功实践

与该矿相邻的煤矿，"四含"赋存条件与南一采区相似，特别是淮北童亭煤矿 32 采区与该矿南一采区相连，"四含""三隔"的厚度、岩性、水理特性以及富水性均相同，水体等级也相近，煤层赋存条件相似。通过采取快速匀速连续推进，加强工作面顶板管理，监测与预报水情，以及控制或减轻覆岩破坏程度等一系列切实可行的技术措施后，成功将开采上限提高至风氧化带底部，开采上限标高最高为－232.8 m，最小煤(岩)柱高度仅为 20.8～25 m，解放了 60 多万 t 的工业储量，生产中工作面均实现安全无水开采。

10.5.5.3　松散层的结构、沉积特征有利于浅部煤层的安全开采

该矿含水层下开采的试验与研究所获资料表明：10 煤层开采影响范围内只有"四含"，且其富水性弱，这就提供了边采边疏的有利条件；且其渗透系数很小。因此，其接受补给量是相当有限且缓慢的，有利于浅部煤层的安全开采，相邻煤矿和该矿 1013 工作面的开采实践也证实了这一点。

10.5.5.4　古地形特征及基岩风化带隔水性能好

南一采区基岩面起伏变异较大，且南一采区 1011 工作面位于古地形上游，在基岩风化带内铁锈斑及黄黑色花斑较为发育，反映风化处于温暖而湿润的氧化还原环境之下，风化带得以充分发育，井田煤炭上方基岩面形成一普通的风化壳。基岩风氧化带岩层以泥质岩层为主，受沉积水环境和风化损伤的共同影响，原生裂隙不太发育，强度衰减速度快，黏土矿物含量高，饱和吸水率大，具有塑性变形特征；具有抑制垮落带、导水裂缝带发育和阻隔"四含"水下渗的双重作用；具有较好的隔水防透砂性。

10.5.5.5　防砂安全煤(岩)柱岩性及力学强度

根据钻孔柱状资料可知，南一采区煤层顶板以泥岩类岩石为主，统计的钻孔中，泥岩类岩石均占 78%以上；距离 1011 工作面提高上限区域最近的 26-3 钻孔和补 5 钻孔揭露 10 煤顶板中泥岩比例分别为 89.7%和 91.6%。煤层顶板软弱，多以泥岩、砂质泥岩为主，防砂安全煤(岩)柱类型为软弱型。计算机数值模拟计算和相似材料模拟试验均证实，采用综采矸石充填技术采煤以后，上覆岩层的移动演化特征以塑性弯曲变形为主，不会出现明显的垮落带。

10.5.6　主要安全技术措施

由上述安全可靠性分析可知，南一采区的地质采矿条件及现有先进、成熟的矸石充填工

艺，对1011工作面矸石充填开采缩小煤岩柱尺寸、防治水砂流动及安全度均是有利的。但是，由于煤（岩）柱尺寸缩小，煤层上覆岩层较薄，且顶板覆岩大多遭受风化，比较容易破碎，自身承载能力下降，为了确保矿井安全生产和减小采区涌水透砂量及预防出现其他意外情况，采取相应的安全技术措施仍十分必要。

（1）加强开采顶板管理，防止局部冒顶。

（2）开展综合研究，掌握水、土、岩变化规律。

（3）建立完善的从采掘工作面到井底的疏排水系统，配备足够的排水设备，对电源、电泵、管线、水仓等应及时维修、清理，始终保持疏排水系统畅通无阻，预防重大水患事故。

（4）加强现场监测，为科学总结矸石充填覆岩破坏和地表沉陷规律提供科学依据。

复习思考题

1. 常见的水体类型有哪些？
2. 采动覆岩破坏有什么特点？覆岩破坏高度如何估计？
3. 采动覆岩破坏高度与哪些因素有关？有什么样的关系？
4. 水体采动等级有哪些？
5. 水体下安全煤（岩）柱留设的原理是什么？
6. 常见的水体下采煤安全煤（岩）柱种类有哪几种？
7. 水体下采煤留设安全煤（岩）柱需要考虑哪些因素？
8. 承压水上采煤水体类型有哪些？有什么安全威胁？
9. 简述水体上采煤安全煤（岩）柱留设的方法。
10. 近水体采煤的开采技术和安全措施有哪几类？
11. 导水裂缝带观测的方法有哪些？各有什么优缺点？
12. 水体压煤允许开采的条件是什么？允许试采的条件是什么？

第 11 章　井筒保护煤柱开采与变形预计

随着开采深度的增加，井筒保护煤柱的压煤量急剧增大，这不仅严重影响矿井采区的布局，而且会压覆大量煤炭资源。为了减少井筒保护煤柱的压煤量，已经有煤矿开采了正常生产的井筒保护煤柱，甚至开始试采在建煤矿的井筒保护煤柱。开采井筒保护煤柱会引起井筒变形，但只要井筒变形值不超过其安全临界变形值，就不会影响井筒的正常使用。例如，德国 Nordschacht 立井是 1963—1967 年部分采用冻结方法建造的，井筒深度为 447 m；20 世纪 70 年代末，井筒延深至 1 250 m，井壁与围岩不固定，从 1966 年开始，在保护煤柱范围内，500～1 250 m 开采深度之间共计有 10 层煤垮落式开采，最大累计厚度达 13 m，部分开采方向背离井筒，部分开采方向朝向井筒，离井筒最近的工作距离仅为 70 m；1968—1990 年，井筒中心位移 450 mm，井筒受到较轻微破坏，经过井壁充填沥青维修后正常使用，直到 2006 年关闭。井筒承受变形的能力与井筒材料性质、井筒断面面积以及围岩性质有关，一般情况下，当拉伸变形值小于 3 mm/m、压缩变形值小于 1 mm/m 时，平均倾斜值小于 2 mm/m，局部倾斜值小于 5 mm/m，井筒仍然可以正常使用。为了实现井筒保护煤柱的安全开采，需要根据井筒移动变形预计结果确定井筒煤柱开采方案和井筒加固保护措施，对此需要研究井筒保护煤柱开采引起的井筒移动与变形问题，本章根据国内外专业文献，把井筒变形与围岩变形视作相等，针对不同的开采方式提供预计模型。

11.1　井筒保护煤柱开采工作面布设形式

关于井筒保护煤柱开采工作面布设有多种形式，如单向开采、对称对向开采、对称背向开采、协调开采、充填开采、“三步法”开采等。其中“三步法”开采是波兰开采井筒保护煤柱常用的一种方法，并在实践中取得了成功。所谓“三步法”就是分三步对井筒保护煤柱进行开采：

第一步，在开采井筒保护煤柱时，保护井壁的最重要的技术措施是：把开采煤层水平处的井壁切割掉，将刚性井壁换成可缩性木砖垛，可消除井壁出现应力集中，减少对井壁的破坏。

井壁切割的宽度为 M/a[M 是煤层开采厚度，a 是木砖垛压缩率(25%～40%)]。将被开采煤层内的一段井壁截去，代之以可缩性木砖垛，即所谓井圈。一般有两种布设方式：其一是在井壁切割处布设两组木砖垛，砖垛的宽度是 1.5～2.0 m，两砖垛间距是1.5 m，并根据底板岩性要求在第一个砖垛下面铺设混凝土基础，如图 11-1 所示；其二是均匀布设木砖垛，如图 11-2 所示。

第二步，开采井筒周围的小方块煤柱。此方块煤柱的大小与开采深度有关，当开采深度

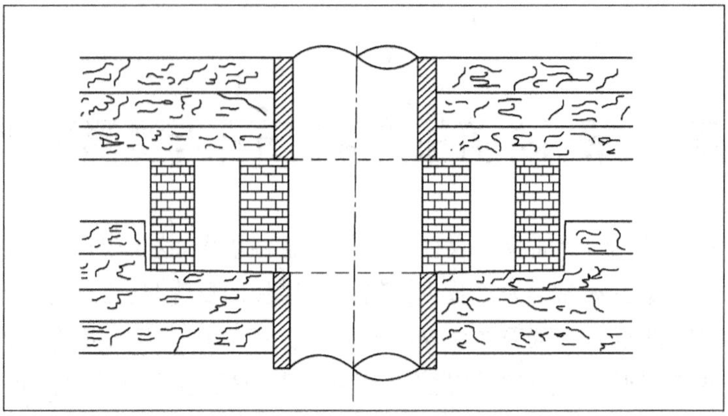

图 11-1 井壁木砖垛布设形式一

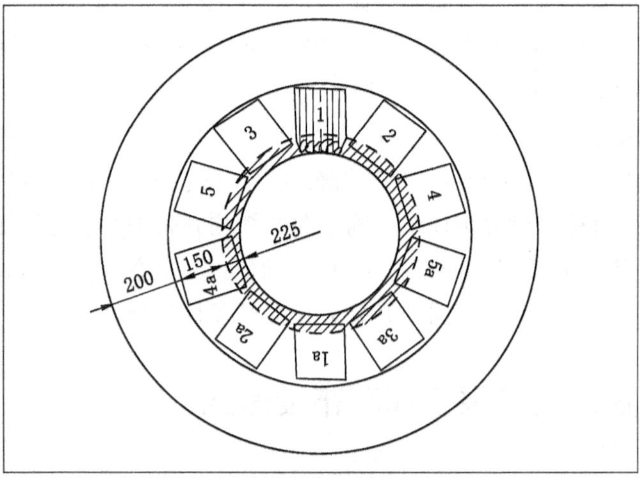

图 11-2 井壁木砖垛布设形式二

为 200～500 m 时，方块煤柱尺寸取 40 m×40 m，一般情况下可取覆岩裂隙带高度作为小方块煤等价正方形边长，“小方块煤”开采井筒保护煤柱示意图如图 11-3 所示。

第三步，回采整个井筒煤柱，此时可采用单向开采、对称开采、协调开采、充填开采、条带开采等方法。

采用“三步法”开采井筒保护煤柱有如下优点：① 使井筒与采煤工作面隔开，以免采空区自然发火蔓延到井筒内；② 由于事先开采小方块煤柱，可使采煤工作面不再接近井筒，保证井筒的安全；③ 开采方块煤柱，可使井筒形成初始拉伸变形，以便在全煤柱回采时抵消部分压缩变形；④ 减小了井筒的偏斜。

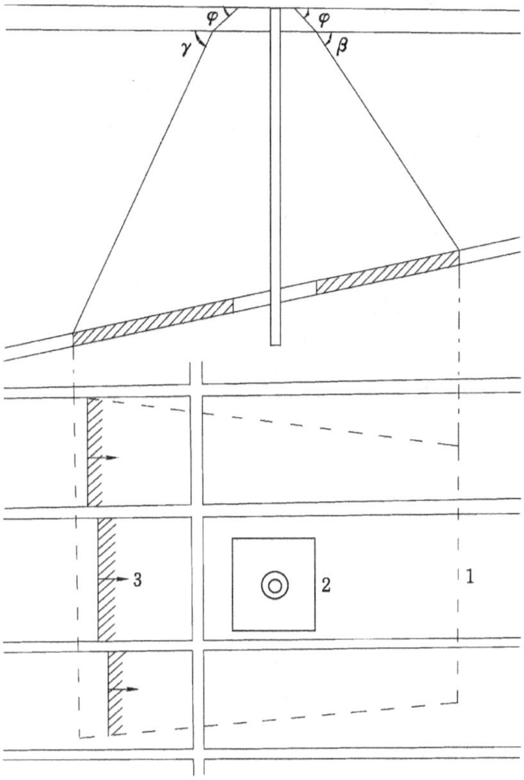

1—煤柱边界；2—小方块煤柱；3—开采工作面。

图 11-3　“小方块煤”开采井筒保护煤柱示意图

11.2　“小方块煤”开采井筒移动与变形预计

11.2.1　“小方块煤”开采井筒移动与变形预计模型

把“小方块煤”开采等效为环形开采，设环形开采区域如图 11-4 所示。

单元开采 dF 引起地表点 A 的单元下沉 dW_A 为：

$$dW_A = W_{max} f(S,\varphi)dF = W_{max} f(S,\varphi) S d\varphi dS \tag{11-1}$$

面积为 F 的煤层全部采出后，A 点的下沉值：

$$W_A = W_{max} \iint_F f(S) S d\varphi dS \tag{11-2}$$

式中，$f(S)$为三维条件下的影响函数。当采用概率积分法模型时有：

$$f(S) = \frac{1}{r^2} e^{-\pi(\frac{S}{r})^2} \tag{11-3}$$

当采用极坐标时：

$$W_A = \frac{W_{max}}{r^2} \int_0^{2\pi} d\varphi \int_0^R S e^{-\pi(\frac{S}{r})^2} dS = W_{max}[1 - e^{-\pi(\frac{R}{r})^2}] \tag{11-4}$$

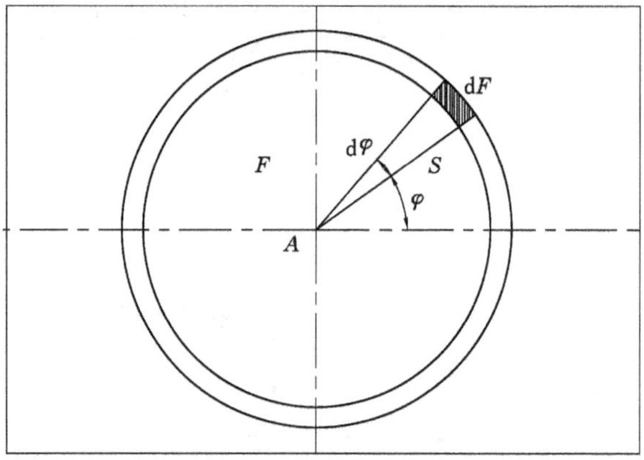

图 11-4　环形开采地表点下沉预计

式中　r——开采主要影响半径；

　　　S——极坐标的极径。

当用半径为 R 的环形对称回采井筒煤柱时，在 z 水平上井筒轴线处岩层下沉可以用下式表示：

$$W_{(0,z)} = W_{\max}\left[1 - e^{-\pi\left(\frac{R}{r_z}\right)^2}\right] \tag{11-5}$$

式中　r_z——覆岩内部影响半径，且令 $r_z = r\left(\dfrac{z}{H}\right)$。

对式(11-5)求导数，可得沿井筒轴线方向的变形为：

$$\varepsilon_{(0,z)} = \frac{dW_{(0,z)}}{dz} = 2\pi W_{\max}\frac{R^2}{r^2}\cdot\frac{H^2}{z^3}\cdot e^{-\pi\frac{R^2H^2}{r^2z^2}} \tag{11-6}$$

对 $\varepsilon_{(0,z)}$ 求极值，当 $z_m = 1.447\dfrac{R}{r}H$ 时，$\varepsilon_{(0,z)}$ 的最大值为：

$$\varepsilon_{(0,z)\max} = 0.462W_{\max}\frac{r}{RH} \tag{11-7}$$

11.2.2　应用算例

下面举例说明上述理论的具体应用：设开采深度为 300 m，水平煤层开采，煤层厚度为 5.0 m，小方块煤柱等面积开采半径为 28 m，用环形对称开采，水砂充填管理顶板，预计参数 $q=0.20$，$\tan\beta=2.0$，预计沿井筒轴线方向的下沉与拉伸变形。

(1) 开采主要影响半径：$r=\dfrac{H}{\tan\beta}=\dfrac{300}{2.0}=150$ (m)。

(2) 充分采动时地表最大下沉值：$W_{\max}=Mq=5\,000\times0.2=1\,000$ (mm)。

(3) 计算最大拉伸变形位置：$z_m=1.447\dfrac{R}{r}H=1.447\times\dfrac{28}{150}\times300\approx81$ (m)。

(4) 计算最大拉伸变形值：

$$\varepsilon_{(0,z)\max}=0.462W_{\max}\frac{r}{RH}=0.462\times1\,000\times\frac{150}{28\times300}\approx8.25\ (\text{mm/m})。$$

(5) 不同开采水平的井筒下沉与拉伸变形预计值见表 11-1。

表 11-1　井筒下沉与拉伸变形预计值

开采水平(z)/m	z/H	W(0,z)/mm	ε(0,z)/(mm/m)
300	1.0	104	0.65
270	0.9	126	0.87
240	0.8	157	1.20
210	0.7	200	1.70
180	0.6	262	2.49
150	0.5	354	3.77
120	0.4	495	5.75
90	0.3	704	8.01
81	0.27	777	8.26
60	0.2	935	5.91
30	0.1	1 000	0.01
15	0.05	1 000	0.00
0	0	1 000	0.00

(6) 环形开采覆岩内部下沉与拉伸变形预计曲线图如图 11-5 所示。

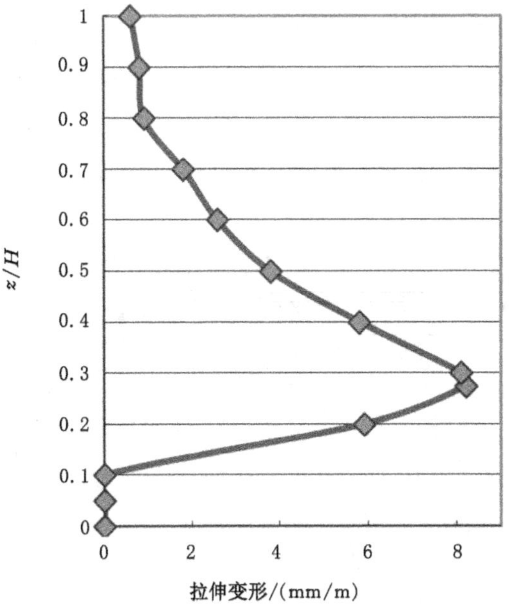

(a) 拉伸变形曲线

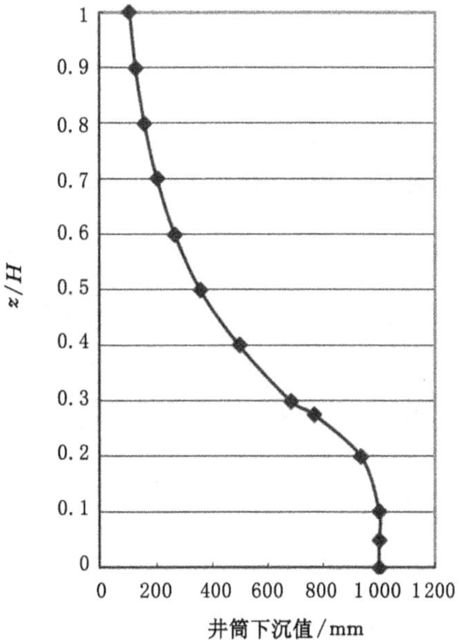

(b) 下沉曲线

图 11-5　环形开采覆岩内部下沉与拉伸变形预计曲线图

11.2.3 开采影响半径指数 n 对预计结果的影响

当考虑到开采影响半径指数 n 的影响，采用半径为 R 的环形对称回采时，在 z 水平处岩层下沉可以用式(11-5)表示，其中：

$$r_z = r\left(\frac{z}{H}\right)^n \tag{11-8}$$

采动覆岩内部开采主要影响半径 r_z 分布如图 11-6 所示。

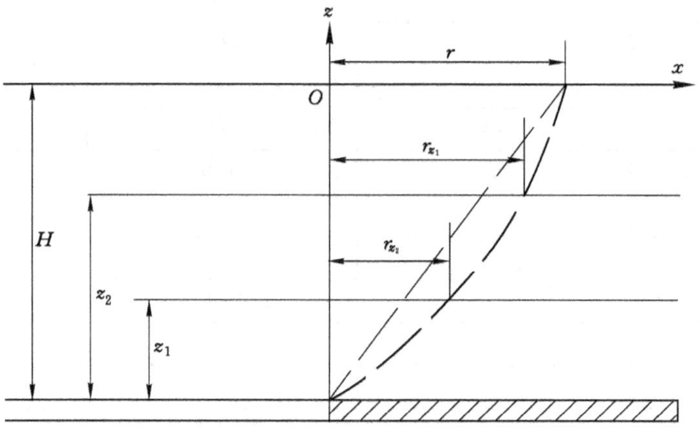

图 11-6 采动覆岩内部开采主要影响半径分布示意图

结合式(11-8)对式(11-5)求导数，可得沿垂直方向的变形为：

$$\varepsilon_{(0,z)} = \frac{\mathrm{d}W_{(0,z)}}{\mathrm{d}z} = 2\pi n W_{\max} \frac{R^2}{r^2} \cdot \frac{H^{2n}}{z^{2n+1}} \cdot \mathrm{e}^{-\pi \frac{R^2 H^{2n}}{r^2 z^{2n}}} \tag{11-9}$$

对 $\varepsilon_{(0,z)}$ 求极值，当 $z_m = H \cdot \sqrt[2n]{\frac{2n\pi}{(2n+1)} \cdot \frac{R^2}{r^2}}$ 时(根据实际意义应有 $z_m \leqslant H$)，$\varepsilon_{(0,z)}$ 的最大值为：

$$\varepsilon_{(0,z)\max} = (2n+1) \cdot \frac{W_{\max}}{H} \cdot \frac{1}{\sqrt[2n]{\frac{2n\pi}{(2n+1)} \cdot \frac{R^2}{r^2}}} \mathrm{e}^{\left(-\frac{2n+1}{2n}\right)} \tag{11-10}$$

当 $n=1.0$ 时：

$$z_m = 1.447 \frac{R}{r} H \tag{11-11}$$

$$\varepsilon_{(0,z)\max} = 0.462 W_{\max} \frac{r}{RH} \tag{11-12}$$

当 $n=0.5$ 时：

$$z_m = 1.57 \frac{R^2}{r^2} H \tag{11-13}$$

$$\varepsilon_{(0,z)\max} = 0.172 W_{\max} \frac{r^2}{R^2 H} \tag{11-14}$$

通过上述分析可以看出，开采影响半径指数 n 不仅影响预计变形值的大小，而且也影响预计最大变形值出现的位置。为了更直观地描述开采影响半径指数 n 对预计变形值的影响，当取 $n=0.1\sim1.0$ 时，覆岩拉伸变形预计曲线如图 11-7 所示。

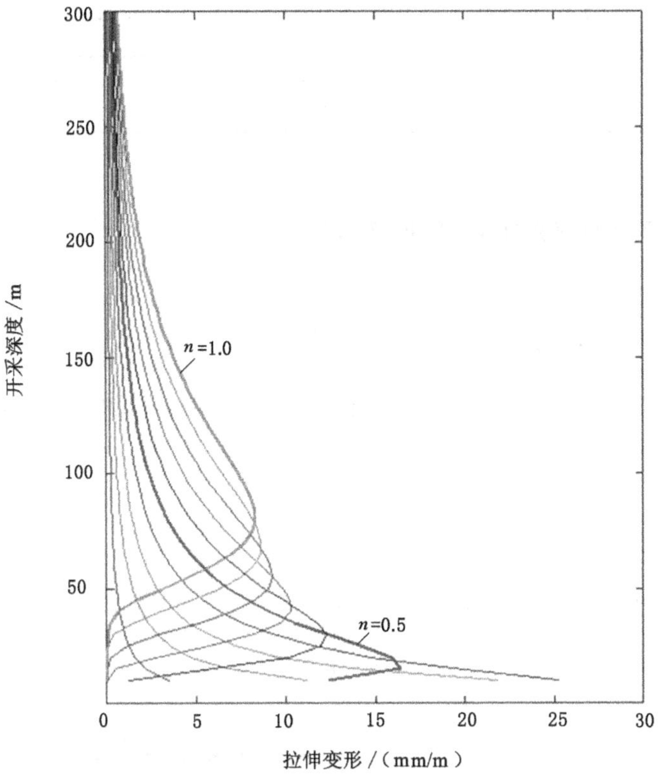

图 11-7　覆岩拉伸变形预计曲线图

开采影响半径指数 n 不仅影响预计变形值的大小，而且影响预计最大变形出现的位置。因此，在井筒变形预计中考虑开采影响半径指数 n 的影响是十分必要的。许多学者进行了开采影响半径指数 n 的研究(见表 11-2)，认为 $n<1$ 是较合理的。

表 11-2　开采影响半径指数 n 的数值

研究者	时间	数值
Budryk	1953 年	$n=\sqrt{2\pi}\tan\beta$
Mohr	1958 年	$n=0.650$
Krzyszton	1965 年	$n=1.000$
Drzezla	1972 年	$n=0.525$
Sroka	1974 年	$n=0.500$
Drzezla	1975 年	$n=0.665$
Gromysz	1977 年	$n=0.610$
Drzezla	1979 年	$0.470\leqslant n\leqslant0.490$
Kowalski	1984 年	$0.480\leqslant n\leqslant0.660$

表 11-2(续)

研究者	时间	数值
Drzezla	1989 年	$0.450\leqslant n\leqslant 0.700$
Zych	1985 年	$n=0.550$
Drzezla	1989 年	$0.500\leqslant n\leqslant 0.700$
Preusse	1990 年	$n=0.540$

11.3 长壁开采覆岩移动与变形预计

11.3.1 长壁开采覆岩移动与变形预计模型

采用单一长工作面由煤柱一侧向另一侧连续开采煤柱时，其几何关系用图 11-8 描述。

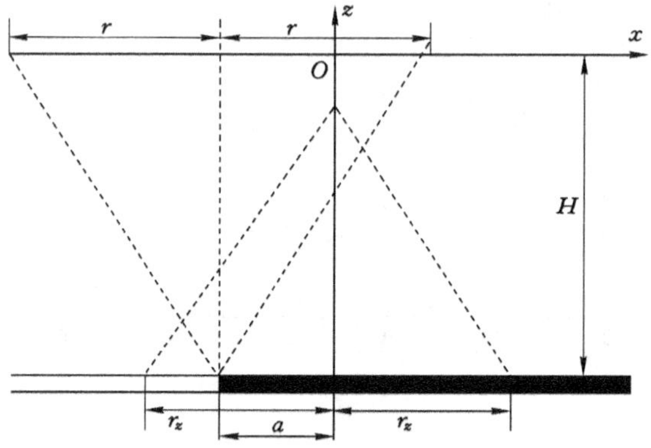

图 11-8 单一长工作开采示意图

预计覆岩 z 水平处的下沉为：

$$W_{(0,z)}=W_{\max}\left(\frac{1}{2}+\frac{a}{r_z}\pm\frac{1}{2}\cdot\frac{a^2}{r_z^2}\right) \tag{11-15}$$

预计覆岩 z 水平处的变形为：

$$\varepsilon_{(0,z)}=\frac{\mathrm{d}W_{(0,z)}}{\mathrm{d}z}=\pm W_{\max}\frac{H}{z^2}\left(\pm\frac{a}{r}-\frac{a^2H}{r^2z}\right) \tag{11-16}$$

当 $a=\pm\frac{rz}{2H}$时，最大变形为：

$$\varepsilon_{(0,z)\max}=\pm\frac{W_{\max}}{4z}=\pm\frac{rW_{\max}}{8Ha} \tag{11-17}$$

式中，a 为采煤工作面至坐标原点的距离，当工作面接近井筒时用“－”号，当工作面采过坐标原点时用“＋”号。

在给定 a 值的条件下，即采煤工作面推进至坐标原点的距离为 a 时，覆岩沿推进方向的变形和出现的位置分别为：

$$z_{\mathrm{m}}=\frac{3}{2}\cdot\frac{a}{r}H \tag{11-18}$$

$$\varepsilon_{z\max}=\frac{W_{\max}}{H}\cdot\frac{0.148}{a/r}\tag{11-19}$$

下面分别讨论采煤工作面至坐标原点距离不同时，覆岩的下沉和变形情况。

(1) 当 $a\leqslant -r$ 时，开采对 z 轴没有影响；

(2) 当 $a=-0.5r$，即 $\frac{a}{r}=-\frac{1}{2}$ 时，z 轴受压缩变形影响，由式(11-15)和式(11-16)可得：

$$W_{(0,z)}=W_{\max}\left(\frac{1}{2}+\frac{aH}{rz}+\frac{1}{2}\cdot\frac{a^2H^2}{r^2z^2}\right)\tag{11-20}$$

$$\varepsilon_{(0,z)}=-k_1\frac{W_{\max}}{H}\tag{11-21}$$

$$k_1=\frac{H^2}{z^2}\left(-\frac{a}{r}-\frac{a^2}{r^2}\cdot\frac{H}{z}\right)\tag{11-22}$$

(3) 当 $a=0$，可得：

$$W_{(0,z)}=\frac{1}{2}W_{\max}\tag{11-23}$$

$$\varepsilon_{(0,z)}=0\tag{11-24}$$

(4) $a=0.5r$，即 $\frac{a}{r}=0.5$ 时，z 轴受压缩变形影响，可得：

$$W_{(0,z)}=W_{\max}\left(\frac{1}{2}+\frac{aH}{rz}-\frac{1}{2}\cdot\frac{a^2H^2}{r^2z^2}\right)\tag{11-25}$$

$$\varepsilon_{(0,z)}=k_2\frac{W_{\max}}{H}\tag{11-26}$$

$$k_2=\frac{H^2}{z^2}\left(\frac{a}{r}-\frac{a^2}{r^2}\cdot\frac{H}{z}\right)\tag{11-27}$$

(5) $a\geqslant r$，可得：

$$W_{(0,z)}=W_{\max}\tag{11-28}$$

$$\varepsilon_{(0,z)}=0\tag{11-29}$$

上面分别讨论采煤工作面至 z 轴不同距离的 5 种情况下，覆岩内部的下沉与变形情况，相关的研究成果可以为井筒煤柱开采预计提供依据。

11.3.2　应用算例

采用长壁开采竖井保护煤柱，煤层开采深度 $H=300$ m，开采主要影响半径 $r=150$ m，充分采动时地表最大下沉值 $W_{\max}=1\ 000$ mm。计算采煤工作面位于井筒左侧($a=-0.5r$)和右侧($a=+0.5r$)时井筒的轴向变形。

(1) 当 $a\leqslant -r$，即 $\frac{a}{r}\leqslant -1$ 时，开采对井筒没有影响；

(2) 当 $a=-0.5r$，即 $\frac{a}{r}=-\frac{1}{2}$ 时，根据式(11-20)～式(11-22)可计算出井筒下沉与压缩变形值如表 11-3 所列。

表 11-3 井筒下沉与压缩变形预计

点号	0	1	2	z_m	3	4	5
z/H	0.5	0.6	0.7	0.75	0.8	0.9	1.0
下沉值 $W_{(0,z)}$/mm	0	14	41	56	70	99	125
轴向压缩变形值 $\varepsilon_{(0,z)}$/(mm/m)	0	−0.77	−0.97	−0.99	−0.98	−0.91	−0.83

(3) 当 $a=+0.5r$，即$\dfrac{a}{r}=\dfrac{1}{2}$时，根据式(11-24)～式(11-26)可计算出井筒下沉与拉伸变形值如表 11-4 所列。

表 11-4 井筒下沉与拉伸变形预计

点号	0	1	2	z_m	3	4	5
z/H	0.5	0.6	0.7	0.75	0.8	0.9	1.0
下沉值 $W_{(0,z)}$/mm	1 000	986	959	944	930	901	875
轴向拉伸变形值 $\varepsilon_{(0,z)}$/(mm/m)	0	+0.77	+0.97	+0.99	+0.98	+0.91	+0.83

当开采到 $a=-0.5r$ 时，井筒受到压缩变形；当开采到 $a=+0.5r$ 时，井筒受到拉伸变形。井筒压缩变形预计曲线和拉伸变形预计曲线分别如图 11-9 和图 11-10 所示。

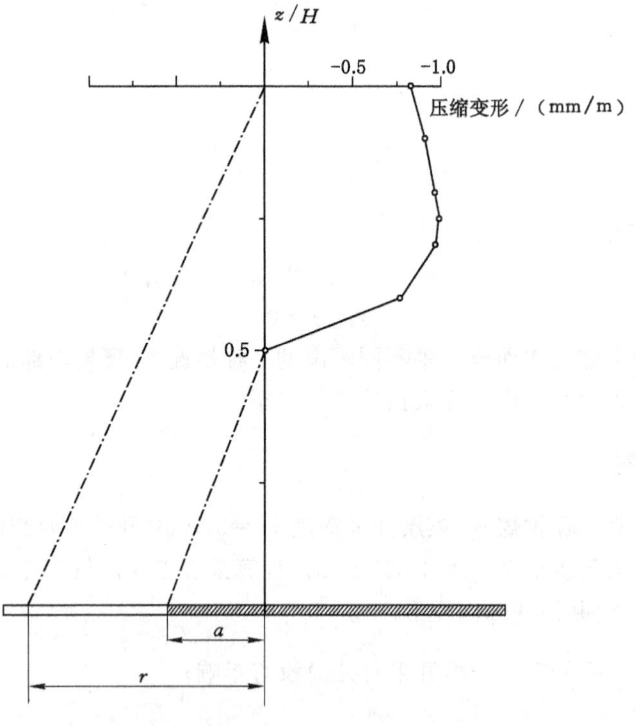

图 11-9 $a=-0.5r$ 时井筒压缩变形预计

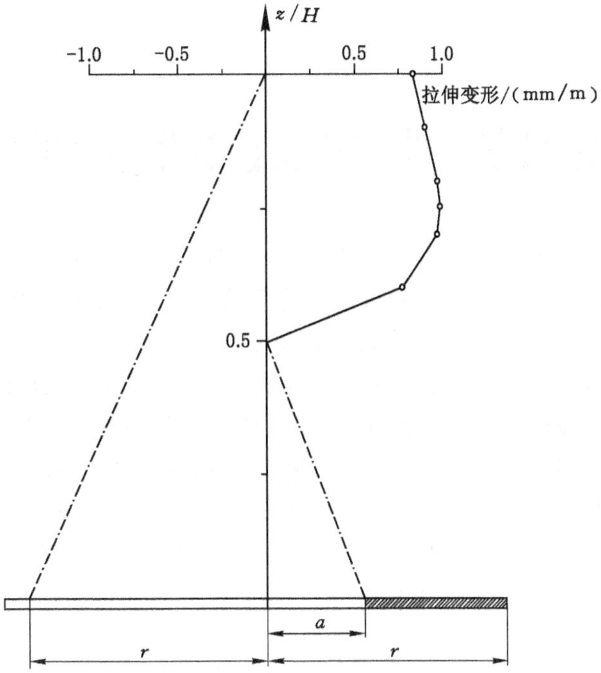

图 11-10　$a=+0.5r$ 时井筒拉伸变形预计

复习思考题

1. 保护井筒煤柱的工作面布设形式有哪些?
2. 地下开采对井筒有哪些不良影响?
3. 岩体内部移动与变形如何预计?
4. 井筒保护煤柱开采方法有哪些?

第12章 煤矿开采建筑物损害赔偿

我国是以煤炭为主要能源的国家，近年来，随着煤炭产量的大幅度提高，大量的开采沉陷问题显现出来。在矿区开采中开采沉陷问题普遍存在，工农关系受到影响，造成社会矛盾，处理不好会直接影响社会稳定，多地出现了由于沉陷问题处理不及时而造成的集体上访、围堵矿山事件。同时，开采沉陷也给煤矿造成了巨大的经济与生产压力：一方面，煤矿须对开采沉陷带来的地面损害进行巨额赔偿；另一方面，为减少损害而留设的大量煤柱，造成了资源的浪费及生产布置的不合理。煤矿开采建筑物损害赔偿涉及业主与采矿企业的经济利益，在欧洲如比利时、法国、德国、英国的矿业法中对开采损害的责任确定、赔偿方式、诉讼时效等有比较明确的规定。对具体的赔偿办法，一般由采矿企业与受到采动损害的土地和房产主联合会联合协商，制定相关赔偿标准。目前我国在国家以及省级层面均没有关于煤矿开采建筑物损害赔偿标准的法律法规，各地依据地方规章及相关法规制定了相关标准，关于煤矿开采建筑物损害赔偿标准与赔偿模式等问题需要进一步深入研究。

12.1 开采损害鉴定方法

开采损害技术鉴定的主要内容是确定煤矿的开采影响边界和影响程度（由建筑物损害等级确定），依据《三下采煤规范》进行认定。中国煤炭学会煤矿开采损害技术鉴定委员会是最高法院指定的专门从事煤矿开采损害评价的鉴定机构，承担了相关的评判责任。开采损害鉴定基本方法如下：

(1) 根据移动角确定开采影响边界。

我国煤矿在留设建筑物保护煤柱时，都采用移动角进行留设。事实上，许多煤矿按移动角留设保护煤柱后，仍有部分建筑物产生损害，导致煤矿企业与建筑物业主双方产生纠纷。分析其原因：移动角是指在充分采动或接近充分采动的情况下，地表移动盆地主断面上3个临界变形值中最外边的一个临界变形值点至采空区边界的连线与水平线在煤柱一侧的夹角。移动角对应的地表临界变形值为倾斜3 mm/m、曲率0.2×10^{-3}/m、水平变形2 mm/m，在移动角确定的范围之外地表仍存在一定的变形，会导致普通房屋产生轻微损害，我国许多民房建筑质量较差，可能产生Ⅰ级破坏。因此，在进行开采损害鉴定时，不能采用移动角确定煤矿的开采影响边界。

(2) 根据边界角确定开采影响边界。

边界角是指在充分采动或接近充分采动的条件下，地表移动盆地主断面上盆地边界点（地表下沉10 mm）至采空区边界连线与水平线在煤柱一侧的夹角。如果采用边界角进行开采损害鉴定，即以下沉10 mm作为开采影响的最外边界，则在该边界以内的建筑物损害均与煤矿井下开采密切相关，这样圈定的开采影响范围非常大，煤矿不愿意接受。在《矿山勘测平面图.地层与地面运动.第2部分：地球力学测量点》(DIN 21917-2:2015)中，以地表下沉 100 mm 划分建筑物开采损害赔偿边界。

(3) 根据房屋裂缝角确定开采影响边界。

房屋裂缝角是指在充分或接近充分采动条件下，地表移动盆地主断面上最接近工作面且基本不产生裂缝的房屋和工作面相应边界的连线与水平线在煤柱一侧的夹角，其数值大小介于移动角和边界角之间。根据某矿区 4326 建筑物观测站实测资料，当地面平均水平拉伸变形和曲率变形分别为 0.7 mm/m 和 0.08×10^{-3}/m 时，民房将产生可见的微小裂缝，由此认为本矿区普通民房产生微小裂缝的最小水平拉伸变形值和曲率分别为 0.7 mm/m 和 0.08×10^{-3}/m，获得本矿区普通民房的综合房屋裂缝角为 60.83°。山西省朔州市某矿区 49206 工作面参照朔州矿区多个煤矿的地质采矿条件，可以确定该矿区的综合边界角为 52°～56°，综合移动角为 69°～72°，该矿区房屋损害裂缝角临界值约为 58°，房屋裂缝角数值介于边界角和移动角之间。

(4) 根据房屋裂缝特征判别。

许多自然因素都会引起房屋产生裂缝，但开采引起的房屋裂缝与自然因素引起的房屋裂缝是不同的，具有其特殊性和规律性。开采会引起地表产生下沉、倾斜、曲率、水平移动和水平变形。建筑物的损害主要是由曲率和水平变形引起的。当开采面位于建筑物下方时，地表房屋位于下沉盆地内边缘区，受负曲率和压缩水平变形作用。负曲率会使房屋产生正八字裂缝，压缩变形会使建筑物地基压碎、地板鼓起、产生剪切和挤压裂缝、门窗洞口挤成菱形、砖砌体墙产生水平裂缝、纵墙或围墙产生褶曲及屋顶鼓起等。当开采工作面位于建筑物外围时，地表房屋位于下沉盆地外边缘区，受正曲率和拉伸水平变形作用，正曲率会使房屋产生倒八字裂缝，拉伸变形会使建筑物产生开裂性裂缝。一般在门窗洞口的薄弱部位最易产生裂缝，砖砌体的结合缝也易被拉开。此外，根据房屋裂缝出现的位置和大小等，还可以判定出有影响的开采方向。地表拉伸变形引起的房屋裂缝如图 12-1 所示，地表压缩变形围墙隆起变形如图 12-2 所示。

图 12-1　地表拉伸变形引起的房屋裂缝

(5) 根据地表裂缝特征判别。

当开采强度达到一定程度时，地表会产生裂缝。通常情况下，开采引起的地表裂缝平行于工作面边界，因此，可以根据地表裂缝的大小及走向判别煤矿的开采对地面建筑物是否有

图 12-2 地表压缩变形围墙隆起变形

影响。通常情况下，开采直接引起的地表裂缝宽度不大，较大的、延伸性的裂缝通常是由断层采动活化引起的，而断层活化也是开采引起的，可以认定为开采责任。

(6) 根据裂缝时间判别。

裂缝时间也是开采损害技术鉴定的一个重要因素，如果房屋裂缝在开采之前就已经出现，显然与开采无关。通常在进行房屋裂缝时间调查时，裂缝出现时间很难把握，对于出现数月以上的裂缝与出现多年的裂缝，肉眼往往难以区分，但一些砖墙刚出现的新缝是可以鉴别出的。裂缝时间往往作为鉴定的辅助判定方法。根据《三下采煤规范》，开采引起地表移动的持续时间可按下式计算：

$$T_{总} = 2.5H$$

式中 $T_{总}$——地表总移动时间，d；

H——开采深度，m。

对于开采稳沉以后出现的房屋裂缝，可以鉴定为与开采无关。

(7) 通过测量房屋倾斜情况判别。

通常情况下，房屋在建房时，其基础往往是水平的，如果受开采影响，房屋会向采空区中心倾斜。在鉴定时，可以通过对房屋水平状态的测量，确定出房屋的倾斜方向及倾斜矢量，如果一个区域的房屋都向一个方向倾斜，则可以判别出开采方向及房屋是否受开采影响。

(8) 通过测量地表沉陷趋势判别。

在进行开采损害鉴定时，可以对鉴定时的地形进行测量，获得鉴定时的地形图，通过与以前地形图比较，则可以获得以前地形图测量时间以后的鉴定区地表沉陷等值线图，由于地形图测量获得的下沉值误差较大，故通常称为地表沉陷趋势图。由实测地表沉陷趋势图可以获得鉴定区地表沉陷情况，从而鉴定出开采位置及其对地表建筑物的影响情况。

在进行开采损害鉴定时，以开采沉陷理论为指导，搞清楚地下开采活动与地面建（构）筑物破坏的时空关系，分清采矿因素与非采矿因素对建筑物的影响，为了搞清真实情况，必要时需做实地勘测、钻探、物探和测量工作，这样才能获得真实的鉴定结论。

12.2　德国煤矿开采建筑物损害赔偿办法

德国在 1980 年 8 月颁布了《联邦矿产法》，并于 1982 年 1 月开始实施。该法为矿产资源保护、矿山企业的合法经营及对开采损害赔偿提供了法律依据。该法的第 3 章区分了建筑物开采损害与非开采损害。当损害的建筑物具备下列 3 个条件时才属于开采损害：① 位于地下开采影响范围内；② 建筑物受到地表下沉、水平拉伸或压缩变形以及地表裂缝的影响；③ 建筑物的损害符合开采损害特征。德国有“受到采动损害的土地和房产主联合会”，以及专门的测绘公司和律师事务所，为采动损害赔偿提供技术和法律服务。企业为了获得公众舆论的理解与支持，设立了专门的网站和咨询服务热线，向公众介绍开采损害的专业和相关法律知识、有关矿井的开采计划和地表下沉预计结果，以及网上开采损害登记服务等。

12.2.1　三射线法测量房屋倾斜

以房屋的倾斜作为确定房屋价格降低的依据，取房屋在三个方向上倾斜值的平均值来评价该房屋的倾斜。三射线法测量房屋倾斜值计算结果如表 12-1 所列，三射线法测量房屋倾斜如图 12-3 所示。

表 12-1　三射线法测量房屋倾斜值计算表

点号	高程/mm	线段名称	长度/m	倾斜值/(mm/m)
A	0	AB	10.00	2.3
B	−23	AC	20.60	4.2
C	−87	AD	18.00	3.6
D	−64			3.4(平均值)

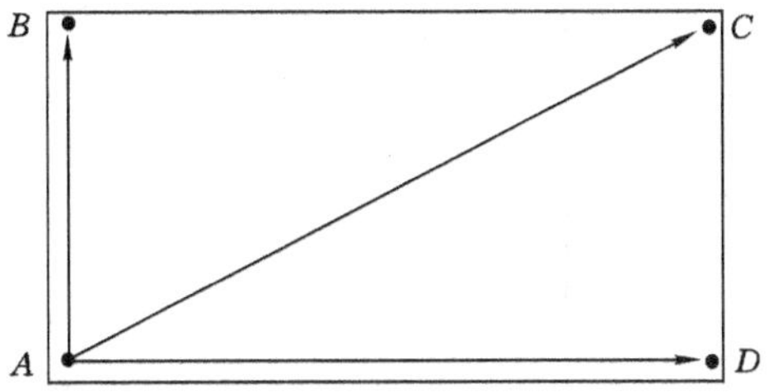

图 12-3　三射线法测量房屋倾斜

12.2.2　赔偿比例系数

最早提出房屋倾斜与价格降低关系公式的是莱恩德克(Leyendecker)和韦恩霍芬(Vennhofen)。1962 年，鲁尔矿区矿山企业与“受到采动损害的土地和房产主联合会”间签订了协议(VBHG/RAG)，2001 年又签订了补充协议。协议中规定：当倾斜值小于15 mm/m时，认为倾斜每增加 2 mm/m，价格降低 1%；当倾斜值在 16～25 mm/m 时，认为倾斜每增加 2 mm/m，价格降低 3.5%。房屋价格降低比例如表 12-2 所列，房屋价格降低比例曲线如图 12-4 所示。

表 12-2 房屋价格降低比例

倾斜值 /(mm/m)	VBHG/RAG/%	Vennhofen/%	Leyendecker/%	
			房屋没有结构变形	房屋有结构变形
2.0	1.00	1.00	0.80	—
3.0	1.50	1.50	1.20	1.30
4.0	2.00	2.00	1.60	1.90
5.0	2.50	2.50	2.00	2.50
6.0	3.00	3.00	2.50	3.20
7.0	3.50	3.50	3.00	3.90
8.0	4.00	4.00	3.50	4.60
9.0	4.50	4.50	4.00	5.30
10.0	5.00	5.00	4.50	6.00
11.0	5.50	5.50	5.10	6.80
12.0	6.00	6.00	5.70	7.60
13.0	6.50	6.50	6.30	8.40
14.0	7.00	7.00	6.90	9.20
15.0	7.50	7.50	7.50	10.00
16.0	9.25	8.00	8.30	11.00
17.0	11.00	8.50	9.10	12.00
18.0	12.75	9.00	9.90	13.00
19.0	14.50	9.50	10.70	14.00
20.0	16.25	10.00	11.50	15.00
21.0	18.00	10.50	12.50	16.30
22.0	19.75	11.00	13.50	17.60
23.0	21.50	11.50	14.50	18.90
24.0	23.25	12.00	15.50	20.20
25.0	25.00	12.50	16.50	21.50
26.0	27.75	13.00	17.80	23.20
27.0	30.50	13.50	19.10	24.90
28.0	33.25	14.00	20.40	26.60
29.0	36.00	14.50	21.70	28.30
30.0	38.75	15.00	23.00	30.00
31.0	41.50	15.50	24.70	32.00
32.0	44.25	16.00	26.40	34.00
33.0	47.00	16.50	28.10	36.00
34.0	49.75	17.00	29.80	38.00
35.0	52.50	17.50	31.50	40.00

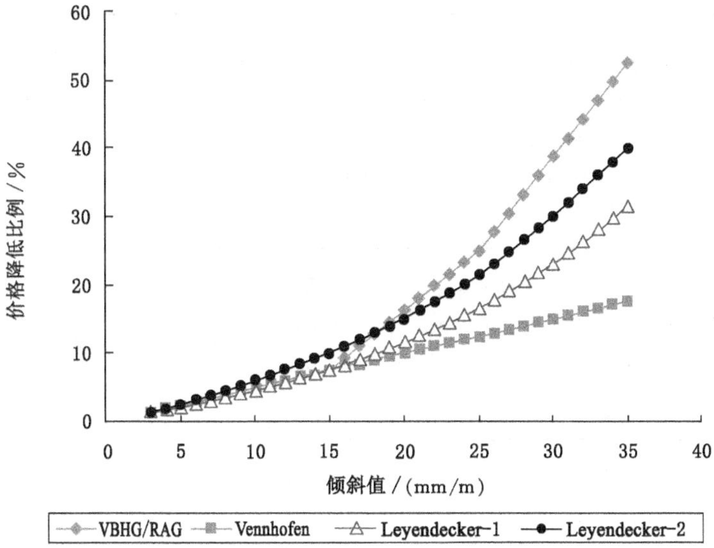

图 12-4 房屋价格降低比例曲线

12.3 中国煤矿开采建筑物损害赔偿办法

根据《三下采煤规范》，煤矿开采建筑物损害赔偿相关计算方法如下：

(1) 赔偿比例(表 12-3)

表 12-3 砖混结构建筑物赔偿比例

损坏等级	建筑物可能达到的破坏程度	损坏分类	结构处理	赔偿比例/%
Ⅰ	自然间砖墙壁上出现宽度 1～2 mm 的裂缝	极轻微损坏	粉刷	1～5
	自然间砖墙壁上出现宽度小于 4 mm 的裂缝，多条裂缝总宽度小于 10 mm	轻微损坏	简单维修	6～15
Ⅱ	自然间砖墙壁上出现宽度小于 15 mm 的裂缝，多条裂缝总宽度小于 30 mm；钢筋混凝土梁、柱上裂缝长度小于 1/3 截面高度；梁端抽出小于 20 mm；砖柱上出现水平裂缝，缝长大于 1/2 截面边长；门窗略有歪斜	轻度损坏	小修	16～30
Ⅲ	自然间砖墙壁上出现宽度小于 30 mm 的裂缝，多条裂缝总宽度小于 50 mm；钢筋混凝土梁、柱上裂缝长度小于 1/2 截面高度；梁端抽出小于 50 mm；砖柱上出现小于 5 mm 的水平错动；门窗严重变形	中度损坏	中修	31～65

表 12-3(续)

损坏等级	建筑物可能达到的破坏程度	损坏分类	结构处理	赔偿比例/%
Ⅳ	自然间砖墙壁上出现宽度大于 30 mm 的裂缝，多条裂缝总宽度大于 50 mm；梁端抽出小于 60 mm；砖柱上出现小于 25 mm 的水平错动	严重损坏	大修	66～85
	自然间砖墙壁上出现严重交叉裂缝、上下贯通裂缝，以及墙体严重外鼓、歪斜；钢筋混凝土梁、柱裂缝沿截面贯通；梁端抽出大于 60 mm，砖柱出现大于 25 mm 的水平错动；有倒塌的危险	极严重损坏	拆除	86～100

注：当地有具体赔偿比例规定，按当地标准选用。

(2) 砖混结构建筑物折旧率(表 12-4)

表 12-4　砖混结构建筑物折旧率

建筑物使用年限/a	<5	5～10	11～15	16～20	21～40	>40
折旧率/%	0	5～15	16～25	26～35	36～65	>65

注：当地有具体规定，按当地标准选用。

(3) 建筑物赔偿费计算公式

$$A=\sum_{i=1}^{n}B(1-C)D_iE_i$$

式中 A——建筑物的赔偿费，元；

B——计算基数，指与当地有关部门协商确定的建筑物赔偿单价，元/m^2；

C——建筑物折旧率，按表 12-4 确定；

D_i——建筑物受损自然间的赔偿比例，按表 12-3 确定；

E_i——受损自然间的建筑面积，m^2；

n——建筑物受损自然间数。

(4) 山东省煤矿开采损坏建筑物赔偿办法

山东省煤炭后备资源中 40%的可采储量被村庄压覆，特别是鲁西南矿区，其地处平原，村庄密度大，60%以上的煤炭资源储量被村庄及建筑物压覆。随着煤矿开采深度逐渐加大，大部分煤炭企业采取村庄下“先开采、后赔偿”的方式，导致矿区房屋斑裂情况多发，引起地企矛盾，矛盾严重还会导致集体上访甚至群体性事件的发生。目前在国家以及省级层面均没有关于压煤建筑物开采损害赔偿标准的法律法规，山东省依据地方规章制定了相关规定。1999 年发布了煤矿开采建筑物受损坏赔偿标准，见表 12-5，其中建筑物损坏程度与表 12-3 相对应。

表 12-5　建筑物受采动损坏赔偿标准　单位：元/m^2

建筑物结构	建筑物损坏程度			
	小修	中修	大修	原地重建
楼房	50	80	130	250
砖混	40	60	100	200
砖木	30	50	80	180
土木	20	40	60	120

鉴于近年来社会经济的发展及物价上涨等诸因素的变化，主管部门对该标准进行了多次修正与调整。

参考文献

[1] 曹志伟,翟厥成.岩层移动与"三下"采煤[M].北京:煤炭工业出版社,1986:235-248.

[2] 常庆粮,周华强,柏建彪,等.膏体充填开采覆岩稳定性研究与实践[J].采矿与安全工程学报,2011,28(2):279-282.

[3] 陈希哲.土力学地基基础[M].2 版.北京:清华大学出版社,1989.

[4] 陈炎光,徐永圻.中国采煤方法[M].徐州:中国矿业大学出版社,1991.

[5] 陈永奇.变形观测数据处理[M].北京:测绘出版社,1988.

[6] 峰峰矿务局煤研所,中国矿院地质系.峰峰矿区建筑物下采煤的实践与认识[J].矿山测量,1981(1):1-10.

[7] 郭广礼,缪协兴,查剑锋,等.长壁工作面矸石充填开采沉陷控制效果的初步分析[J].中国科技论文在线,2008,3(11):805-809.

[8] 郭广礼,王悦汉,马占国.煤矿开采沉陷有效控制的新途径[J].中国矿业大学学报,2004,33(2):150-153.

[9] 郭文兵,邓喀中,邹友峰.条带开采地表移动参数研究[J].煤炭学报,2005,30(2):182-186.

[10] 郭文兵,雍强.采动影响下高压线塔与地基、基础协同作用模型研究[J].煤炭学报,2011,36(7):1075-1080.

[11] 国家安全监管总局,国家煤矿安监局,国家能源局,等.建筑物、水体、铁路及主要井巷煤柱留设与压煤开采规范[M].北京:煤炭工业出版社,2017.

[12] 何国清,杨伦,凌赓娣,等.矿山开采沉陷学[M].徐州:中国矿业大学出版社,1991.

[13] 侯建国,王腾军.变形监测理论与应用[M].北京:测绘出版社,2008.

[14] 纪万斌.塌陷与建筑[M].北京:地震出版社,1998.

[15] 姜岩,徐永梅,姜岳.采动覆岩移动变形预计[J].矿山测量,2013(2):70-73.

[16] 姜岳,张洪训,王方方,等.黄金矿山回收保护矿柱引起的竖井变形预计[J].金属矿山,2017(10):159-162.

[17] 李瑞遐.有限元法与边界元法[M].上海:上海科技教育出版社,1993.

[18] 廖明生,林珲.雷达干涉测量:原理与信号处理基础[M].北京:测绘出版社,2003.

[19] 刘波,韩彦辉.FLAC 原理、实例与应用指南[M].北京:人民交通出版社,2005.

[20] 刘宝琛,廖国华.煤矿地表移动的基本规律[M].北京:中国工业出版社,1965.

[21] 刘海青.煤矿开采沉陷对长输气管道的影响及管道压煤开采研究[D].北京:煤炭科学研究总院,2014.

[22] 刘天泉.波兰城镇建筑物下采煤的建筑物加固、维修和迁建可行性技术经济分析方法[J].矿山测量,1986(3):50-54.

[23] 刘文生.东北煤矿区地表下沉系数规律研究[J].辽宁工程技术大学学报(自然科学版),

2001,20(3):278-280.

[24] 骆祥均.基于采动覆岩离层注浆技术的采煤塌陷控制方法[J].矿山测量,2018,46(2):52-54,60.

[25] 煤炭科学研究院北京开采研究所.煤矿地表移动与覆岩破坏规律及其应用[M].北京:煤炭工业出版社,1981.

[26] 缪协兴,巨峰,黄艳利,等.充填采煤理论与技术的新进展及展望[J].中国矿业大学学报,2015,44(3):391-399,429.

[27] 缪协兴,张吉雄,郭广礼.综合机械化固体充填采煤方法与技术研究[J].煤炭学报,2010,35(1):1-6.

[28] 朴春德,施斌,魏广庆,等.采动覆岩变形 BOTDA 分布式测量及离层分析[J].采矿与安全工程学报,2015,32(3):376-381.

[29] 祁庆和.水工建筑物[M].北京:水利电力出版社,1986.

[30] 石崇,褚卫江,郑文棠.块体离散元数值模拟技术及工程应用[M].北京:中国建筑工业出版社,2016.

[31] 石崇,张强,王盛年.颗粒流(PFC5.0)数值模拟技术及应用[M].北京:中国建筑工业出版社,2018.

[32] 谭志祥,邓喀中.建筑物下采煤理论与实践[M].徐州:中国矿业大学出版社,2009.

[33] 谭志祥,邓喀中.建筑物下采煤研究进展[J].辽宁工程技术大学学报,2006,25(4):485-488.

[34] 谭志祥,邓喀中.煤矿开采损害技术鉴定方法[J].煤矿安全,2006,37(5):29-31.

[35] 滕永海,卫修君,唐志新,等.新建千米井筒留设小保护煤柱与抗变形技术[J].煤炭学报,2012,37(8):1281-1284.

[36] 王金庄,吴立新.建(构)筑物下条带开采覆岩移动机理与实践[J].煤,1998,7(6):6-7.

[37] 王金庄,邢安仕.判别煤矿开采损害的理论与实践[J].矿山测量,1998(4):7-11,79.

[38] 卫龙武,吕志涛,郭彤.建筑物评估、加固与改造[M].2 版.南京:江苏科学技术出版社,2006.

[39] 吴持恭.水力学[M].北京:高等教育出版社,2003.

[40] 吴立新,王金庄.煤柱屈服区宽度计算及其影响因素分析[J].煤炭学报,1995,20(6):625-631.

[41] 吴子安.工程建筑物变形观测数据处理[M].北京:测绘出版社,1989.

[42] 徐孟强.高等级公路采动破坏特征与变形预计方法[D].徐州:中国矿业大学,2017.

[43] 徐乃忠,高超,刘贵,等.采动影响区房屋损害地表移动变形临界值研究[J].煤矿开采,2017,22(4):65-69.

[44] 徐芝纶.弹性力学简明教程[M].2 版.北京:高等教育出版社,1983.

[45] 许家林,轩大洋,朱卫兵.充填采煤技术现状与展望[J].采矿技术,2011,11(3):24-30.

[46] 许家林,轩大洋,朱卫兵,等.部分充填采煤技术的研究与实践[J].煤炭学报,2015,40(6):1303-1312.

[47] 许家林,尤琪,朱卫兵,等.条带充填控制开采沉陷的理论研究[J].煤炭学报,2007,32(2):119-122.

[48] 伊晓东，李保平.变形监测技术及应用[M].郑州：黄河水利出版社，2007.
[49] 岳建平，田林平.变形监测技术与应用[M].北京：国防工业出版社，2007.
[50] 曾攀.有限元分析及应用[M].北京：清华大学出版社，2004.
[51] 查剑锋.采动影响下的高压输电线路变形机理及其控制研究[M].徐州：中国矿业大学出版社，2005.
[52] 查剑锋.矸石充填开采沉陷控制基础问题研究[D].徐州：中国矿业大学，2008.
[53] 查剑锋，郭广礼，狄丽娟，等.高压输电线路下采煤防护措施探讨[J].矿山压力与顶板管理，2005(1)：112-114.
[54] 张光斗，王光纶.专门水工建筑物[M].上海：上海科学技术出版社，1999.
[55] 张豪杰.采动区高等级公路变形三维激光扫描监测方法研究[D].徐州：中国矿业大学，2016.
[56] 张和生.山区地下开采引起地表变形对长输气管线的影响研究[D].太原：太原理工大学，2013.
[57] 张华兴.井筒煤柱“两步法”开采的实施条件与原则[J].煤矿开采，1993(1)：15-16.
[58] 张华兴.煤矿开采损害的评价与防护[J].煤矿开采，2015，20(3)：1-2，20.
[59] 张玉卓.岩层与地表移动计算原理及程序[M].北京：煤炭工业出版社，1993.
[60] 张正禄.工程测量学[M].武汉：武汉大学出版社，2002.
[61] 张正禄，黄全义，文鸿雁，等.工程的变形监测分析与预报[M].北京：测绘出版社，2007.
[62] 中国科学技术情报研究所.出国参观考察报告：波兰采空区地面建筑[M].北京：科学技术文献出版社，1978：33-52.
[63] 中国矿业学院.煤矿岩层与地表移动[M].北京：煤炭工业出版社，1981.
[64] 中交第二公路勘察设计研究院.公路路基设计规划[M].北京：人民交通出版社，2004.
[65] 仲惟林.西德的建筑物、构筑物下采煤技术[J].矿山测量，1986(2)：34-42.
[66] 周国铨，崔继宪，刘广容，等.建筑物下采煤[M].北京：煤炭工业出版社，1983.
[67] 周茜，刘娟红.矿用富水充填材料的蠕变特性及损伤演化[J].煤炭学报，2018，43(7)：1878-1883.
[68] 朱诗鳌.坝工技术史[M].北京：水利电力出版社，1995.
[69] 朱晓峻.带状充填开采岩层移动机理研究[D].徐州：中国矿业大学，2016.
[70] 邹友峰，柴华彬.开采沉陷的相似理论及其应用[M].北京：科学出版社，2013.
[71] 邹友峰，邓喀中，马伟民.矿山开采沉陷工程[M].徐州：中国矿业大学出版社，2003.
[72] DÍAZ E，ROBLES P，TOMÁSR.Multitechnical approach for damage assessment and reinforcement of buildings located on subsiding areas：study case of a 7-story RC building in Murcia (SE Spain)[J].Engineering structures，2018，173：744-757.
[73] ENG S S，LUOY.Determination of stress field in buried thin pipelines resulting from ground subsidence due to longwall mining[J].Mining science and technology，1988，6(2)：205-216.
[74] FAN H D，GAO X X，YANG J K，et al.Monitoring mining subsidence using a combination of phase-stacking and offset-tracking methods[J].Remote sensing，2015(7)：9166-9183.

[75] GUO G L, ZHU X J, ZHA J F, et al. Subsidence prediction method based on equivalent mining height theory for solid backfilling mining[J]. Transactions of nonferrous metals society of China, 2014, 24(10): 3302-3308.

[76] GUO Q B, GUO G L, LV X, et al. Strata movement and surface subsidence prediction model of dense solid backfilling mining[J]. Environmental earth sciences, 2016, 75 (21): 1426.

[77] HERRERA G, ÁLVAREZ FERNÁNDEZ M I, TOMÁS R, et al. Forensic analysis of buildings affected by mining subsidence based on Differential Interferometry (Part Ⅲ)[J]. Engineering failure analysis, 2012, 24: 67-76.

[78] LI H Z, GUO G L, ZHA J F. Study on time-varying characteristics of similar material model strength and the regulation measures[J]. Environmental earth sciences, 2017, 76(15): 518.

[79] SAEIDI A, DECK O, ALHEIB M, et al. Development of a damage simulator for the probabilistic assessment of building vulnerability in subsidence areas[J]. International journal of rock mechanics and mining sciences, 2015, 73: 42-53.

[80] SAEIDI A, DECK O, VERDEL T. Development of building vulnerability functions in subsidence regions from empirical methods[J]. Engineering structures, 2009, 31(10): 2275-2286.

[81] SROKA A, KNOTHE S, TAJDUŚK et al. Mining exploitation planning inprotective pillars of mine shafts[C]//International Conference on Ground Control in Mining China[C]. Beijing: Science Press, 2015: 145-151.

[82] ZHA J F, LI H Z, GUO G L, et al. Influence of temperature and humidity on similar material and its control measures [J]. Environmental earth sciences, 2017, 76 (21): 740.

[83] ZHA J F, XU M Q. High-grade highways deformation and failure laws in mining area: a case in Nantun Coal Mine, China[J]. International journal of pavement engineering, 2019, 20(11): 1251-1263.

[84] ZHU X J, GUO G L, WANG J, et al. Analysis of strata and ground subsidence in fully mechanized solid backfilling mining: a case study of Huayuan Coal Mine[J]. Transactions of the institutions of mining and metallurgy, section A: mining technology, 2016, 125(4): 233-241.

[85] ZHU X J, GUO G L, ZHA J F, et al. Surface dynamic subsidence prediction model of solid backfill mining[J]. Environmental earth sciences, 2016, 75(12): 1007.